現代宇宙論
―― 時空と物質の共進化

松原隆彦［著］

東京大学出版会

Introduction to Modern Cosmology:
Coevolution of Spacetime and Matter
Takahiko MATSUBARA
University of Tokyo Press, 2010
ISBN978-4-13-062612-5

はじめに

　夜空に深く広がる星々，そしてその間隙を静かに埋めつくす漆黒の闇は，あたかも宇宙が不変で恒久的なものであるかのような印象を人に与えやすい．しかしそれは，宇宙の一面的な仮の姿である．宇宙とは，時間と空間に包み込まれたすべての存在が，お互いの関係性のなかに織りなす壮大な変化である．宇宙全体の時間的変化スケールに比べれば，人間活動の時間的変化スケールはあまりに短く，儚い夢のようである．それでも人は宇宙について思いを巡らし，のみならずそれを理解しようとしている．

　我々の住む宇宙には始まりや終わりがあるのだろうか？ 大きさは有限なのか無限なのか？ そもそも宇宙とは一体何者で，どうして存在することができるのだろう？ この類いの宇宙の疑問は誰にとっても尽きることがないであろう．現代の**宇宙論** (cosmology) はこうした素朴な疑問を動機とし，それを科学的方法に基づいて明らかにしようとする研究分野である．近代科学の発達する以前，こうした疑問は宗教的あるいは哲学的対象であり，宇宙全体の姿については根拠の乏しい憶測に基づいた描像しか得られていなかった．科学技術が発展すると宇宙のくわしい観測が進み，さらに物理学の進展とも相俟って宇宙論は定量的な記述や実証の可能な分野となった．宇宙の観測技術は日々進歩を続けていて，とりわけ最近の宇宙論の進展には著しいものがある．

　宇宙論に密接に関係する分野として**天文学** (astronomy) がある．これは天体の運行や変化などの現象を記述する分野であり近代科学が確立する以前から存在する．現代ではやはり物理学などの科学的方法を基礎にして研究されている．古くからの天文学に対して，物理学に基づいて天体現象を研究する分野は**天体物理学** (astrophysics) と呼ばれる．天文学の対象は星や太陽，月，惑星などから始まり，銀河系，銀河団，超銀河団，宇宙の大規模構造などへとその範囲を広げてきた．技術の進歩によって，宇宙の姿を広く観測できるようになってきたためである．宇宙の大きな構造が明らかになるにつれ，その構造をもたらした宇宙全体の振る舞いを定量的に研究できるようになり，宇宙自体を論ずる宇宙論の研究も発展してきた．

　宇宙論には，他の基礎物理学の分野と結びついて相互に発展するという側面もある．現代宇宙論は，時空を記述する一般相対性理論，素粒子や原子の基本性質を記述する素粒子論や原子核理論，多数の粒子の振る舞いを記述する統計力学などを

はじめとして，基礎物理学の諸分野を用いて研究される．これら基礎物理学の分野は高度に発展して，地球上で行える実験はおおむね理論的に説明可能な段階にまで達してきている．とはいえ，人類の手で実験できないほどの高エネルギー現象などのような，極限的な領域はまだ未知のベールに包まれている．宇宙はその初期段階において極限的な状態にあった．宇宙に基礎理論を適用して観測と比較してみれば，我々の物理理論が宇宙の極限的な状態にも通用する普遍的なものなのか，あるいは，より基本的な未知の理論で置き換えられるべきなのかを知る手段ともなり得る．

相対性理論の応用の場としての宇宙論は**相対論的宇宙論** (relativistic cosmology) と呼ばれ，素粒子論の応用の場としての宇宙論は**素粒子的宇宙論** (particle cosmology) と呼ばれることがある．いずれも物理理論を宇宙へ応用してみるという面に重点が置かれる．最初に理論的な仮説を設定し，そこから宇宙の振る舞いを予言するというトップダウン型のアプローチである．逆に宇宙論的な観測をもとにして基礎理論を構築したり検証したりしようとする分野は，とくに**観測的宇宙論** (observational cosmology) と呼ばれることがある．こちらはボトムアップ型アプローチである．これら2つの型の研究アプローチは車の両輪のようなもので，どちらが欠けてもバランスが保たれることはなく，相互に密接に関係し合って発展する．典型的な例として，宇宙のダークマター問題やダークエネルギー問題など，これまでの標準的な物理理論では理解の困難な問題が観測的宇宙論によって提起され，基礎物理学全般に大きな影響を及ぼしていることなどが挙げられる．

本書は，このように進展著しい現代宇宙論を基礎からできるだけていねいに説明しようとするものである．読者に必要な予備知識は，学部3年生程度までの基礎的な物理学科目と，一般相対性理論の基礎的概念である．場の量子論についての知識は仮定しない．学部4年生から大学院初年級程度の学生が，これから宇宙論を本格的に学ぼうとするのに最適な入門書となるようにした．読者のため，根拠なく天下り的に数式を与えることはできる限り避けた．導出に専門的知識を要するわずかな例外を除き，本文中に現れる式のほとんどは本書をていねいに読めば読者自身が導出できるようにしてある．本書を読破すれば，宇宙論の最前線の研究分野へとさらに進んで行くために必要な基礎的素養は十分に身に着くであろう．また，数式の背後にある物理的状況をていねいに説明してあるので，初読の際に数式を導出する予備知識が十分でなかったとしても，読み方に応じた理解が得られるようにしてある．必ずしも専門家を目指すわけではない広い分野の読者にとっても有用な参考書になるであろう．

本書はもともと，著者が名古屋大学において大学院1年生向けに行った講義のノートを原型とする．このノートは未完成ながらインターネット上に公開して，幸いにも多くの学生に読んでいただいた．本書はそのノートの中で基本的な事項を扱った部分をもとに，それを大幅に書き改めたうえ，さらに多くの内容を加えて書き下ろしたものである．

　本書の出版には多数の人々にお世話になった．本書の執筆を勧めてくださり，構成などについても多くの意見を賜った東京大学の須藤靖教授にはとくに感謝したい．また執筆・編集の作業中には編集部の丹内利香氏に大変お世話になった．東京大学の樽家篤史氏や学生の皆さんには完成前の原稿をゼミで使っていただき貴重な御意見をいただいた．これらの方々，および名古屋大学の学生諸君や研究室の皆さんをはじめとして，直接間接にお世話になった方々に心から感謝する．

2010年5月　松原隆彦

目　次

はじめに iii

第 1 章　天文学から宇宙論へ　　1
1.1　宇宙像の広がり 1
1.2　膨張宇宙論の確立 9
1.3　宇宙論的天体と宇宙の大構造 19
1.4　ダークマターとダークエネルギー 35

第 2 章　宇宙原理と観測量　　41
2.1　宇宙原理による時空構造 41
2.2　膨張宇宙の赤方偏移 50
2.3　宇宙論的距離指標 54
2.4　宇宙年齢とホライズン 61

第 3 章　膨張宇宙の力学　　63
3.1　一様等方宇宙のアインシュタイン方程式 63
3.2　エネルギー成分 70
3.3　宇宙論パラメータ 75
3.4　エネルギー成分の優勢期 80
3.5　宇宙モデル 85
3.6　一様等方宇宙の距離指標 94
3.7　宇宙年齢 102
3.8　ホライズン 108

第 4 章　宇宙の熱史　　111
4.1　初期宇宙の熱力学 111
4.2　標準モデルの有効自由度 116
4.3　化学ポテンシャルと保存量 124
4.4　物質と放射の等密度時 127
4.5　ガモフの基準と脱結合 128
4.6　原始ニュートリノ 131
4.7　元素合成 134
4.8　光子の脱結合と電子の再結合 141

第5章 初期宇宙とインフレーション　147
- 5.1 標準モデルの拡張 148
- 5.2 ダークマター粒子 154
- 5.3 バリオン数の起源 160
- 5.4 標準宇宙モデルの問題点 164
- 5.5 インフレーション 170
- 5.6 量子宇宙論 185

第6章 構造形成の基礎 I　191
- 6.1 ゆらぎの発展方程式 191
- 6.2 ジーンズ不安定性 195
- 6.3 重力不安定性によるゆらぎの成長 199
- 6.4 バリオン宇宙とダークマターの必要性 205
- 6.5 ダークマターによる構造形成 211
- 6.6 ダークマター宇宙におけるバリオンと光子のゆらぎ 218

第7章 構造形成の基礎 II　223
- 7.1 相対論的ゆらぎの発展方程式 223
- 7.2 相対論的ゆらぎの成長 228
- 7.3 球対称非線形モデル 239
- 7.4 非線形構造形成 252

第8章 非一様宇宙の観測量　265
- 8.1 密度ゆらぎの相関関数とパワースペクトル 265
- 8.2 初期ゆらぎと遷移関数 271
- 8.3 非一様宇宙における光の伝播 279

第9章 宇宙の大規模構造と重力レンズ　291
- 9.1 2次元銀河サーベイ 291
- 9.2 3次元銀河サーベイ 298
- 9.3 強い重力レンズ効果 309
- 9.4 弱い重力レンズ効果 321

第10章 宇宙マイクロ波背景放射の非等方性　330
- 10.1 宇宙マイクロ波背景放射と温度ゆらぎ 330
- 10.2 温度ゆらぎのパワースペクトル 335
- 10.3 宇宙マイクロ波背景放射の偏光 349

付録A 有用な数値　355
- A.1 数学定数 355
- A.2 物理定数 355
- A.3 cgs単位系からSI単位系への変換係数 357
- A.4 天文学的な単位と量 357

A.5 宇宙論的な量 358

付録 B　一般相対論の基本公式　360

参考書　363

図の出典一覧　371

索　引　373

第1章

天文学から宇宙論へ

1.1 宇宙像の広がり

1.1.1 天文学的単位

　宇宙論で用いられる物理量のスケールは日常的なスケールとはかけ離れている．通常の物理で用いる単位を宇宙論において用いると，文字どおり天文学的数字がいたるところに現れてしまい，物理量の記述が繁雑になってしまう．このため，通常は天文学的スケールで定義された単位を用いることが多い．そこで宇宙論で用いられる天文学的単位についての説明から始めることにしよう．ここでは数値はすべて有効数字4桁で表してある．さらに正確な数値は付録Aに与えてある．

長さの単位

　宇宙論で用いられる長さの単位は**パーセク** (pc, parsec) である．これは地球の公転を利用した三角測量の原理によって星までの距離を見積もる方法により定義される．地球が1回公転すると，比較的近くにある星の見かけの位置は，十分遠くにある背景の星々に対して変化する．これを**年周視差** (annual parallax または単に parallax) という．地球の公転面から垂直な方向にある星は円を描き，公転面上にある星は直線上を往復する．一般に公転面からななめの方向にある星は楕円形を描く（図1.1）．太陽から地球までの距離 a を**天文単位** (astronomical unit; AU) と呼び，その値は

$$1\,\mathrm{AU} = 1.496 \times 10^{11}\,\mathrm{m} \tag{1.1}$$

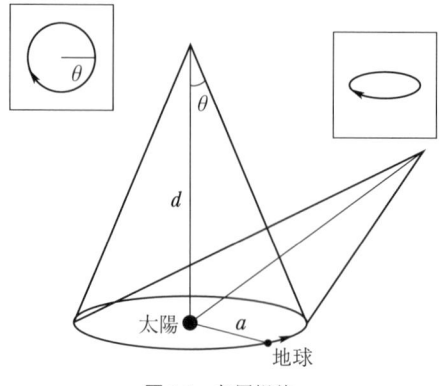

図 1.1 年周視差.

である．星までの距離は 1 天文単位に比べると十分大きい．たとえば，太陽に一番近い恒星はケンタウルス座アルファ星[*1]だが，そこまでの距離はほぼ 28 万天文単位に相当する．したがって，年周視差によって描かれる楕円の大きさは 1 秒角以下で，角度としてはきわめて小さいものになる．このとき描かれる楕円の長軸方向の角度は星までの距離に反比例する．その長半径を θ ラジアンとすると，星までの距離 d は

$$d = \frac{a}{\theta} \tag{1.2}$$

で与えられる．

楕円の長半径がちょうど 1 秒角となるときの星までの距離を 1 pc と定義する．すなわち，

$$1\,\mathrm{pc} = \frac{1\,\mathrm{AU}}{\pi/(180 \times 60 \times 60)} = 3.086 \times 10^{16}\,\mathrm{m} \tag{1.3}$$

である．この距離は約 3.26 光年に対応する．ただし宇宙物理学において光年を正式な長さの単位として用いることはない．宇宙論に表れる距離は pc でもまだ小さすぎる．このため，10^6 pc を表す Mpc（メガパーセク）がよく用いられる：

$$1\,\mathrm{Mpc} = 10^6\,\mathrm{pc} = 3.086 \times 10^{22}\,\mathrm{m} \tag{1.4}$$

[*1] ケンタウルス座アルファ星は肉眼では 1 つの星に見えるが，実際には 3 重星である．そのうちプロキシマ星という暗い星が現在太陽系からもっとも近くにある恒星である．

この他にも銀河の大きさを表すには**キロパーセク** kpc = 10^3 pc が用いられ，宇宙全体の大きさを表すには**ギガパーセク** Gpc = 10^9 pc も使われる．現在我々に観測可能な宇宙の半径の目安は約 4 Gpc である．

時間の単位

宇宙初期においては温度が非常に高いため，物質の反応速度などがきわめて大きくなり，宇宙の中で現象が進行する進化の時間スケールは短い．逆に現在の宇宙全体の変化速度はゆっくりとしていて，進化の時間スケールはかなり長くなっている．また現在の宇宙においても，個々の天体の変化は宇宙の変化に比べればもっと短い時間スケールで進行する．このように宇宙論ではさまざまな時間スケールが入り混じっているため，秒 (s)，分 (min)，時 (hr)，日 (day)，年 (yr) などが状況に応じて使い分けられている．現在の宇宙年齢を表すのによく使われるのは 10 億年を表す Gyr = 10^9 yr である．これは秒 (s) で表すと

$$\text{Gyr} = 3.156 \times 10^{16} \text{ s} \tag{1.5}$$

となる．現在の宇宙の年齢は約 13.7 Gyr である．

質量の単位

銀河や銀河団など，宇宙の構造に対する質量の単位として通常用いられるのは**太陽質量** (solar mass) $M_\odot$ である．これは，kg で表すと

$$M_\odot = 1.988 \times 10^{30} \text{ kg} \tag{1.6}$$

となる．宇宙論で問題になるのは銀河の質量などもっと大きな質量である．銀河の質量は個々の銀河によってかなり幅がある．我々の属している天の川銀河系は典型的な銀河の 1 つだが，その質量はおおまかに $10^{12} M_\odot$ 程度である．だが，銀河系の質量を正確に見積もることはできていないので，それを単位として用いることはできない．したがって，どれほど大きな質量の天体に対しても太陽質量より大きな単位を用いることはなく，一般的に指数表記が用いられている．

1.1.2　星の宇宙から銀河宇宙へ

この世界が全体としてどういうものであるのかを知るには，できる限り宇宙を広

く観測する必要がある．宇宙に関する人類の知識は，はじめは太陽系付近の星々からなる近くの宇宙に限られていたが，望遠鏡をはじめとする観測技術の進歩とともに遠くの宇宙へと拡大してきた．それに伴って，我々の宇宙像も徐々に拡大してきたのである．以下では，あらためて我々の宇宙に関する知識の広がりの歴史を簡単に振り返ってみることにしよう．

夜空に広がる星空は，古代の人類にとって宇宙の神秘を象徴するものだったであろう．その後，その神秘は徐々に解き明かされてきたが，そのためには定量的な天体の記述が不可欠であった．古代ギリシャにおいては，ピタゴラス (Pythagoras, 紀元前 550 年頃) によって，自然は数によって表されると考えられた．プラトン (Plato, 紀元前 350 年頃) は夜空の天体の運行を定量的に説明するモデルとして，地球を中心として回転する**天球** (celestial sphere) を考えている．星はすべてこの天球に張りついて一緒に運行するというものである．だがこのモデルは，他の星との相対位置を変化させる惑星の運行を説明できない．ヒッパルコス (Hipparchus, 紀元前 150 年頃) は惑星の運行を説明するため，**周転円** (epicycle) という考え方を導入した．惑星は周転円のまわりを回っていて，その周転円の中心は従円 (deferent) と呼ばれるさらに大きな円を回っているとするモデルである．これにより天球上における惑星の運行を説明することができるようになった．

このように，地球を世界の中心として，そのまわりを他の天体が回っているとするモデルは**天動説** (geocentric model) と呼ばれる．プトレマイオス (Claudius Ptolemy, 紀元後 100 年頃) は，周転円のメカニズムに離心円 (eccentric circle) とエカント (equant) という概念を追加して，正確に天体運行を記述することができる天動説のモデルを体系化した．このプトレマイオスのモデルはヨーロッパ世界に広く受け入れられ，その後 1500 年にもわたって権威的な理論として君臨したのである．くわしい観測が積み重ねられると，プトレマイオスの天動説も完全ではないことが判明してきたが，そのたびに他の円を付け加えるなど修正が施されていった．当初のうち比較的簡単なモデルであった天動説は，結果として非常に複雑なモデルとなった．

この状況に対して革命的な説がコペルニクス (Nicolaus Copernicus, 1473–1543) により唱えられた．それが**地動説** (heliocentric model) である．これは地球の代わりに太陽を宇宙の中心に据えるもので，天動説の見方を根本から覆す．当時カトリック教会は地球が宇宙の中心であるとの教義を持っていたため，コペルニクス自身は地動説の発表をためらい，その著作『天球の回転について』は彼の死の年まで出版されなかった．コペルニクスの説では，地球は宇宙の中心から外され，地球を含めた

惑星がすべて太陽のまわりを円運動するという簡単なモデルで置き換えられる．だが，コペルニクスの説は天体の運行を正確に再現するという意味では天動説よりも劣っていた．また，地球が運動するならば年周視差により星の位置が動くはずであるが，当時の観測技術では確認できなかった．このため，地動説はただちに受け入れられたわけではない．

コペルニクスの死後，ティコ・ブラーエ (Tycho Brahe, 1546-1601) はそれまでにない精度で，肉眼による観測により惑星や星の運動を記録した．その膨大なデータを受け継いだケプラー (Johannes Kepler, 1571-1630) は，地動説に基づいてそれを解析した．その結果，惑星の運動がコペルニクスのいうような完全な円運動ではなく，楕円運動であるとするとデータを正確に説明できることを見出した．そして，惑星の運動に関する有名なケプラーの3法則を発見したのである．こうして地動説は定量的にも十分な正確さを備えた理論になった．

一方で，ガリレオ・ガリレイ (Galileo Galilei, 1564-1642) は自分自身の手で天体望遠鏡を製作して，さまざまな天体観測を行った．すると天動説に不利な事実がいくつも見つかった．なかでも木星に4つの衛星を見つけたことは，地球の他にも円運動の中心となる天体があることを示す直接の証拠であった．彼は地動説を支持したために宗教裁判にかけられ，最終的に自説を放棄させられたことは有名な逸話である．ちなみに1992年，当時のローマ教皇ヨハネ・パウロ2世 (John Paul II, 1920-2005) は360年ぶりにこのガリレオ裁判の誤りを公式に認めている．

ガリレオの死の年に生まれたニュートン (Isaac Newton, 1642-1727) はガリレオがすでに見出していた運動の概念をもとに，運動と力に関する3法則を用いて力学の体系を完成させた．それと同時に，ケプラーの3法則が万有引力の法則で説明できることを見出したのである．地上での物体の運動をつかさどっている法則が天体の運動にも適用できるという大きな発見であった．すなわち，地上の法則と天上の法則が統一された．こうして地動説が確立すると同時に，すべての物理現象を少数の法則で説明しようとする方法論，すなわち近代物理学が誕生したのである．

さて，こうして地球が宇宙の中心でないことがわかったが，それでは太陽が宇宙の中心であるのかどうかが次の自然な疑問となる．ガリレオはすでに天の川が無数の星の集まりであることを望遠鏡による観測で明らかにしていた．天の川は天球上で帯状に連なっていることから，多数の星はその方向へ広がって分布していると考えられる．18世紀中頃，カント (Imanuel Kant, 1724-1804) やライト (Thomas Wright, 1711-1786) は，円盤状に星が広がった宇宙を考え，太陽もその円盤上の1つの星であろうと考えた．そしてそのような宇宙は天の川の他にも点々と存在して

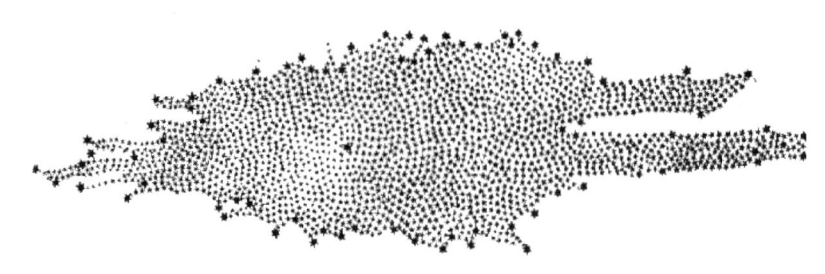

図 1.2 ハーシェルの描いた天の川銀河系の星の分布地図 [1].

いるとされ，それらは**島宇宙** (island universes) と名づけられた．だが，この仮説は哲学的な考察に基づくものであり，観測的な裏づけはなかった．

1780 年代，ハーシェル (William Herschel, 1738-1822) は，望遠鏡により星の数を数え上げることで天の川銀河系の形を描き出そうとした．当時は星までの距離を測定する方法がなかったので，すべての星が同じ明るさで光っていると仮定し，星の暗さを距離の指標として銀河中の星の分布地図を描いたのである．図 1.2 がハーシェルの描いた天の川銀河系の星の分布地図である．この図には銀河円盤に垂直な面で切り取った断面図が示されている．彼の描き出した地図によると太陽は銀河のほぼ中心に位置していて，図では大きい点で表されている．この地図が銀河系の形として正しいためには，用いた仮定が正当化される必要があるが，当時はまだこれを確かめる手段はなかった．

19 世紀には星の年周視差が実際に測定された．これにより地動説の基盤が確立するとともに，比較的近くの恒星までの距離を直接測定することができるようになった．さらには，太陽系自体が銀河系の中で運動することによる，星の相対位置変化をも測定することができるようになってきた．この星の固有運動の効果を用いると三角測量の原理により星までの距離を測定することができる．20 世紀初頭，カプタイン (Jacobus C. Kapteyn, 1851-1922) はハーシェルの星の数え上げの方法を洗練させ，さらに新しく発展してきた星の距離測定法を取り入れて，星の空間分布を求めていった．こうして得られたのが図 1.3 の形である．図は銀河円盤の断面の上半分を示したものであり，中心から広がる半楕円は星の数密度の等しい面を表している．中心の右側に見える丸が太陽の位置を表している．銀河の形は偏平な回転楕円体で，太陽は銀河の中心近くに存在している．星の数密度が中心の 1% まで減少する面の大きさを銀河の大きさとするならば，円盤の半径は約 8.5 kpc，円盤中心の厚みは約 1.7 kpc と見積もられた．この宇宙の描像はこんにち，**カプタイン宇宙** (Kapteyn universe) と呼ばれている．

図 1.3 カプタイン宇宙 [2].

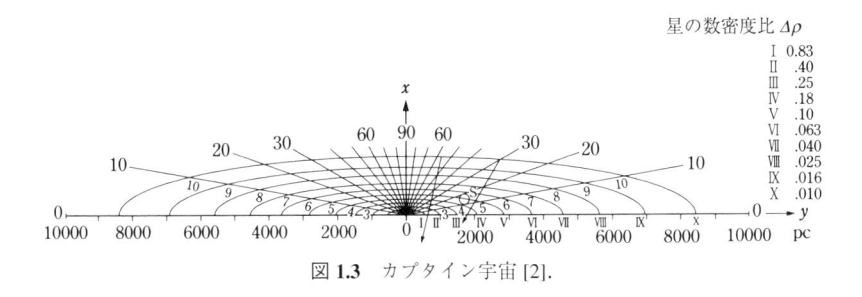

　20世紀初頭までには，星のスペクトルによる分類法が整備された．そして星のスペクトル型は星の真の光度（絶対光度）と関係していることがわかってきた．この関係により推定した星の光度を，見かけの明るさと比べることによってその星までの距離が測定できる．また，明るさが周期的に変化する変光星のうち，ある種のものはその変光周期が真の明るさと関係していることも発見された．このように絶対光度を何らかの方法で推定できる光源は**標準光源** (standard candle) と呼ばれ，天文学的測量において重要な役割を果たす．こうして星までの距離を測る強力な方法が徐々に整ってきたのである．

　カプタインの観測とほぼ同じ時期の1910年代後半，シャプレイ (Harlow Shapley, 1885–1972) は，球状星団中に変光星を見つけて距離を見積もっていった．そしてその3次元的な分布を決めていったのである．すると，多数の球状星団の分布の中心は太陽からいて座の方向へ15 kpc もの距離にあり，さらにその場所から半径50 kpc もの大きさへ広がっていた．シャプレイは球状星団の分布が銀河系の姿を反映していると考え，銀河中心がこの球状星団の分布の中心であると考えた．さらに球状星団の分布の広がりが銀河系自体の広がりを表しているとすると銀河系の直径は100 kpc の規模になると考えた．これはカプタイン宇宙よりも10倍近い大きさとなる．さらにまた，太陽は銀河系の中心からだいぶ外れたところにあることになり，カプタイン宇宙とはかけはなれた宇宙の描像であった．

　夜空に広がる天体の中には，星のように点状に光っているものばかりでなく，ぼやけて広がった形で光っている**星雲** (nebula) と呼ばれるものがある．この星雲のうちいくつかは銀河系内のガス雲であることがわかっていたが，その他の星雲の正体は不明であった．星雲の中でも，渦巻型をしたものが多数あって渦巻星雲と呼ばれており，謎の天体であった．カーティス (Heber D. Curtis, 1872–1942) は渦巻星雲に現れた新星を調べて，渦巻星雲は天の川銀河の外にあるものと考えた．

　1920年4月26日，アメリカのスミソニアン自然史博物館において，シャプレイ

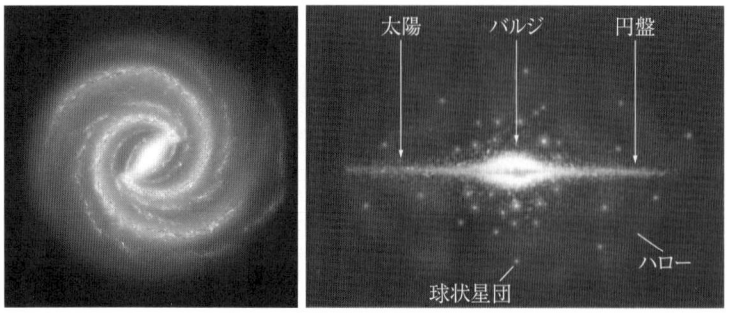

図 1.4 我々の銀河系の現代的描像．左図：円盤の上から見た図 [3]．右図：円盤の横から見た図 [4]．

とカーティスにより「宇宙の大きさ」と題する公開討論会が行われた．この2人による討論はその歴史的な重要性から**大論争** (The Great Debate) と呼び慣わされている．シャプレイは，宇宙は巨大な天の川銀河系1つで成り立っていて，渦巻星雲は銀河系近傍のガス雲にすぎないと考えた．そして太陽は銀河系の中心から大きく外れたところにあるとした．一方，カーティスは，宇宙はいくつもの銀河で成り立つ島宇宙であり，渦巻星雲はまさに天の川銀河系とは別の銀河系であると考えた．そして銀河の大きさはシャプレイのモデルよりもずっと小さく，太陽は天の川銀河系のほぼ中心に位置するものとした．宇宙の構造について真向から対立する説が並び立ったが，どちらも決定打となる証拠には欠けていた．

宇宙の構造と渦巻銀河 (spiral galaxy) の正体に対する突破口はハッブル (Edwin Hubble, 1889–1953) によって打ち開かれた．彼はアンドロメダ星雲と M33 星雲の中に，標準光源となるセファイド型変光星を多数見つけて，距離を見積もることに成功したのである．その結果アンドロメダ星雲までの距離は約 300 kpc と見積もられた[*2]．この値ははっきりとこれら星雲が天の川銀河系の外にあることを示すものである．こうして渦巻星雲は天の川銀河系とは独立した別の銀河系，すなわち渦巻銀河と呼ばれるべきものであることがわかったのである．

こうして「大論争」における宇宙像については，カーティスの言うように宇宙にいくつもの銀河系が点々と浮かんでいる島宇宙の描像が正しいことがわかったが，天の川銀河系の構造についてはその後の研究によりシャプレイの描像の方が正しいことがわかっている．すなわち，太陽の位置は銀河系中心から外れたところにあ

---

*2 現在の見積りでは約 770 kpc である．

り，銀河系の大きさもシャプレイのモデルの方が現実に近かった（図 1.4）．

1.2 膨張宇宙論の確立

1.2.1 宇宙の膨張

　天の川銀河系以外にも無数の銀河系があることがわかると，我々が考えるべき宇宙の大きさは飛躍的に広がった．もはや天の川銀河系という有限の広がりを持つ宇宙ではなく，多数の銀河系が点在して際限なく広がった宇宙が視野に入ってきたのである．多数の星の空間分布を調べることで銀河系の構造が知られてきたように，多数の銀河系の空間分布を調べることで宇宙全体の構造を知ることができる．このため天の川銀河系以外の銀河，すなわち**系外銀河** (extragalactic nabula, galaxy) の観測が宇宙の全体像の理解に重要になってきた．

　1912 年から 1923 年にかけて，スライファー (Vesto M. Slipher, 1875–1969) は 41 個の渦巻銀河のスペクトル線を調べて，そのうち 36 個が赤方偏移していることを発見した．青方偏移しているものはアンドロメダ銀河などを含めて，わずか 5 個しかなかった．スペクトル線の赤方偏移や青方偏移をドップラー効果によるものと解釈すると，ほとんどの渦巻銀河は我々から数千 km/s もの速さで遠ざかっていると計算されたのである．

　一方で，理論的な宇宙の記述に対して大きな進展があった．ニュートン以来用いられてきた物体の運動法則がアインシュタイン (Albert Einstein, 1879–1955) によって相対性理論へと拡張されたのである．これによりニュートン力学は，基本理論から近似的な理論へと立場を変えた．とくに 1916 年に完成された一般相対性理論は，時間空間を表舞台へ引っぱり出し，宇宙の記述方法を根本から変えるものであった．

　アインシュタインは自分の理論を完成させるとすぐに，それを用いて一様等方な宇宙モデルを作った．最初アインシュタインは自分の方程式に基づいて計算すると宇宙が止まっていられないことに気づいたのであった．だが，宇宙は全体として永遠不変であるはずというのが当時の常識であり彼の信念でもあったため，彼は自分の方程式が正しくないものと考えたのである．そこで，もともとはなかった宇宙項を自分の方程式に付け加えて，宇宙が静止するように方程式を書き換えた．これがアインシュタインの**静止宇宙モデル** (static universe model) である．一方同時期にド・ジッター (Willem de Sitter, 1872–1934) は，宇宙項を含んだアインシュタイン

方程式から定常的な真空宇宙の解を導き，その中においた物体から放射される光が赤方偏移することを予言した．だが後年，ド・ジッターのモデルは真空解であるために真の定常宇宙とはなっていないことが示された．実際には膨張宇宙となっていたのである．

静止宇宙や定常宇宙を捨て，宇宙の膨張を許して物質を含むモデルをはじめて作ったのがフリードマン (Alexander Friedmann, 1888-1925) である．彼は 1922 年にアインシュタイン方程式の膨張宇宙解を発表した．静止宇宙を信念として持っていたアインシュタインはこの理論を批判し，さらには間違った計算に基づいてフリードマンの結果を否定した．そのこともあって，フリードマンの発見は当時，日の目を見ることがなかった．1927 年，フリードマンとは独立にルメートル (Georges Lemaître, 1894-1966) もアインシュタイン方程式を解いて膨張宇宙モデルを提案し，系外銀河の赤方偏移の原因であるとした．ちなみにルメートルは，こんにちビッグバンモデルと呼ばれている概念，すなわち宇宙は非常に小さいサイズの原始的宇宙から始まり，現在にいたるまで膨張し続けているという考えをこのころ早くも提案している．

宇宙膨張に対する決定的な証拠を発見したのは，またもやあのハッブルである．彼は渦巻星雲が系外銀河であることを発見した後もさらにセファイド型変光星を他の系外銀河に見つけて距離を決定していった．そして 1929 年，かの有名なハッブルの法則 (Hubble's law) を発見したのである．銀河の静止系で放射された光の波長を λ_e とし，その光が実際に観測されたときには波長が λ_o に伸びているとする．銀河のスペクトル線に現れる複数の輝線の相対的な位置を調べることにより，それら輝線がどのような原子から放射されたものなのかを知ることができる．したがって，この 2 つの波長 λ_e, λ_o は観測により定めることができる量である．このとき，銀河の赤方偏移 z は次のように定義される：

$$z = \frac{\lambda_o - \lambda_e}{\lambda_e} \tag{1.7}$$

すなわち，観測される波長が本来の波長に対してどれだけ伸びたかを表す割合が赤方偏移 z である．まったく赤方偏移しない場合には $z = 0$ となる．この赤方偏移を銀河の後退速度 v によるドップラー効果と解釈すると，速度が光速よりも十分小さい $v \ll c$ のときの波長の伸びはドップラーの公式から，

$$\frac{\lambda_o}{\lambda_e} = 1 + \frac{v}{c} \tag{1.8}$$

で与えられる．したがって，後退速度は赤方偏移との間に

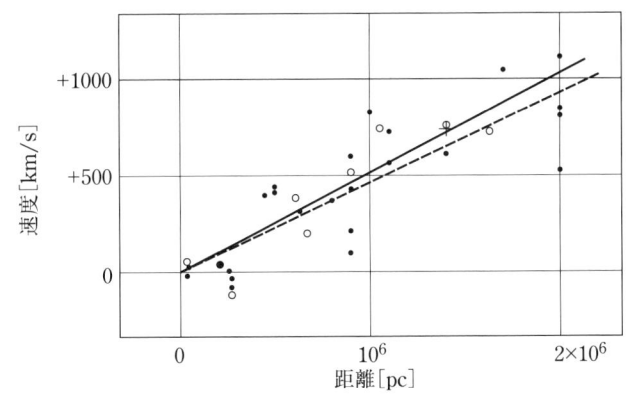

図 1.5　ハッブルによる最初のハッブル図 [5].

$$v = cz \tag{1.9}$$

の関係があることになる．ただしこの後退速度の解釈は $z \ll 1$ でなければ破綻することに注意しておこう．ハッブルはこの後退速度 v と銀河までの距離 d をプロットし図 1.5 の結果を得た．このように距離と後退速度（赤方偏移）をプロットする図は**ハッブル図** (Hubble diagram) と呼ばれる．ハッブルの用いたデータは数も少ないうえ，誤差もかなり大きい．それでも彼は距離と後退速度との間に，こんにちハッブルの法則と呼ばれている比例関係

$$v = H_0 d \tag{1.10}$$

が成り立つことを見抜いたのである．ここで H_0 は**ハッブル定数** (Hubble constant) と呼ばれる比例定数である．通常，後退速度は km/s，距離は Mpc を単位とするため，ハッブル定数は km/s/Mpc の単位で表される．ただし，km/Mpc = 3.241×10^{-20} は定数であるから，ハッブル定数は時間の逆数の次元のみを持つ．

　このハッブルの発見は宇宙が膨張することを示す直接の証拠であった．宇宙が全体として膨張すると，自然に式 (1.10) の関係が導かれるからである．ハッブル自身はそのような偉大な発見をしたと主張したわけではなく，波長の伸びは距離の変化ではなく見かけの効果によると当初考えていたようである．だが，結果的にこの発見は我々の宇宙の見方に大きな変革を求めなければならないものであり，ガリレオの業績にも匹敵する大発見であった．アインシュタインもこの発見の前には，自身の信念である静止宇宙の考えを取り下げざるを得なくなったのである．

ハッブルは図 1.5 の結果からハッブル定数の値としてほぼ 500 km/s/Mpc という値を得た．これは実際よりもかなり大きな値となってしまっている．実はセファイド型変光星には 2 種類あり，これらをまぜて使ってしまったため，銀河までの距離を実際より小さく見積もってしまったのである．遠方銀河までの距離決定は一般に容易なことではなく，距離を推定するためのなんらかの指標を銀河中に見つけられたときのみかろうじて可能になる．一方，銀河の赤方偏移の測定は，銀河が暗すぎなければほとんどの場合に可能である．したがってハッブル定数の値を正確に求めれば，ほぼすべての銀河についての距離推定法を手にすることになる．

　ハッブル以来，ハッブル定数の正確な値を決定する努力が続けられてきたが，その仕事は困難をきわめた．ハッブルの法則の発見から 50 年以上も経った 1980 年代ごろですら 50 km/s/Mpc 前後を主張するグループと 100 km/s/Mpc 前後の値を主張するグループに分裂しているありさまであった．2 つのグループで異なる距離決定法を用いたために，各々の誤差の範囲を超えてお互いに矛盾する結果となってしまったのである．この重要な定数が不明なままでは宇宙のスケールが定まらない．そうはいってもこれが定まるまで宇宙の研究をやめるわけにもいかない．そこで無次元パラメータ h を次の式

$$h = \frac{H_0}{100 \text{ km/s/Mpc}} \tag{1.11}$$

で定義し，宇宙膨張に関係する量にはすべてこのパラメータを残して表すということが行われてきた．たとえば後退速度が 1000 km/s の銀河までの距離は $10\,h^{-1}$ Mpc と表される．この記法を用いるとハッブル定数は

$$H_0 = 100\,h \text{ km/s/Mpc} = 3.241 \times 10^{-18}\,h\,\text{s}^{-1} \tag{1.12}$$

となる．

　最近では，遠方天体までの距離の決定精度も上がり，かなり正確なハッブル図が描けるようになった（図 1.6）．さらに，直接ハッブル図から求める以外にも間接的なハッブル定数の決定方法が開発されることで，より精度のよい値が得られるようになってきた．現時点（2010 年）での見積りとしては，

$$H_0 = 70 \pm 2 \text{ km/s/Mpc} \tag{1.13}$$

が得られている．つまり，$h = 0.70 \pm 0.02$ ということになる．それでもまだ 2 桁弱の精度しかないため，パラメータ h は現在でも依然として用いられる．もし h に測定値を代入してしまうと，そこから得られる数値の精度も h と同じ程度になる．

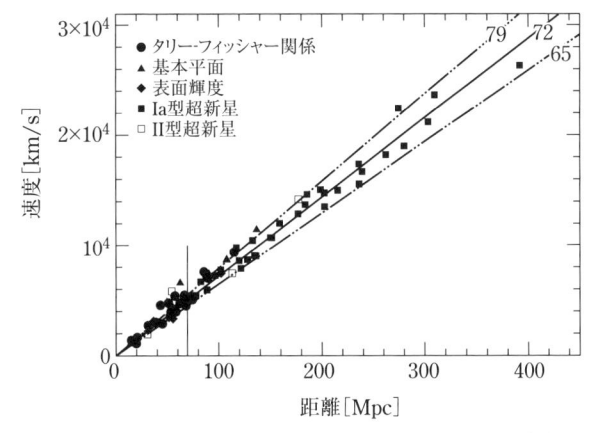

図 1.6 最近の観測に基づいたハッブル図．いろいろな距離決定法に基づくデータがほぼ一直線上に乗っている [6]．

ハッブル定数の逆数 H_0^{-1} は時間の次元を持つが，これは宇宙年齢の目安となる．仮に銀河がずっと同じ速度 v で遠ざかっているとするなら，式 (1.10) より時間 $H_0^{-1} = d/v$ だけさかのぼると銀河までの距離がゼロになり，その時点が宇宙の始まりと考えられるであろう．もちろん実際には銀河の後退速度は一定ではない．だが一般相対性理論に基づいて正確な宇宙年齢を求めたとしても，特殊な場合を除けばこの見積りから大きく外れることはない．この時間は**ハッブル時間** (Hubble time) と呼ばれ，その値は

$$H_0^{-1} = 9.778\,h^{-1}\,\mathrm{Gyr} \tag{1.14}$$

となる．ここで $h = 0.7$ の値を用いると現在の宇宙年齢はおおまかに 140 億年程度[*3]であると言えるのである．また，ハッブル時間に光速をかけた cH_0^{-1} は現在の宇宙で因果関係がある範囲をおおまかに表し，これを**ハッブル距離** (Hubble distance) あるいは**ハッブル半径** (Hubble radius) という．その値は

$$cH_0^{-1} = 2998\,h^{-1}\,\mathrm{Mpc} \tag{1.15}$$

である．宇宙の年齢と光の速度が有限なために，我々は際限なく遠い宇宙までを観測することはできない．ハッブル半径は我々が観測することのできる宇宙の大きさ

[*3] この値は，相対論的な計算と最新の観測に基づいて算出した正確な値に非常に近い．ここで得た数値はおおまかな年齢の目安なので正確な値を与える理由はなく偶然である．

をおおまかに表す目安となる．

1.2.2　ビッグバンモデル

膨張宇宙においては，時間をさかのぼると物質の密度が際限なく増加していく．そして極限的には無限に大きな密度を持つ宇宙から始まったと考えざるを得なくなる．膨張宇宙モデルを導いたルメートルは，早くもそのような状態を考えていて，その起源を「原始的原子」(primeval atom) の爆発であるとしている．しかし，多くの人々にとってそのような極限的な状態は考えにくいものであった．さらに，ハッブルの得たハッブル定数の値 500 km/s/Mpc では，式 (1.14) によりおおまかな宇宙年齢が 20 億年程度となる．一方で放射性同位元素を用いて地球の年齢が正確に測られるようになってくると，その年齢は 30 億年よりも大きくなった．これでは宇宙よりも地球の方が先にできたという矛盾に陥る．この宇宙の年齢問題のため，本当に宇宙に始まりがあったのかが疑問になってきた．

第二次世界大戦後まもない 1948 年，ボンディ (Hermann Bondi, 1919-2005), ゴールド (Thomas Gold, 1920-2004), ホイル (Fred Hoyle, 1915-2001) の 3 人により**定常宇宙論** (steady-state theory) が提案された．この宇宙モデルにおいて彼らは，宇宙が膨張しても物質の密度は不変に保たれ，定常的な状態が永遠に続くのだと仮定した．そのためには質量保存則が破れている必要があり，なにもない空間から物質が湧き出してくることになる．その湧き出しのメカニズムは不明であったが，宇宙の始まりという不愉快なものを考えなくてもよいという魅力的な面があった．一方で，1952 年にはハッブル以来用いられてきた距離測定の方法に問題があることが判明し，ハッブル定数の値は大幅に小さくなった．このため宇宙の年齢問題はそれほど問題ではなくなってきたのだが，それでも 1950 年代から 1960 年代はじめくらいにかけて定常宇宙論はとても人気があった．

一方，定常宇宙論の提案とほとんど時を同じくして，ガモフ[*4] (George Gamow, 1904-1968) は宇宙の始まりのモデルを考えた．宇宙初期では物質密度が非常に大きくなるのみならず，非常に高温状態になることに着目したのである．この高温状態では，物質のエネルギー密度よりも放射のエネルギー密度の方が大きくなり，宇宙は放射で満たされていた時代があったことになる．また，宇宙が高温状態からだんだん冷えてくる過程で，まだ元素となっていない陽子と中性子から出発して，原子核反応によりいろいろな元素が生成されると考えた．これを**原始元素合成**

[*4]　ガモフは学生時代，膨張宇宙モデルの先駆者フリードマンの下で学んでいる．

(primordial nucleosynthesis) という. この熱い宇宙から始まるモデルは**ビッグバンモデル (big bang model)** と呼ばれている. ビッグバンとは「大爆発」という意味だが, この言葉は定常宇宙論の提唱者の 1 人であるホイルが, ラジオの番組でガモフたちの理論を揶揄していったのが発端となって名づけられたものである. ガモフは当初, 原始元素合成で宇宙にあるすべての元素の起源を説明しようとしたが, あまりうまくいかなかった. ヘリウムよりも重い元素がほとんど作られないという問題点があったのである. 一方で 1950 年代には, 3 つのヘリウム原子核を 1 つの炭素原子核に変換するトリプルアルファ反応がホイルたちにより発見され, これを元にして星の中での元素合成により重い元素ができることが示された[*5]. すると宇宙初期にさまざまな元素を作る必要はなくなってしまう. こうして, ビッグバン理論は当初あまり注目されることはなかったのである.

ビッグバンモデルでは, 宇宙が膨張するにつれて宇宙を満たす放射の温度が下がっていく. 現在の宇宙にもわずかにその残光が残っているはずだと考えられた. アルファー (Ralph A. Alpher, 1921–2007) とハーマン (Robert Herman, 1914–1997) は, その残光が絶対温度にして約 5 K 前後の黒体放射スペクトルを持ち, 宇宙空間全体に満ちていると予言した. この温度の放射はいわゆるマイクロ波領域の電磁波となる. これを**宇宙マイクロ波背景放射 (Cosmic Microwave Background radiation; CMB, CMBR)** という. だがその放射温度があまりに低いため, 当時その予言を確かめるための技術もなく, やはりあまり注目は浴びなかった.

1950 年代から 1960 年代にかけて, 宇宙が時間進化しているという観測的な兆候が見られるようになってきた. 宇宙が進化するのでは定常宇宙論に反するため, 徐々にビッグバンモデルへの興味も集まるようになってきた. また, 宇宙空間に存在する元素のうちヘリウムの割合を観測するといつもだいたい質量比で 25% 程度になることがわかってきたが, これは星の中の元素合成でつくり出せる量をはるかに超えていた. そこで軽元素がビッグバンによる原始元素合成で作られ, 星の中で他の重元素が作られるならばよいことになる. 1964 年, ホイルを含む人々によってビッグバンモデルの原始元素合成でつくられるヘリウムの量が計算され, 初期条件にあまりよらず観測されているヘリウムの量を合成できることが示された. その後の計算により, 星の中の元素合成で作ることが難しい他の軽元素, とくにヘリウ

[*5] トリプルアルファ反応が有効に働くためには, 炭素の共鳴状態のエネルギー準位がありそうもないような偶然により調整されている必要があった. 炭素が存在しなければ人間も生まれないから, この宇宙の物理定数はなぜか人間を生むのに非常に都合がよい値になっている. このことは人間が生まれることを宇宙の存在条件とする人間原理の議論においてよく引き合いに出される.

図 1.7　宇宙マイクロ波背景放射の発見に用いられたホーンアンテナ [7].

ム 3 (^{3}He),重水素 (D),リチウム 7 (^{7}Li) の量も同様に説明できることが明らかになる.

　そして 1965 年,思わぬところで宇宙マイクロ波背景放射が検出されるのである.実はビッグバンモデルの提案される以前から,天文学者は星間空間中の分子が,なにか低エネルギーの放射によって励起していることに気づいていた.また,電波天文学が発展すると,電波天文学者も受信機になにかノイズのようなものがあることに気づいていた.しかしそれらの原因はまったく不明であった.1960 年には,アメリカのベル電話研究所においてユニークな形をした高性能の電波アンテナが作られ,衛星通信のために用いられていた(図 1.7).そのアンテナが最初の役目を終えると,1964 年に電波天文学者でもあるペンジアス (Arno A. Penzias, 1933–) とウィルソン (Robert W. Wilson, 1936–) は,これを用いて電波天文学の研究を行おうと考えたのである.しかし,その高性能の装置にはあるべきでないノイズが彼らを悩ませた.そのノイズは温度にして 3 K に相当し,空のどの方向を向けても検出された.当然彼らは自分たちの装置に問題があると考え,あらゆる努力を払って取り除こうとした.だがどうしても取り除けずに,ついには万策尽き果てた.そしてこれはノイズではなく実際に空全体からやってくる信号ではないかという可能性に突き当たったのである.だが当時ビッグバンモデルはそれほど注目されていなかったので,彼らは宇宙マイクロ波背景放射のことをまだ知らなかった.

　同時期にプリンストン大学のディッケ (Robert H. Dicke, 1916–1997) を中心とするグループはビッグバンモデルの研究を行っていた.さらにその予言に基づき自分

たちで宇宙マイクロ波背景放射を検出しようとしていたが成功していなかった．彼らの研究を知らされたペンジアスとウィルソンは早速彼らに電話をかけ，自分たちが大変な発見をしたことを知るのである．これがビッグバンの残光，宇宙マイクロ波背景放射の発見であった．ディッケたちは逆に先を越されてしまったことを知ったのであった．こうしてビッグバンモデルが予言する宇宙マイクロ波背景放射が実際に見つかると，定常宇宙論の支持者は急速に減っていった．

1970年代には素粒子の標準モデルが確立し，粒子の相互作用についての理解が飛躍的に進んだ．さらに標準モデルの拡張である仮説的な大統一理論が提案されると，これを用いて実験的に手の届かない高エネルギー領域，とくに宇宙の極初期の状態を調べる研究が現実味を帯びてきた．この枠組で，1978年には吉村太彦 (1942-) などによって，宇宙に存在するバリオンの起源を調べる**バリオン生成** (baryogenesis) の研究が始められたり，1981年には佐藤勝彦 (1945-) やグース (Alan H. Guth, 1947-) などによって宇宙初期に急激な膨張期があるとする**インフレーション宇宙** (inflationary universe) が提案されるなどした．その後，大統一理論自体はそれが予言する陽子崩壊が観測されないなど当初ほどの現実味はなくなってきたが，宇宙の極初期を素粒子論や高エネルギー物理学を用いて研究できることが明らかとなった．現在では，極初期宇宙の状態を調べるのに，大統一理論とは切り離された，より自由度の高い枠組の下で研究されることも多い．とくにインフレーション理論はビッグバン理論の欠点ともいえる，宇宙の初期状態に関する不自然な点を解決するものであること，および宇宙の初期に現在の宇宙構造の種になる微小なゆらぎを作り出し得ることなどから，ビッグバンモデルを補助する有力な可能性として受け入れられている．ただしインフレーションの具体的な機構については百家争鳴，現在に至るまで確立していない．

宇宙マイクロ波背景放射の詳細な観測はその後も進められたが，マザー (John C. Mather, 1946-) やスムート (George F. Smoot) 率いる観測チームにより1989年に打ち上げられた衛星 COBE (COsmic Background Explorer) が大きな進展をもたらした．彼らは膨大な準備期間の後，数年間かけて宇宙マイクロ波背景放射のくわしい観測を行い，そのスペクトルの精密測定と，温度非等方性の発見という2つの大きな成果を得たのである．まず，背景放射は完全な黒体放射のスペクトルを持っていることが確かめられた．その温度 T_0 としては

$$T_0 = 2.725 \pm 0.001 \text{ K} \tag{1.16}$$

という精密な値が得られている．

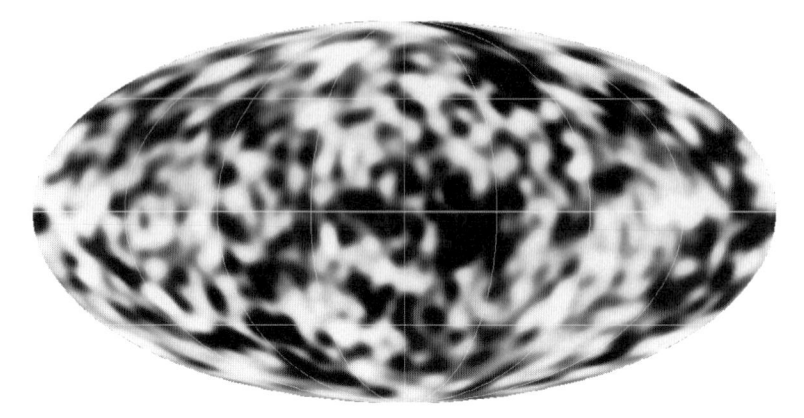

図 1.8 COBE 観測衛星により発見された宇宙マイクロ波背景放射温度非等方性の全天地図 [8].

宇宙マイクロ波背景放射はどの方向からもほとんど同じ温度でやってくる．だが，温度が完全に等方的であるなら，初期の宇宙が完全に一様であることを意味し，現在の宇宙に構造があることを理解するのが難しくなる．宇宙構造の起源や進化を考えると温度にわずかな非等方性が見つかるはずと考えられていた．そしてこの COBE 衛星により，背景放射そのものに内在する温度非等方性が初めて発見されたのである[*6]（図 1.8）．その温度非等方性の性質は，ビッグバンモデルに基づく標準的な構造形成理論から予想されるものとまさに一致していた．COBE 衛星以後もさらにくわしい温度非等方性の観測が行われ，それをもとにして宇宙の幾何学的な曲率が決定されるなど宇宙論にとって大きな進展がもたらされた．最近では WMAP (Wilkinson Microwave Anisotropy Probe) 衛星により，高い角度分解能で温度非等方性の全天観測が行われ，高い精度でビッグバンモデルがさらに裏付けられた．

こうして，当初あまり注目されていたとはいえなかったビッグバンモデルだが，現在ではもはや多くの動かぬ証拠によりその足場が固められている．数多くの観測事実をビッグバンを伴わないモデルで説明することはほとんど不可能に近い．すなわち，ビッグバンモデルは現代宇宙論のパラダイムとしての地位を確立したのである．

[*6] 地球の固有運動によるドップラー効果に起因する温度の非等方性や，我々の銀河系からの放射に起因する非等方性は早くから見つかっていた．だが，背景放射そのものに内在する温度ゆらぎは COBE の観測までなかなか見つからなかったのである．

1.3 宇宙論的天体と宇宙の大構造

1.3.1 いろいろな銀河

　宇宙に広がって存在する多数の銀河は，宇宙の全体構造を調べるための要素として重要な役割を担う．そこで銀河の性質をすこしでも理解しておくことが重要なステップとなるが，銀河というものには1つ1つに個性があり，実に多様な形質を持っている．このため銀河を適切に分類することからして自明なことではない．比較的明るい銀河のうち多くのものは，形の観点から見て**渦巻銀河**と**楕円銀河** (elliptical galaxy) とに分けられる．典型的な例として渦巻銀河 NGC4414 と楕円銀河 M87 を図 1.9 に示す*7．渦巻銀河は円盤型の銀河で，中央に**バルジ** (bulge) と呼ばれる回転楕円体形状をした明るい部分を持つ．そしてバルジから円盤面へ渦巻状に腕が伸びていることが特徴である．一方，楕円銀河は腕を持たず，文字どおり楕円形をした巨大な星の集合で，内部構造はあまりない．渦巻銀河のうち約半数は，中央のバルジに棒が貫いたような形状をしていて，その棒の先端部から腕が伸びている．このような渦巻銀河は**棒渦巻銀河** (barred spiral galaxy) と呼ばれている．図 1.10 左は棒渦巻銀河の典型例である．天の川銀河もこのような棒渦巻銀河の1つであろうといわれている*8．また，なかには渦巻銀河とも楕円銀河ともつかない中間的な形状をした銀河もあり，**レンズ状銀河** (lenticular galaxy) と呼ばれている．

図 **1.9**　渦巻銀河 (NGC4414) [9] と楕円銀河 (M87) [10] の例．

---

*7　記号 M はメシエカタログ (Messier catalog) という星雲のカタログ名，記号 NGC は "New General Catalog" という星雲のカタログ名にそれぞれ由来する．

*8　他の銀河の形状の観測は容易だが，我々の住んでいる天の川銀河の形状の観測は難しい．自分のことは自分ではなかなかわからないものである．

図 **1.10** 棒渦巻銀河 (NGC1300) [11] とレンズ状銀河 (NGC5866) [12] の例.

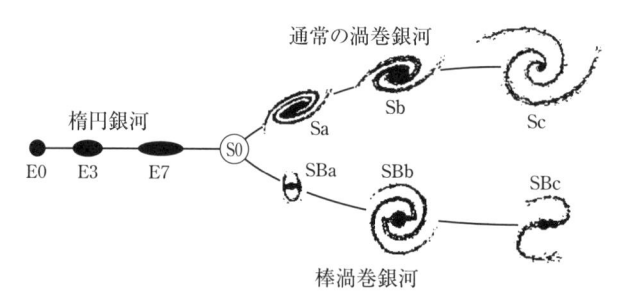

図 **1.11** ハッブルの銀河分類 [13].

図 1.10 右はレンズ状銀河の例である.

このように銀河を見た目の形で分類する方法の 1 つとして,有名な**ハッブルの銀河分類** (Hubble sequence) がある.これは図 1.11 で表される分類法で,その図の形が楽器の調律に用いる音叉 (tuning fork) の形に似ていることから,よく**音叉図** (tuning-fork diagram) と呼ばれている.この分類法によると,楕円銀河はその楕円率によって E0 銀河から E7 銀河までに分けられる.後ろに付いている 0 から 7 までの数字は,観測された見かけの楕円率を表す.その値の決め方は,長軸半径 a と短軸半径 b により定義される楕円率 $(a-b)/a$ を 10 倍した値に一番近い整数である.つまり,E0 銀河は真円に近い形状の楕円銀河,E3 銀河は軸比が 10 : 7 の楕円銀河である.軸比が 10 : 3 の E7 銀河よりも偏平な銀河はほぼすべて円盤構造やバルジを持つため楕円銀河には分類されない.

レンズ状銀河はこの図で S0 銀河に分類される.ハッブルの音叉図では E0 銀河から E7 銀河までを左から右へ順番に並べて,S0 銀河をそのさらに右に配置する.そしてそこから通常の渦巻銀河と棒渦巻銀河の系列に分岐する.通常の渦巻銀河

はSa銀河からSc銀河までに分けられ，棒渦巻銀河はSBa銀河からSBc銀河までに分けられる．後ろについている記号a,b,cは，この順番で渦巻の巻き具合が弱くなり，さらに円盤に比べてバルジの大きさが小さくなることを表している．

　ハッブルはこの音叉図が銀河の進化を表すと考え，図の左の方に位置する銀河を**早期型銀河** (early-type galaxy)，右の方に位置する銀河を**晩期型銀河** (late-type galaxy) と呼んだ．現在ではその進化の考えは正しくないことがわかっているが，これらの呼称だけは現在でも広く使われている．

　楕円銀河，レンズ状銀河，渦巻銀河のいずれにも分類されない銀河は**不規則銀河** (irregular galaxy) と呼ばれ，Irrという記号で表される．我々の銀河系の近くにある大マゼラン星雲と小マゼラン星雲は不規則銀河の代表例である．また，我々の銀河は数千億の星々からなっているが，それよりもずっと少ない数十億程度の星々からなる銀河は**矮小銀河** (dwarf galaxy) と呼ばれる．

　ハッブルの銀河分類だけではなく，その他にもいろいろと分類法が考案されているが，唯一の正しい分類法というものは存在しない．これは銀河を見た目の形態だけで区別することに限界があるからで，ちょうど動植物の多様な種を見た目だけで分類しようとするようなものである．しかも銀河の場合，いろいろな角度から見たりその成長を観察することはできない．生物学における種の分類は進化系統を明らかにすることで飛躍的に発展したが，銀河の形成や進化はといえば現在でもまだまだ不明な点が多い．光学望遠鏡と写真乾板を用いた観測では銀河の形と明るさぐらいしか情報が得られなかったが，現在では光のスペクトルを用いたり，可視光以外の波長帯の電磁波で見ることで，さらにくわしい銀河の性質が調べられている．こうして銀河の形態分類だけでは表されない性質も明らかになってきた．

1.3.2　活動銀河

　1943年，セイファート (Carl K. Seyfert, 1911–1960) は，渦巻銀河の中に，まれに非常に明るく輝く中心核を持つものがあることを発見した．その中心核の明るさは銀河全体の明るさに匹敵し，きわめて小さな領域で輝いている．中心核からの光のスペクトルは，主にいろいろなイオン状態の原子が出す輝線から作られていて，スペクトル中で幅を持つのが特徴的である．輝線幅の広がりは原子のランダムな運動によるドップラー効果と解釈される．その速度幅は輝線によって異なり，500 km/s程度の幅の狭い狭輝線と数千km/s程度の幅の広い広輝線に分けられる．現在，このような銀河は**セイファート銀河** (Seyfert galaxy) と呼ばれている．広輝線と狭輝線の両方を持つものはセイファート1型 (Seyfert 1) と呼ばれ，狭輝線しか持たない

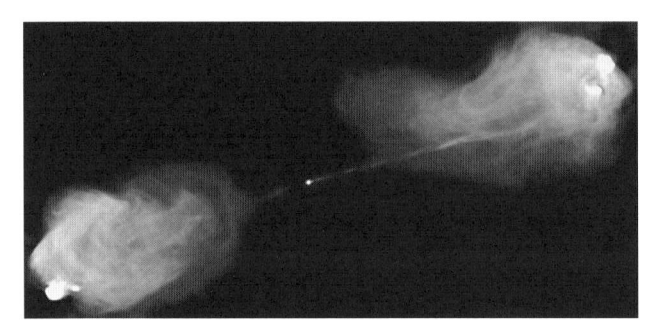

図 1.12 電波で見たはくちょう座 A [14].

ものはセイファート 2 型 (Seyfert 2) と呼ばれる．セイファート銀河の中には X 線を強く放射しているものがあり，その放射には数日あるいは数時間という短い時間スケールでの変動が見られる．これらセイファート銀河の性質により，中心核が強い活動性を示していることがわかる．以下に述べるように，似たような活動性を示す銀河はセイファート銀河以外にもあり，いまではセイファート銀河は**活動銀河** (active galaxies) の 1 つに分類されている．さらにその活動の源である中心核は**活動銀河核** (Active Galactic Nuclei; AGN) と呼ばれている．

第二次世界大戦後，電波天文学が急速に発展して，それまで主流だった光学望遠鏡の観測では知ることのできない銀河の性質が調べられるようになった．電波の波長帯で非常に明るく輝いている銀河は，**電波銀河** (radio galaxy) と呼ばれる．電波銀河もセイファート銀河のように 2 つに分けられ，広輝線電波銀河 (Broad-Line Radio Galaxies; BLRG) と狭輝線電波銀河 (Narrow-Line Radio Galaxies; NLRG) がある．電波銀河は可視光で見ると楕円銀河であることが多く，セイファート銀河と同じようにやはり明るい中心核を持っていて，活動銀河の一種である．電波の放射される領域は中心核から対になって丸く突き出したような構造になっていることが多く，その構造は**電波ローブ** (radio lobe) と呼ばれる．中心核から電波ローブへとつながるジェット状の構造もよく見られる．図 1.12 は典型的な電波銀河であるはくちょう座 A を電波で見た姿である．中心の明るい点が銀河の中心核の位置である．そこから電波ローブへつながるジェット構造が見える．電波では形が見えないが，可視光で見るとこの銀河は巨大楕円銀河である．また，図 1.9 の楕円銀河 M87 も実は電波銀河の 1 つである．

電波望遠鏡により得られたいくつもの電波源に対し，光学望遠鏡で同じ位置を探して対応する天体を見つける追観測が行われた．1960 年代はじめ，その中に奇妙

な天体が発見された．電波源 3C48 および 3C273 に対応する天体[*9]を光学望遠鏡で見てみると，通常の銀河のように広がった形をしておらず，あたかも恒星であるかのように点状に見えるのである．さらにそのスペクトル中には広がった輝線が存在していたが，その輝線の波長の光を出す既知の原子や分子が見当たらなかったのである．そのタイプの天体は**準恒星状電波源** (quasi-stellar radio source)，あるいは略して**クェーサー** (quasar) と呼ばれるようになった．まもなくその奇妙な輝線は水素のバルマー系列が大きく赤方偏移したものであることが判明した．その赤方偏移は 3C273 で $z = 0.158$，3C48 では $z = 0.367$ にも達していた．これは距離にすると 440 h^{-1}Mpc と 900 h^{-1}Mpc にもなり，当時知られていたどのような天体よりも遠くに存在するものであった．それでも星と同じような明るさということは，とてつもなく明るく輝いている天体ということになる．

はじめは電波源として見つかったクェーサーであったが，その後，光学観測だけからクェーサーと同様の性質を示す天体が多数見つけられた．その中には電波では明るい放射源となっていないものも多いことが判明した．このため，これらの天体は**準恒星状天体** (Quasi-Stellar Objects) あるいは略して **QSO** と呼ばれるようになった．このため，クェーサーという呼称は電波で明るいものだけに使い，QSO はそうでないものも含めた一般的な呼称として区別する人もいる．だがすべて含めてクェーサーという語を QSO と同じ意味で使う場合も多くなっており，本書でも後者に従う．

クェーサーも活動銀河の一種であり，活動銀河核を取り囲む親銀河が観測されることもある（図 1.13）．またその明るさは我々の銀河の 100 倍程度から中には 1 万倍以上の明るさのものまであり，他の活動銀河に比べて活動性の規模が桁違いである．クェーサーの大きな特徴は，近傍宇宙にほとんど存在せず，遠方宇宙に多く存在することである．最近では赤方偏移 $z = 6$ を超えるクェーサーもいくつか見つかっている．クェーサーは過去のある時期に出現して現在ではほとんどなくなってしまっていることになる．

活動銀河の中でも 1 日程度の速い時間変動をし，可視光で強い偏光を示すものは**ブレーザー** (blazar) と呼ばれている．その代表的なものがとかげ座 BL 星 (BL Lacertae) である．この天体ははじめ変光星と思われていたが，実は活動銀河核の一種であり，その親銀河も観測されている．同じようなタイプの天体のことを**とかげ座 BL 型天体** (BL Lac objects) と呼ぶ．この天体の特徴として，光が強く偏光し

[*9] 記号 3C は "Third Cambrige Catalog" という電波源のカタログ名に由来する．

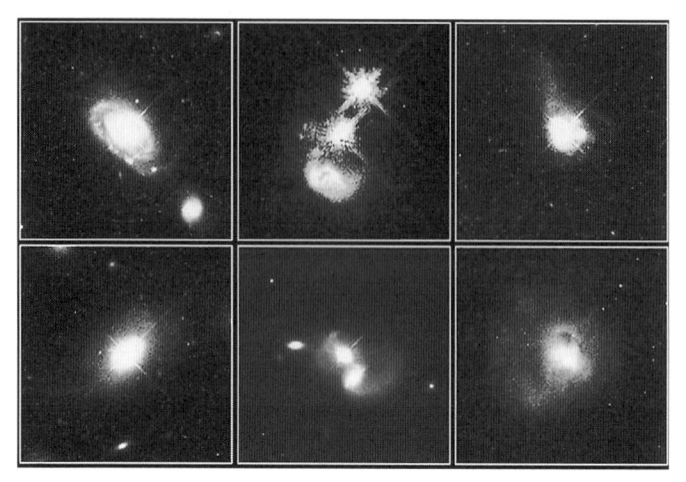

図 1.13　ハッブル宇宙望遠鏡により観測されたクェーサーの親銀河 [15].

て輝線がほとんどなく，クェーサーと同様非常に遠方に存在する．ブレーザーにはこの他にも **OVV** (Optically Violently Variable quasars) と分類されるものもある．これは光学観測で見たときに激しい時間変動をするクェーサーのことである．このタイプの天体はとかげ座 BL 型天体よりもずっと明るく，また広い輝線を示すことが多い．

　以上に見てきたように活動銀河核にもさまざまな種類があるが，いずれも大きなエネルギーを放出する点が共通している．現在ではこれら活動銀河核はすべて，中心にある $10^8 M_\odot$ 程度の大質量ブラックホールへ物質が降着する過程で生じる現象と考えられている．にもかかわらずいろいろな種類の活動銀河核が観測されるのは，物質の降着率やブラックホールの質量の違い，また地球から銀河核を見込む角度の違いなどがその原因とされている．この統一的な描像は**活動銀河核の統一モデル** (the unified theory of AGNs) と呼ばれている（図 1.14）．まだ細かい点で意見の一致したモデルではなく，その形成の物理的機構においても不明な点が多いが，観測事実を説明するための有力な現象論的モデルである．このモデルでは中心の大質量ブラックホールのまわりの小さな領域に存在する降着円盤が摩擦により強く輝いている．電波で明るい銀河核ではブラックホールから極方向へ向いたジェット状の強い放射があって電波源となっている．その外側にガスやダストでできたトーラス状の構造があり，側面から見る観測者に対して中心部を隠している．中心部近くには広輝線を出す広輝線領域 (Broad-Line Region; BLR) があり，トーラスの外側には狭輝線を出す狭輝線領域 (Narrow-Line Region; NLR) がいくつもの塊になって広がっ

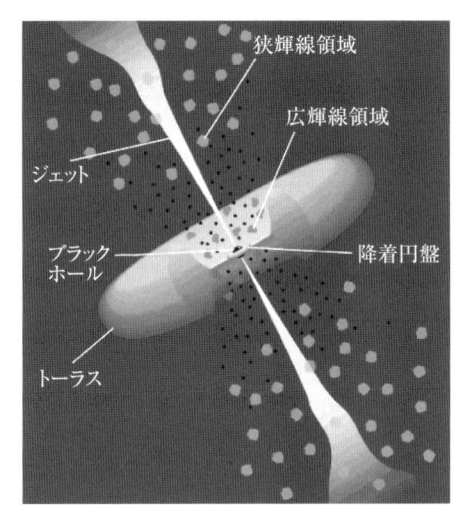

図 1.14　活動銀河核の統一モデル（[16] を改変）．

ている．ジェットのない場合，光学的に明るいものは電波では暗いクェーサーになり，暗いものはセイファート銀河になると考えられる．セイファート銀河のうち広輝線のあるセイファート1型銀河は中心部の広輝線領域を見込むことができるが，セイファート2型銀河はトーラスにより中心部が隠されている．ジェットがある場合には，その明るさに応じて，電波でも明るいクェーサーか，あるいは電波銀河となる．電波銀河の場合，やはりトーラスにより中心部が隠されると狭輝線電波銀河になり，そうでなければ広輝線電波銀河となる．また，たまたま観測者がジェットの方向へ向いていればブレーザーとして観測されると考えられている．

　ハッブル宇宙望遠鏡による観測はこの統一モデルの描像を裏付けている．図1.15 は電波銀河の中心部のイメージである．この銀河は通常の活動銀河よりも活動性の低い LINER (Low Ionization Nuclear Emission Region) と呼ばれるタイプの銀河で，電離度の低い原子からの輝線を中心核から多く放射している．中心にブラックホールの降着円盤と思われる明るい点があり，電波ジェットとは垂直な方向にトーラス構造が見える．

　活動銀河核の統一モデルにおいて，降着円盤がブラックホールへ落ちてしまうと物質がなくなって十分明るく輝かなくなるはずであり，このことが活動銀河の進化を示すとも考えられる．銀河形成の初期段階ではブラックホールのまわりに十分な物質があるため激しい活動性を示すと予想されるが，このことはクェーサーが遠方

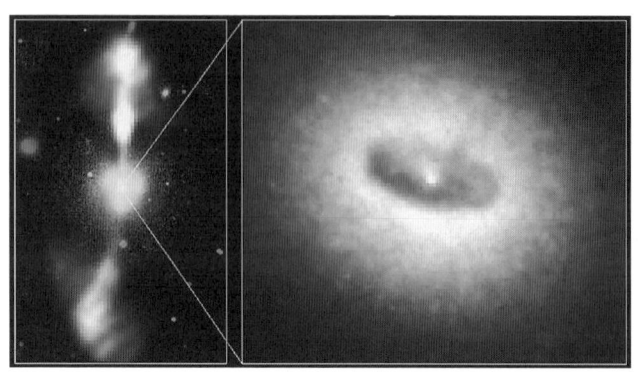

図 1.15 巨大楕円銀河 NGC4261 の中心核の詳細な観測．左は光と電波で見た イメージを合成したもので，右は光で見た中心部の詳細なイメージ [17]．

にしかないことを説明するであろう．そしてまわりに物質がなくなると活動性が減少し，ジェットを持たないものはセイファート銀河となってその後普通の渦巻銀河になり，ジェットを持つものは電波銀河となってその後普通の楕円銀河となる，という可能性も考えられる．このシナリオが正しいかどうかは活動銀河の寿命とも関係するが，くわしいことはまだよくわかっていない．理論的にもジェットの形成機構など解明すべき課題も多い．

　活動銀河核は通常の銀河に比べて数が少ないが，明るく輝くことで遠方宇宙の情報を我々に届けてくれる．なかでもクェーサーは遠方に存在してとくに明るく輝くため，宇宙の奥深くからの情報を届けてくれるのである．まず，クェーサーの空間分布は遠方宇宙の様子を描き出してくれる．次に，クェーサーから出た光は我々のところに届くまでに他の天体などの影響を受けるため，その情報も有用である．その1つはスペクトル中に見られる吸収線である．クェーサーと我々の間に原子ガスが存在すると，その原子の種類やイオン状態に応じて特定の波長の光が吸収を受け，スペクトル中に刻み込まれる．さらにその特定の波長の赤方偏移により吸収の起きた場所が特定できる．こうして遠方にある銀河間ガスの状態を調べることができるのである．また，一般相対性理論によると光は重力により曲げられる．このためクェーサーとほとんど同じ方向にたまたま銀河などの重力源が存在すると，クェーサーの光が曲げられてその重力源がレンズのような働きをする**重力レンズ** (gravitational lens) という現象が発生することがある．重力レンズ効果は通常の銀河にも見られることがあるが，とくにクェーサーは遠方に多いためによく見つかる．この効果を用いることでレンズとなった天体の性質の他，宇宙論の情報も得ら

1.3.3 突発天体現象

 通常の星や銀河のような天体は長期間にわたって輝きつづけているが，なかには突然明るく輝きはじめ，すぐにまた暗くなってしまう天体現象がある．このような**突発天体現象** (transient phenomena) にはいろいろなタイプの新星やフレア現象などがあり，多岐にわたっている．その中でも，とくに明るく輝く突発天体現象は遠方宇宙の光を我々に届けてくれるため，宇宙論においては有用な情報源となり得る．

 そのような明るい突発天体現象の代表的なものは**超新星** (supernova) である．突然夜空に明るく輝く星が生まれたように見えることでそのような名前が付いているが，実際には星が生まれたわけではない．恒星がその進化の最終段階において星全体で大規模な爆発を起こし，急激に明るくなる現象である．数週間から数ヶ月でまた暗くなってしまう．その最大光度は場合によっては銀河 1 個分にも匹敵するほどである．超新星のうち，そのスペクトルに水素原子のバルマー系列輝線が見られないものは **I 型超新星** (type I supernova)，見られるものは **II 型超新星** (type II supernova) と呼ばれて区別される．また，その他の輝線の特性や，光度の時間変化を表す**光度曲線** (light curve) の特性によりさらに細かく分類されている．I 型超新星において，ケイ素の輝線が見られるものは Ia 型に分類される．それ以外の I 型でヘリウムの輝線が強いものは Ib 型，弱いか見られないものは Ic 型に分類される．II 型超新星のうち比較的狭い輝線を持つものは，IIn 型と分類される（n は "narrow" の頭文字）．それ以外の II 型で，最大光度の後に光度の減少の鈍る時期のあるものは II-P 型に分類され（P は "Plateau" の頭文字），そうでなく最大光度に達した後直線的に等級が暗くなっていくものは II-L 型に分類される（L は "Linear" の頭文字）．また，最初のうちは水素の輝線を示すが，後になってヘリウムの輝線の方が強くなるものもあり，そのようなものは IIb 型と分類される．これらさまざまな型の超新星のうち，Ia 型のみが他とは本質的に異なったメカニズムで爆発すると考えられている．

 Ia 型以外の超新星では，星の末期に内部が星自体の重みを支えきれなくなることで**コア崩壊** (core collapse) を起こし，それが引き金になって爆発すると考えられている．初期の質量が $8M_\odot$ よりも大きな星では，内部で核融合反応が進み次々と重い原子核ができるが，核子あたりの束縛エネルギーがもっとも大きい安定な原子核である鉄ができたところで，それ以上核反応が進まなくなる．そして星の中心部に鉄のコアができ，それが成長していく．核融合による熱が供給されないため，圧

力が下がって星が収縮し,密度と温度が上昇する.すると非常に高エネルギーの光子が飛び交い,鉄原子核を陽子,中性子,ヘリウム原子核などに分解して熱を吸収する**光分解** (photodisintegration) 反応が起こる.このとき多量の熱を吸収するので,熱エネルギーによる圧力では星を支えることができなくなりさらに星は収縮する.その後,星を支えるのが電子の**縮退圧** (degeneracy pressure) である.フェルミ粒子を狭い場所に押し込めようとすると,パウリの排他律によりエネルギー準位の大きな状態,すなわち運動量の大きな状態にはみだしてくる.このため押し込もうとする力に抗する力が生じ,これを縮退圧と呼ぶ.こうして星は主に電子の縮退圧によって支えられる状態となる.星の収縮が進み,密度が上昇してくると原子核中の陽子に電子が捕獲されて,ニュートリノが放出される.電子の数が減ると縮退圧が減り,もはや星自体を支えきれなくなって星は急激に崩壊を始める.内部のコアが原子核の 3 倍くらいの密度になると,今度は中性子の縮退圧で崩壊が止められ,跳ね返って外向きの衝撃波を発生させる.この衝撃波が外層まで伝わることで星全体の爆発を引き起こすと考えられている.ただし,この機構で実際に観測されているような爆発が本当に起こせるのか,理論的に必ずしも明らかになっているわけではなく,現在も研究が進められている.

星の初期質量が $25M_\odot$ 程度以下の場合には,爆発後の内部コアは取り残され,中性子の縮退圧で支えられた**中性子星** (neutron star) になると考えられている.それより大質量の場合には最終的に中性子の縮退圧でも支えきれなくなり,完全に重力崩壊の進んだ**ブラックホール** (black hole) になると考えられている.さらに初期質量が $50M_\odot$ を超えるような星の場合は,超新星爆発を起こさずに直接ブラックホールへ崩壊してしまうともいわれている.あるいは通常の超新星よりもさらに 10 倍程度明るく輝く,**極超新星** (hypernova) というものを引き起こす場合もあるのではないかという説もあるが,まだはっきりしていない.

Ia 型超新星はそれ以外の超新星とは異なり,上のようなコア崩壊ではなく炭素の暴走的核反応によるものと考えられている.初期の質量が $8M_\odot$ よりも小さな星では,内部での核融合が鉄まで進むことがない.初期質量が $0.5M_\odot$ よりも大きければ,主に炭素と酸素でできたコアを形成するところまで核反応が進んで止まる.このような星では,進化の過程で大部分の質量が星間空間に放出されて最終的な質量が $1.4M_\odot$ 以下になり,電子の縮退圧で支えられた**白色矮星** (white dwarf) になると考えられている.あまりに質量が大きい星は電子の縮退圧で星の重力を支えることはできない.その限界の質量を**チャンドラセカール限界** (Chandrasekhar limit) という.その値は星の組成などによっても異なるが,約 $1.44M_\odot$ 程度である.この白

色矮星が他の星と連星系をなしていて，その相手の星が**赤色巨星** (red giant) のように巨大化した星になると，その星の表面から白色矮星の方へ物質が流れ込んでくる．流れ込んできた物質は白色矮星の質量を徐々に増加させ，その結果白色矮星の中心部の温度が上昇していく．質量がチャンドラセカール限界に近づいてくると内部が不安定になり，内部コアの炭素が暴走的に核反応を始めることで星全体が爆発すると考えられている．ただし，やはりこの機構で実際に Ia 型超新星爆発を起こすことができるのか，まだ理論的に不明な点も多い．

　Ia 型超新星は宇宙論において重要な役割を果たしている．爆発の機構はまだ完全には明らかになっていないにせよ，経験的にその絶対光度を推定することができ，宇宙の標準光源として用いることができる．Ia 型超新星は超新星の中でもとくに明るく，かなり遠方まで観測できる．このため，宇宙膨張の時間変化を調べるのに適した観測対象となっている．最近では，後に述べる宇宙のダークエネルギーの存在を調べる上で重要な役割を果たした．

　宇宙の遠方を探り得る突発天体現象のもう 1 つの例は**ガンマ線バースト** (Gamma-Ray Burst; GRB) である．アメリカは 1963 年の核実験禁止条約に違反した実験が行われていないかをモニタするためにベラという衛星を打ち上げた．この衛星は核実験を行ったときに出るであろうガンマ線を検出するように作られたのだが，予期せず宇宙から未知のガンマ線の閃光がやってくることを発見したのである．1973 年にこの結果が公表されると，その後は科学的な研究が行われるようになった．ガンマ線バーストはほぼ 1 日に 1 回程度観測され，その持続時間は 0.01 秒から 1000 秒ぐらいまでさまざまである．またしばしば，X 線などのガンマ線より波長の長い電磁波における放射が数日間続く**残光** (afterglow) と呼ばれる現象が見られる．

　その正体は長い間まったく不明といってもよい状態であり，その原因となる天体現象が我々の銀河系内のものなのか系外のものなのかもよくわからない状況であった．1991 年に打ち上げられたアメリカのコンプトンガンマ線観測衛星に載せられた検出器 BATSE (Burst And Transient Source Explorer) により感度のよい観測が行われ，ガンマ線バーストの源は空のあらゆる方向に分布していることが判明した．バーストが銀河系内の現象であるなら銀河面に分布が偏るはずであるから，バーストは銀河系外の現象である可能性が高くなった．さらにバーストには 2 種類あり，継続時間がほぼ 2 秒以下で高エネルギー光子の卓越した「短いバースト」と，継続時間がほぼ 2 秒以上で低エネルギー光子の卓越した「長いバースト」に大きく分類できることが明らかになった．1996 年に打ち上げられたイタリアとドイツの

観測衛星 BeppoSAX では，ガンマ線検出器と X 線検出器の組み合わせにより，ガンマ線バーストの方向を正確に割り出すことができた．この情報を元に光学観測が行われて対応天体が検出されるようになった．その結果，ガンマ線バーストは我々の銀河系外で起きる天体現象であり，しかもかなり遠方の銀河中で起きていることが明らかになった．

ガンマ線バースト対応天体の赤方偏移は $z=1$ 前後から $z=6$ 以上のものまで発見されている．この距離からガンマ線バーストがやってくるには，かなり大きな絶対光度を持つ必要がある．もしガンマ線バーストを引き起こしている天体が等方的にガンマ線を放射しているならば，放出される光子の総エネルギーは 10^{54} erg 程度となり，他には考えられないほどの高エネルギー天体現象でなければならない．だが，ガンマ線の放射が非等方なジェット状になっていて，たまたまその方向に地球が向いているときにガンマ線バーストが観測されるとするなら，通常よりも多少大きめの超新星爆発程度のエネルギーで説明できることになる．

現在のところ，長いバーストと短いバーストではその発生機構が異なるだろうと考えられている．長いバーストは，上述の極超新星爆発のようなものを起源とするのではないかと考えられている．非常に重い星の場合，その進化の最後に鉄のコアができて核融合が進まなくなると，コアはそのままブラックホールへと崩壊してしまう．星が高速回転していると，星を作っている物質が中心部にできたブラックホールへ落ちてくるときに降着円盤を作る．そして回転軸方向へジェット状の衝撃波が形成され，それが星の表面へと進んでいき，ガンマ線の放射の元になると考えられている．実際にいくつかの長いバーストは超新星爆発の起きる数日前に発生しているという観測的証拠も見つかっている．具体的な発生機構はまだ理論的に不明な点も多い．

一方，短いバーストはこれとは異なった起源を持つのではないかと考えられている．1つの有力な説では，中性子星の連星系の合体，あるいは中性子星とブラックホールの連星系の合体が原因とされる．このような連星系の天体はお互いのまわりを回っているが，重力波を放出することにより徐々に回転エネルギーを失い，最後には合体する．合体直前の数秒以内には，中性子星は大きな潮汐力により破壊され，そのときにエネルギーが放出されて短いバーストを引き起こすと考えられている．さらに一部は**マグネター** (magnetar) と呼ばれる，非常に強い磁場を持つ中性子星が引き起こすフレア現象ではないかという説もある．

1.3.4 宇宙の大構造

銀河は宇宙空間に一様にばらまかれた形で分布しているわけではない．むしろ銀河同士が群れ集まっているところがあったり，ほとんど銀河の存在しない領域があったりと，豊富な構造を持っている．しかも，その群れ集まり方に階層構造があり，小さな構造から大きな構造までいろいろな長さのスケールに構造が見られる．銀河の空間分布がどのようであるかは，宇宙全体の構造を調べるときの基本的な情報となる．

比較的少数の銀河の集団を**銀河群** (group of galaxies) と呼ぶ．これは多くても 50 個程度までの銀河の集団で，大きさは差し渡し 1.5 h^{-1}Mpc 程度である．我々の銀河系も**局所銀河群** (Local Group; LG) という銀河群に属している（図 1.16）．局所銀河群には大小 2 つのマゼラン銀河 (Magellan galaxies) やアンドロメダ銀河 (Andromeda galaxy)，さんかく座銀河 (Triangulum galaxy) が含まれ，他に不規則銀河や矮小銀河など 40 以上の銀河が属している．局所銀河群の近くには他の銀河群もある．局所銀河群は，りょうけん座銀河群 (Canes Vanatici group) の端の方に位置して，その一部をなしている．他にも，ちょうこくしつ座銀河群 (Sculptor group) や，しし座 I 銀河群 (Leo I group)，かじき座銀河群 (Dorado group) などが付近にある．

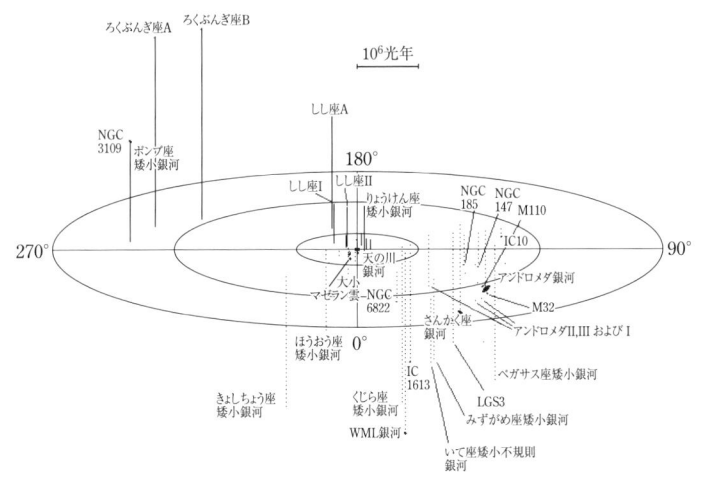

図 **1.16** 局所銀河群．我々の銀河系から半径 1.5 Mpc の領域の銀河の分布 [18]．

銀河群よりも大規模な銀河の集団は**銀河団** (cluster of galaxies) と呼ばれる．これは 50 個程度から数千個程度までの銀河の集団で，大きさは差し渡し 5 h^{-1}Mpc 程度である．銀河群や銀河団に属する銀河は重力的に束縛されている．このため，銀河群や銀河団の大きさは宇宙膨張で大きくなることはない．これは星や銀河自体の大きさが宇宙膨張によって大きくなることはないのと同様である．銀河団には，その形状が球に近く中心ほど銀河が密集している**規則銀河団** (regular clusters) と，逆に不規則な形をして銀河の中心集中は見られない**不規則銀河団** (irregular clusters) に分けられる．規則銀河団は形成から十分な時間を経て力学平衡に達することで形が整っていると考えられ，逆に不規則銀河はまだ形成途上にあるものと考えられる．銀河団の中心には **cD 銀河** (cD galaxy) と呼ばれる明るくて巨大な楕円銀河が存在することが多いが，不規則銀河団の中には cD 銀河を含まないものもある．また，規則銀河団になるほど渦巻銀河よりも楕円銀河の割合が多いという傾向にある．これは銀河の混み合っているところほど楕円銀河の割合が大きくなるという銀河の**形態・密度関係** (morphology-density relation) と符合している．この理由については，銀河同士の相互作用により渦巻銀河が楕円銀河に変化するという説と，もともと重力ポテンシャルの低いところには楕円銀河が形成されやすいという説の 2 つがある．

銀河団の多くは光度が 10^4 erg/s から 10^6 erg/s 程度の X 線を放射していて，その放射は銀河のない場所も含めて銀河団全体から出ている．これはイオン化した原子ガスによる熱制動放射が原因であり，その温度は数千万度から 1 億度程度に達する．銀河団中には銀河の他に原子ガスが大量に存在するのである．その総質量は銀河の中で輝いている星の総質量の約十倍以上にも達する．

図 1.17 は我々の銀河系から半径 30 Mpc の領域にある銀河の分布である．この中にはいくつかの銀河群や銀河団が含まれ，もっとも目立つ構造がおとめ座銀河団 (Virgo cluster) である．我々の近くにある他の銀河団としては，ろ座銀河団 (Fornux cluster)，エリダヌス座銀河団 (Eridanus cluster) などがある．

我々の銀河系の一番近くにある銀河団はおとめ座銀河団である．これはおとめ座とかみのけ座の交わる方向にあり，その中心は我々から約 16 Mpc 離れたところにある．観測されている銀河の総数は 2000 個以上で，そのうち大多数は矮小銀河であるが，大きい銀河のうち約半数は渦巻銀河で残りの半数は楕円銀河と S0 銀河で構成される．中心部分には 3 つの巨大楕円銀河 M84, M86, M87 が存在している．形はいびつで不規則銀河団の 1 つである．不規則に分布する渦巻銀河は中心部に向かって落ち込む運動をしていて，この銀河団がまだ形成途上であることを示して

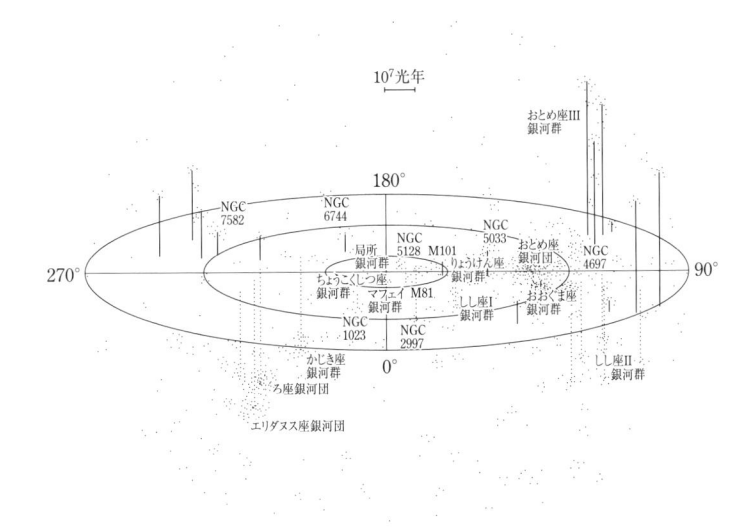

図 1.17 我々の銀河系から半径 30 Mpc の領域の銀河の分布 [18].

いる．おとめ座銀河団の奥の方には，かみのけ座銀河団 (Coma cluster) がある．かみのけ座の方向にあり，その中心は我々から 90 Mpc 離れている．観測できる明るい銀河だけでも 1000 個以上あるが，まだ暗すぎて観測されていない矮小銀河も含めるとさらに多くの銀河が含まれていると考えられる．この銀河団は直径約 6 Mpc のほぼ球形をしており，規則銀河団の 1 つである．銀河のうちほとんどは楕円銀河か S0 銀河で，中心部には 2 つの明るい cD 銀河が存在している．

銀河団よりも大きな構造の単位は**超銀河団** (supercluster) である．これは銀河団の集合体ともみなされるが，その形は不規則で 100 Mpc にもわたる構造をしている．我々の局所銀河群はおとめ座銀河団などとともに**局所超銀河団** (local supercluster) のメンバーとなっている．局所超銀河団はおとめ座超銀河団 (Virgo supercluster) とも呼ばれる．この超銀河団はおとめ座銀河団を中心とする領域で，半径 $20\,h^{-1}$Mpc 程度の偏平な円盤状領域に半分以上の銀河が集まり，他の銀河はそれを取り巻くように分布している．近くにある他の超銀河団として，かみのけ座銀河団としし座銀河団を含んだかみのけ座超銀河団 (Coma supercluster) がある．他にも，ペルセウス座–うお座超銀河団 (Perseus-Pisces supercluster)，ヘラクレス座超銀河団 (Hercules supercluster)，うみへび座–ケンタウルス座超銀河団 (Hydra-Centaurus supercluster) などがよく知られている．図 1.18 は我々の銀河系から半径 $200\,h^{-1}$Mpc の領域の銀河の分布である．

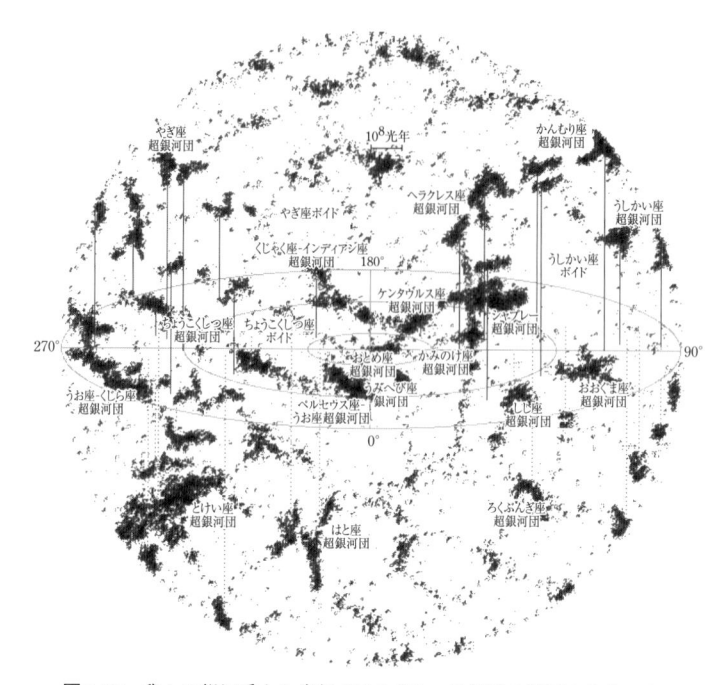

図 1.18 我々の銀河系から半径 200 h^{-1}Mpc の領域の銀河の分布 [18].

　超銀河団は銀河団などのように力学的平衡には達してはおらず，それほどまとまった構造ではない．むしろ銀河は大規模なスケールで，鎖状，フィラメント状，あるいは面状に連なって分布し，超銀河団はその中でも比較的銀河数密度の高い部分に対応しているにすぎない．一方で大きさが 100 Mpc にもおよぶ広大な領域にわたって銀河がほとんど観測されない場所もあり，これは**ボイド** (void) と呼ばれている．多くの銀河はこのボイドを取り囲むように存在して，ちょうどいくつもの泡が空間に積み重なるような構造をしているのである．銀河は宇宙の中で大規模なネットワーク状の構造を作って分布している．このような構造は**宇宙の大規模構造** (large-scale structure of the universe) と呼ばれている．最近の大規模銀河サーベイであるスローン・デジタル・スカイ・サーベイ (Sloan Digital Sky Survey; SDSS) によって得られた銀河の大規模な分布図を図 1.19 に示す．この図の中心に我々の銀河があり，薄い扇型にスライスされた 2 領域の銀河の空間分布が示されていて，扇型の外側へ行くほど遠方に対応する．図の半径は赤方偏移 0.15 であり，距離にすれば約 450 h^{-1}Mpc に対応する．宇宙にはこのように 100–200 Mpc の巨大なスケールの複雑な大規模構造がある．これがなぜ，どのようにできてきたのかは宇宙

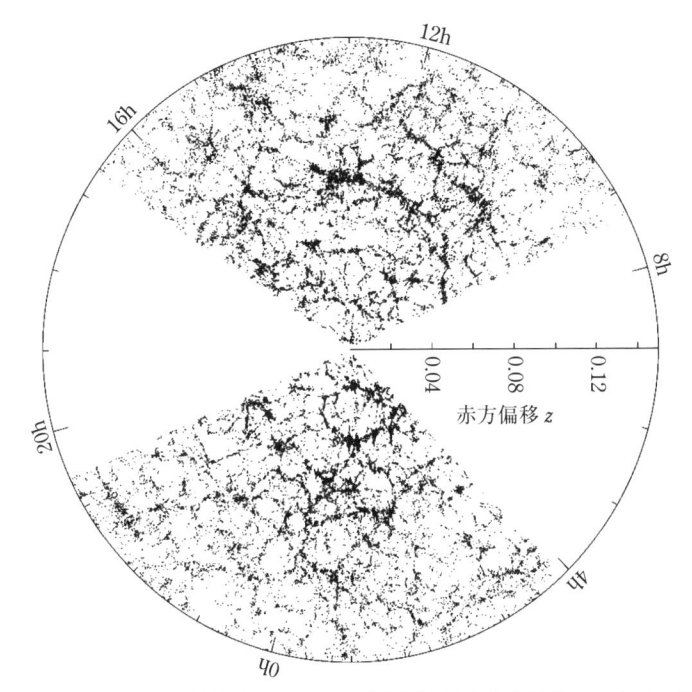

図 1.19 宇宙の大規模構造．SDSS により観測された赤方偏移 0.15 までの銀河分布をプロットしたもの．左右の空白領域は銀河面に重なるため観測されていない場所 [19]．ⒸMichael Bolton and the SDSS

自体の起源や進化に直接結びついていて，宇宙論にとっては重要な情報源となっている．

1.4 ダークマターとダークエネルギー

1.4.1 ダークマター

　太陽系の質量はそのほとんど，99% 以上が太陽の質量で占められている．もし同様に，宇宙の質量の大部分が光輝く星や銀河で担われているなら，それらの観測により宇宙の質量を推定することができるだろう．だが，現実にはそうなっていない．天体の運動や重力レンズなど，重力的効果を用いて宇宙に存在する物質量を推定してみると，宇宙には光っているもの以外に重力源となる質量成分が大量に存在することが判明したのである．しかもそれは，単に十分な光を発することのできな

い銀河間ガスや矮星，あるいは暗い銀河などでは説明できない．その物質成分の正体は現在でも判明しておらず，**ダークマター** (dark matter) あるいは暗黒物質と呼ばれている．

ダークマターの最初の兆候が示されたのは，1933年のツビッキー (Fritz Zwicky, 1898-1974) による，かみのけ座銀河団中の7つの銀河の解析によってである．まず彼は，銀河団中で銀河が運動する速度の分散を見積もった．そして，多体系のビリアル定理によって銀河団の重力ポテンシャルの値を見積もり，銀河団の大きさを考慮してその総質量を推定した．ここから銀河団の総質量と銀河の総光度の比，すなわち**質量・光度比** (mass-to-light ratio) を導いたのである．一方，渦巻銀河は回転しているため，その回転速度から銀河の質量が推定できる．近傍の渦巻銀河から見積もられた銀河自体の質量・光度比と，彼の推定したかみのけ座銀河団の質量・光度比を比べてみると，銀河団のものの方が銀河のものよりも少なくとも約400倍大きいという見積りを得たのである．これは，銀河団の質量が単に銀河の質量を足し合わせたものではないことを意味する．彼は銀河団の質量がなにか見えない物質によって担われていると結論づけた．数年後には，おとめ座銀河団についても同様の解析がなされ，同じような結論が得られている．

渦巻銀河の回転速度がさらにくわしく観測できるようになってくると，奇妙なことがわかってきた．銀河の中心から半径方向に回転速度をプロットした図のことを**銀河の回転曲線** (galaxy rotation curve) という．多くの渦巻銀河では，明るい部分がバルジとそのまわりに集中していて，外側へ行くにつれて急激に暗くなっている．明るさの分布が質量の分布を表しているとするなら，銀河系の外側の方ではだいたい中心部の質量 M による引力により回転速度が決まる．半径 r での回転速度を v とすると，重力定数を G として力のつりあいの式は

$$\frac{GM}{r^2} = \frac{v^2}{r} \tag{1.17}$$

となる．質量が中心に集中しているならその外側では M はほぼ一定で，v は $r^{-1/2}$ にほぼ比例するはずである．このような回転を**ケプラー回転** (Keplerian rotation) という．

ところが1970年，ルービン (Vera Rubin, 1928-) とフォード (W. Kent Ford Jr., 1931-) が渦巻銀河M31（アンドロメダ銀河）の回転曲線を観測したところ，観測できた最大の半径までケプラー回転よりも大きな速度を持っていた．これは星のあまりないところにも質量が広がっていることを意味する．現在では多数の銀河の回転曲線が得られているが，ほとんどケプラー回転の確認されているものはない．む

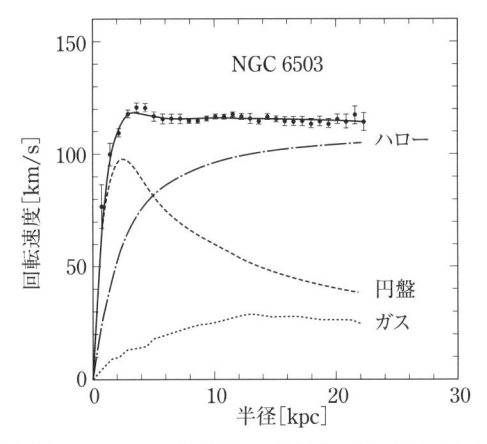

図 1.20 渦巻銀河 NGC6503 の回転曲線．回転速度を銀河中心からの半径の関数として示したもの．誤差棒のついた点は測定値．破線と点線はそれぞれ円盤の星とガス成分の質量によって期待される回転速度への寄与を表す．一点破線はそれ以外，すなわちダークマターによる回転速度への寄与である [20]．

しろ回転速度が半径に対して変化しない**平坦回転曲線** (flat rotation curve) を持つことが多い（図 1.20）．その解釈として，光を放っている円盤部分よりも大きく広がった**ダークハロー** (dark halo) と呼ばれる大きな質量が存在していると考えられる．銀河まわりの天体の運動から，その形は円盤状ではなくほぼ球形をしていると考えている．すると平坦回転曲線を持つためには，上に述べたつりあいの式により，ある半径内に含まれる質量が半径に比例して大きくなっていくことが必要になる．このことから，渦巻銀河では大きく広がったダークハローの中心部に円盤が浮かんでいることになり，その質量の大部分はダークマターにより担われる．ダークハローがどこまで広がっているのかを正確に測定することはできない．このことは銀河質量の正確な見積りを難しくする主な原因となっている．

　渦巻銀河だけでなく楕円銀河にもダークハローが見つかっている．楕円銀河の場合は回転から重力を求めることはできない．代わりに，楕円銀河中のイオン化した星間ガスが熱制動放射によって X 線を出していることを利用する．そのガスはおおまかに圧力勾配と重力がつりあう静水圧平衡になっていると考えてよい．圧力は温度によって決まるから，X 線放射温度の観測によって重力を推定することができる．こうして質量を求めてみると，多くの楕円銀河においてもやはり星の総質量の 10 倍あるいはそれ以上の量のダークハローが銀河の質量として寄与していることが明らかになっている．

他にも，渦巻銀河の円盤の安定性，銀河の潮汐力によって矮小銀河の一部がはぎとられた跡，銀河の特異運動，銀河団の X 線の温度など，数多くの観測解析によりダークマターの存在が裏付けられている．銀河においては星間空間に大量のダークマターがあり，銀河団においては銀河間空間に大量のダークマターがある．すなわち，宇宙にはダークマターが大量に存在し，星や銀河のないところにまで広がっている．

ダークマターの存在はかなり確からしいが，その正体は現在に至ってもなおまったく不明である．まずは光っていない原子や分子などのバリオン成分ではないかと考えたくなるであろう．だがビッグバンにおける原始元素合成の計算によると，観測されるダークマター量ほどの大量のバリオンを我々の宇宙に存在させることはできない．バリオン以外では，実験的に存在が明らかになっているような既知の粒子の中には候補がない．一時期，質量を持つニュートリノが有力な候補と考えられていたが，宇宙構造形成に深刻な問題を引き起こすことから，現在ではその可能性は消えている．素粒子の標準モデルを拡張した理論に基づいていろいろとダークマター候補の粒子は提案されている．だが現在のところ実験的な手がかりがないため，どの候補が現実に対応するのか，あるいはしないのかを決めることができない．ダークマターが重力相互作用しかしない粒子の可能性もあり，その場合には地上の実験で検出することは困難である．あるいは，アインシュタインの重力理論そのものの変更を示唆している可能性も指摘されている．宇宙の物質成分の大部分を占めるダークマターの解明は，宇宙論のみならず物理学そのものに課された課題であるといえる．

1.4.2　ダークエネルギー

宇宙を静止させるために導入されたアインシュタインの宇宙項は，宇宙膨張の事実が観測的に確立すると必要なくなった．しかし逆に考えると，アインシュタイン方程式に矛盾なく存在できる項がゼロになっているという理由もない．宇宙項は，それがなければ理論的にはすっきりするためあまり好まれてこなかったが，その有無は観測的に決められるべき問題である．通常，物質の重力は引力として働くため，宇宙にある物質は宇宙膨張を減速させる．ところが，正の宇宙項は空間の斥力として働くため，膨張宇宙においてはその膨張を加速させる働きを持つ．つまり，宇宙膨張の歴史が宇宙項の有無によりだいぶ異なるのである．このためアインシュタイン以後も，通常の減速膨張のモデルになにか矛盾点のようなものが見つかるたびに，宇宙項を復活させて説明しようという試みが繰り返し行われた．

なかでも，宇宙の年齢問題にはとくによく用いられた．現在の膨張速度はハッブル定数の値により固定されているので，加速宇宙では減速宇宙に比べて過去の膨張速度が遅くなる．それだけ現在の宇宙の大きさまで膨張するのに時間がかかり，宇宙年齢は加速宇宙の方が長い．星などの年齢の見積りが宇宙年齢よりも大きくなると，そのもっとも単純な説明の1つとして宇宙項が持ち出されるのである．1990年代後半までには，宇宙の年齢問題に加えて，宇宙の大規模構造などを矛盾なく説明するのにも宇宙項があった方が有利であることが認識されていた．そして1990年代終わりにIa型超新星を用いた宇宙膨張の解析がなされると，宇宙項の必要性はほぼ決定的になっていった．それまではいくつかの観測を組み合わせることで宇宙項の必要性が示唆されていたのだが，この解析はそれだけで宇宙項の必要性を示していたのである．

　宇宙項の有無は宇宙論だけの問題ではなく，素粒子物理学の立場からも問題となっていた．素粒子物理の基盤である場の理論に基づくと，真空状態の空間も量子効果により一定のエネルギーを持つことが期待される．事実，この真空エネルギーの差から力が生じる**カシミール効果** (Casimir effect) という現象も実際に観測されている[*10]．場の理論における真空のエネルギーは，宇宙項と同一の働きをする．このため宇宙には宇宙項があることが自然であると思われるのである．だがここに大きな問題がある．場の理論から単純に予想される宇宙項の値は，観測的に制限されている値よりも120桁以上大きな値を示してしまうのである．この問題は素粒子物理学における**宇宙定数問題** (cosmological constant problem) と呼ばれ，現在に至るまで解決されていない．これについては，素粒子の標準モデルを拡張した超対称性理論などのなんらかの機構により真空エネルギーが打ち消しあって非常に小さくなっているとする考え方もある．だが宇宙項がゼロでないとすると，120桁の精度でわずかに真空エネルギーが残っている必要があり，きわめて不自然である．

　このため宇宙の加速はそのような量子効果による真空エネルギーによるものではなく，力学的に真空エネルギーを生じる新しい場の一種，クインテッセンスによるものではないかという説もある．そのようなモデルは**クインテッセンス・モデル** (quintessence model) と呼ばれる．この場合，真空エネルギー密度は一般に時間的変化をする．したがって一定の真空エネルギー密度を持つ宇宙項とは異なる．このように，なんらかの真空エネルギーを生んで宇宙を加速させる原因になるものを全般的に**ダークエネルギー** (dark energy) と呼ぶ（3.1.3項も参照）．宇宙項やクインテ

---

*10　S. K. Lamoreaux, *Phys. Rev. Lett.*, **78**, 5 (1997).

ッセンスはダークエネルギーの一種とみなされるが，その他にもダークエネルギーのモデルは数多く提案されている．だが，ここでも宇宙項のときと同様，自然さに関する問題が必ず存在し，観測で得られているような小さな絶対値のエネルギーがどうして説明されるのかについて根本的には明らかになっていない．

　ダークエネルギーを力学的なモデルで説明するのでなく，もっと基本的な物理法則から見直すべきであるとの立場もある．その1つは，宇宙の大規模構造程度以上のスケールでは重力の法則が一般相対性理論に従っていないという可能性である．このため宇宙の膨張則が標準的なものでなくなるというのである．それとも関連して，我々の4次元宇宙が高次元の宇宙に埋め込まれたものであるという**ブレーン世界仮説** (brane-world model) などの数学的なモデルにより説明しようとする試みなどもある．また，宇宙項の大きな宇宙には人間は生まれないから宇宙項が小さいという，**人間原理** (anthropic principle) に基づく議論も持ち出されている．人間原理が何を説明したことになるのか明らかなことではなく，賛否両論が繰り広げられている．

　このようにダークエネルギーをめぐる理論は混迷をきわめているが，その問題の本質は量子場の理論や一般相対性理論の適用範囲のフロンティアに存在し，ダークマターの問題以上に物理学の根幹にかかわるものである．ダークエネルギーの密度の絶対値は小さいが，宇宙全体に広がっているため，そのエネルギー量は現在の宇宙の全エネルギー量の70%以上を占めている．すなわち我々にとってはダークマターも含めて宇宙のエネルギー成分のほとんどが正体不明であるということになる．本章に述べた宇宙像の確立までの経緯を振り返るとき，ダークマターやダークエネルギーの問題は最終的には観測により決着をつけるべきものであることが明らかであろう．現在，ダークエネルギーの本質を浮き彫りにするような宇宙論的観測が強く求められている．実際，ダークエネルギーをターゲットとする多数の大型観測計画が提案されていて，遠くない将来にはなんらかの形で現在とは違った理解が得られているかもしれない．

第2章

宇宙原理と観測量

宇宙はあまりにも複雑な対象である．極微の素粒子から巨大な宇宙の大規模構造に至るまで，さまざまな構造が階層をなしている．そのすべてをそのまま記述しようとしてもたちどころに行き詰まる．だが，宇宙の大局的な構造を調べるのに，細かな構造をすべて考慮する必要はない．たとえば，ある人の今日の行動が宇宙の全体構造に影響することはないのである．宇宙全体の振る舞いに着目する宇宙論では，まず宇宙の細かな構造を捨象して大局的な構造を近似的に求める．そのうえで，近似の精度を上げて徐々に細かな構造まで記述する．さらにそれを宇宙の観測と比較しながら，正しい宇宙像を構築していくという手法がとられる．

2.1 宇宙原理による時空構造

2.1.1 宇宙原理

現代の宇宙論は一般相対性理論による時空の記述を基礎とする．本書では，読者が特殊および一般相対性理論の基本的な概念を理解していることを前提とする．本書で用いる一般相対論の記号を確定するため，および読者の便宜のために，相対性理論に表れる公式などを付録 B に列挙してある．本書では，座標の添字としてのローマ文字は $i,j,\ldots = 1, 2, 3$ のように 3 次元空間の座標を走り，ギリシャ文字は $\mu, \nu, \ldots = 0, 1, 2, 3$ のように 4 次元時空の座標を走るものと約束する．通常の和の規約に従って，繰り返し現れる座標添字については断らない限り和をとる．

宇宙の振る舞いを一般相対性理論に基づいて定量的に記述するためには，まず宇宙全体の時空計量を決めることが必要である．時空計量はアインシュタイン方程式によって定められるが，これは微分方程式なので境界条件によって無数の解を持つ．そこで，アインシュタイン方程式の他になにか，宇宙全体の構造を規定する原

理が必要になる．そのような原理として宇宙論で採用されるのは，宇宙には特別な場所も特別な方向も存在しないというものである．天動説の時代には地球が宇宙の中心であると考えられたが，その後宇宙の認識が広がるにつれて，宇宙の中心という概念は否定され続けてきた．このことからも，宇宙全体に特別な中心はない，すなわち宇宙は一様であると考えるのは自然であろう．同様に，特別な方向もない，すなわち宇宙は等方であると考えることも自然であろう．これら 2 つの仮定を**宇宙原理** (cosmological principle) という．

すなわち，宇宙原理とは

- 大局的スケールで宇宙は一様かつ等方である．

という仮定のことである．もちろん小さなスケールには豊富な構造があり，その個々の構造は一様でも等方でもないことは自明である．銀河の中心部と周辺部では大きく環境が異なるし，渦巻銀河においては回転軸方向が特別な方向となっている．だが，超銀河団を超えるような大きなスケールで宇宙を平均して見ると，特別な場所や方向は存在しなくなると考えられるのである．もちろんこれは仮定であり，最終的には観測によって確かめられるべきことである．標準的な宇宙論ではこの宇宙原理を作業仮説として採用して，そこから導かれる結論と観測とを比較する．現在までのところ，観測的に宇宙原理が成り立っていないという明白な証拠はない．観測的に明らかな矛盾点が出てこない限り，この単純な原理を基礎に据えて構築した宇宙モデルを立脚点とするのである．

ここで，ある観測者にとって宇宙が等方に見えていても，その観測者に対して運動する観測者にとっては宇宙は等方に見えないことに注意しよう．運動する方向が特別な方向となってしまうのである．したがってここでいう等方性とは，宇宙のどの場所にも宇宙が等方に見える観測者を考えることができるという意味である．そのような観測者のことを**基本観測者** (fundamental observer) と呼ぶ．その定義から，異なる基本観測者の世界線が交差することはない．なぜなら，もし異なる基本観測者が交差する点があると，その点ではお互いに運動している 2 人の基本観測者がいるという矛盾を引き起こすからである[*1]．

宇宙原理を満たす時空計量 $g_{\mu\nu}$ の形を考えてみる．そのためにはまず，宇宙の時空間に座標を張る必要がある．ここで，宇宙原理により定義される基本観測者の世

[*1] ただし，あらゆる基本観測者がすべて 1 つに集約するような場合は，それが世界のすべてであるためこの矛盾を引き起こさない．後に導くビッグバン宇宙における初期特異点がその例である．

界線がお互いに交差しないということに着目すると，その事実を座標の定義に用いることができる．まず，基本観測者のとる空間座標値 x^i ($i = 1, 2, 3$) が時間的に一定となるように空間座標を張る．このとき基本観測者同士の相対的な物理的距離が変化しても，座標値は変化しない．すなわちこの座標は基本観測者の運動とともに動くようなものであり，**共動座標** (comoving coordinates) と呼ばれる．さらに，時間座標 $x^0 = ct$ としては基本観測者の固有時間を用いることにする．このような時間座標 $t = x^0/c$ を**宇宙時間** (cosmic time) と呼ぶ．こうして宇宙全体に 4 次元座標 x^μ を張ることができるのである．もちろんこの座標は，宇宙原理を満たす大局的スケールにおいて定義されるものであり，小スケールにおいては一意的には定まらない．当面小スケールの振る舞いは無視し，大局的な近似的計量を求めることを考える．この座標系における宇宙の線素を

$$ds^2 = g_{\mu\nu}dx^\mu dx^\nu = g_{00}c^2 dt^2 + 2c\, g_{0i}\, dt\, dx^i + g_{ij}dx^i dx^j \tag{2.1}$$

と分解しておく．

この座標系においては，基本観測者に沿って $x^i = $ 一定 となり，その固有時間が時間座標 t を定めるのであったから，基本観測者に沿って $-c^2 dt^2 = ds^2 = g_{00}(dx^0)^2$ となる．すなわち $g_{00} = -1$ となることがわかる．さらに基本観測者にとっては宇宙が等方に見えることから $g_{0i} = 0$ となる座標を必ず選ぶことができる．なぜなら，この量は時間一定面[*2]における 3 次元ベクトルになっているため，どのような座標をとってもそれがゼロにできなければ空間に特別な方向があることを意味し，等方性に反するからである．これらのことから式 (2.1) はまず

$$ds^2 = -c^2 dt^2 + g_{ij}dx^i dx^j \tag{2.2}$$

の形に制限される．3 次元空間計量 g_{ij} の形を定めるのが次の課題となる．

この空間計量は時間座標 t および空間座標 $\boldsymbol{x}$ の関数 $g_{ij}(t, \boldsymbol{x})$ である．はじめにその時間依存性から考えていこう．任意に時刻 t_0 を選び，その時刻における時間一定面での 3 次元計量を

$$\gamma_{ij}(\boldsymbol{x}) = g_{ij}(t_0, \boldsymbol{x}) \tag{2.3}$$

とする．この時刻において，空間座標値が微小ベクトル dx^i だけ異なる 2 点に存在

[*2] 時間一定面とは，時間座標がある決まった値をとる空間全体のことである．2 次元的な面ではない．4 次元時空全体の中にある部分的な 3 次元的空間である．

する 2 人の基本観測者を考えると，その間の距離は

$$dl(t_0) = \sqrt{\gamma_{ij}dx^i dx^j} \tag{2.4}$$

で与えられる．次に，他の時刻 t における同じ 2 人の基本観測者間の距離を $dl(t)$ とする．はじめに考えた微小ベクトル dx^i の方向を固定して長さを定数倍するとき，$dl(t_0)$ と $dl(t)$ は微小量である限り比例して変化する．さらに空間の一様等方性により，その比例定数は最初の微小ベクトルの場所にも方向にもよらない，時間だけの関数 $a(t)$ となる．すなわち，基準時刻 t_0 で微小距離 $dl(t_0)$ だけ離れた 2 人の基本観測者を考えれば，他の時刻 t における距離は必ず

$$dl(t) = a(t)dl(t_0) \tag{2.5}$$

となるのである．この比例定数 $a(t)$ は，宇宙の膨張あるいは収縮の度合を表すもので，これを**スケール因子** (scale factor) と呼ぶ．式 (2.5) からただちにわかるように，

$$a(t_0) = 1 \tag{2.6}$$

と規格化されている．

式 (2.4) と (2.5) により，時刻 t における空間の線素は

$$dl^2 = a^2(t)\gamma_{ij}dx^i dx^j \tag{2.7}$$

で与えられる．ここで γ_{ij} は基準時刻 t_0 における空間計量であって時間に依存しない．したがって，一様等方宇宙の空間計量の時間依存性は，その全体を伸縮させるスケール因子としてしか現れ得ないことがわかる．こうして式 (2.2) の空間部分の時間依存性が固定され，宇宙原理を満たす 4 次元線素は

$$ds^2 = -c^2 dt^2 + a^2(t)\gamma_{ij}dx^i dx^j \tag{2.8}$$

という形まで制限される．あとは時間一定面における静的な一様等方 3 次元計量 γ_{ij} を求めればよい．

2.1.2　一様等方空間

いきなり一様等方な 3 次元計量をイメージするのは難しいので，まずは 2 次元の一様等方空間の例から考えてみよう．もちろん，無限に広がったユークリッド的な平面は一様等方な 2 次元空間の例の 1 つであるが，そうでない一様等方な 2 次

元面も存在する．その身近な例は球の表面である．球面上ではどの点も特別な点ではなく，また球面に沿ったどの方向も特別な方向ではない．すなわち一様等方な 2 次元面をなしている．球面の曲率はすべての点において一定である．球面を定義している球の半径を R_c とすると，その一定曲率は $K \equiv R_c^{-2}$ で与えられる．ここで球面上に任意の点を選んで原点 O とする．その原点 O から任意の方向を選んで基準方向を定める．ここで任意の点について原点 O からの最短距離を x，その最短距離の向いている方向と基準方向との間の角度を θ とすれば，原点 O を中心とした極座標 (x, θ) が定義される．ここで点 (x, θ) から O と球の中心を結ぶ直線上へ降ろした垂線の長さを r とすれば，$r = R_c \sin(x/R_c)$ である（図 2.1）．したがって，球面上の 2 次元線素は次の形となることがわかる：

$$dL^2 = dx^2 + r^2 d\theta^2 \tag{2.9}$$

$$= \frac{dr^2}{1 - Kr^2} + r^2 d\theta^2 \tag{2.10}$$

この計量で与えられる 2 次元空間はいたるところ曲率が正の一定値をとるので，2 次元正定曲率空間と呼ばれる．

球の場合は R_c が正の実数であるから必然的に曲率は正 $K > 0$ であるが，式 (2.10) で与えられる計量の空間で $K \leq 0$ となるようなものを考えることができる．曲率がゼロ $K = 0$ の場合はちょうどユークリッド的な平坦平面における 2 次元極座標の計量に等しい．これは $R_c \to \infty$ とすれば実現され，半径の十分大きな球ではその表面が局所的に平面と区別できなくなることに対応している．

次に $K < 0$ の計量は 2 次元負定曲率空間の計量になる．この空間は形式的には R_c を純虚数にすれば得られる．上の正曲率の場合には，ある点のまわりに半径 x が一定の円を考えるとその円の長さは $2\pi x$ よりも小さくなる（図 2.1）．これは言

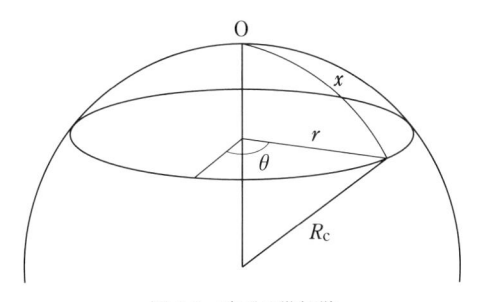

図 2.1 球面の幾何学

い替えれば $x > r = R_c \sin(x/R_c)$ となるからである．負曲率の場合 $R_c = iR_c$ と解析接続すると，$x < r = R_c \sinh(x/R_c)$ となるため，逆に円の長さが $2\pi x$ よりも大きくなる．負曲率空間では半径に比べて円の円周が長くなってしまうのである．このような負曲率の曲がった面の例としては，馬の鞍や峠などがある．これらの例は負曲率の 2 次元面となっているが，曲率は一定ではない．正定曲率空間の場合と違って，2 次元負定曲率空間を 3 次元空間に埋め込まれた 2 次元空間としてわかりやすく示す方法はない．しかし，曲率を持つ空間がユークリッド的な高次元空間に埋め込まれている必要はなく，負の定曲率空間も正の定曲率空間と同様に存在可能である．

こうして 2 次元の一様等方空間である定曲率空間が得られたが，これを足がかりにすれば一様等方な 3 次元空間を次のように構成することができる．まず，3 次元空間の中に任意に原点をとって極座標 (r, θ, ϕ) を考える．ここで空間の等方性により動径座標 r が一定の面は一様な球面となる．いま動径方向の座標のスケールは任意であるが，ここで $r = $ 一定の球面の面積が $4\pi r^2$ となるように r の目盛を選択する．曲率がゼロの平坦空間であれば r は原点からその球面までの実際の距離であるが，そうでなければ一般には実際の距離とは異なる．このようにすれば，この球面上の線素は $r^2(d\theta^2 + \sin^2\theta d\phi^2)$ となる．また，この球面は動径方向に垂直である．そうでなければ，動径方向を球面上に射影したベクトルが非等方性を生みだしてしまうからである．以上より，空間の等方性の帰結として次の形の線素を持つ座標が存在することが示された：

$$dL^2 = F(r)dr^2 + r^2\left(d\theta^2 + \sin^2\theta d\phi^2\right) \qquad (2.11)$$

ここで，$F(r)$ は動径座標 r の任意関数である．この関数が角度座標 (θ, ϕ) に依存しないのはやはり等方性のためで，方向により動径方向のスケールが異なることはないからである．この関数は，上に構成した 2 次元一様等方空間の計量と比べることで決めることができる．つまり，この 3 次元計量において $\phi = $ 一定となる面を考えてみると，対称性によってこれは一様等方 2 次元空間となるはずなので，式 (2.10) の計量に帰着するはずである．このことから

$$F(r) = \frac{1}{1 - Kr^2} \qquad (2.12)$$

となっていればよいことがすぐにわかる．したがって宇宙原理を満たす 3 次元線素として最終的に

$$dL^2 = \frac{dr^2}{1-Kr^2} + r^2\left(d\theta^2 + \sin^2\theta d\phi^2\right) \tag{2.13}$$

という形が得られた．

この3次元一様等方計量の形の導出はやや発見的であったため，この形以外にも一様等方計量があるのではないかと思うかもしれない．だが実際には座標変換の自由度を除いて3次元一様等方空間の計量はこれ以外にはない．このことは以下のように示される．等方性のみから制限された計量の形である式 (2.11) に戻る．この計量から定義に基づいて3次元スカラー曲率を計算する．多少の計算の後，

$$^{(3)}R = \frac{2}{r^2}\frac{d}{dr}\left[r\left(1-\frac{1}{F}\right)\right] \tag{2.14}$$

を得る．ここで空間の一様性からこのスカラー曲率 $^{(3)}R$ は空間の場所に依存しない定数となるべきである．このことを用いて上式を1回積分すると，積分定数 C を用いて，

$$1 - \frac{1}{F} = \frac{^{(3)}R}{6}r^2 + \frac{C}{r} \tag{2.15}$$

となる．空間がなめらかであれば半径の小さい極限 $r\to 0$ で平坦空間に近づくから関数 $F(r)$ は $F(0)=1$ という境界条件を満たす．したがってこの積分定数 C はゼロでなければならない．すると F の形としては式 (2.12) のものしか許されないことがわかる．ここでスカラー曲率 $^{(3)}R$ は曲率 K と

$$^{(3)}R = 6K \tag{2.16}$$

の関係にある．これで，3次元一様等方空間は座標変換の自由度を除いて計量 (2.13) で与えられるもの以外には存在しないことが示された．すなわち，3次元一様等方空間は曲率 K を与えると一意的に定まってしまうのである．

計量 (2.13) において，曲率 K がゼロでなければ原点からの実際の距離は r でないことは2次元の例からも明らかであろう．原点から動径座標値 r の点までの実際の距離 x は，式 (2.13) において $d\theta = d\phi = 0$ とした微小間隔の積分により

$$x(r) = \int_0^r \frac{dr'}{\sqrt{1-Kr'^2}} \tag{2.17}$$

と求められる．たとえば曲率が正であれば積分の分母は1よりも小さいので $x > r$ となるが，これは実際の半径が x となる球面の面積が $4\pi x^2$ よりも小さくなっていることを示している．逆に曲率が負であれば実際の半径に比べて面積が広くなっている．曲率がゼロのときのみちょうど面積が $4\pi x^2$ で与えられる．これらの事情は

2 次元定曲率空間における半径と円周の関係と同じことである.

2.1.3 ロバートソン–ウォーカー計量

4 次元線素の式 (2.8) において,基準時刻 t_0 での一様等方時空の計量 γ_{ij} として,式 (2.13) の 3 次元一様等方計量を代入すれば,

$$ds^2 = -c^2 dt^2 + a^2(t) \left[\frac{dr^2}{1 - Kr^2} + r^2 \left(d\theta^2 + \sin^2\theta d\phi^2 \right) \right] \tag{2.18}$$

を得る.これが宇宙原理を満たすもっとも一般的な時空の計量である.これはロバートソン–ウォーカー計量 (Robertson-Walker metric) と呼ばれ,宇宙論においてもっとも重要なものの 1 つである.ここで不定な変数はスケール因子 $a(t)$ および曲率 K のみである.もともと 4 変数関数 10 個で表される計量 $g_{\mu\nu}$ の自由度は,一様等方性の強い制限により,1 変数関数 1 個と定数 1 個の自由度へと極度に減ってしまったのである.ここで基準時刻 t_0 によってスケール因子の規格化と曲率が決められたが,通常はこの基準時刻を現在時刻にとる.つまり,現在を基準にした宇宙の伸縮の比率がスケール因子 $a(t)$ であり,現在の宇宙の曲率が K である.

式 (2.18) のロバートソン–ウォーカー計量において動径座標 r は球面の面積で定義されるものであった.この動径座標の定義は任意である.そのスケールを適当に変えることにより,計量を他の形に表した方が便利なこともある.たとえば,次の変数変換

$$\bar{r} = \frac{2r}{1 + \sqrt{1 - Kr^2}} \tag{2.19}$$

を行うと,ロバートソン–ウォーカー計量は

$$ds^2 = -c^2 dt^2 + \frac{a^2(t)}{\left(1 + \frac{K}{4}\bar{r}^2\right)^2} \left[d\bar{r}^2 + \bar{r}^2 \left(d\theta^2 + \sin^2\theta d\phi^2 \right) \right] \tag{2.20}$$

という形となる.この空間部分の計量は平坦空間の計量に比例していて,場所ごとにその比例係数は異なっている.すなわち,計量のスケールを場所ごとに変化させる**共形変換** (conformal transformation) $g_{ij}(x) \to \Omega(x) g_{ij}(x)$ により平坦な空間の計量へ変換できる.この性質を持つ空間を**共形的に平坦** (conformally flat) な空間という.さらに時間座標を適当に変換すれば,4 次元計量自体も平坦なミンコフスキー計量に比例させることができる.つまり,ロバートソン–ウォーカー計量は 4 次元時空としても共形的に平坦である.

上に現れた座標においては,曲率がゼロでない限り動径座標 $r, \bar{r}$ のどちらも実際

の物理的距離ではない．そこで次に，測地的距離による動径座標を用いて計量を表すことを考える．その距離としては，現在時刻において測る距離を使う．動径方向の測地的微小距離 dx は，時間と角度を固定した線素 ds で与えられるから，現在時刻 ($a = 1$) のロバートソン–ウォーカー計量 (2.18) により

$$dx = \frac{dr}{\sqrt{1 - Kr^2}} \tag{2.21}$$

となる．これを積分して得られる関数を

$$r = S_K(x) \tag{2.22}$$

とすると，曲率の符号に応じて，

$$S_K(x) = \begin{cases} \dfrac{\sinh\left(\sqrt{-K}x\right)}{\sqrt{-K}} & (K < 0) \\ x & (K = 0) \\ \dfrac{\sin\left(\sqrt{K}x\right)}{\sqrt{K}} & (K > 0) \end{cases} \tag{2.23}$$

となる．この関数は場合分けで表されてはいるが，たとえば $K \leq 0$ の場合は $K > 0$ の場合を解析接続したものになっていて，本質的に1つの関数である．逆関数はその構成から

$$S_K^{-1}(r) = \int_0^r \frac{dr'}{\sqrt{1 - Kr'^2}} \tag{2.24}$$

で与えられる．動径座標として r の代わりに測地的距離 x を用いると，ロバートソン–ウォーカー計量は

$$ds^2 = -c^2 dt^2 + a^2(t) \left[dx^2 + S_K^2(x) \left(d\theta^2 + \sin^2\theta d\phi^2 \right) \right] \tag{2.25}$$

という形に表される．

この座標 x は，基準とした現在時刻における原点からの測地的距離である．それ以外の時刻においてこの座標は中の物質とともに伸縮するため，一般の時刻では実際の距離ではない．時刻 t において原点と座標 x の点との間の実際の距離は $a(t)x$ となる．このように物質とともに伸縮する距離 x のことを**共動距離** (comoving distance) という．

最後に，上で採用した $a(t_0) = 1$ とは異なる規格化が使われることもあるので，ここで注意しておく．曲率 K がゼロでないときに座標 r を

$$r \to |K|^{-1/2} r \tag{2.26}$$

と再定義し，曲率がゼロのときにはそのままにしておけば，ロバートソン–ウォーカー計量は

$$ds^2 = -c^2 dt^2 + R^2(t) \left[\frac{dr^2}{1-kr^2} + r^2 \left(d\theta^2 + \sin^2\theta d\phi^2 \right) \right] \tag{2.27}$$

と表される．ただしここで，

$$k = \begin{cases} -1 & (K<0) \\ 0 & (K=0) \\ 1 & (K>0) \end{cases}, \quad R(t) = \begin{cases} |K|^{-1/2} a(t) & (K \neq 0) \\ a(t) & (K=0) \end{cases} \tag{2.28}$$

である．曲率がゼロでない場合，r は無次元化していて，曲率 k は離散的な値，$0, \pm 1$ のみをとる．これは座標 r の単位を曲率半径 $|K|^{-1/2}$ にとったことに対応する．その代償としてスケール因子 $R(t)$ は長さの次元を持つ．したがって現在値を 1 に規格化することはできず，$R(t_0) = |K|^{-1/2}$ となる．つまり曲率のスケールはスケール因子の現在値を通して入っている．このような規格化を用いる場合には注意すべき事項である．

ロバートソン–ウォーカー計量における不定の定数である曲率 K と不定の関数であるスケール因子 $a(t)$（あるいは $R(t)$）は，アインシュタイン方程式の解として求めることができる．だがそれは宇宙に存在するエネルギー成分が何であるのかに依存する．そこでこの章ではあえてアインシュタイン方程式を用いずに，一様等方な膨張宇宙の一般的性質を見ていくことにしよう．こうして得られる結論は，宇宙の中のエネルギー成分が何であっても成り立ち，さらには，アインシュタイン方程式が仮に成り立たなかったとしても成り立つ．

2.2 膨張宇宙の赤方偏移

2.2.1 宇宙論的赤方偏移

前章で，遠方の銀河からやってくる光は赤方偏移を示していることを述べた．ロバートソン–ウォーカー計量で表される一様等方宇宙の枠組の中で，この赤方偏移の現象がどのように理解されるのかを見てみよう．

このため，共動距離 x を用いた式 (2.25) のロバートソン–ウォーカー計量から出

発する．まず，観測者の位置を原点 $x = 0$ にとる．時刻 t_1 において点 (x_1, θ_1, ϕ_1) を出発した光を，現在時刻 t_0 に原点 $x = 0$ で観測するものとする．光線は原点までヌル測地線 $ds = 0$ に沿って進む．さらに，空間の等方性により光線に沿って $d\theta = d\phi = 0$ が満たされる．したがって，光線上では

$$c\, dt = -a(t)\, dx \tag{2.29}$$

が成り立つ．マイナス符号は，光線が座標値の減少する方向に進むことを反映している．これを光線に沿って積分すれば，

$$\int_{t_1}^{t_0} \frac{c\, dt}{a(t)} = x_1 \tag{2.30}$$

となる．

いま光が波動として伝播するとき，波の山が時刻 t_1 に出発し，次の波の山が時刻 $t_1 + \delta t_1$ に出発したとする．そして，初めの山の到達時刻を t_0，次の山の到達時刻を $t_0 + \delta t_0$ とする．ここで，どちらの山も同じ共動距離を伝播する．つまり式 (2.30) の右辺は天体に固定された共動距離であり，その値は時間に依存しない．したがって

$$\int_{t_1}^{t_0} \frac{dt}{a(t)} = \int_{t_1 + \delta t_1}^{t_0 + \delta t_0} \frac{dt}{a(t)} \tag{2.31}$$

が成り立つ．ここで，$\delta t_0, \delta t_1$ はスケール因子の時間変化スケールに比べて十分短いので，式 (2.31) をテイラー展開することにより，

$$\frac{\delta t_1}{a(t_1)} = \frac{\delta t_0}{a(t_0)} \tag{2.32}$$

が得られる．光の波長は光源と観測者でそれぞれ $\lambda_1 = c\, \delta t_1$, $\lambda_0 = c\, \delta t_0$ である．ここで，赤方偏移 z は波長の伸び具合を表す量として，

$$z \equiv \frac{\lambda_0 - \lambda_1}{\lambda_1} \tag{2.33}$$

で定義された．すると，$a(t_0) = 1$ の規格化のもとで，

$$1 + z = \frac{\lambda_0}{\lambda_1} = \frac{1}{a(t_1)} \tag{2.34}$$

となることがわかる．膨張宇宙では過去 $t_1 < t_0$ からきた光は $a(t_1) < 1$ を満たすので，赤方偏移 z は必ず正となる．すなわち，宇宙のスケール因子が a となる時刻に出発した光の波長は，宇宙の膨張の割合 $1/a$ と同じ割合で伸びるのである．言いかえれば，赤方偏移が z となる天体からの光は，宇宙のスケール因子が現在の

$(1+z)^{-1}$ 倍である時点からやってきたものである．

ここで，赤方偏移は銀河が我々から遠ざかるために生じる後退速度のドップラー偏移と思うかもしれない．一般向けの解説ではそのように説明されることもあるし，式 (1.10) で与えられるハッブルの法則では暗にその解釈が仮定されている．だが，上の導出では通常のドップラー偏移の式がどこにも現れていないことに注意しよう．膨張宇宙における赤方偏移の本質は空間のスケール因子の変化にある．通常のドップラー偏移のように，光源と観測者の速度差のみによって引き起こされるようなものではない．さらに膨張速度によって決まるようなものでもなく，光の出発時点でのスケール因子そのものの大きさから決まる．これらのことから，相対論的な膨張宇宙の赤方偏移はドップラー偏移と区別されるべきである[*3]．むしろ，光は伝播の途中で計量の時間変化の影響を受け，波長を変化させるのである．このように宇宙膨張に伴う赤方偏移を**宇宙論的赤方偏移** (cosmological redshift) という．

収縮期を持たない膨張宇宙ではスケール因子 $a(t)$ が時間の単調増加関数であるから，宇宙時間 t とスケール因子 a は一対一対応する．さらに式 (2.34) により，宇宙時間と赤方偏移 z の間の対応も一対一となる．この事情により，膨張宇宙の記述ではスケール因子の値，あるいは赤方偏移の値を時刻の代わりに用いることも多い．さらに天体を光が出発した時間 t とその天体までの共動距離 x には式 (2.30) の関係がある．これは，我々が過去に向かう光円錐上の事象しか観測できないということを表している．こうして，我々の観測可能性という制限から，宇宙時間 t，スケール因子 a，赤方偏移 z，そして共動距離 x はすべてお互い同士で対応し合うのである．その関係は式 (2.30)，およびその積分変数の変換により

$$x = \int_t^{t_0} \frac{c\,dt}{a} = \int_a^1 \frac{c\,da}{a^2 H} = \int_0^z \frac{c\,dz}{H} \tag{2.35}$$

で与えられる[*4]．ただしここで H は任意の時刻 t での膨張率を表し，

$$H \equiv \frac{\dot{a}(t)}{a(t)} \tag{2.36}$$

で定義される．これをその時刻での**ハッブル・パラメータ** (Hubble parameter) と呼ぶ．このパラメータは時間の関数であるが，上述の事情により，スケール因子ある

[*3] 光の進路に沿っての無限小ローレンツ変換の積み重ねによるドップラー偏移と解釈することは可能であり，書物によっては宇宙膨張の赤方偏移もドップラー偏移と考えてよいとするものもある．だがいずれにしても初等物理で習う単純なドップラー偏移のイメージとは異なる．

[*4] ここで積分範囲に現れてくる変数と積分変数は本来別の記号で表すべきであるが，混乱のおそれのない限りこのような簡略化した記法を用いる．

いは赤方偏移の関数とみなすこともできる．

式 (2.17), (2.35) により 2 つの動径座標 r, x と赤方偏移 z の間には

$$\frac{c\,dz}{H} = dx = \frac{dr}{\sqrt{1-Kr^2}} \tag{2.37}$$

の関係がある．同じことだが積分形にすれば

$$x(z) = \int_0^z \frac{c\,dz}{H(z)}, \quad r(z) = S_K\left[\int_0^z \frac{c\,dz}{H(z)}\right] \tag{2.38}$$

という関係となる．

2.2.2 粒子の自由運動

量子論的には，光は波動であると同時に光子という粒子でもある．したがって粒子的な見方からも赤方偏移に対応する現象を導くことができる．静止ユークリッド空間中での自由粒子の運動は，よく知られているように等速直線運動である．ロバートソン–ウォーカー計量で表される時空間において，このことは一般に成り立たない．空間の等方性により，自由運動する粒子がその運動方向を変化させることはないが，運動量の絶対値については一定に保たれる理由はない．

測地線方程式の 0-成分を考える：

$$\frac{dP^0}{d\lambda} + \Gamma^0_{\mu\nu} P^\mu P^\nu = 0 \tag{2.39}$$

ここで，λ はアフィン・パラメータ，$P^\mu = dx^\mu/d\lambda$ は 4 元運動量であり，粒子の質量を m とすると

$$P^\mu P_\mu = -m^2 c^2 \tag{2.40}$$

を満たす．ただし，質量 m がゼロでない場合，$dx^\mu/d\lambda$ が 4 元運動量となるように，アフィン・パラメータは粒子の固有時間 τ を質量 m で割ったもの $\lambda = \tau/m$ に選んでおく．ロバートソン–ウォーカー計量が式 (2.8) の形をしていることから，クリストッフェル記号 $\Gamma^0_{\mu\nu}$ は，

$$\Gamma^0_{00} = \Gamma^0_{0i} = \Gamma^0_{i0} = 0, \quad \Gamma^0_{ij} = \frac{a\dot{a}}{c}\gamma_{ij} \tag{2.41}$$

の形になる．4 元運動量 P^μ の 3 次元成分の大きさは，

$$|\boldsymbol{P}| = \left(g_{ij} P^i P^j\right)^{1/2} = a\left(\gamma_{ij} P^i P^j\right)^{1/2} \tag{2.42}$$

であるから，測地線方程式 (2.39) は

$$\frac{dP^0}{d\lambda} + \frac{\dot{a}}{ca}|\boldsymbol{P}|^2 = 0 \tag{2.43}$$

となり，また式 (2.40) は

$$(P^0)^2 = |\boldsymbol{P}|^2 + m^2 c^2 \tag{2.44}$$

となる．したがって $P^0 dP^0 = |\boldsymbol{P}|d|\boldsymbol{P}|$ となり，また $P^0 = cdt/d\lambda$ であるから，式 (2.43) は

$$\frac{1}{|\boldsymbol{P}|}\frac{d|\boldsymbol{P}|}{dt} = -\frac{\dot{a}}{a} \tag{2.45}$$

と変形される．これを積分すると

$$|\boldsymbol{P}| \propto a^{-1} \tag{2.46}$$

となる．つまり，運動量の大きさはスケール因子が大きくなるにつれ反比例して小さくなる．こうして宇宙膨張は自由運動する粒子の運動量を奪うという，摩擦のような働きがある．

上の議論は質量がない $m = 0$ の場合にもそのまま成り立つ．光子の場合，運動量は波長に反比例する．したがってこのとき式 (2.46) が表すのは，波長がスケール因子に比例して伸びるということであって，上で波動の描像で導いた光の赤方偏移の効果に他ならない．

2.3 宇宙論的距離指標

2.3.1 見かけの明るさと光度距離

通常，光源が遠ざかれば遠ざかるほど見かけの明るさは暗くなる．そこで光源の絶対的な明るさを知っていれば，見かけの暗さを使って距離の指標とすることができる．静止ユークリッド空間においては，見かけの明るさは単純に距離の 2 乗に反比例する．だが膨張宇宙では，一般にそのような逆 2 乗関係は成り立たない．そこで膨張宇宙における見かけの明るさと距離の関係を導いておく．

光の伝播の途中で吸収がない理想的な場合，天体そのものの光度 L とその見かけの明るさ F は比例する．ここでいう光度とは，天体の静止系において単位時間あたりに放出されるエネルギーである．見かけの明るさは**フラックス** (flux) とも呼ばれ，単位面積，単位時間あたりに観測者が受けるエネルギーである．光度とフラックスは観測する光の波長あるいは振動数ごとに定義できる．そこで微小な波長範囲 $[\lambda, \lambda + \delta\lambda]$ における天体の光度を $L(\lambda)\delta\lambda$ とし，同じ波長範囲のフラックスを

$F(\lambda)\delta\lambda$ とする．言いかえれば，これらの関数 $L(\lambda)$, $F(\lambda)$ は単位波長あたりの光度およびフラックスをそれぞれ表している．静止ユークリッド空間において，距離 r にある天体の光度とフラックスの関係は，観測する波長によらず，

$$F(\lambda) = \frac{L(\lambda)}{4\pi r^2} \tag{2.47}$$

となる．だが，ロバートソン–ウォーカー計量では膨張と曲率の効果によって，この関係は変更される．

まず，宇宙膨張による赤方偏移のために光のエネルギーが小さくなる．光源から，微小な波長範囲 $[\lambda, \lambda + \delta\lambda]$ および時間範囲 $[t, t + \delta t]$ に放出されるエネルギーは

$$\delta E = L(\lambda)\delta\lambda\delta t \tag{2.48}$$

である．1 光子あたりのエネルギーは $2\pi\hbar c/\lambda$ であるから，その光子数は

$$\delta N = \frac{\delta E}{2\pi\hbar c/\lambda} = \frac{\lambda L(\lambda)}{2\pi\hbar c}\delta\lambda\delta t \tag{2.49}$$

である．一方，これらの光子を観測者が観測するときの波長 λ_0 は，式 (2.34) により $\lambda_0 = (1+z)\lambda$ で与えられる．さらにこれらの光子を観測者が受け取る時間間隔 δt_0 は，式 (2.32) により $\delta t_0 = (1+z)\delta t$ となるので，式 (2.49) を観測者側の波長と時間で表すと，

$$\delta N = \frac{\lambda_0}{2\pi\hbar c(1+z)^3} L\left(\frac{\lambda_0}{1+z}\right)\delta\lambda_0\delta t_0 \tag{2.50}$$

となる．

いま，天体の赤方偏移を z とすると，観測者を原点にとったときの光源の動径座標値 $r(z)$ は式 (2.38) により与えられる．そしてこの値は，逆に光源を原点とした座標での観測者の座標値にも等しい．ロバートソン–ウォーカー計量において座標距離 r が一定の球面の面積は $4\pi r^2$ であったから，観測者が単位面積，単位時間あたりに受けるエネルギーは

$$F(\lambda_0)\delta\lambda_0 = \frac{2\pi\hbar c/\lambda_0 \cdot \delta N}{4\pi r^2 \delta t_0} \tag{2.51}$$

となる．したがって観測者の位置でのフラックスは，

$$F(\lambda_0) = \frac{1}{4\pi r^2(1+z)^3} L\left(\frac{\lambda_0}{1+z}\right) \tag{2.52}$$

である．

ここまで波長ごとの放射を考えてきたが，全波長にまたがる放射を観測するこ

とを考えてみよう．全波長で積分したフラックスはボロメトリック・フラックス (bolometric flux)[*5]と呼ばれ，

$$F_{\text{bol}} = \int_0^\infty F(\lambda_0) d\lambda_0 \tag{2.53}$$

で与えられる．また，天体から放出される全エネルギーはボロメトリック光度 (bolometric luminosity)

$$L_{\text{bol}} = \int_0^\infty L(\lambda) d\lambda \tag{2.54}$$

である．これらの量に対して式 (2.52) は，単純に

$$F_{\text{bol}} = \frac{L_{\text{bol}}}{4\pi r^2 (1+z)^2} \tag{2.55}$$

という形となる．これらの2つの量 $F_{\text{bol}}, L_{\text{bol}}$ を使って，あたかも静止ユークリッド空間にいるかのように天体までの距離を見積もったものは**光度距離** (luminosity distance) と呼ばれ，次式で定義される：

$$d_{\text{L}} \equiv \sqrt{\frac{L_{\text{bol}}}{4\pi F_{\text{bol}}}} = (1+z)\, r(z) \tag{2.56}$$

この量は，近傍宇宙 $z \ll 1$ の極限で測地的な共動距離 x に近づいていくが，一般には共動距離と等しくはない．すなわち光度距離は物理的な距離そのものではないのだが，物理的な距離と一対一の対応関係を持つ距離指標となっているのである．

可視光による地上での観測では，伝統的に天体の明るさを**等級** (magnitude) により表してきた．よく知られているように，等級は星の明るさを示す指標である．暗い星ほど等級が大きく，5等級増えるごとに明るさが 100 分の 1 になるように定義される．現在でも，可視光や赤外線による天体観測では等級が用いられることが普通である．等級も波長に依存するが，その効果は後で考えることにし，まずは全波長で積分したボロメトリックな等級について考える．ゼロ等級に対応する基準フラックスを F_0 とすると，見かけの等級 m は

$$m = -2.5 \log\left(\frac{F_{\text{bol}}}{F_0}\right) \tag{2.57}$$

で与えられる[*6]．ここで，基準フラックスの値はほぼ

[*5] 放射の全エネルギーを測る抵抗熱量計のことをボロメータ (bolometer) という．
[*6] log は 10 を底とする対数 $\log_{10}$ である．

$$F_0 = 2.52 \times 10^{-5} \text{ erg} \cdot \text{cm}^{-2} \cdot \text{s}^{-1} \tag{2.58}$$

である*7.また,ある天体を 10 pc 離れた場所から見たと仮定したときの見かけの等級を絶対等級と呼ぶ.この距離 10 pc は宇宙膨張の影響を受けないほど十分小さく,対応する赤方偏移の値 z はゼロと近似できる.したがって,天体から距離 10 pc の場所でのフラックスは

$$F_{\text{bol},10\text{pc}} = \frac{L_{\text{bol}}}{4\pi(10 \text{ pc})^2} \tag{2.59}$$

となる.こうして絶対等級 M は

$$M = -2.5 \log\left(\frac{F_{\text{bol},10\text{pc}}}{F_0}\right) = -2.5 \log\left(\frac{L_{\text{bol}}}{4\pi(10 \text{ pc})^2 F_0}\right) \tag{2.60}$$

で定義される.見かけの等級 m と絶対等級 M を用いると,光度距離は

$$d_\text{L} = 10^{1+0.2(m-M)} \text{ pc} \tag{2.61}$$

と表される.ここに現れてきた量 $m - M$ は**距離指標** (distance modulus) と呼ばれる.この量は以下のようにいくつかの式で表すことができる:

$$\begin{aligned} m - M &= 5 \log\left(\frac{d_\text{L}}{10 \text{ pc}}\right) \\ &= 5 \log\left(\frac{d_\text{L}}{h^{-1}\text{Mpc}}\right) - 5 \log h + 25 \\ &= 5 \log\left(\frac{d_\text{L}}{c/H_0}\right) - 5 \log h + 42.384 \end{aligned} \tag{2.62}$$

ここまで簡単のために全波長で積分した光度や明るさを考えてきたが,波長の範囲を限定した観測では上に導かれた式に補正が必要となる.ある波長範囲で観測された光は,赤方偏移のために,光源において別の波長範囲で放射されたものである.光源までの距離に応じて対応する波長範囲は変化する.明るさを距離指標として用いるためには,このことによる補正を光源に応じて行わなければならないのである.この補正を **K 補正** (K-correction) と呼ぶ.ある波長帯 A に限定した観測を行うことを考えてみる.このときのフラックスは

---

*7 この値は以前,こと座の星ベガを基準に定められていたが,現在では観測に用いる色フィルターごとに表にして定義されている.

$$F_{\rm A} = \int_{\rm A} F(\lambda_0) d\lambda_0 = \frac{1}{4\pi r^2(1+z)^3} \int_{\rm A} L\left(\frac{\lambda_0}{1+z}\right) d\lambda_0 \qquad (2.63)$$

で与えられる．この積分は，単純に波長範囲を区切った観測の場合には対応する範囲の積分である．またたとえば光学観測で色フィルターを用いるような場合では，そのフィルター特性に応じて波長に重みの付いた積分となる．この天体が 10 pc の距離にあるとしたときのフラックスは

$$F_{\rm A, 10pc} = \frac{1}{4\pi (10 \text{ pc})^2} \int_{\rm A} L(\lambda_0) d\lambda_0 \qquad (2.64)$$

であるから，この波長帯 A での距離指数は，

$$m_{\rm A} - M_{\rm A} = -2.5 \log\left(\frac{F_{\rm A}}{F_{\rm A,10pc}}\right) = 5 \log\left(\frac{d_{\rm L}}{10 \text{ pc}}\right) - K(z) \qquad (2.65)$$

となる．ここで出てくる項 $K(z)$ が K 補正であり，

$$K(z) = 2.5 \log\left[\int_{\rm A} L\left(\frac{\lambda_0}{1+z}\right) \frac{d\lambda_0}{1+z}\right] - 2.5 \log\left[\int_{\rm A} L(\lambda_0) d\lambda_0\right] \qquad (2.66)$$

で与えられる．第 1 項と第 2 項では関数 $L(\lambda)$ に対する積分の範囲あるいは重みが異なるため，一般に K 補正はゼロでない値を持つ．光度の波長依存性が $L(\lambda) \propto \lambda^{-1}$ となる特別な場合には K 補正がゼロになる．これは短い波長側で光度が大きくなる効果と波長範囲が小さくなる効果が打ち消しあい，見かけの光度が赤方偏移によって変化しないためである．この特別な場合に比べ，たとえば短い波長帯で光源の光度がもっと大きくなっていれば，見かけの明るさは明るくなり，したがって見かけの等級は小さくなる．このとき K 補正は正の値を持ち，式 (2.65) の右辺においてその減少分が補正されるのである．

2.3.2 ハッブルの法則とハッブル図

式 (1.10) で与えられるハッブルの法則は，銀河の後退速度 v と天体までの距離 d についての関係式の形をとっている．ここで後退速度といっているものは，赤方偏移を非相対論的後退速度によるドップラー効果と解釈した場合のものであり，相対論的な膨張宇宙の枠組でこの解釈は必ずしも適当ではない．この解釈をしないならば，観測量である赤方偏移 z により $v = cz$ で定義された量である．またハッブルの観測において，距離 d は明るさによって推定したものであり，それは光度距離 $d_{\rm L}$ に他ならない．さらにハッブルの法則は，近傍宇宙 $z \ll 1$ における銀河の観測によって導かれたものである．これらのことから，ハッブルの法則は

$$cz = H_0 d_L \quad (z \ll 1) \tag{2.67}$$

と表すことができる．

一方で，相対論的な一様等方膨張宇宙の立場からこのハッブルの法則を導くことができる．事実，式 (2.56) と式 (2.38) から，赤方偏移 z の 1 次近似により

$$d_L = \frac{cz}{H(t_0)} + O(z^2) \tag{2.68}$$

を得る．ただし $O(z^2)$ は z について 2 次以上の高次項である．したがって，ハッブル定数 H_0 はハッブル・パラメータ H の現在値に他ならず，

$$H_0 = H(t_0) = \left.\frac{\dot{a}}{a}\right|_0 = \dot{a}(t_0) \tag{2.69}$$

と対応する．ここで $\cdots|_0$ は現在時刻 t_0 において評価するという意味である．

赤方偏移が小さくない場合にはハッブルの法則は破れ，もはや赤方偏移と光度距離は比例しなくなる．その関係は

$$d_L = (1+z) S_K \left[\int_0^z \frac{c\, dz}{H} \right] \tag{2.70}$$

で与えられる．赤方偏移と光度距離の関係を図に表したものを**ハッブル図**という．近傍宇宙 $z \ll 1$ のハッブル図は直線上に乗り，その傾きからハッブル定数を求めることができた．だが赤方偏移が大きいところでのハッブル図は一般に曲線となる．その曲線の曲がり具合は過去の宇宙の膨張率 $H(z)$ を反映する．

赤方偏移がそれほど大きくないときには赤方偏移 z の 2 次の項までとってそれより高次の項を無視する近似を使うことができる．このとき式 (2.70) のテイラー展開により

$$d_L = \frac{cz}{H_0} \left[1 + \frac{1}{2}(1-q_0)z + O(z^2) \right] \tag{2.71}$$

が得られる．ただし

$$q_0 \equiv \left.\frac{1+z}{H}\frac{dH}{dz}\right|_0 - 1 = -\left.\frac{a\ddot{a}}{\dot{a}^2}\right|_0 = -\frac{\ddot{a}(t_0)}{\dot{a}^2(t_0)} \tag{2.72}$$

は**減速パラメータ** (deceleration parameter) と呼ばれ，現在の宇宙膨張の減速を表す無次元量である．減速パラメータの値が負であれば膨張が加速していることを意味する．比較的赤方偏移の小さい領域では，ハッブル図の線形関係からのずれをこの減速パラメータ q_0 でフィットすることにより，現在の宇宙がどのくらい減速あるいは加速しているのかについての情報を得ることができる．

2.3.3 見かけの角度と角径距離

次に,天体の見かけの角度を用いて距離の指標とすることを考えよう.静止ユークリッド空間では距離と見かけの角度は反比例する.距離 r にある天体の,視線に垂直な方向の実際の大きさを l とし,見かけの角度を $\Delta\theta$ とする.ここで角度は十分小さく $\Delta\theta \ll 1$ が成り立っているとする.このとき,静止ユークリッド空間では,

$$l = r\Delta\theta \tag{2.73}$$

が成り立つ.天体の大きさ l を知っていれば,$\Delta\theta$ の観測により距離 r が推定できる.だが,見かけの明るさの場合と同様,膨張宇宙においてはこの単純な関係は崩れる.

まず,視線に垂直な方向への長さ l の両端の座標値 (r,θ,ϕ) が,$(r,0,0)$ および $(r,\Delta\theta,0)$ となるように座標をとる.時刻を固定すると,この長さ l に沿って $dt = dr = d\phi = 0$ となるから,ロバートソン-ウォーカー計量の線素は $ds = ard\theta$ となる.したがって,光が出発した時刻の赤方偏移を z とすると,その物理的長さ l は,

$$l = \int_0^{\Delta\theta} ard\theta = ar\Delta\theta = \frac{r}{1+z}\Delta\theta \tag{2.74}$$

となる.

ここで,あたかも静止ユークリッド空間であるかのようにして見かけの角度から見積もった距離

$$d_\mathrm{A} \equiv \frac{l}{\Delta\theta} = \frac{r(z)}{1+z} \tag{2.75}$$

を**角径距離** (angular diameter distance) という.この距離指標は,宇宙膨張に関して光度距離と本質的に異なる情報を持っているわけではなく,お互いに単純な関係にある.実際,式 (2.56) で与えられる光度距離 d_L とは

$$d_\mathrm{A} = \frac{d_\mathrm{L}}{(1+z)^2} \tag{2.76}$$

のように関係している.赤方偏移に対する依存関係は

$$d_\mathrm{A} = \frac{1}{1+z}S_K\left[\int_0^z \frac{c\,dz}{H}\right] \tag{2.77}$$

で与えられ,その 2 次までのテイラー展開は

$$d_\mathrm{A} = \frac{cz}{H_0}\left[1 - \frac{1}{2}(3+q_0)z + O(z^2)\right] \tag{2.78}$$

となる.

2.4　宇宙年齢とホライズン

膨張宇宙において，宇宙時間 t を観測に対応する光円錐上での積分で表すと，

$$t_0 - t = \int_t^{t_0} dt = \int_a^1 \frac{da}{da/dt} = \int_a^1 \frac{da}{aH} = \int_0^z \frac{dz}{(1+z)H} \tag{2.79}$$

となる.ここで，スケール因子をゼロにしたとき，あるいは同じことだが赤方偏移を無限大にしたとき，上式の積分が収束して有限に留まるならば，それは過去のある時点でスケール因子 $a = (1+z)^{-1}$ がゼロになってしまうことを意味する.その時点ではロバートソン-ウォーカー計量における空間計量が消えてしまい，時空の特異点となっている.このためそれ以上過去に遡っていくことができず，この時点が宇宙の始まりと考えられる.ビッグバンモデルとは，このように宇宙が有限の過去のある時点から始まったとの仮定に基づく宇宙モデルである.この場合には，その始まりの時刻を宇宙時間の原点にとることが自然である.すると $t = 0$ のとき $a = 0, z = \infty$ となる.また宇宙時間 t は宇宙の年齢を表すこととなる.式 (2.79) で $t = 0$ とおくことにより，現在の宇宙年齢は

$$t_0 = \int_0^1 \frac{da}{aH} = \int_0^\infty \frac{dz}{(1+z)H} \tag{2.80}$$

で与えられ，さらに任意のスケール因子 a あるいは赤方偏移 z に対応する宇宙年齢 t は

$$t = \int_0^a \frac{da}{aH} = \int_z^\infty \frac{dz}{(1+z)H} \tag{2.81}$$

となる.負の赤方偏移を未来の時刻を表すものと解釈すれば，最後の式は $-1 < z < 0$ に拡張しても成り立つ.ただし，赤方偏移の定義から $z \leq -1$ となることはない.

宇宙年齢や膨張率によっては，光の到達できる範囲が限られることがある.つまり，ある程度離れたところにある物体同士は因果的に関係を持ち得ないという事態が生じ得る.この場合，情報が因果的に伝わることのできる範囲の境界のことを**ホライズン** (horizon) あるいは**地平面**という.ホライズンには少なくとも 2 種類ある.過去に遡って因果関係がある領域を表す**粒子ホライズン** (particle horizon) と，

未来に向かって将来因果関係を持つことができる領域を表す**事象ホライズン** (event horizon) である．

このうち，現在の宇宙の状態に直接関係するのは，過去に因果関係にあったかどうかを表す粒子ホライズンの方である．宇宙が始まった時刻 $t = 0$ に原点を出発した光が，宇宙時間 t までに到達できる共動距離を $L_H(t)$ とすると，これが粒子ホライズンに対応する．このホライズンの物理的距離は $l_H(t) = a(t)L_H(t)$ で与えられる．ロバートソン–ウォーカー計量から光の経路に沿って $a\,dx = c\,dt$ が成り立つので，

$$l_H(t) = a(t)L_H(t) = a(t)\int_0^t \frac{c\,dt}{a(t)} \tag{2.82}$$

となる．膨張宇宙においては，

$$l_H = a\int_0^a \frac{c\,da}{a^2 H} = \frac{1}{1+z}\int_z^\infty \frac{c\,dz}{H} \tag{2.83}$$

と表すことができる．また，現在時刻での粒子ホライズン距離は

$$l_{H0} = \int_0^{t_0} \frac{c\,dt}{a(t)} = \int_0^1 \frac{c\,da}{a^2 H} = \int_0^\infty \frac{c\,dz}{H} \tag{2.84}$$

で与えられる．

同様に事象ホライズンの表式も求められる．ある時刻 t に出発した光がその後に到達しうる共動距離を $L_E(t)$ とすると，その物理的距離 $l_E(t) = a(t)L_E(t)$ が事象ホライズンの物理的距離である．したがって，

$$l_E(t) = a(t)L_E(t) = a(t)\int_t^\infty \frac{c\,dt}{a(t)} \tag{2.85}$$

となる．スケール因子が際限なく大きくなる膨張宇宙，すなわち $a(t \to \infty) = \infty$ の場合には，

$$l_E = a\int_a^\infty \frac{c\,da}{a^2 H} = \frac{1}{1+z}\int_{-1}^z \frac{c\,dz}{H} \tag{2.86}$$

と表すことができる．現在時刻での事象ホライズン距離は

$$l_{E0} = \int_{t_0}^\infty \frac{c\,dt}{a(t)} = \int_1^\infty \frac{c\,da}{a^2 H} = \int_{-1}^0 \frac{c\,dz}{H} \tag{2.87}$$

で与えられる．

第3章

膨張宇宙の力学

　現代宇宙論が基礎にする一般相対論的宇宙観では，時空間それ自体が力学的自由度であり，その中に含まれる物質などのエネルギー成分と関係し合って進化する．この関係を記述する基本方程式がアインシュタイン方程式である．一様等方宇宙モデルでは，宇宙空間自体の力学進化はスケール因子の時間変化で表される．ロバートソン–ウォーカー計量に対してアインシュタイン方程式を適用すれば，スケール因子が満たす力学方程式としてフリードマン方程式が得られる．この章ではフリードマン方程式とそこからの帰結を述べる．

3.1　一様等方宇宙のアインシュタイン方程式

3.1.1　フリードマン方程式

　一様等方宇宙の計量として，まず式 (2.8) の形

$$ds^2 = -c^2 dt^2 + a^2(t)\gamma_{ij}dx^i dx^j \tag{3.1}$$

に表したロバートソン–ウォーカー計量から出発する．ここで γ_{ij} は時間に依存しない 3 次元一様等方計量であり，式 (2.13) で与えられる．4 次元計量 $g_{\mu\nu}$ とその逆行列 $g^{\mu\nu}$ を時間成分と空間成分に分けて表せば，

$$g_{00} = -1, \quad g_{0i} = g_{i0} = 0, \quad g_{ij} = a^2 \gamma_{ij} \tag{3.2}$$

$$g^{00} = -1, \quad g^{0i} = g^{i0} = 0, \quad g^{ij} = \frac{1}{a^2}\gamma^{ij} \tag{3.3}$$

となる．ここで γ^{ij} は 3 次元計量 γ_{ij} の逆行列であり，やはり時間に依存しない．ここで 4 次元計量が時間部分と空間部分で分離していることを用いると計算が行いやすい．式 (3.2), (3.3) からクリストッフェル記号を求めると，3 次元計量 γ_{ij} の

具体形によらず，

$$\Gamma^0_{00} = \Gamma^0_{0i} = \Gamma^0_{i0} = \Gamma^i_{00} = 0,$$
$$\Gamma^0_{ij} = \frac{a\dot{a}}{c}\gamma_{ij}, \quad \Gamma^i_{0j} = \Gamma^i_{j0} = \frac{\dot{a}}{ca}\delta^i{}_j, \tag{3.4}$$
$$\Gamma^i_{jk} = \frac{1}{2}\gamma^{il}(\gamma_{lk,j} + \gamma_{jl,k} - \gamma_{jk,l}) \equiv {}^{(3)}\Gamma^i_{jk}$$

となる．ここで ${}^{(3)}\Gamma^i_{jk}$ は 3 次元計量 γ_{ij} から導かれる 3 次元クリストッフェル記号である．

さらにここから曲率テンソルを求める．まずは一様等方な 3 次元計量 γ_{ij} の 3 次元曲率テンソル ${}^{(3)}R_{ijkl}$ の形を考察する．一様等方空間では特別な方向や場所がないので，計量テンソル γ_{ij} と完全反対称テンソル ε_{ijk} 以外にテンソル性を導く添字を持った量は存在しない．したがって曲率テンソルはこれらのテンソルの組み合わせだけで表される．曲率テンソルの添字に関する対称性 (B.22)-(B.24) を満たすような組み合わせは，完全反対称テンソルの双対則 $\varepsilon_{ij}{}^m\varepsilon_{klm} = \gamma_{ik}\gamma_{jl} - \gamma_{il}\gamma_{jk}$ も考慮すると $\gamma_{ik}\gamma_{jl} - \gamma_{il}\gamma_{jk}$ に比例する形しかあり得ないことがわかる．さらにその比例定数は式 (2.16) によって定まる．したがって，

$$^{(3)}R_{ijkl} = K\left(\gamma_{ik}\gamma_{jl} - \gamma_{il}\gamma_{jk}\right) \tag{3.5}$$

と一意的に決められる．

クリストッフェル記号から 4 次元曲率テンソルを求めて上の 3 次元曲率テンソルの形も利用すると，結果は簡単な形になる．対称性からは明らかでない成分のみに限って書き下せば，

$$R^0{}_{00i} = R^0{}_{0ij} = R^0{}_{ijk} = R^i{}_{0jk} = R^i{}_{j0k} = 0,$$
$$R^0{}_{i0j} = \frac{a\ddot{a}}{c^2}\gamma_{ij}, \quad R^i{}_{00j} = \frac{\ddot{a}}{c^2 a}\delta^i{}_j, \tag{3.6}$$
$$R^i{}_{jkl} = \left(\frac{\dot{a}^2}{c^2} + K\right)(\delta^i{}_k\gamma_{jl} - \delta^i{}_l\gamma_{jk})$$

となる．ここからリッチ・テンソルは

$$R^0{}_0 = \frac{3\ddot{a}}{c^2 a}$$
$$R^i{}_0 = R^0{}_i = 0, \tag{3.7}$$
$$R^i{}_j = \frac{1}{c^2}\left[\frac{\ddot{a}}{a} + 2\left(\frac{\dot{a}}{a}\right)^2 + \frac{2c^2}{a^2}K\right]\delta^i{}_j$$

と求められる．さらにスカラー曲率は

$$R = \frac{6}{c^2}\left[\frac{\ddot{a}}{a} + \left(\frac{\dot{a}}{a}\right)^2 + \frac{c^2}{a^2}K\right] \tag{3.8}$$

となる．これらによりアインシュタイン・テンソルの形は，

$$\begin{aligned}G^0{}_0 &= -\frac{3}{c^2}\left[\left(\frac{\dot{a}}{a}\right)^2 + \frac{c^2 K}{a^2}\right],\\ G^i{}_0 &= G^0{}_i = 0,\\ G^i{}_j &= -\frac{1}{c^2}\left[2\frac{\ddot{a}}{a} + \left(\frac{\dot{a}}{a}\right)^2 + \frac{c^2 K}{a^2}\right]\delta^i{}_j\end{aligned} \tag{3.9}$$

で与えられる．ここで，リッチ・テンソルやアインシュタイン・テンソルは対角形であって空間成分が等方な形，すなわち $\delta^i{}_j$ に比例する形をしている．これはもちろん，はじめに等方な時空を仮定したためである．

さて，アインシュタイン方程式は

$$G^\mu{}_\nu = \frac{8\pi G}{c^4}T^\mu{}_\nu \tag{3.10}$$

で与えられる．右辺の $T^\mu{}_\nu$ はエネルギー運動量テンソルである．曲率テンソルに対するビアンキ恒等式 (B.25) により，次のエネルギー運動量保存則

$$T^\mu{}_{\nu;\mu} = 0 \tag{3.11}$$

は自動的に成り立つ．

上に得られた一様等方時空のアインシュタイン・テンソルの形 (3.9) とアインシュタイン方程式 (3.10) を比較すると，エネルギー運動量テンソルが

$$(T^\mu{}_\nu) = \begin{pmatrix} -\rho & 0 & 0 & 0 \\ 0 & p & 0 & 0 \\ 0 & 0 & p & 0 \\ 0 & 0 & 0 & p \end{pmatrix} \tag{3.12}$$

という形しかとり得ないことがわかる．これは理想流体のエネルギー運動量テンソルの形と等価で，ρ はエネルギー密度に，また p は圧力に相当する．非相対論的なダスト物質成分の場合，エネルギー密度 ρ は質量密度 ϱ により $\rho = \varrho c^2$ と表され，$p \ll \varrho c^2$ となる．一方，相対論的な成分の場合にはエネルギー密度と圧力の大きさは同じ程度になる．これらエネルギー密度と圧力は時間変化のみが許され，空間的に一定である．

こうしたエネルギー運動量テンソルの形に対する厳しい制限は，宇宙原理の直接の帰結である．成分 $T^i{}_0, T^0{}_i$ はどちらも 3 次元ベクトルになっているので，これらがゼロでない値を持つならばそれは空間に特別な方向を定めてしまい，等方性に反する．また成分 $T^i{}_j$ は 3 次元テンソルとなっているので，これが δ^i_j に比例しない限り固有ベクトルが空間の特別な方向を定めてしまい，やはり等方性に反するのである．このことは物理的に，エネルギーの流れや運動量および粘性といった非等方的な働きをする量の存在が許されないことを意味している．

一様等方時空におけるアインシュタイン方程式は，次の 2 つの方程式に等価である：

$$\left(\frac{\dot{a}}{a}\right)^2 = \frac{8\pi G}{3c^2}\rho - \frac{c^2 K}{a^2} \tag{3.13}$$

$$\frac{\ddot{a}}{a} = -\frac{4\pi G}{3c^2}(\rho + 3p) \tag{3.14}$$

さらに，保存則 (3.11) は

$$\dot{\rho} + 3\frac{\dot{a}}{a}(\rho + p) = 0 \tag{3.15}$$

となる．この保存則はアインシュタイン方程式と独立ではない．実際，式 (3.13) を時間微分した式と式 (3.14) から $\ddot{a}$ を消去することでも導かれる．式 (3.13) は力学的なエネルギー方程式に対応するもので，これをとくに**フリードマン方程式** (Friedmann equation) という．

3.1.2 エントロピーの保存

保存則の式 (3.15) を変形すると

$$\frac{d}{dt}\left(\rho a^3\right) = -p\frac{d}{dt}a^3 \tag{3.16}$$

となる．ここで，因子 a^3 が宇宙のスケール因子の変化とともに伸縮する単位共動体積を表すことに着目すると，式 (3.16) は熱力学第一法則と対比できる．単位共動体積 $V = a^3$ を考えると，その内部エネルギーは $U = \rho a^3$ と表される．熱平衡状態が成り立っているとしてそのエントロピーを S，温度を T とする．さらに粒子反応により粒子の種類が変化する一般の場合を考えて，粒子種 i の粒子数を N_i，その化学ポテンシャルを μ_i とすると，熱力学第一法則は

$$dU = T\,dS - p\,dV + \sum_i \mu_i\,dN_i \tag{3.17}$$

と表される．ここから，式 (3.16) は

$$\frac{dS}{dt} = -\sum_i \frac{\mu_i}{T} \frac{dN_i}{dt} \tag{3.18}$$

と等価である．

したがって化学ポテンシャルが無視できるか，あるいは粒子の生成消滅反応を伴わない場合にはエントロピーが保存する．そうでなくとも，熱平衡状態において粒子種の間に化学平衡が成り立つならば，右辺の和がゼロとなってやはりエントロピーが保存する．実際，たとえば粒子数を変化させる反応 $1+2 \leftrightarrow 3+4$ において化学平衡が成り立っているならば

$$\mu_1 + \mu_2 = \mu_3 + \mu_4 \tag{3.19}$$

が成り立ち，さらに反応前後の粒子数変化は $dN_1 = dN_2 = -dN_3 = -dN_4$ の関係を持つから $\sum_i \mu_i dN_i = 0$ が成り立つ．他にどのような反応が何回起ころうとも同じであるから，式 (3.18) の右辺はすべての化学平衡にある反応についてゼロになる．こうした条件の下で，式 (3.16) は共動体積中のエントロピーの保存

$$\frac{dS}{dt} = 0 \tag{3.20}$$

を表していることがわかる．このことはとくに，共動体積間で熱の出入りのないことを意味し，一様等方時空においてはいかなる空間的な流れも禁止されることの顕れでもある．一様等方宇宙でエントロピーが生成されるのは上の条件を満たさない場合で，非平衡状態において粒子の生成消滅が起きるような特殊な場合に限られる．

スケール因子の成長を解く標準的な手順は以下のようになる．まず，独立な 2 つの方程式としてフリードマン方程式 (3.13) と保存則 (3.15) をとる．時間に依存する未知変数は a, ρ, p の 3 つであり，このままでは方程式を解くことができない．これはまだ宇宙の中の物質あるいはエネルギー成分を指定していないからであり，その状態方程式を指定すれば必要十分な数の方程式が得られる．エントロピーが保存する断熱変化の条件があるから独立な熱力学変数は 1 つであり，状態方程式は $p = p(\rho)$ の形にかける．これを式 (3.15) に代入して解を求めれば，エネルギー密度とスケール因子の関係 $\rho = \rho(a)$ が得られる．これをフリードマン方程式 (3.13) に代入して解けば，スケール因子の時間変化 $a = a(t)$ が求まることになる．この過程で 1 階微分方程式を 2 度解くことになるので，積分定数が 2 つ必要である．それには現在の変数の値 $\rho_0 \equiv \rho(t_0), a_0 = a(t_0)$ を用いればよいが，スケール因子は規格

化 $a_0 = 1$ を持つので，ρ_0 だけを指定すればよいことになる．このようにして，状態方程式，現在のエネルギー密度 ρ_0，そして現在の曲率 K を与えれば，一様等方時空の進化が一意的に定まることになる．

3.1.3 宇宙定数とダークエネルギー

スケール因子の 2 階微分を与える式 (3.14) からすぐにわかることは，エネルギーや圧力が正となる通常の物質を考えている限り，宇宙膨張の加速度が負となり必ず減速するということである．この理由は，物質間の重力が引力としてしか働かず，斥力としては働かないという特性にある．宇宙の中の通常の物質はお互いに引き合うと同時に，時空を収縮させようとするのである．このためスケール因子が一定に留まるような静止した宇宙は実現できないことになる．アインシュタインが宇宙定数を導入した背景はまさにここにある．彼はスケール因子が一定となる解を持つように，もとのアインシュタイン方程式を修正して宇宙項を付け加えた：

$$G^\mu{}_\nu + \Lambda \delta^\mu{}_\nu = \frac{8\pi G}{c^4} T^\mu{}_\nu \tag{3.21}$$

ここで導入された定数 Λ が宇宙定数である．宇宙項を追加しても保存則 (3.11) はそのまま成り立ち，アインシュタイン方程式が持っている対称的な性質は失われていない．この最小限の修正を施すと，一様等方時空のアインシュタイン方程式 (3.13), (3.14) は

$$\left(\frac{\dot{a}}{a}\right)^2 = \frac{8\pi G}{3c^2}\rho - \frac{c^2 K}{a^2} + \frac{c^2 \Lambda}{3} \tag{3.22}$$

$$\frac{\ddot{a}}{a} = -\frac{4\pi G}{3c^2}(\rho + 3p) + \frac{c^2 \Lambda}{3} \tag{3.23}$$

と変更され，保存則 (3.15) はそのまま成立する．宇宙定数が正ならば，上の 2 つの式の右辺を両方ともゼロにしてスケール因子を一定値 $a = 1$ とするような解

$$\Lambda = \frac{4\pi G}{c^4}(\rho + 3p), \quad K = \frac{4\pi G}{c^4}(\rho + p) \tag{3.24}$$

が存在する．この解は，質量密度 ϱ の非相対論的ダスト物質で満たされた宇宙 ($\rho = \varrho c^2$, $p = 0$) の場合，

$$\Lambda = K = \frac{4\pi G \varrho}{c^2} \tag{3.25}$$

となる．これがアインシュタインの静止宇宙解であり，正の曲率と正の宇宙項を持つ宇宙となっている．

ところが，このような解は実は不安定である．というのは，スケール因子の値を静止宇宙解からわずかに増やしてみると，物質の ρ, p は膨張に対して減少するので，式 (3.23) の右辺は正の方向へ増加する．このため正の加速度が生じ，ますます静止宇宙解からのずれが大きくなって膨張宇宙となってしまう．逆にスケール因子を小さくすると負の加速度が生じ，今度は収縮宇宙となってしまう．すなわち，宇宙定数を導入して静止宇宙を作ってみても，それはちょうど力学的にポテンシャルの頂上に静止する解と同じで，すこしでも平衡点からずれるとさらにずれを広げる方向へ力が働くような，不安定な解なのである．

このように静止宇宙解は理論的に好ましくない性質を持っていたが，観測的に宇宙膨張が発見されると，現実の宇宙を表すモデルではないことが示された．そこで静止宇宙を実現させるための宇宙項の必要性は消えたのだが，膨張宇宙においても宇宙項の存在は許される．方程式は単純であるべきとの見方に立てば余計な項はなるべく導入したくないが，理論的に許される項が厳密にゼロになっている必然性もまた見当たらない．このため，膨張宇宙においても宇宙項を残した宇宙モデルの可能性は排除されない．第 1 章で述べたように，観測的にはむしろ存在した方が好ましい．近年の観測により宇宙の加速が示されているからである．式 (3.23) からわかるように正の宇宙定数は宇宙の膨張を加速させる働きを持っている．

アインシュタイン方程式において，その左辺は時空の幾何学的な量，右辺は時空中に存在する物質やエネルギー成分を表す量とみなすことができる．これら一見異なる両者の間に関係をつけているのがアインシュタイン方程式ということである．宇宙項を左辺に配置した式 (3.21) の形においては，宇宙項の働きが時空の幾何学的性質と解釈されていることになる．

それでは考え方を変えて，宇宙項を右辺に配置し直したらどうであろうか？ このときには，宇宙項がエネルギー運動量テンソルへの寄与とみなされる．宇宙項がなにかエネルギー成分としての起源を持つものと考えたことになる．一様等方宇宙のエネルギー運動量テンソル (3.12) と比較すると，エネルギー密度と圧力への寄与として

$$\rho_\Lambda = \frac{c^4 \Lambda}{8\pi G}, \quad p_\Lambda = -\frac{c^4 \Lambda}{8\pi G} \tag{3.26}$$

を持つことがわかる．すなわち，宇宙項は状態方程式 $p_\Lambda = -\rho_\Lambda$ を満たす流体成分とみなすことができるのである．ここで通常の流体と大きく異なることは，エネルギー密度と圧力の符号が逆になっていることである．エネルギー密度が正であれば，圧力が負になってしまう．負圧力は加速宇宙を実現させるための本質的な性質

である．そうでなければ，式 (3.14) からわかるようにかならず膨張が減速してしまうからである．

こうして宇宙項を拡張された流体成分と考えれば，その働きを保持しながらアインシュタイン方程式から宇宙項を落とすことができる．その代償として，$\rho_\Lambda = -p_\Lambda$ という通常の物質にはあり得ない状態方程式を持つ流体が導入されることとなる．このように考えると，もはやエネルギー密度や圧力が式 (3.26) のような定数とならない場合に拡張できることに気がつく．宇宙定数自体は時空の定数となることが自然であるが，これを流体成分として見ればそのような制限はむしろ不自然である．宇宙膨張の加速を説明するのに必要なのは $\rho + 3p < 0$ を満たすような新しい流体成分の存在である．それは必ずしもエネルギー密度や圧力が定数でなくともよく，また $p = -\rho$ という状態方程式を持っていなくともよい．このように，宇宙を加速させる原因となるような一般化された流体成分のことを**ダークエネルギー** (dark energy) と呼ぶ．宇宙項もダークエネルギーの一種とみなされる．

実際に宇宙項でないようなダークエネルギーが存在するのか，存在するならばそれはどのようなものなのか，現時点ではいろいろな可能性があるものの，まったくわかっていない．だが，ダークエネルギーの詳細が不明でも，その状態方程式さえ仮定すれば宇宙膨張への効果を調べることができる．そこで，ダークエネルギーのエネルギー密度 ρ_d と圧力 p_d の間の状態方程式を

$$p_d = w_d \rho_d \tag{3.27}$$

と表す．ここで w_d をダークエネルギーの状態方程式パラメータと呼ぶ．このパラメータは一般に ρ_d の関数である．簡単のために定数となるモデルもよく考えられている．ダークエネルギーが宇宙項であればこのパラメータは定数 $w_d = -1$ となる．上で説明したように，宇宙項とダークエネルギーはその概念において同一とはいえないが，一様等方宇宙モデルにおいては $w_d = -1$ となるダークエネルギーと宇宙項は数学的に等価である．このため，流体成分として負圧力のダークエネルギーを許す場合には宇宙項のあるアインシュタイン方程式 (3.21) を考える必要はない．したがってスケール因子の発展方程式としては式 (3.13), (3.14) を考えておけば十分であり，ダークエネルギーは右辺に寄与するものとする．

3.2 エネルギー成分

一様等方宇宙のアインシュタイン方程式を解くには物質の状態方程式が必要で

あることを説明した．宇宙の中で1種類のエネルギー成分が支配的になっている場合にはその成分の状態方程式を用いればよい．通常のエネルギー成分としては，おおまかに**非相対論的成分** (non-relativistic components) と**相対論的成分** (relativistic components) の2種類に分けることができる．非相対論的成分とは，その構成粒子の熱運動速度が光速よりも十分小さく，質量エネルギーが熱運動エネルギーよりも十分大きくなっているような成分である．相対論的成分とは逆に，質量エネルギーが無視でき，エネルギー密度が熱運動エネルギーによって担われているような成分である．以下では非相対論的成分のことを単に**物質成分** (matter components)，相対論的成分のことを単に**放射成分** (radiation components) ともいう．

物質成分の場合，圧力はエネルギー密度に比べて無視できる．理想気体を例にとって考えてみよう．単位体積中にある n 個の粒子が温度 T の熱平衡状態になっているとすると，その圧力は，ボルツマン定数を k_B として，

$$p = nk_B T \tag{3.28}$$

で与えられる．ここで粒子の平均質量を μ とすると，エネルギー密度は

$$\rho = n\mu c^2 \tag{3.29}$$

で与えられるから，

$$p = \frac{k_B T}{\mu c^2}\rho \tag{3.30}$$

となる．この係数は非相対論的物質では十分小さくなるから，$p \ll \rho$ となる．このように，非相対論的成分の状態方程式は近似的に

$$p = 0 \quad （物質成分） \tag{3.31}$$

で与えられる．一方，相対論的成分の場合は，統計力学により導かれるように断熱条件下の状態方程式が

$$p = \frac{1}{3}\rho \quad （放射成分） \tag{3.32}$$

で与えられる．

物質成分と放射成分のいずれの場合においても，状態方程式は

$$p = w\rho \tag{3.33}$$

の形で表される．ここで状態方程式パラメータ w は，物質成分の場合 $w = 0$，放

射成分の場合 $w = 1/3$ である．また前節で見たように宇宙項を流体成分とみなした場合には $w = -1$ となる．これら 3 つの特殊な場合にはいずれも状態方程式パラメータ w は定数となる．だが，一般には状態方程式パラメータ w は ρ の関数である．実際，完全に非相対論的あるいは相対論的な極限になっていない場合や，多成分からなる混合流体の場合などでは w が定数でない．

状態方程式パラメータ w が定数で与えられる簡単な場合，保存則の式 (3.15) は容易に積分できて，

$$\rho \propto a^{-3(1+w)} \tag{3.34}$$

となる．物質成分の場合は $w = 0$ より $\rho \propto a^{-3}$ となり，エネルギー密度が共動体積に反比例する．物質成分のエネルギー密度は質量密度に比例するから，これは質量が共動体積中で保存するという質量保存の関係に他ならない．放射成分の場合は $w = 1/3$ より $\rho \propto a^{-4}$ となる．共動体積中の粒子数が保存する場合，宇宙膨張により粒子の数密度は a^{-3} に比例して減少するが，それに加えてさらに粒子あたりのエネルギーが a^{-1} に比例して減少することになる．これは式 (2.46) で見たように粒子の運動量が宇宙膨張に伴って a^{-1} に比例して減少するためである．相対論的粒子の場合，運動量とエネルギーは比例する．光子の場合，このエネルギーの減少は赤方偏移によって振動数が減少するために生じたと考えても同じことである．宇宙項の場合は $w = -1$ より ρ は定数となる．宇宙定数が時空の定数であるため，宇宙膨張にかかわらず空間の体積あたりのエネルギーは一定となるのである．状態方程式パラメータ w が定数でない一般の場合には，保存則 (3.15) の積分形は

$$\rho \propto \exp\left[-3 \int^a (1+w) \frac{da}{a}\right] \tag{3.35}$$

で与えられる．

複数の流体成分がエネルギー密度に寄与する混合流体の場合，成分間の相互作用が強すぎない限り，全体のエネルギー運動量テンソルは各成分のエネルギー運動量テンソルの和で与えられる．成分 A のエネルギー運動量テンソルを $T_A{}^\mu{}_\nu$ とすると，全体のエネルギー運動量テンソルは

$$T^\mu{}_\nu = \sum_A T_A{}^\mu{}_\nu \tag{3.36}$$

となる．ここで，一様等方宇宙における成分 A のエネルギー運動量テンソルは，式 (3.12) の下の考察から明らかなように，エネルギー密度 ρ_A と圧力 p_A により

$$
(T_A{}^\mu{}_\nu) = \begin{pmatrix} -\rho_A & 0 & 0 & 0 \\ 0 & p_A & 0 & 0 \\ 0 & 0 & p_A & 0 \\ 0 & 0 & 0 & p_A \end{pmatrix} \tag{3.37}
$$

の形で与えられる．ここで，成分 A の状態方程式パラメータ w_A を

$$
p_A = w_A \rho_A \tag{3.38}
$$

で定義する．混合流体全体としてのエネルギー密度 ρ と圧力 p は，

$$
\rho = \sum_A \rho_A, \quad p = \sum_A p_A = \sum_A w_A \rho_A \tag{3.39}
$$

のように各成分の和で与えられる．

 混合流体では一般に成分間に相互作用がある．このため共動体積中で全体として断熱膨張していても，成分ごとには断熱的に振る舞うとは限らない．このことに対応して，保存則を表す式 (3.11) あるいは (3.15) の形が成分ごとに成り立つとは限らない．そこで，

$$
T_A{}^\mu{}_{\nu;\mu} = -Q_{A\nu} \tag{3.40}
$$

とおいてみる．混合流体全体としては保存則が成り立つので，この 4 元ベクトル $Q_{A\nu}$ は

$$
\sum_A Q_{A\nu} = 0 \tag{3.41}
$$

を満たす．一様等方宇宙においてはベクトル $Q_{A\nu}$ の空間成分は消えるので，その成分を

$$
(Q_{A\nu}) = \left(\frac{Q_A}{c}, \mathbf{0} \right) \tag{3.42}
$$

とおくことができる．ここで Q_A は時間のみの関数であり，式 (3.41) より

$$
\sum_A Q_A = 0 \tag{3.43}
$$

を満たす．すると式 (3.40) は

$$
\dot{\rho}_A = -3 \frac{\dot{a}}{a} (\rho_A + p_A) + Q_A \tag{3.44}
$$

となり，さらにこれを式 (3.16) のように変形すると，

$$\frac{d}{dt}\left(\rho_A a^3\right) = a^3 Q_A - p_A \frac{d}{dt} a^3 \tag{3.45}$$

となる．これを熱力学第一法則と比較すれば Q_A は成分 A に流れ込む単位体積，単位時間あたりのエネルギーという意味を持っていることがわかる．このエネルギーは他の成分から流れ込むエネルギーである．成分ごとのエネルギーの収支の和が全体としてゼロになることは，式 (3.43) により保証されている．

ここで成分 A のエネルギー密度あたりのエネルギー流入量 q_A を

$$Q_A = q_A \rho_A \tag{3.46}$$

で定義し，これを用いて式 (3.44) を積分すると，

$$\rho_A = \rho_{A0} \exp\left[3 \int_a^{a_0} (1+w_A) \frac{da}{a} - \int_t^{t_0} q_A dt\right] \tag{3.47}$$

となる．ここで a_0, ρ_{A0} は基準時刻 t_0 におけるスケール因子と成分 A のエネルギー密度の値である．現在時刻を基準時刻とした通常の規格化では $a_0 = 1$ である．宇宙論的な応用では，成分間の相互作用を無視できる場合が多い．そのときには $q_A = 0$ とした式を考えれば十分である．だが成分同士の相互作用が大きく，成分 A に一方的にエネルギーが流れ込むような場合 q_A は無視できない．たとえば他の粒子が崩壊してこの成分を構成する粒子になるなどの場合である．

もっとも簡単な場合として $q_A = 0$ で w_A が定数のときには，式 (3.34) と同様の関係

$$\rho_A = \rho_{A0} a^{-3(1+w_A)} \tag{3.48}$$

が成り立つ．物質 m，放射 r，および宇宙定数 Λ のそれぞれの成分に対し，状態方程式パラメータは $w_\mathrm{m} = 0, w_\mathrm{r} = 1/3, w_\Lambda = -1$ で与えられるから，

$$\rho_\mathrm{m} = \rho_\mathrm{m0} a^{-3} \tag{3.49}$$

$$\rho_\mathrm{r} = \rho_\mathrm{r0} a^{-4} \tag{3.50}$$

$$\rho_\Lambda = \rho_{\Lambda 0} \tag{3.51}$$

となる．また状態方程式パラメータ w_d が一般に時間に依存し，他の成分と直接相互作用をしないダークエネルギーに対しては，

$$\rho_\mathrm{d} = \rho_\mathrm{d0} \exp\left[3 \int_a^{a_0} (1+w_\mathrm{d}) \frac{da}{a}\right] \tag{3.52}$$

となる．

3.3 宇宙論パラメータ

宇宙全体の進化を解くにあたって，理論構造だけからは決まらず観測によってしか決められない不定パラメータのことを**宇宙論パラメータ** (cosmological parameters) という．どのような宇宙の側面に注目するかで宇宙論パラメータの種類は変わってくるが，ここでは一様等方宇宙に関する宇宙論パラメータを定義しておこう．

一様等方宇宙モデルにおける宇宙論パラメータとは，フリードマン方程式 (3.13) の解を求めるために必要なパラメータのことである．フリードマン方程式の右辺は曲率 K および全エネルギー密度で与えられる．全エネルギー密度は式 (3.47) の和で与えられる．したがって，曲率 K，各成分のエネルギー密度の現在値 ρ_{A0} は宇宙論パラメータである．状態方程式や相互作用が未知の場合には w_A, q_A も宇宙論パラメータとなり得る．この 2 つのパラメータは定数とは限らず，一般には時間あるいはスケール因子の関数として無限の自由度を持つパラメータ関数になる．これら宇宙論パラメータが与えられればフリードマン方程式は一意的に積分される．したがって一様等方宇宙モデルにおいてはこれ以上独立な宇宙論パラメータはない．これらのパラメータを組み合わせたものもまた宇宙論パラメータである．したがって従属する宇宙論パラメータはいくらでも作れるが，以下に代表的なものを示す．

3.3.1 ハッブル定数

ハッブル定数は式 (2.69) で定義された．すなわち，

$$H_0 = \left.\frac{\dot{a}}{a}\right|_{t=t_0} \tag{3.53}$$

であり，現在の宇宙の膨張率を決めるものである．フリードマン方程式で，$t = t_0$ とおけば，

$$H_0{}^2 = \frac{8\pi G}{3c^2}\rho_0 - c^2 K \tag{3.54}$$

となる．ここで ρ_0 は全エネルギー密度の現在値である．多成分の場合

$$\rho_0 = \sum_A \rho_{A0} \tag{3.55}$$

で与えられる．式 (3.54) により明らかなように，ハッブル定数は曲率と現在のエネルギー密度で与えられるので，宇宙論パラメータであることがわかる．

ハッブル定数は式 (1.12) に示したように，規格化された量 h を用いて，

$$H_0 = 100\,h\,\mathrm{km/s/Mpc} = 3.241 \times 10^{-18}\,h\,\mathrm{s}^{-1} \tag{3.56}$$

で与えられる．

3.3.2 臨界密度

曲率ゼロの平坦宇宙モデル ($K = 0$) における現在の全エネルギー密度は，式 (3.54) により，

$$\rho_{c0} = \frac{3c^2 H_0^2}{8\pi G} \tag{3.57}$$

で与えられる．この特別なエネルギー密度を**臨界エネルギー密度** (critical energy density) と呼ぶ．これに対応する質量密度

$$\varrho_{c0} \equiv \frac{\rho_{c0}}{c^2} = \frac{3 H_0^2}{8\pi G} \tag{3.58}$$

が**臨界質量密度** (critical mass density) である．これらを区別せず単に**臨界密度** (critical density) ともいう．臨界密度は，基本定数を別にすればハッブル定数の言い換えにすぎない．したがってこれも宇宙論パラメータである．その値は，

$$\varrho_{c0} = 1.878 \times 10^{-26}\,h^2\,\mathrm{kg/m^3} \tag{3.59}$$

である．

3.3.3 密度パラメータ

宇宙のエネルギー密度を臨界エネルギー密度で規格化した無次元量を**密度パラメータ** (density parameter) と呼ぶ．成分 A に対する密度パラメータは

$$\Omega_{A0} = \frac{\rho_{A0}}{\rho_{c0}} = \frac{8\pi G \rho_{A0}}{3 c^2 H_0^2} \tag{3.60}$$

で与えられる．さらに全エネルギー密度に対する密度パラメータは

$$\Omega_0 = \frac{\rho_0}{\rho_{c0}} = \frac{8\pi G \rho_0}{3 c^2 H_0^2} = \sum_A \Omega_{A0} \tag{3.61}$$

である．現在，宇宙のエネルギー密度はほとんどが物質成分とダークエネルギー成分で与えられるので，放射成分の微小な寄与を無視すれば

$$\Omega_0 = \Omega_{m0} + \Omega_{d0} \tag{3.62}$$

が成り立つと考えてよい．ただし $\Omega_{\mathrm{m}0}$ は物質密度パラメータ，$\Omega_{\mathrm{d}0}$ はダークエネルギー密度パラメータである．

ダークエネルギーが宇宙項である場合，宇宙定数の密度パラメータは式 (3.26) により，

$$\Omega_{\Lambda 0} = \frac{\rho_{\Lambda}}{\rho_{\mathrm{c}0}} = \frac{c^2 \Lambda}{3 H_0^2} \tag{3.63}$$

となる[*1]．宇宙定数 Λ は（長さ）$^{-2}$ の次元を持っていて，上の量はそれをハッブル半径 c/H_0 により無次元化したものとなっている．

密度パラメータを用いると，現在時刻のフリードマン方程式 (3.54) は

$$\frac{c^2 K}{H_0^2} = \Omega_0 - 1 \tag{3.64}$$

と表される．この式は宇宙の曲率と全密度の関係を表している．とくに $\Omega_0 - 1$ の符号は曲率 K の符号と一致する．すなわち，宇宙の全密度が臨界密度よりも大きければ空間は正曲率，小さければ負曲率となり，ちょうど臨界密度のとき平坦になる．

3.3.4 曲率パラメータ

宇宙定数と同様，曲率 K も（長さ）$^{-2}$ の次元を持っている．宇宙定数と同様に曲率を無次元化したものを**曲率パラメータ** (curvature parameter) と呼び，

$$\Omega_{\mathrm{K}0} = -\frac{c^2 K}{H_0^2} \tag{3.65}$$

で定義する．ここで，曲率 K と曲率パラメータ $\Omega_{\mathrm{K}0}$ の符号が逆になっていることに注意せよ．このとき式 (3.64) は，

$$\Omega_0 + \Omega_{\mathrm{K}0} = \sum_A \Omega_{A 0} + \Omega_{\mathrm{K}0} = 1 \tag{3.66}$$

となり，曲率パラメータは密度パラメータと似たような役割を果たす．物質成分とダークエネルギー成分が優勢となる現在の宇宙では，放射成分を無視するとき，

$$\Omega_{\mathrm{m}0} + \Omega_{\mathrm{d}0} + \Omega_{\mathrm{K}0} = 1 \tag{3.67}$$

が成り立つと考えてよい．

[*1] この量 $\Omega_{\Lambda 0}$ は，文献によっては λ_0 という記号で表されていることもある．

3.3.5 減速パラメータ

現在の宇宙膨張の減速率を表す減速パラメータは式 (2.72) で定義された：

$$q_0 = -\left.\frac{a\ddot{a}}{\dot{a}^2}\right|_{t=t_0} \tag{3.68}$$

これは式 (3.14) で $t = t_0$ とおくことにより，

$$q_0 = \frac{4\pi G}{3c^2 H_0^2}(\rho_0 + 3p_0) = \frac{4\pi G}{3c^2 H_0^2}\sum_A (1 + 3w_{A0})\rho_{A0} \tag{3.69}$$

と与えられる．ただし，成分 A に対する状態方程式パラメータの現在値を w_{A0} とした．したがって，

$$q_0 = \frac{1}{2}\sum_A (1 + 3w_{A0})\Omega_{A0} \tag{3.70}$$

ともかくことができる．現在の宇宙が物質優勢であるときは単純に

$$q_0 = \frac{1}{2}\Omega_0 \tag{3.71}$$

となる．だが，ダークエネルギーなど物質以外の寄与がある場合にはこの単純な式は成り立たない．たとえば，物質と宇宙項が同時に寄与する場合は

$$q_0 = \frac{1}{2}\Omega_{m0} - \Omega_{\Lambda 0} \tag{3.72}$$

となり，物質と一般のダークエネルギーが寄与する場合は

$$q_0 = \frac{1}{2}\Omega_{m0} + \frac{1 + 3w_{d0}}{2}\Omega_{d0} \tag{3.73}$$

となる．

3.3.6 時間依存する宇宙論パラメータ

上のように宇宙論パラメータは現在時刻を基準にした量により定義されることが一般的である．だが，ここで現在時刻をとくに選ぶ必要はなく，任意の時刻を基準として宇宙論パラメータを定義することも可能である．現在に近い低赤方偏移宇宙を観測する場合には現在時刻の値でパラメータを定義することが自然であるが，過去の宇宙に対応する高赤方偏移宇宙の記述においては必ずしもそうとは限らない．任意の時刻で定義された宇宙論パラメータのことを，時間依存する宇宙論パラメータと呼ぶ．それらの定義は，次のようになる：

$$H = \frac{\dot{a}}{a}, \quad \rho_c = \frac{3c^2 H^2}{8\pi G}, \quad q = -\frac{a\ddot{a}}{\dot{a}^2} \tag{3.74}$$

$$\Omega_A = \frac{\rho_A}{\rho_c} = \frac{8\pi G \rho_A}{3c^2 H^2}, \quad \Omega_K = -\frac{c^2 K}{a^2 H^2} \tag{3.75}$$

このときフリードマン方程式 (3.13) と式 (3.14) により，

$$\Omega \equiv \sum_A \Omega_A = 1 - \Omega_K \tag{3.76}$$

$$q = \frac{1}{2}\sum_A (1 + 3w_A)\Omega_A \tag{3.77}$$

が成り立つ．

ここで定義により

$$\Omega_A = \frac{H_0^2}{H^2}\frac{\rho_A \Omega_{A0}}{\rho_{A0}}, \quad \Omega_K = \frac{H_0^2}{H^2}\frac{\Omega_{K0}}{a^2} \tag{3.78}$$

が成り立ち，さらに式 (3.76) より，

$$\frac{H^2}{H_0^2} = \sum_A \frac{\rho_A \Omega_{A0}}{\rho_{A0}} + \frac{\Omega_{K0}}{a^2} \tag{3.79}$$

を得る．この最後の式はフリードマン方程式に等価である．これらの式により，時間に依存する密度パラメータと曲率パラメータは

$$\Omega_A = \frac{\rho_A \Omega_{A0}/\rho_{A0}}{\sum_B \rho_B \Omega_{B0}/\rho_{B0} + \Omega_{K0}/a^2}, \quad \Omega_K = \frac{\Omega_{K0}/a^2}{\sum_B \rho_B \Omega_{B0}/\rho_{B0} + \Omega_{K0}/a^2} \tag{3.80}$$

の形でも表される．各成分の時間変化 ρ_A/ρ_{A0} が与えられれば，この式により具体的な時間依存性がわかる．

例として，放射成分，物質成分，および宇宙定数の3エネルギー成分を持ち，曲率のない平坦宇宙を考える．式 (3.49)–(3.51) により

$$(\Omega_r, \Omega_m, \Omega_\Lambda) = \frac{\left(\Omega_{r0}, \Omega_{m0}a, \Omega_{\Lambda 0}a^4\right)}{\Omega_{r0} + \Omega_{m0}a + \Omega_{\Lambda 0}a^4} \tag{3.81}$$

となる．これを図示すれば図 3.1 になる．この図において，どれか1つの成分の密度パラメータ Ω_A だけが1に近く，その他の成分の密度パラメータはほとんどゼロになる期間が存在する．このような状況をエネルギー成分の優勢期と呼び，次の節でくわしく述べる．

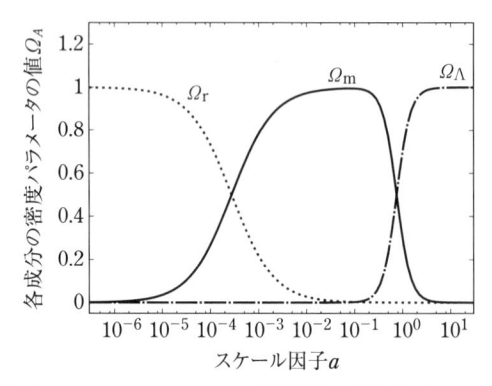

図 3.1 密度パラメータ Ω_r, Ω_m, Ω_Λ の時間変化．現在値は $\Omega_{r0} = 3.3 \times 10^{-5}$，$\Omega_{m0} = 0.3$，$\Omega_{\Lambda 0} = 0.7$ を仮定．現在 $a = 1$ はちょうど物質優勢からダークエネルギー優勢への遷移期である．

3.4 エネルギー成分の優勢期

宇宙の膨張則を支配するのはフリードマン方程式 (3.13) である．一般に宇宙のエネルギー密度 ρ は複数の成分によって担われているので，式 (3.39) の第 1 式のように分解すると，フリードマン方程式は

$$\left(\frac{\dot{a}}{a}\right)^2 = \frac{8\pi G}{3c^2} \sum_A \rho_A - \frac{c^2 K}{a^2} \tag{3.82}$$

とかける．右辺に複数ある項のうち，1 つの項が他の項に比べて卓越する時期があれば，そのときの膨張則は単純になる．そういう時期のことを，その項の**優勢期** (dominant epoch) という．あるエネルギー成分 A が卓越するときには，その成分 A の優勢期となる．また，曲率項が卓越する時期は**曲率優勢期** (curvature dominant epoch) となる．

エネルギー成分 A の優勢期には，その他のエネルギー成分 $B (\neq A)$ に対して，

$$\rho_A \gg \rho_B, \quad \rho_A \gg \frac{3c^4 K}{8\pi G a^2} \tag{3.83}$$

が成り立つ．このときフリードマン方程式 (3.82) の右辺においてこのエネルギー成分 A の寄与以外は無視できるようになり，また時間依存する密度パラメータの定義から，

$$\Omega_A \simeq 1, \quad \Omega_B \simeq 0, \quad \Omega_K \simeq 0 \qquad (3.84)$$

となっている．同様に曲率優勢期にはすべてのエネルギー成分 A に対して，

$$\Omega_A \simeq 0, \quad \Omega_K \simeq 1 \qquad (3.85)$$

となっている．

　現在の宇宙では，放射成分のエネルギー密度は物質成分に比べてきわめてわずかの割合しかない．したがって現在の宇宙の膨張は物質成分とダークエネルギー成分のみを考えたフリードマン方程式によりだいたい記述される．だが，式(3.49)–(3.51)からもわかるように，スケール因子を小さくしていったときのエネルギー密度の増え方は，放射成分の方が大きい．そのうえ，現在の非相対論的な物質成分も，宇宙初期の高温状態では相対論的な放射成分となってしまう．こうして，十分初期の宇宙ではエネルギー密度がほとんど放射成分によって担われることになる．

　また，現在の宇宙で物質成分とダークエネルギーは，エネルギー密度として同じ程度の寄与をしているが，未来になれば物質成分の密度はスケール因子の −3 乗に比例して減っていくのに対し，ダークエネルギーの密度はそれほど減ることはないので，エネルギー密度のほとんどはダークエネルギーによって担われることになる．このように，宇宙の進化に伴って優勢エネルギー成分が変化する様子は図 3.1 の例に示されている．

　かなり初期の宇宙を考えない限り，放射成分，物質成分，そしてダークエネルギー成分の 3 種類の成分を独立に扱って記述することができる．ここで，物質成分に対応するものは，原子などのバリオン成分と非相対論的なダークマターである．また放射成分に対応するものは，光子と相対論的なニュートリノである．実際には，非相対論的な物質成分も，宇宙初期における高温状態においては相対論的となっていたと考えられるので，このような区別が有効なのは現在の物質成分が非相対論的となった時点よりも後の宇宙においてである．物質成分と放射成分の間のエネルギー輸送は全体としては小さく，その膨張則への影響は無視できる．ダークエネルギーとその他の成分間の相互作用は未知であるが，これも膨張には影響しないものと仮定する．するとこれら 3 成分のそれぞれに対して，式 (3.44) で $Q_A = 0$ とおいた式が成り立ち，各成分について独立に共動体積あたりのエントロピーが保存する．

　このとき各成分のスケール因子への依存性は式 (3.49)–(3.52) で表されるから，

全体のエネルギー密度は

$$\rho = \rho_r + \rho_m + \rho_d = \frac{\rho_{r0}}{a^4} + \frac{\rho_{m0}}{a^3} + \rho_{d0}\exp\left[3\int_a^{a_0}(1+w_d)\frac{da}{a}\right] \quad (3.86)$$

となる．これをフリードマン方程式 (3.13) へ代入し，各エネルギー密度の現在値と曲率を宇宙論パラメータで表すことにより，

$$\dot{a}^2 = H_0^2\left\{\frac{\Omega_{r0}}{a^2} + \frac{\Omega_{m0}}{a} + \Omega_{K0} + \Omega_{d0}a^2\exp\left[3\int_a^{a_0}(1+w_d)\frac{da}{a}\right]\right\} \quad (3.87)$$

となる．これを見ると，放射成分，物質成分，曲率，ダークエネルギーのそれぞれに起因する項が，各々異なった形でスケール因子の成長に寄与している．パラメータの値の組み合わせによっては右辺の項の 1 つが支配的になって，その優勢期が現れる．

曲率パラメータ Ω_{K0} やダークエネルギーの密度パラメータ Ω_{d0} は，観測的に大きさの程度が 1 よりも小さい．宇宙初期でもダークエネルギーの状態方程式パラメータの振る舞いが特殊でなく $w_d < 0$ となっている限り，十分初期 $a \to 0$ へ遡れば曲率項とダークエネルギー項はほとんど寄与しなくなる．現在は物質エネルギー密度の方が放射エネルギー密度よりずっと大きいが，宇宙初期に遡っていけばちょうど放射エネルギー密度と物質エネルギー密度が等しくなる時刻がある．これを**等密度時** (time of matter-radiation equality) といい，t_{eq} で表す．等密度時のスケール因子の値 a_{eq} は，式 (3.49), (3.50) を $\rho_m = \rho_r$ の条件へ代入することにより，

$$a_{eq} = a(t_{eq}) = \frac{\rho_{r0}}{\rho_{m0}} = \frac{\Omega_{r0}}{\Omega_{m0}} \quad (3.88)$$

と求められる．等密度時よりも前には**放射優勢期** (radiation dominant epoch) が現れ，それより後には**物質優勢期** (matter dominant epoch) が現れる．曲率もダークエネルギーもない場合にはその後ずっと物質優勢期が続く．そうでない場合には曲率優勢期や**ダークエネルギー優勢期** (dark energy dominant epoch) が現れ得る．以下に，各優勢期についてスケール因子の漸近的な振る舞いを順に見ていく．

3.4.1 放射優勢期

等密度時より十分以前 $a \ll a_{eq}$ の放射優勢期において，式 (3.87) の形のフリードマン方程式は近似的に

$$\dot{a}^2 = \frac{H_0^2\Omega_{r0}}{a^2} \quad (3.89)$$

となる．ここからただちに解

$$a = \left(2H_0\sqrt{\Omega_{\rm r0}}\,t\right)^{1/2} \tag{3.90}$$

を得る．ただし積分定数は落としてある．放射優勢期よりも以前に他の優勢期があれば積分定数はその状態に応じて決まる値を持つが，そうだとしても放射優勢期となってから十分時間が経過すれば無視できるようになる．放射優勢期ではスケール因子が $t^{1/2}$ に比例して成長することが特徴である．膨張速度 $\dot{a}$ が時間とともに減少する減速宇宙となっている．

ここで，宇宙初期の極限 $t \to 0$ において，スケール因子がゼロになっていることに着目しよう．そこでは密度が無限大に発散している．宇宙初期に他の優勢期がなければ，宇宙はこの初期特異点から始まったことになる．その特異点よりも前に時間を遡ることはもはやできない．この特異点は宇宙の一様等方性というきつい制限からきた非物理的なものではないかと考えたくなるかもしれない．残念ながら，非一様な宇宙であっても，時空が一般相対論に従う限り，かなり一般的な条件のもとでこの特異点を避けることはできないことが示されている（特異点定理）．この初期特異点のことをビッグバンと呼ぶこともある．

3.4.2 物質優勢期

次に，物質成分が支配的になる物質優勢期を考える．それは等密度時より十分以後 $a \gg a_{\rm eq}$ であるが，まだ曲率項やダークエネルギー項が効いていない時期である．このときフリードマン方程式は

$$\dot{a}^2 = \frac{H_0^2\Omega_{\rm m0}}{a} \tag{3.91}$$

となる．ここからただちに解

$$a = \left(\frac{3}{2}H_0\sqrt{\Omega_{\rm m0}}\,t\right)^{2/3} \tag{3.92}$$

を得る．ここでも物質優勢期に入ってから十分時間が経過したときに無視できる積分定数は落としてある．物質優勢期になると，放射優勢期よりも膨張率が増加して，スケール因子が $t^{2/3}$ に比例して成長するようになる．この場合も減速宇宙となっている．

3.4.3 曲率優勢期

曲率項以外が小さい場合には物質優勢期の後に曲率優勢期が訪れる．これが実現するためには，少なくとも曲率が負 $K < 0$，すなわち $\Omega_{\rm K0} > 0$ となる必要が

ある．なぜなら，式 (3.87) の右辺は必ず正でなければならないからである．また，ダークエネルギーがある場合にはダークエネルギー項の方が優勢になって曲率優勢期が訪れないこともある．一方，曲率が負 ($K < 0$) で，ダークエネルギーがない ($\Omega_{d0} = 0$) ときには，十分膨張が進めば必ず曲率優勢になる．このときフリードマン方程式は

$$\dot{a}^2 = H_0^2 \Omega_{K0} \tag{3.93}$$

となり，ここからただちに解

$$a = H_0 \sqrt{\Omega_{K0}}\, t \tag{3.94}$$

を得る．ここでも曲率優勢期に入ってから十分時間が経過した場合を考え，積分定数は落とした．曲率優勢期の特徴として，スケール因子が時間に比例し，膨張速度 $\dot{a}$ が一定の等速膨張になる．このような宇宙はミルン宇宙 (Milne universe) とも呼ばれる．

3.4.4　ダークエネルギー優勢期

ダークエネルギー項が支配的になるとダークエネルギー優勢期となる．曲率項のときと同様の理由により，そのためにはダークエネルギー密度が正 $\Omega_{d0} > 0$ である必要がある．状態方程式パラメータが $w_d < -1/3$ を満たすとき，宇宙膨張が十分進めばダークエネルギー優勢期が訪れる．このときフリードマン方程式は

$$\dot{a}^2 = H_0^2 \Omega_{d0} a^2 \exp\left[3 \int_a^{a_0} (1 + w_d) \frac{da}{a}\right] \tag{3.95}$$

となる．

ダークエネルギーが宇宙項である場合 ($w_d = -1$, $\Omega_{d0} = \Omega_{\Lambda 0}$) には，ダークエネルギー優勢期は宇宙項優勢期と呼ばれる．このときのフリードマン方程式は

$$\dot{a}^2 = H_0^2 \Omega_{\Lambda 0} a^2 \tag{3.96}$$

と簡単化する．ここからただちに解

$$a = C \exp\left[H_0 \sqrt{\Omega_{\Lambda 0}}\, t\right] = C \exp\left[\sqrt{\frac{\Lambda}{3}}\, ct\right] \tag{3.97}$$

が得られる．ここで，C は積分定数であり，宇宙項優勢期に入る以前の履歴によって決まる量である．宇宙項優勢期の大きな特徴は，スケール因子が指数関数的に

急激な膨張をすることである．このような宇宙を**ド・ジッター宇宙** (de Sitter universe) と呼ぶ．膨張速度が時間とともに増加する加速宇宙となっている．

一般のダークエネルギーの場合でも，式 (3.95) を時間微分するとわかるように，状態方程式パラメータが $w_{\rm d} < -1/3$ を満たしていれば加速宇宙となる．このパラメータの値 $w_{\rm d}$ が小さいほど加速の程度が増えるが，$w_{\rm d} < -1$ となるときには膨張の速度があまりに大きくなり，有限の時間内にスケール因子が発散して特異点に到達するということが起こる．簡単のため状態方程式が一定 ($w_{\rm d} = w_{\rm d0} < -1$) の場合を考えると，式 (3.95) は

$$\dot{a}^2 = H_0^2 \Omega_{\rm d0} a^{-(1+3w_{\rm d0})} \tag{3.98}$$

となり，これを積分すると

$$\frac{3}{2} H_0 (t - t_0) = \frac{1 - a^{-3|1+w_{\rm d0}|/2}}{\sqrt{\Omega_{\rm d0}} \, |1 + w_{\rm d0}|} \tag{3.99}$$

を得る．ただし，時刻 t_0 においてすでにダークエネルギー優勢であると近似的に考えて積分定数を決めた．この式からただちにわかることは，$a \to \infty$ に到達するのが有限の時刻

$$t_{\rm rip} = \frac{2}{3 H_0 \sqrt{\Omega_{\rm d0}} \, |1 + w_{\rm d0}|} + t_0 \tag{3.100}$$

となることである．この時点で時空の計量が発散する特異点となっている．これを**ビッグリップ** (big rip) という．宇宙膨張が極限まで大きくなると，膨張の力が他の力を上回るようになり，もはや宇宙に存在するすべての構造がその形を保っていられなくなってすべてばらばらに壊されてしまう．

3.5 宇宙モデル

次に，エネルギー密度の優勢成分が 1 種類でないような一般の場合を考える．現実の宇宙においては，放射優勢期から物質優勢期になり，その後曲率項やダークエネルギー項が効くようになる．そこで，物質優勢期以前とそれ以後に分けて考えることにする．

3.5.1 物質優勢期まで

物質優勢期までは曲率項やダークエネルギー項が寄与しない．すなわち，フリードマン方程式は

で与えられる．この方程式を積分形で表すと，

$$H_0 t = \int_0^a \frac{a\,da}{\sqrt{\Omega_{r0} + \Omega_{m0}\,a}} \tag{3.102}$$

となり，これは初等的に積分することができる．その解はパラメータ表示で表すことができ，

$$\begin{cases} a = \Omega_{m0}\theta^2 + 2\sqrt{\Omega_{r0}}\,\theta \\ H_0 t = \dfrac{2}{3}\Omega_{m0}\theta^3 + 2\sqrt{\Omega_{r0}}\,\theta^2 \end{cases} \tag{3.103}$$

となる．これを示すには，式 (3.103) の第 1 式の変数変換により式 (3.102) を積分すればよい．この解で極限 $\theta \to 0$ と $\theta \to \infty$ をとれば，それぞれ放射優勢期の解 (3.90) と物質優勢期の解 (3.92) が導かれる．

3.5.2　アインシュタイン–ド・ジッター宇宙モデル

物質優勢期以後はフリードマン方程式で放射項を無視することができる．ここでさらに，曲率もダークエネルギーも無視できる $\Omega_{K0} = \Omega_{d0} = 0$ というとくに簡単な宇宙モデルを考える．これを**アインシュタイン–ド・ジッター宇宙モデル** (Einstein-de Sitter model) という．この場合式 (3.67) より $\Omega_{m0} = 1$ となり，宇宙の物質密度は臨界密度に等しい．というよりこれは臨界密度の定義であった．フリードマン方程式は

$$\dot{a}^2 = \frac{H_0^2}{a} \tag{3.104}$$

となり，その解は

$$a = \left(\frac{3}{2}H_0 t\right)^{2/3} \tag{3.105}$$

である．

アインシュタイン–ド・ジッター宇宙モデルでは現在も物質優勢期にあり，スケール因子は $t^{2/3}$ に比例して成長する．曲率やダークエネルギーのある一般の宇宙でも，宇宙初期の物質優勢期には式 (3.92) のように，スケール因子が $t^{2/3}$ に比例していた．物質優勢期には曲率項やダークエネルギー項が有効でないため，スケール因子の振る舞いがアインシュタイン–ド・ジッター宇宙と同じであるともいえる．

アインシュタイン–ド・ジッター宇宙モデルにおけるエネルギー密度は臨界密度

に等しいので，式 (3.57) より $H_0{}^2 = 8\pi G\rho_0/3c^2$ となる．したがってエネルギー密度の時間変化は

$$\rho = \frac{\rho_0}{a^3} = \frac{c^2}{6\pi G t^2} \qquad (3.106)$$

という簡潔な形で与えられる．

3.5.3　フリードマン宇宙モデル

物質優勢期以後を記述する次に簡単な宇宙モデルとして，ダークエネルギーのない場合を考える．この宇宙モデルは**フリードマン宇宙モデル** (Friedmann model) と呼ばれる．この場合，式 (3.67) より曲率パラメータは $\Omega_{K0} = 1 - \Omega_{m0}$ で与えられるから，$\Omega_{m0} < 1$ のとき曲率が負の宇宙，逆に $\Omega_{m0} > 1$ のとき曲率が正の宇宙となる．ここで $\Omega_{m0} = 1$ のときはアインシュタイン–ド・ジッター宇宙に等しいのでここでは除く．フリードマン方程式は

$$\dot{a}^2 = H_0{}^2 \left(\frac{\Omega_{m0}}{a} + 1 - \Omega_{m0} \right) \qquad (3.107)$$

となり，この方程式を積分形で表すと，

$$H_0 t = \int_0^a \frac{\sqrt{a}\,da}{\sqrt{\Omega_{m0} + (1 - \Omega_{m0})a}} \qquad (3.108)$$

となる．この場合も右辺は初等的に積分することができる．その結果は $\Omega_{m0} - 1$ の符号，すなわち曲率 K の符号により分類されて，パラメータ表示により以下のようになる：

- $K < 0$ ($\Omega_{m0} < 1$) のとき：

$$\begin{cases} a = \dfrac{\Omega_{m0}}{2(1 - \Omega_{m0})}(\cosh\theta - 1) \\ H_0 t = \dfrac{\Omega_{m0}}{2(1 - \Omega_{m0})^{3/2}}(\sinh\theta - \theta) \end{cases} \qquad (3.109)$$

- $K > 0$ ($\Omega_{m0} > 1$) のとき：

$$\begin{cases} a = \dfrac{\Omega_{m0}}{2(\Omega_{m0} - 1)}(1 - \cos\theta) \\ H_0 t = \dfrac{\Omega_{m0}}{2(\Omega_{m0} - 1)^{3/2}}(\theta - \sin\theta) \end{cases} \qquad (3.110)$$

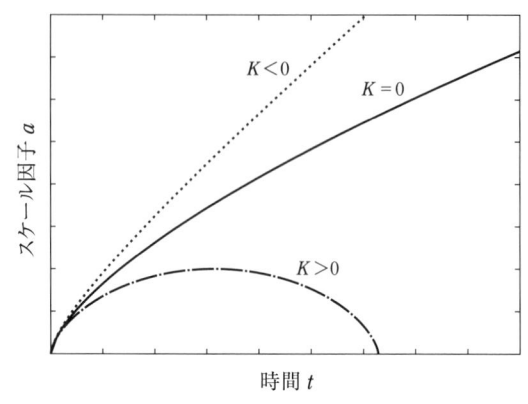

図 3.2 フリードマン宇宙モデルのスケール因子の振る舞い．各曲線の絶対的なスケールは宇宙論パラメータによって決まるが，その形はつねにこれらと相似である．

式 (3.109), (3.110) において $t \to 0$ の極限をとれば，式 (3.92) を再現することも確かめられる．

スケール因子の解の振る舞いは図 3.2 のようになる．物質密度が臨界密度に等しいか，あるいはそれより小さい場合，宇宙は永遠に膨張を続ける．この理由は，宇宙の物質の量が少ないために膨張している宇宙を重力的に引き留められないことによる．逆に物質密度が臨界密度より大きい場合は，いったん膨張が止まってから収縮へ向かう**再収縮宇宙** (recontracting universe) となる．これは，物質の十分な重力によって膨張が引き留められるためである．このとき，膨張の止まる時点を**ビッグストップ** (big stop) といい，その時刻は

$$t_{\mathrm{stop}} = \frac{\pi \Omega_{\mathrm{m0}}}{2 H_0 \left(\Omega_{\mathrm{m0}} - 1\right)^{3/2}} \tag{3.111}$$

で与えられる．収縮により宇宙が再び潰れてしまう時点を**ビッグクランチ** (big crunch) といい，その時刻は

$$t_{\mathrm{crunch}} = \frac{\pi \Omega_{\mathrm{m0}}}{H_0 \left(\Omega_{\mathrm{m0}} - 1\right)^{3/2}} \tag{3.112}$$

で与えられる．

3.5.4 宇宙項つき平坦宇宙モデル

次に，物質優勢期以後のもう 1 つの簡単な宇宙モデルとして，曲率のない場合を考える．この宇宙モデルを**平坦宇宙モデル** (flat model) と呼ぶ．ここではダーク

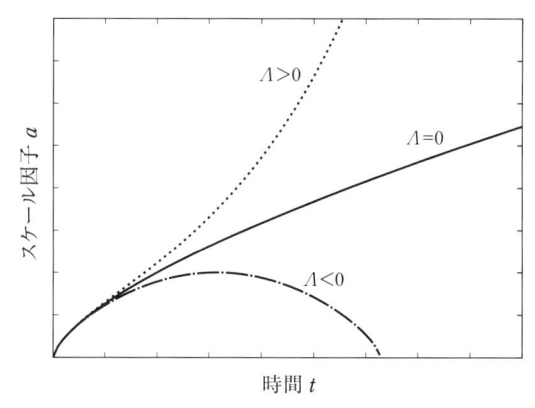

図 3.3 宇宙項入り平坦宇宙モデルのスケール因子の振る舞い．各曲線の絶対的なスケールは宇宙論パラメータによって決まるが，その形はつねにこれらと相似である．

エネルギーが宇宙項で与えられる単純な場合を考える．この場合には式 (3.67) より $\Omega_{\Lambda 0} = 1 - \Omega_{m0}$ となるから，$\Omega_{m0} < 1$ のとき宇宙定数が正の宇宙，逆に $\Omega_{m0} > 1$ のとき宇宙定数が負の宇宙となる．$\Omega_{m0} = 1$ のときはアインシュタイン-ド・ジッター宇宙に等しいのでここでは除く．フリードマン方程式は

$$\dot{a}^2 = H_0{}^2 \left[\frac{\Omega_{m0}}{a} + (1 - \Omega_{m0})a^2 \right] \tag{3.113}$$

となり，その積分形は

$$H_0 t = \int_0^a \frac{\sqrt{a}\, da}{\sqrt{\Omega_{m0} + (1 - \Omega_{m0})a^3}} \tag{3.114}$$

である．ここでも右辺は初等的に積分できる．その結果は $\Omega_{m0} - 1$ の符号，すなわち宇宙定数 Λ の符号によって分類されて以下のようになる：

- $\Lambda > 0\ (\Omega_{m0} < 1)$ のとき：

$$a = \left(\frac{\Omega_{m0}}{1 - \Omega_{m0}} \right)^{1/3} \sinh^{2/3} \left(\frac{3}{2} \sqrt{1 - \Omega_{m0}}\, H_0 t \right) \tag{3.115}$$

- $\Lambda < 0\ (\Omega_{m0} > 1)$ のとき：

$$a = \left(\frac{\Omega_{m0}}{\Omega_{m0} - 1} \right)^{1/3} \sin^{2/3} \left(\frac{3}{2} \sqrt{\Omega_{m0} - 1}\, H_0 t \right) \tag{3.116}$$

このスケール因子の解の振る舞いは図 3.3 のようになる．物質の密度が小さく正の宇宙定数を持つ場合，初めは膨張が減速しているが，

$$t_{\mathrm{acc}} = \frac{\ln(2+\sqrt{3})}{3H_0\sqrt{1-\Omega_{\mathrm{m0}}}} \tag{3.117}$$

の時点から加速しはじめ，その後は際限のない指数関数的膨張をするド・ジッター宇宙へ近づいていく．一方，物質の密度が大きく，負の宇宙定数を持つ場合には，再収縮宇宙となる．このときには，

$$t_{\mathrm{stop}} = \frac{\pi}{3H_0\sqrt{\Omega_{\mathrm{m0}}-1}} \tag{3.118}$$

の時点で膨張が止まってビッグストップとなり，その後は収縮宇宙となって

$$t_{\mathrm{crunch}} = \frac{2\pi}{3H_0\sqrt{\Omega_{\mathrm{m0}}-1}} \tag{3.119}$$

の時点でビッグクランチを迎える．

3.5.5　フリードマン-ルメートル宇宙モデル

次に物質優勢期以後で，曲率と宇宙項がともに存在するような宇宙モデルを考える．このモデルはフリードマン-ルメートル宇宙モデル (Friedmann-Lemaître model) と呼ばれる．この場合のフリードマン方程式は

$$\dot{a}^2 = H_0{}^2\left(\frac{\Omega_{\mathrm{m0}}}{a} + \Omega_{\mathrm{K0}} + \Omega_{\Lambda 0}a^2\right) \tag{3.120}$$

である．ここで曲率パラメータは $\Omega_{\mathrm{K0}} = 1 - \Omega_{\mathrm{m0}} - \Omega_{\Lambda 0}$ である．この方程式は初等的には積分できないが，方程式から直接定性的な解の振る舞いを調べることはできる．まず，式 (3.120) が「座標」 a を 1 次元運動する質点のエネルギー方程式に類似していることに着目し，次の形に書き換えてみる：

$$H_0{}^{-2}\dot{a}^2 + V(a) = \Omega_{\mathrm{K0}} \tag{3.121}$$

$$V(a) = -\frac{\Omega_{\mathrm{m0}}}{a} - \Omega_{\Lambda 0}a^2 \tag{3.122}$$

第 1 式はポテンシャル $V(a)$ 中を運動する「質量」 $2H_0{}^{-2}$，「エネルギー」 Ω_{K0} を持つ質点のエネルギー方程式と等価である．したがって，ポテンシャル $V(a)$ の形からスケール因子の時間発展を想像することは容易である．

物質密度は必ず正であるから，$\Omega_{\mathrm{m0}} > 0$ が成り立つ．するとこのポテンシャル $V(a)$ は $a \to 0$ へ向かって必ず負の方向へ発散する．一方，スケール因子の大きい

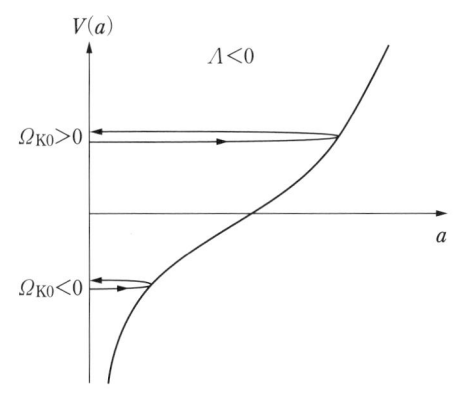

図 **3.4** 宇宙定数が負の場合のポテンシャル．

ところでは宇宙定数の符号によってその振る舞いが大きく異なる．宇宙定数がゼロの場合は上で調べたフリードマン宇宙モデルである．

宇宙定数が負の場合は $a \to \infty$ でポテンシャルが正に発散し，いたるところ単調増加する関数 $dV/da > 0$ となっている（図3.4）．したがって，「エネルギー」に対応する曲率の値にかかわらず，ビッグバン $a = 0$ から始まったスケール因子はいずれポテンシャルの壁にぶつかって，跳ね返って戻ってくる．つまり，負の宇宙定数は宇宙が永遠に膨張することを許さず，宇宙はいずれビッグストップを迎えてから収縮宇宙となり，ビッグクランチへと向かう．この場合宇宙は有限の寿命しか持たない．

一方，宇宙定数が正の場合には，$a \to \infty$ でポテンシャルが負に発散し，極大点が1つだけ存在する（図3.5）．したがってこの場合には，曲率の値や初期条件によって，いくつか定性的に異なる解が現れてくる．ポテンシャルの極大点の位置 a_s とその値 $V_\mathrm{s} = V(a_\mathrm{s})$ は，

$$a_\mathrm{s} = \left(\frac{\Omega_\mathrm{m0}}{2\Omega_{\Lambda 0}}\right)^{1/3}, \quad V_\mathrm{s} = -3\left(\frac{\Omega_\mathrm{m0}^2 \Omega_{\Lambda 0}}{4}\right)^{1/3} \tag{3.123}$$

である．解の振る舞いは Ω_K0 と V_s の値の大小によって分類できる．

- $\Omega_\mathrm{K0} < V_\mathrm{s}$ の場合：
  このときスケール因子はポテンシャルの壁を乗り越えられずに跳ね返ることになる．現在値 $a = 1$ が極大点よりも小さい $a_\mathrm{s} > 1$ の場合は図の A に対

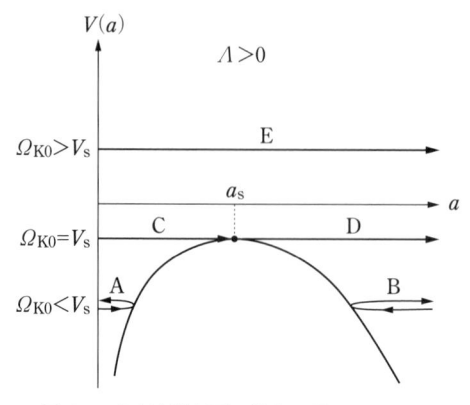

図 3.5　宇宙定数が正の場合のポテンシャル．

応する．すなわち再収縮宇宙となり，宇宙の寿命は有限になる．逆に $a_s < 1$ ならば図の B に対応する．この場合には収縮宇宙から始まって有限の a で跳ね返っていく，**跳ね返り宇宙** (bouncing universe) となる．跳ね返った後は永遠に膨張し，最終的には宇宙項優勢のド・ジッター宇宙になる．この後者の場合には初期特異点は現れず，ビッグバンを伴わない宇宙モデルとなっている．

- $\Omega_{K0} = V_s$ の場合：
  この場合も極大点の位置により異なる振る舞いをする．$a_s > 1$ のときは図の C に対応する．この場合は減速しながら膨張するが，スケール因子は際限なく大きくはなれず，上限 $a = a_s$ に近づき続けるような宇宙となる．この宇宙で時間が無限にすぎた極限を考えると，スケール因子は平衡点 $a = a_s$ にほとんど静止した状態となる．この解は式 (3.25) と等価であり，アインシュタインの静止宇宙解に対応する．この解が不安定解であることは図からも明らかである．逆に，$a_s < 1$ であれば図の D に対応して，$a = a_s$ からゆっくり出発し，その後は際限なく膨張する宇宙となる．この最後の場合も初期特異点がなく，ビッグバンを伴わない宇宙モデルとなっている．ここで述べた解の他に時間を逆転した解もあるが，それらは膨張宇宙にはならない．

- $\Omega_{K0} > V_s$ の場合：
  この場合ははじめ減速膨張しているが，$a = a_s$ を境にして加速膨張に転じ，最終的に宇宙項優勢のド・ジッター宇宙となる．図の E に対応する．$a_s > 1$

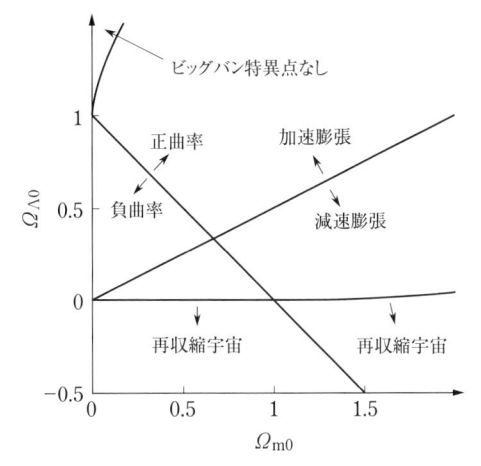

図 3.6 宇宙の大局的な振る舞いと宇宙論パラメータ．

なら現在減速膨張期にあり，$a_s < 1$ なら現在加速膨張期にある．

以上の大局的な振る舞いを決めているのは，2つの宇宙論パラメータ $\Omega_{m0}, \Omega_{\Lambda 0}$ の値である．現在の宇宙が膨張しているという条件のもと，この2次元パラメータ空間上で宇宙の性質を分類すると，図 3.6 のようになる．この図上で重要な線は以下の式で与えられる：

$$\Omega_{K0} = 0 \quad \Leftrightarrow \quad \Omega_{m0} + \Omega_{\Lambda 0} = 1 \tag{3.124}$$

$$a_s = 1 \quad \Leftrightarrow \quad \Omega_{m0} = 2\Omega_{\Lambda 0} \tag{3.125}$$

$$V_s = \Omega_{K0} \quad \Leftrightarrow \quad \frac{(\Omega_{m0} + \Omega_{\Lambda 0} - 1)^3}{\Omega_{m0}^2 \Omega_{\Lambda 0}} = \frac{27}{4} \quad (\Omega_{\Lambda 0} > 0) \tag{3.126}$$

はじめの式 (3.124) を満たす直線上では曲率がゼロとなっていて，それより右上側では正曲率，左下側では負曲率となる．式 (3.125) を満たす直線は，現在の宇宙が加速しているか減速しているかを分ける．これよりも左上側の領域では，現在加速宇宙となっていて，右下側の領域では減速宇宙となっている．式 (3.126) を満たす曲線は図の左上と右下に現れる．この曲線の外側，すなわち左上側と右下側の領域ではスケール因子がポテンシャルの壁を越えられない．左上の領域は現在加速宇宙なので，ビッグバンを伴わない跳ね返り宇宙となっている．一方，右下の領域は減速宇宙なので再収縮宇宙となる．宇宙定数が負の領域はいたるところ再収縮宇宙となっている．また，$\Omega_{\Lambda 0} = 0$ の直線上はフリードマン宇宙モデルに対応する．

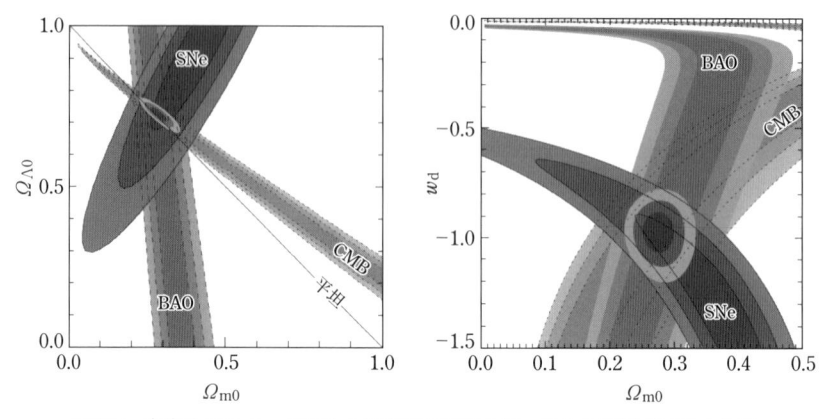

図 3.7 宇宙論パラメータに対する観測的制限の例．個々の観測が制限する範囲について統計的信頼度が内側からそれぞれ 1σ, 2σ, 3σ になる領域を示してある．また個々の観測からの制限を合わせたものも示されている．SNe: 遠方超新星を用いた制限，BAO: 宇宙大規模構造のバリオン音響振動による制限，CMB: 宇宙マイクロ波背景放射による制限 [21]．

図 3.7 の左図に，物質密度パラメータと宇宙定数の密度パラメータの値に対する観測的制限の例を示した．ここに示されている宇宙論的観測がなぜパラメータへ制限を与えることができるのかは，本書の以下の節や章で述べられる．さらに図 3.7 の右図には，平坦宇宙モデル $\Omega_{K0} = 0$ で一定のダークエネルギー状態方程式パラメータ w_d を仮定した場合の，$\Omega_{m0} (= 1 - \Omega_{\Lambda 0})$ と w_d に対する観測的制限の例が示されている．現在のところ，宇宙は平坦でダークエネルギーは宇宙定数で与えられ，全エネルギー密度の 3/4 程度がダークエネルギーであるというモデルがすべての観測を説明する．標準的な宇宙モデルの範囲では，ダークエネルギーの存在しないモデルはこうした観測により棄却される．

3.6　一様等方宇宙の距離指標

距離指標や宇宙年齢など，宇宙論における基本的な量がどのように宇宙論パラメータと関係しているかをここで見ておこう．これらの基本的な量は宇宙膨張の時間変化 $a(t)$ によって決まる．

3.6.1　距離指標のパラメータ依存性

我々が直接観測できる天体は物質優勢期以後のものである．このとき時間に依存

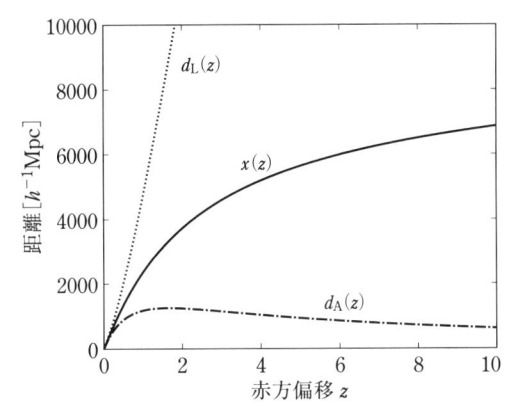

図 3.8 距離と赤方偏移の関係. $\Omega_{m0} = 0.27, \Omega_{\Lambda 0} = 0.73$ を仮定した.

するハッブル・パラメータ H を赤方偏移 z の関数として表すと,式 (3.87) の形のフリードマン方程式より,

$$H(z) = H_0 \sqrt{(1+z)^3 \Omega_{m0} + (1+z)^2 \Omega_{K0} + \Omega_{d0} \exp\left(3 \int_0^z \frac{1+w_d}{1+z} dz\right)} \tag{3.127}$$

となる.この形により,前章で導入された宇宙論的な距離指標と赤方偏移の関係が宇宙論パラメータを使って具体的に表される.赤方偏移の関数として,共動距離 $x(z)$ は式 (2.35),光度距離 $d_L(z)$ は式 (2.70),角径距離 $d_A(z)$ は式 (2.77) でそれぞれ与えられた.すなわち

$$x(z) = \int_0^z \frac{c\,dz}{H(z)}, \quad d_L(z) = (1+z) S_K[x(z)], \quad d_A(z) = \frac{S_K[x(z)]}{1+z} \tag{3.128}$$

となる.宇宙定数がダークエネルギーとなる標準的な宇宙論パラメータの場合に,これら 3 つの距離を赤方偏移の関数として表すと図 3.8 のようになる.近傍宇宙の $z \ll 1$ でこれら 3 つの距離は一致するが,赤方偏移が大きいところではだいぶ異なっている.天体の見かけの明るさは宇宙膨張によって暗くなるので,暗いほど距離が増える光度距離 $d_L(z)$ の値は実際の共動距離よりもずっと大きくなる.一方,天体の見かけの大きさは宇宙膨張の効果によって広がって見えるので,十分遠方にある天体の大きさはあまり小さくならない.このため角径距離は赤方偏移が増えても増加しなくなる.図の例では角径距離が $z \sim 1.5$ 付近で最大になり,その先では減少している.

曲率が大きすぎない限り,関数 $S_K(x)$ は単調増加関数であるから,ハッブル・パ

ラメータ H が大きくなるほどこれらの宇宙論的距離指標は小さくなる．現在の膨張率は H_0 で固定されているので，ハッブル・パラメータ H が大きいということは過去の膨張率が大きいということを意味する．膨張率が大きいと，そうでない場合に比べて光があまり進まないうちに赤方偏移するので，同じ赤方偏移でも対応する距離が小さくなるのである．したがって，これら距離指標の定性的な宇宙論パラメータ依存性は，ハッブル・パラメータへの依存性により決まる．そこで式 (3.127) を次のように書き直してみる：

$$\frac{H(z)}{H_0} = \sqrt{(1+z)^2 + z(1+z)^2 \Omega_{\mathrm{m}0} + \left[\exp\left(3\int_0^z \frac{1+w_{\mathrm{d}}}{1+z}dz\right) - (1+z)^2\right]\Omega_{\mathrm{d}0}} \quad (3.129)$$

この式から，物質密度パラメータ $\Omega_{\mathrm{m}0}$ を増加させると，固定した赤方偏移 z に対してハッブル・パラメータ $H(z)$ が大きくなることがわかる．物質が多いほど宇宙膨張が強く減速するため，現在の膨張率が決まっていれば過去の膨張率は大きくなるからである．こうして $\Omega_{\mathrm{m}0}$ を増加させると同じ赤方偏移に対応する距離指標の値は減少する．

同様にダークエネルギーのパラメータに対する依存性も考えられる．ダークエネルギーが加速力として働くためには，その状態方程式パラメータが $w_{\mathrm{d}} < -1/3$ を満たさねばならない．いま赤方偏移が z よりも小さいところでいたるところこの関係を満たしているとすると，式 (3.129) の $\Omega_{\mathrm{d}0}$ の係数は必ず負となる：

$$w_{\mathrm{d}0}(z') < -\frac{1}{3} \quad (0 \leq z' \leq z) \quad \Leftrightarrow \quad \exp\left(3\int_0^z \frac{1+w_{\mathrm{d}}}{1+z}dz\right) - (1+z)^2 < 0 \quad (3.130)$$

したがって，パラメータ $\Omega_{\mathrm{d}0}$ を増加させると $H(z)$ は減少し，同じ赤方偏移に対応する距離指標は増加することになる．これはダークエネルギーが物質とは逆に宇宙膨張を加速させようとするからである．また，ダークエネルギーの状態方程式パラメータ w_{d} を増加させると $H(z)$ は増加して距離指標は減少する．これは，ダークエネルギーの状態方程式パラメータが大きいほど宇宙膨張を加速させる働きが弱くなるからである．

3.6.2　超新星宇宙論

2.3.2 項で述べたように，光度距離 d_{L} を赤方偏移 z の関数として表したハッブル図は宇宙論的に有用である．ハッブル図における線形関係からのずれは，ハッブル定数以外の宇宙論パラメータに関する情報を持つ．近傍宇宙の観測では減速パラメータ q_0 を与えるだけだが，遠方天体を多数観測できれば他の宇宙論パラメータ

も決めることができる．この方法は最近，超新星を用いて宇宙のダークエネルギーの存在を示すのに大きな役割を果たした．

式 (2.62) に与えたように，天体の見かけの等級 m は赤方偏移 z の関数として表される．絶対等級 M の推定できる標準光源をその赤方偏移とともに多数観測できれば，距離指標 $m(z) - M$ を通じて光度距離 $d_L(z)$ を赤方偏移の関数として求めることができる．

関係式 (2.62) は天体から出た光のエネルギーが失われずに我々に届いているとした理想的な場合のものである．これを実際の天体に応用する場合にはいくつかの補正が必要である．その 1 つは 2.3.1 項ですでに述べた K 補正であり，限られた波長帯しか観測しない通常の場合には必ず必要となる．さらに天体から出た光は途中で吸収されると明るさが低下する．とくに星間物質による吸収をモデル化して補正することが必要である．また，遠方天体の進化効果などによって絶対等級の推定に対しても補正が必要となる．

最近では，Ia 型の超新星を使って遠方宇宙における距離指標 $m - M$ を求める方法が飛躍的に発展した．超新星は非常に明るいため，遠方宇宙を探るのに都合がよい．Ia 型の超新星は 1.3.3 項で述べたように，白色矮星の質量がチャンドラセカール限界を超え，内部コアの炭素が暴走的核反応を起こして爆発する現象と考えられている．限界質量によって爆発の条件が決まるため Ia 型超新星はどれも似たようなものになる．このため最大光度時の明るさを標準光源として用いることが可能になる．

とはいっても Ia 型超新星の最大光度にもいくらかのばらつきはある．だが光度の時間変化を表す**光度曲線** (light curve) の形が最大光度と関係していることがわかってきた．図 3.9 は，距離の知られている近傍の超新星に対する光度曲線を表したものである．最大光度が大きいものほど時間変化がゆっくりとしていて，暗くなるまでに時間がかかる．逆に最大光度の小さいものは速く暗くなる．近傍超新星の観測によりこの経験的な関係を求めておけば，遠方超新星に対してはその光度曲線を用いて最大光度を正確に推定することが可能になる．

このようにして Ia 型超新星の絶対光度のばらつきを補正し，さらに他の補正も行って距離指標 $m(z) - M$ が赤方偏移の関数として求められる．最近の解析の例を図 3.10 に示す．加速宇宙ではそうでない場合に比べて，固定した赤方偏移に対する天体までの距離が大きくなるため，見かけの明るさは暗くなる．このため宇宙が加速しているほど等級の値は大きくなり距離指標 $m - M$ を表す曲線は上へずれる．この図に示されている観測値は加速宇宙でなければ説明できず，ダークエネルギー

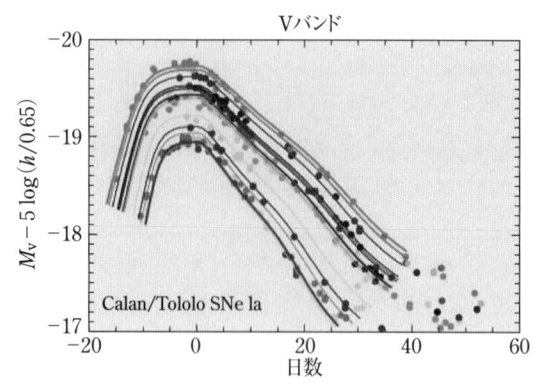

図 3.9 Ia 型超新星の光度曲線の例．いくつもの超新星について，観測値とそのフィット曲線を重ねてプロットしてある．横軸は最大光度の時刻を基準にした経過時間，縦軸は，可視領域の波長帯である V バンドの色フィルターで測定される等級 M_V を，ハッブル定数でスケールしたもの [22]．

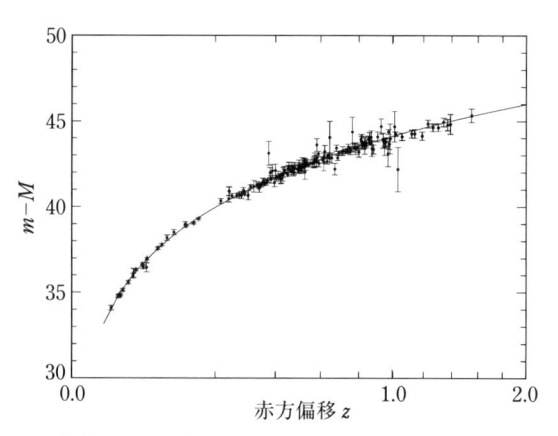

図 3.10 Ia 型超新星の距離指標 $m-M$ の赤方偏移依存性．さまざまな観測チームによる複数のデータをまとめてプロットしてある [21]．

を支持する強力な根拠と考えられている．

図 3.11 は上に示した Ia 型超新星の距離指標と赤方偏移の関係を解析することにより得られた宇宙論パラメータへの制限である．左の図では，ダークエネルギーは宇宙定数であるとして，物質と宇宙定数の密度パラメータ Ω_{m0}, $\Omega_{\Lambda 0}$ に対する許容範囲が示されている．3 つの曲線は，その内側に真のパラメータ値がある統計的信頼度がそれぞれ 68%，95%，99.7% となる領域を表している．この図からわかるよ

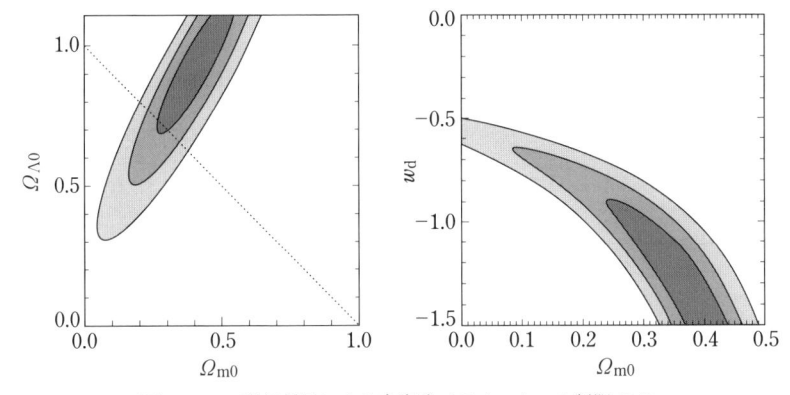

図 3.11 Ia 型超新星による宇宙論パラメータへの制限 [21].

うに，宇宙定数がゼロ $\Omega_{\Lambda 0} = 0$ で宇宙膨張が加速しないモデルは高い確率で棄却される．

また右の図には平坦宇宙 $\Omega_{K0} = 0$ でダークエネルギーの状態方程式パラメータ w_d が一定となるモデルについて，パラメータ Ω_{m0}, w_d に対する許容範囲が同様に示されている．この図から，ダークエネルギーが宇宙定数である場合 $w_d = -1$ が十分に許されていることがわかる．

このように，超新星を用いたハッブル図は宇宙論にとって非常に有用な情報をもたらす．この研究分野は**超新星宇宙論** (supernova cosmology) と呼ばれている．現在のところ数百個の超新星の観測データにより宇宙論モデルの制限が行われている．今後は人工衛星に望遠鏡を積んで大気圏外から良質な観測を行い，数千個以上の超新星を用いてダークエネルギーの解析を行う計画が立てられている[*2].

3.6.3　銀河計数法

近傍宇宙の体積は赤方偏移の 3 乗に比例して大きくなるが，遠方宇宙の体積はこれとは異なり，宇宙論モデルに依存する．宇宙の体積を直接測ることは難しいが，体積が大きければ銀河の個数も多いはずである．そこで観測された銀河の個数を数えることにより遠方宇宙の体積を推定しようとするのが銀河計数法である．

まず共動的な体積の大きさを，観測量である赤方偏移 z と天球面上の極座標 (θ, ϕ) で表すことを考える．式 (2.18) の形のロバートソン–ウォーカー計量，およ

[*2] 代表的なものに SNAP (Super Nova Acceleration Probe) 計画 (http://snap.lbl.gov/) がある．

び式 (2.37) を用いると，共動座標における微小体積要素は

$$dV \equiv \sqrt{\gamma}d^3x = \frac{r^2 dr d\Omega}{\sqrt{1-Kr^2}} = \frac{cr^2(z)}{H(z)}dzd\Omega \qquad (3.131)$$

となる．ここで γ は 3 次元空間計量 γ_{ij} の行列式 $\gamma = \det\gamma_{ij}$，$r(z)$ は式 (2.38) で与えられる座標距離を赤方偏移の関数として表した関数，また $d\Omega = \sin\theta d\theta d\phi$ は微小立体角要素である．

仮に共動体積あたりの銀河数密度が一定であれば微小体積 dV とその中に含まれる平均の銀河の個数 dN は比例する．だが実際には，遠方宇宙ほど銀河を検出しにくいために観測可能な銀河の数密度は減り，さらに銀河の形成や合体などにより本来の銀河の数密度そのものも時間進化する．

いま赤方偏移 z の場所において，観測できる銀河の共動体積あたりの平均数密度を $\bar{n}_\mathrm{g}(z)$ とする．銀河は局所的には非一様に分布して大規模構造などを作っているが，この数密度は十分広い領域で平均したものとする．このとき式 (3.131) により，赤方偏移が z から $z+dz$ の間にある銀河の全天あたりの個数は

$$dN(z) = 4\pi \bar{n}_\mathrm{g}(z) r^2(z) \frac{cdz}{H(z)} \qquad (3.132)$$

で与えられる．この式を積分すれば，赤方偏移が z 以下の銀河の総数 $N(z)$ が

$$N(z) = 4\pi \int_0^z \frac{cdz}{H(z)} r^2(z) \bar{n}_\mathrm{g}(z) \qquad (3.133)$$

と求められる．ここで関数 $r(z), H(z)$ は宇宙論モデルに依存して決まり，以下に見るように $\bar{n}_\mathrm{g}(z)$ も間接的に宇宙論モデルに依存し得る．

一般に望遠鏡で観測する場合，見かけの明るさが暗すぎる銀河は観測できない．そこで銀河の見かけの等級がある値 m より小さい（つまり明るく見える）銀河の個数を数える場合を考えよう．このとき銀河の絶対光度の個数分布が観測できる銀河の数を左右する．そこで，赤方偏移 z において絶対等級が M から $M + dM$ の間にある単位共動体積あたりの銀河数を $\phi(M, z)dM$ とする．この関数 $\phi(M, z)$ のことを**光度関数** (luminosity function) と呼ぶ．ここで赤方偏移 z にあって見かけの等級が m である銀河の絶対等級を $M(m, z)$ とする．この関数は式 (2.62) が成り立つときには

$$M(m, z) = m - 5\log\left(\frac{d_\mathrm{L}(z)}{c/H_0}\right) + 5\log h - 42.384 \qquad (3.134)$$

で与えられるが，実際にはこれに K 補正やその他の補正項が付く．見かけの等級が m より小さい銀河の共動座標における数密度は

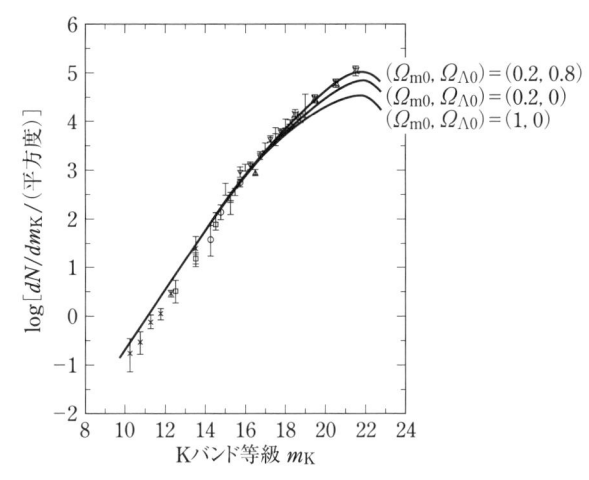

図 3.12 銀河計数法による解析の例．横軸は赤外線領域の波長帯である K バンドの色フィルターで測定された等級，縦軸は 1 等級 1 平方度あたりの銀河数 [23]．

$$\bar{n}_g(z) = \int_{-\infty}^{M(m,z)} \phi(M,z)dM \qquad (3.135)$$

となる．これを式 (3.132) や (3.133) に代入すれば見かけの明るさで選ばれた銀河の銀河計数が得られる．

銀河のスペクトルを測定して赤方偏移を決定するのは手間がかかる．それに比べると，銀河の見かけの明るさだけを測定する方がはるかに容易で多数の銀河を測定できる．そこで見かけの等級が m 以下となる銀河の全天における個数を $N(m)$ とすると，式 (3.132), (3.135) により

$$N(m) = 4\pi c \int_0^\infty dz \frac{r^2(z)}{H(z)} \int_{-\infty}^{M(m,z)} \phi(M,z)dM \qquad (3.136)$$

と表される．等級変化あたりの全天の銀河計数は

$$\frac{dN}{dm} = 4\pi c \int_0^\infty dz \frac{r^2(z)}{H(z)} \phi[M(m,z),z] \frac{\partial M(m,z)}{\partial m} \qquad (3.137)$$

となる．

遠方宇宙における光度関数，およびその赤方偏移依存性を正確に推定することは難しい．銀河スペクトルの時間変化によりバンドごとに光度関数は複雑に変化するし，銀河の形成や合体衝突などにより数密度そのものも変化する．したがって銀河計数法により宇宙論モデルのテストを行うには，銀河進化の正確なモデル化が大き

な課題となる.

図 3.12 は赤外線に対応する波長帯である K バンドの等級を用いて,標準的な銀河進化モデルを仮定した場合の解析例である.曲率ゼロで宇宙項入りの宇宙モデルが観測値をよく再現する.

3.7 宇宙年齢

3.7.1 宇宙年齢のパラメータ依存性

宇宙の年齢は式 (2.81) で与えたように,

$$t = \int_0^a \frac{da}{aH} = \int_z^\infty \frac{dz}{(1+z)H} \tag{3.138}$$

となる.この宇宙年齢と赤方偏移の関係は図 3.13 のようになる.宇宙項入り平坦モデル $\Omega_{m0} = 0.27, \Omega_{\Lambda 0} = 0.73$ に加えて,比較のために負曲率モデル $\Omega_{m0} = 0.27, \Omega_{\Lambda 0} = 0$ とアインシュタイン–ド・ジッター宇宙モデル $\Omega_{m0} = 1, \Omega_{\Lambda 0} = 0$ の場合も示した.

式 (3.138) により,宇宙年齢の宇宙論パラメータ依存性はハッブル・パラメータを通じて決められる.物質密度パラメータ Ω_{m0} を増加させれば,ある赤方偏移 z に対応する宇宙年齢は減少する.ダークエネルギー密度パラメータ Ω_{d0} を増加させれば宇宙年齢は増加する.またダークエネルギーの状態方程式パラメータ w_d を増

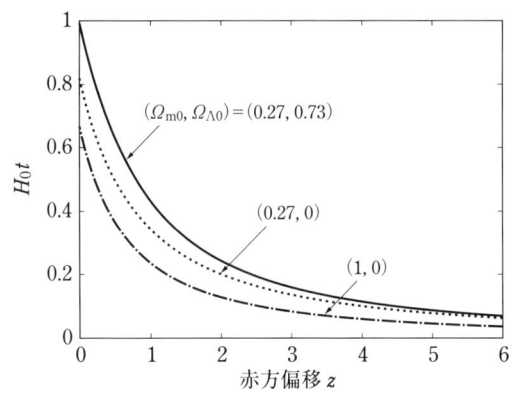

図 3.13 宇宙年齢と赤方偏移の関係.縦軸 $H_0 t$ は $1/H_0 = 9.778 h^{-1}$ Gyr を単位にした宇宙年齢を表す.

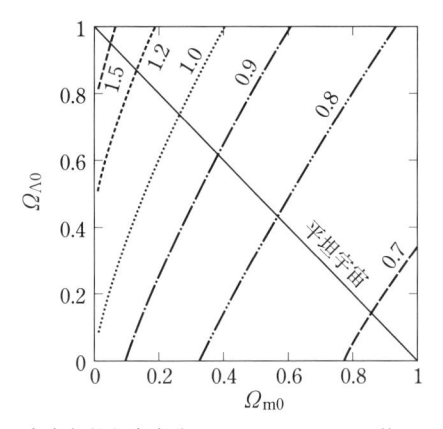

図 3.14 現在の宇宙年齢と宇宙論パラメータ．$H_0 t_0$ の値が一定になる線を $(\Omega_{\mathrm{m}0}, \Omega_{\Lambda 0})$ の関数として表してある [24]．

加させれば宇宙年齢は減少する．これらの振る舞いは，過去の膨張率が大きいほど速く宇宙が大きくなるので宇宙年齢は小さくなる，ということから理解できる．ダークエネルギーが宇宙定数である場合の $H_0 t_0$ の値を $(\Omega_{\mathrm{m}0}, \Omega_{\Lambda 0})$ の関数として示すと，図 3.14 のようになる．

放射優勢期の宇宙年齢は，式 (3.90) を逆に解くことで

$$\begin{aligned}
t = \frac{a^2}{2H_0 \sqrt{\Omega_{\mathrm{r}0}}} &= 1.543 \times 10^{17} (1+z)^{-2} \Omega_{\mathrm{r}0}^{-1/2} h^{-1} \text{ sec} \\
&= 4.889 \times 10^9 (1+z)^{-2} \Omega_{\mathrm{r}0}^{-1/2} h^{-1} \text{ yrs}
\end{aligned} \tag{3.139}$$

と表すことができる．同様に物質優勢期となって十分時間が経過したときの漸近形は，式 (3.92) により，

$$\begin{aligned}
t = \frac{2a^{3/2}}{3H_0 \sqrt{\Omega_{\mathrm{m}0}}} &= 2.057 \times 10^{17} (1+z)^{-3/2} \Omega_{\mathrm{m}0}^{-1/2} h^{-1} \text{ sec} \\
&= 6.519 \times 10^9 (1+z)^{-3/2} \Omega_{\mathrm{m}0}^{-1/2} h^{-1} \text{ yrs}
\end{aligned} \tag{3.140}$$

となる．放射優勢期から物質優勢期にかけての正確な宇宙年齢は，式 (3.102) を直接積分することで得られる．その結果は等密度時のスケール因子 $a_{\mathrm{eq}} = \Omega_{\mathrm{r}0}/\Omega_{\mathrm{m}0}$ を用いて，

$$t = \frac{2}{3H_0 \sqrt{\Omega_{\mathrm{m}0}}} \left[2a_{\mathrm{eq}}^{3/2} + \left(a - 2a_{\mathrm{eq}} \right) \sqrt{a + a_{\mathrm{eq}}} \right] \tag{3.141}$$

と表される.ここで $a \ll a_{\rm eq}$ のとき放射優勢期の式 (3.139) を再現し,$a \gg a_{\rm eq}$ のとき物質優勢期の式 (3.140) を再現することは容易に確かめられる.

物質優勢期以後の宇宙年齢も,簡単な宇宙モデルの場合には解析的に求めることができる.アインシュタイン-ド・ジッター宇宙モデル ($\Omega_{\rm K0} = \Omega_{\Lambda 0} = 0$) の場合は式 (3.105) よりただちに

$$t = \frac{2a^{2/3}}{3H_0} = \frac{2}{3H_0(1+z)^{2/3}} \tag{3.142}$$

となる.現在の宇宙年齢は上式で $z = 0$ とおいて,

$$t_0 = \frac{2}{3H_0} \tag{3.143}$$

で与えられる.

フリードマン宇宙モデル ($\Omega_{\Lambda 0} = 0$) の場合,式 (3.109), (3.110) からパラメータ θ を消去して t について解くことができる.その結果を赤方偏移 z の関数として表せば,

$$H_0 t = \begin{cases} \dfrac{\sqrt{1+\Omega_{\rm m0}\,z}}{(1-\Omega_{\rm m0})(1+z)} - \dfrac{\Omega_{\rm m0}}{(1-\Omega_{\rm m0})^{3/2}} \ln\left(\dfrac{\sqrt{1+\Omega_{\rm m0}\,z} + \sqrt{1-\Omega_{\rm m0}}}{\sqrt{\Omega_{\rm m0}(1+z)}} \right) & (\Omega_{\rm m0} < 1) \\ -\dfrac{\sqrt{1+\Omega_{\rm m0}\,z}}{(\Omega_{\rm m0}-1)(1+z)} + \dfrac{\Omega_{\rm m0}}{(\Omega_{\rm m0}-1)^{3/2}} {\rm Arcsin} \sqrt{\dfrac{\Omega_{\rm m0}-1}{\Omega_{\rm m0}(1+z)}} & (\Omega_{\rm m0} > 1) \end{cases} \tag{3.144}$$

となる.ここから現在の宇宙年齢の宇宙論パラメータ依存性があらわに求まり,

$$H_0 t_0 = \begin{cases} \dfrac{1}{1-\Omega_{\rm m0}} - \dfrac{\Omega_{\rm m0}}{(1-\Omega_{\rm m0})^{3/2}} \ln\left(\dfrac{1+\sqrt{1-\Omega_{\rm m0}}}{\sqrt{\Omega_{\rm m0}}} \right) & (\Omega_{\rm m0} < 1) \\ -\dfrac{1}{\Omega_{\rm m0}-1} + \dfrac{\Omega_{\rm m0}}{(\Omega_{\rm m0}-1)^{3/2}} {\rm Arcsin} \sqrt{\dfrac{\Omega_{\rm m0}-1}{\Omega_{\rm m0}}} & (\Omega_{\rm m0} > 1) \end{cases} \tag{3.145}$$

となる.

宇宙項つき平坦宇宙モデル ($\Omega_{\rm K0} = 0$) の場合には,式 (3.115), (3.116) を逆に解くことで宇宙年齢が得られる.その結果を赤方偏移 z の関数として表せば,

$$H_0 t = \begin{cases} \dfrac{2}{3\sqrt{1-\Omega_{\rm m0}}} \ln\left(\dfrac{\sqrt{1+\Omega_{\rm m0}\,z(z^2+3z+3)} + \sqrt{1-\Omega_{\rm m0}}}{\sqrt{\Omega_{\rm m0}(1+z)^3}} \right) & (\Omega_{\rm m0} < 1) \\ \dfrac{2}{3\sqrt{\Omega_{\rm m0}-1}} {\rm Arcsin} \sqrt{\dfrac{\Omega_{\rm m0}-1}{\Omega_{\rm m0}(1+z)^3}} & (\Omega_{\rm m0} > 1) \end{cases} \tag{3.146}$$

となる．ここから現在の宇宙年齢の宇宙論パラメータ依存性があらわに求まり，

$$H_0 t_0 = \begin{cases} \dfrac{2}{3\sqrt{1-\Omega_{m0}}} \ln\left(\dfrac{1+\sqrt{1-\Omega_{m0}}}{\sqrt{\Omega_{m0}}}\right) & (\Omega_{m0} < 1) \\ \dfrac{2}{3\sqrt{\Omega_{m0}-1}} \mathrm{Arcsin}\sqrt{\dfrac{\Omega_{m0}-1}{\Omega_{m0}}} & (\Omega_{m0} > 1) \end{cases} \tag{3.147}$$

と比較的単純な形で与えられる．

3.7.2 宇宙年齢の観測的下限

現在我々が観測できる物質や天体の年齢は，宇宙自体の年齢よりも小さいはずである．なぜなら，ビッグバン宇宙では宇宙にあるすべての元素がビッグバン以後に作られるからである．そこで非常に長寿命の物質や天体で年齢を推定できるものがあれば，それは宇宙年齢に対する下限を与えることになる．この比較的単純な方法は，歴史的に宇宙モデルを制限するのに有用な情報をもたらした．

物質の年齢を正確に推定する有力な方法は**放射年代測定法** (radiometric dating) である．放射性元素は一定の割合で崩壊してその数を減らしていくという性質があるため，その崩壊量が時計の役割をする．いま，放射性の親元素 P (Parent) が崩壊して安定な娘元素 D (Daughter) になる場合を考える．あるサンプル中に存在するP 元素と D 元素の原子数をそれぞれ P, D とする．崩壊の半減期を τ_h とすると，初期時刻を $t = 0$ とするとき，あるサンプル中の親元素数は

$$P(t) = 2^{-t/\tau_h} P_0 \tag{3.148}$$

で与えられ，娘元素数は $D(t) = D_0 + P_0 - P(t)$ で与えられる．ここで $P_0 = P(0)$, $D_0 = D(0)$ は初期時刻における各元素数である．これらより

$$D(t) = D_0 + \left(2^{t/\tau_h} - 1\right) P(t) \tag{3.149}$$

が成り立つ．ここで初期時刻の親元素数 P_0 あるいは娘元素数 D_0 をなんらかの方法で推定できれば式 (3.148) あるいは式 (3.149) により経過時間 t が推定できる．

岩石や隕石においては，それが固体化したときからの正確な年代測定が可能である．その代表的な方法を次に述べる．岩石が融解している状態では親元素 P と娘元素 D は混ざり合うので，その存在比 D/P は場所によらず一定である．そして岩石が固体化すると，化学組成の異なるいくつかの鉱物に分かれる．このとき元素 Pと D の化学的性質の違いにより存在比 D/P は鉱物ごとに異なる値に落ち着く．ここで元素 D に安定な同位体があり，それは他の元素からの崩壊で作られることは

ないとする．同位体の化学的性質は同一であるから，岩石が固体化したときにはその中のどの鉱物においても比 $D_0/D_{\rm i}$ は岩石全体で共通の値になる．ただし $D_{\rm i}$ は同位体の数である．したがって，ある岩石中の複数の鉱物について $D/D_{\rm i}$ と $P/D_{\rm i}$ をグラフにすれば，式 (3.149) により直線上に乗る．その直線の切片が $D_0/D_{\rm i}$ を与え，傾きが $2^{t/T_{\rm h}} - 1$ を与える．こうして岩石の年齢が推定できるのである．よく使われる標準的な方法としては，親元素 P として ^{87}Rb（ルビジウム 87），娘元素 D として ^{87}Sr（スロトンチウム 87），その同位体として ^{86}Sr を用いる方法（Rb-Sr 法）がある．^{87}Rb は半減期 488 億年でベータ崩壊して ^{87}Sr になる．このようにして地球の表面にある岩石の年齢を見積もると古いもので約 38–39 億年程度の値が得られている．また，隕石に対する年齢を見積もると古いもので約 45–46 億年程度となる．隕石は太陽系が形成されたときにできたものと考えられるので，太陽系の年齢は少なくとも 45 億年程度であることになる．

また，ウラン 238（^{238}U）とトリウム 232（^{232}Th）はそれぞれ半減期が 44.68 億年と 140.5 億年の放射性物質である．この 2 つの元素について形成時の存在比を知ることができれば，現在の存在比と比較して経過時間が推定できる．このような重元素の起源は，超新星爆発や中性子星の合体など天体における元素合成にある．より軽い元素が大量の中性子の流れにさらされると，r 過程（速い過程，rapid-process）と呼ばれる過程によって中性子を次々と捕獲し，重い元素が合成される．この過程によって作られる重元素存在比の初期値を理論的に求めて，現在の存在比の測定値と比較すると年齢が見積もられる．たとえば，銀河系初期に作られた銀河ハロー中の金属欠乏星 CS31082-110 における U/Th 比の観測により，星の年齢として約 140 億年程度の値（誤差 30 億年程度）[3]が得られている．

ただし，上の方法は重元素の初期存在比に対する理論的不定性も大きい．そこで上で用いた金属欠乏星の観測値と隕石中の U/Th 比の測定値を用い，銀河の化学進化モデルと組み合わせることで U/Th の初期値と銀河系の年齢を同時に決定するという方法も開発されている．この結果，銀河系の年齢として 145^{+28}_{-22} 億年という値[4]が得られている．

放射年代測定法によらず，星の進化モデルを使って年齢を推定する方法もある．その 1 つの方法は球状星団を使うものである．銀河ハローにある球状星団は銀河系の中で最も古い天体である．星の明るさと温度を表す量をそれぞれ縦軸と横軸

---

[3] J. J. Cowan and C. Sneden, *Nature*, **440**, 1151 (2006).
[4] N. Dauphas, *Nature*, **435**, 1203 (2005).

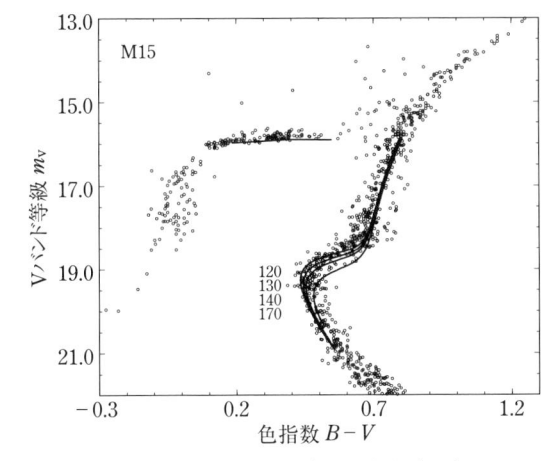

図 3.15 球状星団 M15 の色・等級図．横軸は可視領域の色フィルターで測定された B バンドと V バンドの等級の差．この値が大きいほど色が赤く，温度が低い．縦軸は V バンドの等級．4 つの曲線は転向点において上から下へ 120 億年，130 億年，140 億年，170 億年の等時曲線 [25]．

にとった，いわゆる HR 図（Hertzsprung-Russell 図）上で，主系列星はほぼ 1 つの曲線上にのる．明るい星ほど速く進化して赤色巨星となる．このため，主系列にあるもっとも明るい星はその球状星団の年齢の指標として使える．図 3.15 は，球状星団 M15 について HR 図の一種である色・等級図を示したものである．各点は M15 に属する星を表している．図の下方，右下下がりの帯状領域にある星は主系列星であり，その上部から右へ折れ曲がって赤色巨星へ分岐する．この折れ曲がりの点が球状星団の年齢に依存する．その年齢を推定するためには，球状星団までの距離を決めて星の絶対等級を決定する必要がある．これには，主系列星の位置を合わせる方法や，図の上部の水平な帯状領域に分布している「こと座 RR 星型変光星」を用いる方法などがある．こと座 RR 星型変光星は変光周期と絶対等級に関係があるため，標準光源として用いられる．絶対光度の推定と星の進化モデルを用いて，星の年齢が一定となる線（等時曲線）が図に描かれている．この図では約 120 億年の等時曲線がよくフィットする．このようにしていろいろな球状星団の年齢を推定すると，最古のものではほぼ 130 億年程度と見積もられている．

　白色矮星の進化を用いて年齢の推定をすることもできる．白色矮星は星の進化の最終段階における形態の 1 つである．赤色巨星の外層部はその進化の過程で星間空間に吹き飛ばされ，後に残った中心核が白色矮星となる．この星は電子の縮退圧によって支えられている．エネルギー源を持たないので，最初に持っていた

温度は冷えていく一方であり，徐々に暗くなっていく．このことから白色矮星の光度が時計の役割をする．我々の銀河系にある暗い白色矮星を探して，それが冷却してきた時間を推定すれば，銀河系の年齢を推定することができる．たとえば，球状星団 M4 中にある白色矮星の光度と数のグラフ（光度関数）を用いた解析により，121 ± 9 億年という値[*5]が得られている．

天体を用いる年齢の見積りでは不定性も大きいとはいえ，以上のことから少なくとも宇宙年齢は 130 億年程度よりも大きいと考えられる．このとき図 3.14 において少なくとも $H_0 t_0 > 0.93(h/0.7)$ を満たす範囲になければならない．これは $h = 0.7$ のとき図 3.7 で許される範囲と矛盾しない．

3.8　ホライズン

次にホライズンの振る舞いと宇宙論パラメータの関係を見てみよう．まず，粒子ホライズンの半径 l_H は式 (2.83) で，事象ホライズンの半径 l_E は式 (2.86) でそれぞれ与えられる．すなわち，

$$l_H = a \int_0^a \frac{c\,da}{a^2 H}, \quad l_E = a \int_a^\infty \frac{c\,da}{a^2 H} \qquad (3.150)$$

である．標準的な宇宙論パラメータの場合，これらのホライズンをハッブル半径 $d_H \equiv c/H$ とともにスケール因子の関数として表すと図 3.16 のようになる．

式 (3.150) により，宇宙論パラメータへの依存性はハッブル・パラメータの振る舞いにより考察ができる．どちらのホライズンも，物質密度パラメータ Ω_{m0} を増加させれば減少し，ダークエネルギー密度パラメータ Ω_{d0} を増加させれば増加，ダークエネルギーの状態方程式パラメータ w_d を増加させれば減少する．つまり，宇宙の加速がより大きい宇宙ではホライズン距離が長くなる．

フリードマン方程式により放射優勢期には $a^2 H \simeq H_0 \Omega_{r0}^{1/2}$ が成り立つ．放射優勢期になる前の粒子ホライズンが十分小さいとすると，放射優勢期の粒子ホライズンは

$$l_H = \frac{c\,a^2}{H_0 \sqrt{\Omega_{r0}}} = 2ct \qquad (3.151)$$

となる．また，物質優勢期には $a^2 H \simeq H_0 \Omega_{m0}^{1/2} a^{1/2}$ が成り立つ．したがって，物質優勢期となってから十分時間が経ったときの粒子ホライズンの漸近形は

[*5]　B. M. S. Hansen *et al.*, *Astrophys. J. Suppl.*, **155**, 511 (2004).

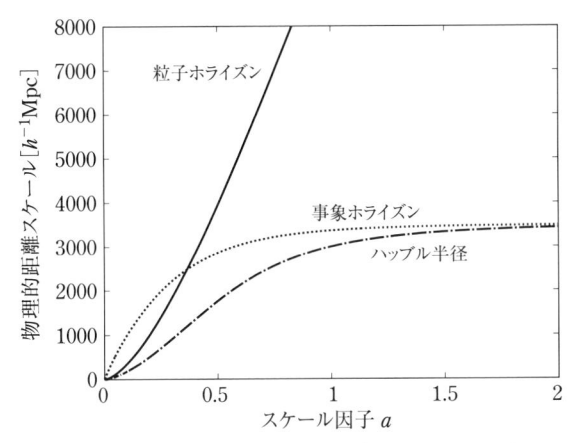

図 3.16 粒子ホライズン半径 l_H, 事象ホライズン半径 l_E およびハッブル半径 c/H をスケール因子 a の関数として見たもの. $\Omega_\mathrm{m0} = 0.27, \Omega_{\Lambda 0} = 0.73$ を仮定した.

$$l_\mathrm{H} = \frac{2c\, a^{3/2}}{H_0 \sqrt{\Omega_\mathrm{m0}}} = 3ct \tag{3.152}$$

となる. この 2 つの優勢期を含んだ, より一般的な粒子ホライズンの表式は, 式 (3.101) を用いて式 (3.150) を積分することによって得られる. その結果は

$$l_\mathrm{H} = \frac{2c\, a^2}{H_0} \frac{1}{\sqrt{\Omega_\mathrm{r0}} + \sqrt{\Omega_\mathrm{r0} + \Omega_\mathrm{m0}\, a}} \tag{3.153}$$

となる. 漸近形の式 (3.151), (3.152) は, もちろん式 (3.153) で $a \ll a_\mathrm{eq}$ および $a \gg a_\mathrm{eq}$ としたときの極限となっている.

曲率優勢期では $a^2 H \simeq H_0 \Omega_\mathrm{K0}^{1/2} a$ となる. ここから, 曲率優勢期となって十分時間が経過したときの漸近形は

$$l_\mathrm{H} \sim ct \ln\left(H_0 \sqrt{\Omega_\mathrm{K0}}\, t\right) \tag{3.154}$$

である. これはフリードマン宇宙モデルにおける十分未来の宇宙, すなわちミルン宇宙における粒子ホライズンの振る舞いを与えている. また, 宇宙項優勢期では $a^2 H \simeq H_0 \Omega_{\Lambda 0}^{1/2} a^2$ となる. ここから, 宇宙項優勢期となって十分時間が経過したときの漸近形は

$$l_\mathrm{H} \sim \frac{c}{H_0 \sqrt{\Omega_{\Lambda 0}}} \exp\left[H_0 \sqrt{\Omega_{\Lambda 0}}\, t\right] \tag{3.155}$$

となる. これはド・ジッター宇宙における粒子ホライズンの振る舞いを与えてい

る.

　宇宙項優勢期を除いて,粒子ホライズンの共動距離 $L_\mathrm{H} = l_\mathrm{H}/a$ は時間とともに発散する.したがってホライズンは時間とともに徐々に広がり,遠方からの天体の光も届くようになる.一方,宇宙項優勢期では,共動的な粒子ホライズンは漸近的に一定となる.これは宇宙の膨張があまりに速いため,いくら時間が経っても情報の得られない領域が存在することを示している.すなわち宇宙項優勢期が永遠に続けば,事象ホライズンが存在することになる.

　実際に,放射,物質,曲率の各優勢期が永遠に続くとして事象ホライズン l_E を計算すれば無限大に発散していることが確かめられる.一方,宇宙項優勢期が永遠に続く場合の事象ホライズンは

$$l_\mathrm{E} = \frac{c}{H_0 \sqrt{\Omega_{\Lambda 0}}} \tag{3.156}$$

となって一定値をとる.すると,宇宙項優勢期における共動的な事象ホライズンは $L_\mathrm{E} \propto a^{-1}$ のように時間とともに減少する.つまり,共動座標に固定された天体は,遠方から順に次々と事象ホライズンの外へ出ていき,我々と因果関係を保てなくなる.

　この事情は宇宙項でないダークエネルギーの場合にも同様である.簡単のため一定のダークエネルギーの状態方程式パラメータ $w_\mathrm{d} \equiv w < -1/3$ を考える.このとき共動的な事象ホライズンは

$$L_\mathrm{E} = \frac{2c\, a^{-|1+3w|/2}}{H_0 \sqrt{\Omega_{\Lambda 0}} |1+3w|} \tag{3.157}$$

となって,やはり時間とともに減少する.このように共動座標上の物体が次々と事象ホライズンの外へ出て行くことは加速宇宙の特徴である.

第 4 章

宇宙の熱史

　現在の宇宙では放射や物質の平均エネルギー密度は非常に小さい．だが，初期の宇宙は体積が小さかったため，エネルギー密度はいまよりもずっと大きく，温度は非常に高かった．粒子同士の衝突や反応が頻繁に起こり，物質の生成・消滅をも伴う熱平衡状態が達成されていた．宇宙膨張とともに密度や温度が下がると，粒子の衝突や反応の頻度が低くなって，原子など我々の周りにある物質の元が形作られてきたと考えられる．このため，宇宙の熱的性質の時間変化は現在の宇宙にどのような物質が存在するかを左右する．

4.1　初期宇宙の熱力学

　はじめに，統計力学による熱力学変数の表示について復習する．質量 m を持つ粒子種の集団が温度 T の熱平衡状態にあるとき，運動量 $\bm{P}$ に対する分布関数は，

$$f(\bm{P}) = \frac{1}{\exp\left[\dfrac{E(\bm{P}) - \mu}{k_\mathrm{B} T}\right] \pm 1} \tag{4.1}$$

である．ここで，

$$E(\bm{P}) = \sqrt{c^2 |\bm{P}|^2 + m^2 c^4} \tag{4.2}$$

は粒子のエネルギー，μ は化学ポテンシャル，k_B はボルツマン定数である．また ± 符号はフェルミ粒子の場合 +，ボース粒子の場合 − になる．考えている粒子の内部自由度を g とすると，熱力学変数は

$$n = g \int \frac{d^3 P}{(2\pi\hbar)^3} f(\boldsymbol{P}) \tag{4.3}$$

$$\rho = g \int \frac{d^3 P}{(2\pi\hbar)^3} E(\boldsymbol{P}) f(\boldsymbol{P}) \tag{4.4}$$

$$p = g \int \frac{d^3 P}{(2\pi\hbar)^3} \frac{c^2 |\boldsymbol{P}|^2}{3 E(\boldsymbol{P})} f(\boldsymbol{P}) \tag{4.5}$$

で与えられる．ここで，数密度 n は分布関数を運動量空間でそのまま積分したものであるし，エネルギー密度 ρ は粒子のエネルギーを重みとして積分したもの，圧力 p については単位面積を横切る粒子の運動量流束を重みとして積分したものである．式 (4.3)-(4.5) の被積分関数は運動量 $\boldsymbol{P}$ の絶対値のみの関数であるから，実際には 1 重積分で表される．積分変数の変換 $x = (E - mc^2)/(k_B T)$ を行ってこれらの量をあらわに書き表せば，

$$n = \frac{g(k_B T)^3}{2\pi^2 (\hbar c)^3} \int_0^\infty \frac{x^{1/2} \left(x + \frac{2mc^2}{k_B T}\right)^{1/2} \left(x + \frac{mc^2}{k_B T}\right)}{\exp\left[x + \frac{mc^2 - \mu}{k_B T}\right] \pm 1} dx \tag{4.6}$$

$$\rho = \frac{g(k_B T)^4}{2\pi^2 (\hbar c)^3} \int_0^\infty \frac{x^{1/2} \left(x + \frac{2mc^2}{k_B T}\right)^{1/2} \left(x + \frac{mc^2}{k_B T}\right)^2}{\exp\left[x + \frac{mc^2 - \mu}{k_B T}\right] \pm 1} dx \tag{4.7}$$

$$p = \frac{g(k_B T)^4}{6\pi^2 (\hbar c)^3} \int_0^\infty \frac{x^{3/2} \left(x + \frac{2mc^2}{k_B T}\right)^{3/2}}{\exp\left[x + \frac{mc^2 - \mu}{k_B T}\right] \pm 1} dx \tag{4.8}$$

となる．

　非相対論的な場合，粒子の平均的な運動エネルギーは質量エネルギーよりも十分小さいので $k_B T \ll mc^2$ となる．このとき μ の値が mc^2 よりある程度小さければ $k_B T \ll mc^2 - \mu$ である．この極限で式 (4.6)-(4.8) の積分はガンマ関数を表す積分

$$\Gamma(x) = \int_0^\infty t^{x-1} e^{-t} dt \tag{4.9}$$

に帰着し，その結果

$$n = g\left(\frac{mk_\mathrm{B}T}{2\pi\hbar^2}\right)^{3/2} \exp\left(-\frac{mc^2-\mu}{k_\mathrm{B}T}\right) \tag{4.10}$$

$$\rho = nmc^2 + \frac{3}{2}nk_\mathrm{B}T \tag{4.11}$$

$$p = nk_\mathrm{B}T \tag{4.12}$$

が得られる．ここで，式 (4.11) の右辺第 2 項は指数部以外を $k_\mathrm{B}T/mc^2$ の 2 次まで展開することで示すことができる．熱平衡状態では非相対論的粒子のエネルギー密度や圧力は指数関数的に小さい．

次に相対論的な極限 $k_\mathrm{B}T \gg mc^2$ を考える．この場合，化学ポテンシャルを任意にとると簡単な解析式が得られない．そこで，宇宙論的に重要な $k_\mathrm{B}T \gg |\mu|$ の場合を考える．このとき，積分はリーマン・ツェータ関数 $\zeta(x)$ を表す積分

$$\zeta(x) = \frac{1}{\Gamma(x)}\int_0^\infty \frac{t^{x-1}}{e^t-1}dt = \frac{1}{(1-2^{1-x})\Gamma(x)}\int_0^\infty \frac{t^{x-1}}{e^t+1}dt \tag{4.13}$$

に帰着し，その結果

$$n = \frac{\zeta(3)}{\pi^2}\frac{k_\mathrm{B}^3}{\hbar^3 c^3}gT^3 \times \begin{cases} 1 & \text{（ボース粒子）} \\ 3/4 & \text{（フェルミ粒子）} \end{cases} \tag{4.14}$$

$$\rho = \frac{\pi^2}{30}\frac{k_\mathrm{B}^4}{\hbar^3 c^3}gT^4 \times \begin{cases} 1 & \text{（ボース粒子）} \\ 7/8 & \text{（フェルミ粒子）} \end{cases} \tag{4.15}$$

$$p = \frac{1}{3}\rho \tag{4.16}$$

が得られる．ここで $\zeta(3) = 1.2020569\ldots$ はアペリーの定数とも呼ばれる数である．相対論的なフェルミ粒子 f に対して，粒子の数密度 n_f と反粒子の数密度 $n_{\bar{f}}$ の差 $n_f - n_{\bar{f}}$ の近似式も求めておくと後に有用である．対応する粒子の化学ポテンシャルを $\mu_f, \mu_{\bar{f}}$ とし，光子 γ との対生成・対消滅反応 $f + \bar{f} \leftrightarrow \gamma + \gamma$ が十分速く起きる化学平衡の状態にあるとする．このとき光子の化学ポテンシャルはゼロであるから，$\mu_f + \mu_{\bar{f}} = 0$ が成り立つ．この関係を用いて式 (4.6) で $k_\mathrm{B}T \gg mc^2$ の極限をとると，

$$n_f - n_{\bar{f}} = \frac{g_f(k_\mathrm{B}T)^3}{6\pi^2(\hbar c)^3}\left[\pi^2\frac{\mu_f}{k_\mathrm{B}T} + \left(\frac{\mu_f}{k_\mathrm{B}T}\right)^3\right] \tag{4.17}$$

を得る．ここで g_f はこの粒子の内部自由度である．

放射優勢期のエネルギー密度を各相対論的粒子からの寄与に分解すると，ボース

粒子とフェルミ粒子で異なる寄与をするから，

$$\rho \simeq \rho_r = \frac{\pi^2}{30} \frac{k_B^4}{\hbar^3 c^3} \left(\sum_{b:\text{ボース粒子}} g_b T_b^4 + \frac{7}{8} \sum_{f:\text{フェルミ粒子}} g_f T_f^4 \right) \quad (4.18)$$

と表される．ここで，各ボース粒子の内部自由度と温度を g_b, T_b，各フェルミ粒子の内部自由度と温度を g_f, T_f とした．各成分の間に十分な相互作用があればこれらの温度は共通になるが，一般に相互作用の切れた成分があれば，その温度は異なり得る．そうした場合にも，宇宙の温度を代表する成分を決めておくと便利である．通常は光子をそのような代表的成分と考える．そして，全相対論的成分のエネルギー密度 ρ_r を，光子の温度 T を用いて，

$$\rho_r(T) = \frac{\pi^2}{30} \frac{k_B^4}{\hbar^3 c^3} g_* T^4 \quad (4.19)$$

と表す．ここで g_* は有効自由度と呼ばれるものである．いまの近似では，全相対論的粒子についての和

$$g_* = \sum_{b:\text{ボース粒子}} g_b \left(\frac{T_b}{T}\right)^4 + \frac{7}{8} \sum_{f:\text{フェルミ粒子}} g_f \left(\frac{T_f}{T}\right)^4 \quad (4.20)$$

で与えられる．また相対論的粒子の全圧力は

$$p_r(T) = \frac{\pi^2}{90} \frac{k_B^4}{\hbar^3 c^3} g_* T^4 \quad (4.21)$$

で与えられる．

次に宇宙のエントロピーの振る舞いを調べる．前章で述べたように，宇宙のエントロピーは例外的な場合を除いて一様等方宇宙における保存量となるため重要である．熱力学によると，化学ポテンシャルが無視できる場合，内部エネルギー U，体積 V を持つ系のエントロピー S は，

$$S = \frac{U + pV}{T} \quad (4.22)$$

で与えられる．ここでボルツマン定数 k_B で規格化したエントロピー S/k_B の密度 $s = S/(k_B V)$ を定義すると，

$$s = \frac{\rho + p}{k_B T} \quad (4.23)$$

である．したがって，相対論的粒子の場合には

$$s = \frac{4\rho}{3k_\text{B}T} = \frac{2\pi^2}{45\hbar^3 c^3} g (k_\text{B}T)^3 \tag{4.24}$$

となる．

　我々の宇宙では相対論的粒子の数密度が非常に大きいため，宇宙の全エントロピーは相対論的粒子からの寄与を足し合わせたもので近似できる．これをまた光子の温度 T により表すことにすれば，

$$s = \frac{2\pi^2}{45\hbar^3 c^3} g_{*S} (k_\text{B}T)^3 \tag{4.25}$$

とかくことができる．ここで g_{*S} はエントロピーについての有効自由度であり，上と同じ近似の下では

$$g_{*S} = \sum_{b:\text{ボース粒子}} g_b \left(\frac{T_b}{T}\right)^3 + \frac{7}{8} \sum_{f:\text{フェルミ粒子}} g_f \left(\frac{T_f}{T}\right)^3 \tag{4.26}$$

で与えられる．

　3.1.2 項で見たように，一様等方宇宙における共動体積あたりの全エントロピー $S = k_\text{B} a^3 s$ はほとんどの場合に保存する．このことと，式 (4.25) から，

$$T \propto \frac{1}{g_{*S}^{1/3} a} \tag{4.27}$$

の比例関係が導かれる．有効自由度 g_{*S} があまり変化しなければ，宇宙の温度はスケール因子にほぼ反比例して冷却する．相対論的であった粒子が非相対論的になったり，他の粒子と結合するなどして，有効自由度が小さくなると，単純な反比例関係よりも多少冷却の速さが鈍ることになる．これは，それまで相対論的だった粒子によって担われていたエントロピーが，あとに残された他の相対論的粒子へと流入してくるためである．この流入したエントロピーが温度の低下を鈍らせる．

　ここで放射優勢期における有用な関係を導いておく．前章で見たように，放射優勢期の膨張率は

$$H^2 = \frac{8\pi G}{3c^2} \rho_\text{r} = \frac{4\pi^3 G k_\text{B}^4}{45\hbar^3 c^5} g_* T^4 \tag{4.28}$$

で与えられる．ここから膨張率と温度の関係は

$$H = \sqrt{\frac{4\pi^3 g_*}{45}} \frac{k_\text{B}^2 T^2}{\hbar c^2 m_\text{Pl}} = 1.660 \sqrt{g_*} \frac{k_\text{B}^2 T^2}{\hbar c^2 m_\text{Pl}} \tag{4.29}$$

となる．ここで $m_\text{Pl} = (\hbar c/G)^{1/2} = 2.1765 \times 10^{-8}$ kg はプランク質量である．上式と式 (4.27) により

$$\frac{\dot{a}}{a} \propto \frac{g_*^{1/2}}{g_{*S}^{2/3} a^2} \tag{4.30}$$

となる．ここで，$g_*^{1/2}/g_{*S}^{2/3}$ の時間変化は a^2 の時間変化に比べればずっと小さいので近似的にこれを一定とすれば，上式の積分より $a \propto t^{1/2}$ となる．すると $H = 1/2t$ となり，これを再び式 (4.29) へ代入すると

$$t = \sqrt{\frac{45}{16\pi^3 g_*}}\, \hbar c^2 m_{\mathrm{Pl}} (k_\mathrm{B} T)^{-2} = 2.420\, g_*^{-1/2} \left(\frac{k_\mathrm{B} T}{\mathrm{MeV}}\right)^{-2}\, \mathrm{sec} \tag{4.31}$$

が得られる．すなわち，おおまかにいって放射優勢期における時間は温度の 2 乗に反比例し，時刻が 1 秒程度のとき宇宙は $1\,\mathrm{MeV}/k_\mathrm{B}$ 程度に対応する温度になっている．

4.2　標準モデルの有効自由度

4.2.1　素粒子の種類

　上で見たように，宇宙の温度には平衡状態にある粒子の有効自由度が大きく関与している．そこでここでは宇宙に存在し得る粒子について考える．実験的に存在の確かな粒子とその間の相互作用はすべて，**素粒子の標準モデル** (standard model of particle physics) と呼ばれる理論モデルにより理解されている．この理論の原理や構成などの全貌は場の理論や素粒子論の教科書に譲り，ここでは宇宙に存在する粒子の種類という観点による概略だけを述べる．

　素粒子の標準モデルは 1970 年代にほぼ完成し，それ以来さまざまな素粒子実験による検証に耐えてきた．さらに，当初からこの標準モデルで予言されながら未発見だった粒子も，現在までに次々と発見されてきている．現在実験可能なエネルギー領域においては，標準モデルの正しさを疑う余地はほとんどない．現在のところ大型の加速器実験により約 100 GeV のエネルギースケールまで実験的に到達できている．そのエネルギースケールは温度にして約 10^{15} K に対応し，宇宙の温度がこの温度になった時期以降に存在する粒子の種類や性質については，ほぼ不定性がないといってよい．重要な例外として，通常の物質とほとんど相互作用を行わないような未発見の粒子があると，それは標準モデルに含まれず宇宙の温度が低下した後にも存在することができる．このような粒子はダークマターの候補粒子となるが，相互作用がないためその詳細な性質は宇宙の熱的性質に影響しない．

表 4.1 クォーク

クォーク	記号	電荷 (e)	質量
アップ	u	2/3	1.5–3.0 MeV/c^2
ダウン	d	−1/3	3–7 MeV/c^2
チャーム	c	2/3	1.25 ± 0.09 GeV/c^2
ストレンジ	s	−1/3	95 ± 25 MeV/c^2
トップ	t	2/3	172.5 ± 2.7 GeV/c^2
ボトム	b	−1/3	4.20 ± 0.07 GeV/c^2

現在まだ実験では到達不可能な高エネルギー領域へ行くと，どこかでこの標準モデルが破綻し，より統一的な描像に基づく理論が必要となるのではないかと考えられている．そのような統一理論では一般的に，標準モデルには含まれない新しい粒子の存在が必要とされる．しかし現在のところ実験的な手がかりがないためにいくつもの理論的な可能性があり，実際に高エネルギー領域においてどのような粒子が出現するのかを確実に予言する手だてはない．

標準モデルにおけるすべての粒子は，**クォーク** (quark)，**レプトン** (lepton)，**ゲージ粒子** (gauge particle)，**ヒッグス粒子** (Higgs particle) の 4 種類に大きく分類できる．各粒子には対応する反粒子が存在する．反粒子とは，もとの粒子と質量などの物理量の絶対値が完全に等しく，電荷など符号を持つ物理量が逆符号となる粒子である．光子のように自分自身がその反粒子になる場合もある．これら粒子の間に働く相互作用は**強い相互作用** (strong interaction)，**電磁相互作用** (electromagnetic interaction)，**弱い相互作用** (weak interaction)，**重力相互作用** (gravitational interaction) の 4 つである．

クォークはスピン 1/2 のフェルミ粒子であり，4 つの相互作用をすべて行う．クォークはさらに 6 種類あり，それぞれアップ (u)，ダウン (d)，チャーム (c)，ストレンジ (s)，トップ (t)，ボトム (b)，という名前が付けられている（表 4.1）．これらのクォークに対応する反クォークは $\bar{u}, \bar{d}, \bar{c}, \bar{s}, \bar{t}, \bar{b}$ という記号で表される．アップクォークとダウンクォークを対として考えると，チャームクォークとストレンジクォーク，またトップクォークとボトムクォークも同様の対をなしていて，これら 3 つの対は質量以外の性質がそっくりである．そこでこれらの対を第 1 世代，第 2 世代，第 3 世代と呼ぶ．

おのおののクォークにはさらに 3 つの「色」と名づけられた自由度 rgb（赤緑青）があり，反クォークの色はもとのクォークの補色を値として持つ．クォークは

表 4.2 主なメソンの性質

記号	スピン	電荷 (e)	質量 (MeV/c^2)	寿命 (sec)	クォーク構成
π^+	0	+1	139.57	2.6×10^{-8}	$\bar{d}u$
π^0	0	0	134.98	8.4×10^{-17}	$\bar{u}u - \bar{d}d*$
π^-	0	−1	139.57	2.6×10^{-8}	$\bar{u}d$
K^+	0	+1	493.68	1.2×10^{-8}	$\bar{s}u$
K^0	0	0	497.65	**	$\bar{s}d$
K^-	0	−1	493.68	1.2×10^{-8}	$\bar{u}s$

* 2つの状態の量子論的な反対称混合状態.
** K^0 とその反粒子 $\bar{K}^0$ は混合し, 短い寿命 (9.0×10^{-11}sec) を持つ K_S^0 と長い寿命 (5.1×10^{-8}sec) を持つ K_L^0 という粒子となって崩壊する.

表 4.3 主なバリオンの性質

記号	スピン	電荷 (e)	質量 (MeV/c^2)	寿命 (sec)	クォーク構成
p	1/2	+1	938.27	安定	uud
n	1/2	0	939.57	885.7	udd
Λ	1/2	0	1115.7	2.6×10^{-10}	(ud − du)s
Σ^+	1/2	+1	1189.4	0.8×10^{-10}	uus
Σ^0	1/2	0	1192.6	7.4×10^{-20}	uds
Σ^-	1/2	−1	1197.4	1.5×10^{-10}	dds
Δ^{++}	3/2	+2	1232	5.5×10^{-24}	uuu
Δ^+	3/2	+1	1232	5.5×10^{-24}	uud
Δ^0	3/2	0	1232	5.5×10^{-24}	udd
Δ^-	3/2	−1	1232	5.5×10^{-24}	ddd

分数電荷を持つが, 単独では自然界に存在できず, 整数電荷を持つハドロンと呼ばれる複合粒子となって観測される. この理由は, 個々のクォーク同士の間に距離とともに増大する引力が働くという特殊な性質があるからである. 複合粒子の色の値を合わせて「白」となっているときにはそのような力は働かず, 自然界に存在できるようになる. そのような複合粒子として, クォークと反クォークの組み合わせで構成されるものはメソン (meson) あるいは中間子と呼ばれ, スピンが0か1のボース粒子となる (表4.2). また, 3つのクォークの組み合わせで構成されるものはバリオン (baryon) あるいは重粒子と呼ばれ, スピンは1/2か3/2のフェルミ粒子となる (表4.3).

原子核を構成している核子, すなわち陽子pや中性子nは, アップクォークとダウンクォークを3つ組み合わせて構成されるスピン1/2のバリオンである. 陽

表 4.4 レプトン

レプトン	記号	電荷 (e)	質量
電子	e^-	-1	$511 \text{ keV}/c^2$
電子ニュートリノ	ν_e	0	$< 2 \text{ eV}/c^2$
ミュー粒子	μ^-	-1	$105.66 \text{ MeV}/c^2$
ミューニュートリノ	ν_μ	0	$< 0.19 \text{ MeV}/c^2$
タウ粒子	τ^-	-1	$1.776 \text{ GeV}/c^2$
タウニュートリノ	ν_τ	0	$< 18.2 \text{ MeV}/c^2$

子は 3 つのクォーク uud から構成され，全体として電荷は +1 となる．同様に中性子は 3 つのクォーク udd から構成され，全体として電荷は 0 となる．ここで陽子や中性子の質量は，それを構成するクォークの質量の和よりもずっと大きい．クォーク同士に働く強い相互作用による効果が，複合粒子である核子の質量のほとんどに寄与しているからである．その他にも多数のバリオンがあるが，それらの寿命はすべて短く，核子のように安定して存在することはできない．孤立した中性子は寿命が 15 分程度とあまり長いわけではないが，原子核の中に束縛されていると安定に存在できる．

　レプトンは強い相互作用を受けないスピン 1/2 のフェルミ粒子である．レプトンも 6 種類あり，これらも 2 つずつ対になってクォークの 3 世代に対応している（表 4.4）．電子 (e^-) と電子ニュートリノ (ν_e) は第 1 世代のレプトンであり，さらに第 2 世代にはミュー粒子 (μ^-) とミューニュートリノ (ν_μ)，第 3 世代にはタウ粒子 (τ^-) とタウニュートリノ (ν_τ) が対応する．電子，ミュー粒子，タウ粒子は電荷を持つため電磁相互作用を行うが，3 つのニュートリノは中性で電磁相互作用をしない．理論的にニュートリノの質量はなくてもよく，当初の標準モデルでは質量ゼロと考えられることもあった．だが，ニュートリノに質量があると世代間の量子状態の混合による**ニュートリノ振動** (neutrino oscillation) と呼ばれる現象が起こることが理論的に導かれ，現在ではそれが実際に観測されている．この観測で質量の絶対値を求めることはできないが，世代間の質量差が見積もられる．それによると少なくとも 1 種類のニュートリノは 0.05 eV 程度以上の質量を持つことが示されている．質量の絶対値はいまだ明らかになっていない．電子ニュートリノの質量は 3 重水素のベータ崩壊実験から，またミューニュートリノの質量はパイ中間子の崩壊実験から，さらにタウニュートリノの質量はタウ粒子の崩壊実験から，それぞれ表 4.4 のように上限がつけられている．後に述べるように，宇宙論的な情報を用いるとミューニュートリノやタウニュートリノの質量に関してはさらに強い制限がつけ

表 4.5　ゲージ粒子

ゲージ粒子	記号	電荷 (e)	質量 (GeV/c^2)
光子	γ	0	0
W ボソン	$W^\pm$	± 1	80.40
Z ボソン	Z^0	0	91.19
グルーオン	g	0	0

られる．

　ゲージ粒子はクォークやレプトンの間の相互作用を媒介する粒子である．標準モデルが基礎としている場の量子論によると，電磁場のように相互作用を引き起こす場も量子化されることによって粒子としての性質を持つ．このため相互作用はこれら場の粒子が交換されることによって生み出されていると考えられる．さらに標準モデルでは，理論の内部にゲージ不変性という美しい対称性を含んでいる．相互作用を媒介する場はこのゲージ不変性を満たすために必然的に現れるベクトル場であり，これを量子化したものはスピン 1 のボース粒子となっている．このためこれらの粒子をゲージ粒子と呼ぶのである．ゲージ粒子のうち，電磁相互作用を媒介するのが光子 (γ)，弱い相互作用を媒介するのが W^- ボソン，W^+ ボソン，Z^0 ボソン，さらに強い相互作用を媒介するのが 8 種類の色電荷を持つグルーオン (g) である（表 4.5）．

　標準モデルにおけるゲージ不変性を導くゲージ変換の群構造は，直積 SU(3)$_{\rm C}$ × SU(2)$_{\rm L}$ × U(1)$_{\rm Y}$ で表される．ここで SU(3)$_{\rm C}$ は強い相互作用に関するゲージ対称性を表し，3 つの色電荷の入れ換えに対する不変性に対応する．また，SU(2)$_{\rm L}$ × U(1)$_{\rm Y}$ の部分は電磁相互作用と弱い相互作用が統一された電弱相互作用の持つゲージ対称性を表す．この対称性は，**自発的対称性の破れ** (spontaneous symmetry breaking) という機構を通じて低エネルギーでは見えなくなり，その結果として電磁相互作用のゲージ対称性 U(1)$_{\rm EM}$ のみが残り，弱い相互作用が分離する．本来ゲージ粒子の質量は厳密にゼロであるが，この対称性の破れに伴い，弱い相互作用の W ボソンと Z ボソンは質量を獲得する．さらに，弱い相互作用では左右の入れ換えに対応するパリティ対称性が破れているのだが，この性質が特殊相対性理論と矛盾しないためには，クォークとレプトンの本来の質量もゼロである必要がある．現実にはこれらの素粒子には質量があるが，それもまたこの自発的対称性の破れにより 2 次的に生成されるのである．

このように標準モデルにおいて対称性の破れは重要な役割を演じる．これを可能にしているのが**ヒッグス機構** (Higgs mechanism) である．この機構においてはヒッグス場と呼ばれるスカラー場が必要とされる．このスカラー場は対称性を破ってゲージ粒子やフェルミ粒子に質量を与え，同時に残りの自由度がヒッグス粒子 (H^0) というスピン 0 の中性粒子となる．このヒッグス粒子は標準モデルの予言する粒子の中で最後まで未発見であった．2012 年に欧州合同原子核研究所 (CERN) の実験グループは，125 GeV 付近にヒッグス粒子と考えられる新粒子を発見した．

4.2.2 有効自由度の変化

素粒子の標準モデルに基づくことで，宇宙初期に何が起きたのかを理論的に調べることができる．確実なことがわかるのは素粒子の標準モデルが記述できるエネルギースケールまでで，温度にしておよそ $T \sim 1\,\mathrm{TeV}/k_\mathrm{B}$ ($\sim 10^{16}$ K) 以下となってからである．これよりも初期の宇宙は標準モデルを超えた理論で記述されると考えられるが，上に述べたようにいまだ不確定である．そのような極初期の宇宙のモデルについては第 5 章で触れる．

クォークは低エネルギー状態においてハドロンとしてしか存在できない．高温高密度の状態ではクォークとグルーオンが自由に飛び交うクォーク・グルーオン・プラズマ (QGP) という状態になると予想され，実際にその実験的兆候も得られている．したがって宇宙初期でもそのような状態となっていると考えられる．また宇宙の温度が高く，W ボソンや Z ボソンの質量よりも十分大きなエネルギースケールのとき，電弱相互作用に関するゲージ対称性は破れずに回復している．

温度が $T \gtrsim 300\,\mathrm{GeV}/k_\mathrm{B}$ となる初期の宇宙では，標準モデルに現れる素粒子はすべて相対論的な熱平衡状態となっている．したがって，式 (4.20) における有効自由度には，標準モデルに現れる素粒子すべてが寄与する．このとき十分な相互作用によって温度はすべての粒子で等しくなっている．まずボース粒子としては，ヒッグス粒子，8 種のグルーオンおよび 4 種の電弱相互作用ゲージ粒子がある．電弱相互作用の対称性が回復しているとき，ヒッグス粒子は 2 つの複素場なので内部自由度は 4 であり，ゲージ粒子は各々質量がゼロのベクトル場に対応するので内部自由度は光子と同様に 2 ずつある．次にフェルミ粒子としては，6 種のクォークと反クォーク，6 種のレプトンとその反粒子がある．クォークはスピンと色によってそれぞれの内部自由度が 6 ずつあり，電子，ミュー粒子，タウ粒子はスピンによる内部自由度が 2 ずつある．一方，ニュートリノには進行方向に向かって左巻きのものしかないので内部自由度はそれぞれ 1 ずつとなる．したがってこの時期の

有効自由度は,

$$g_*(k_B T \gtrsim 300 \text{ GeV}) = 4 + 8 \times 2 + 4 \times 2 + \frac{7}{8}(6 \times 2 \times 6 + 3 \times 2 \times 2 + 3 \times 2)$$
$$= 106.75 \tag{4.32}$$

となる．

　宇宙の温度が $T \sim 200 \text{ GeV}/k_B$ 程度に下がると，相転移を伴って電弱相互作用の対称性が自発的に破れ，電磁相互作用と弱い相互作用が分離する．その際，対称性がまだ残っているゲージ粒子，すなわち光子とグルーオンを除いて，さまざまな粒子が質量を獲得する．さらに $T \sim 100 \text{ GeV}/k_B$ になると W ボソンと Z ボソンは生成されなくなり，レプトンやクォークに崩壊して消滅する．さらに温度が下がると，質量の重い素粒子である t クォーク，b クォーク，c クォーク，タウ粒子が，この順番で主として対消滅 ($b + \bar{b} \to 2\gamma$ など) により消滅していく．こうして宇宙に存在できる相対論的粒子の種類が減っていき，有効自由度は徐々に小さくなっていく．

　その後さらに温度が下がって $150 \sim 200 \text{ MeV}/k_B$ 程度になると，クォーク・グルーオン・プラズマの状態が保てなくなり，ここまでに残っていたクォークとグルーオンはハドロンとしてしか存在できなくなる．この相転移は**クォーク・ハドロン転移** (quark-hadron transition) と呼ばれる．この過程をくわしく調べることは理論的に困難な問題であり，まだわかっていないことも多い．この転移後まもなくラムダ粒子などの不安定なバリオンや，パイ中間子，ミュー粒子が消滅する．この時点で宇宙に存在する粒子は，陽子 p と中性子 n，光子 γ，電子と陽電子 $e^{\pm}$，3 種類のニュートリノ ν_e, ν_μ, ν_τ とその反粒子 $\bar{\nu}_e, \bar{\nu}_\mu, \bar{\nu}_\tau$ のみとなる．バリオンとして陽子と中性子のみが残り，それらの反粒子が残らないのは，この宇宙が粒子と反粒子の数について非対称になっているためである．この非対称性の理由は，宇宙初期にクォーク自体が作られるバリオン生成の機構にあると考えられる．この機構が具体的にどのようなものであるかは標準モデルの枠組では取り扱えず，はっきりとしたことはわかっていない．この点については後の第 5 章で再び触れる．ここで陽子と中性子以外はすべて相対論的になっている．したがってこのときの有効自由度は,

4.2 標準モデルの有効自由度 | 123

[グラフ: 標準モデルにおける有効自由度の変化。縦軸「有効自由度」、横軸「温度 $k_B T$ [MeV]」、g_* と g_{*S} の2曲線]

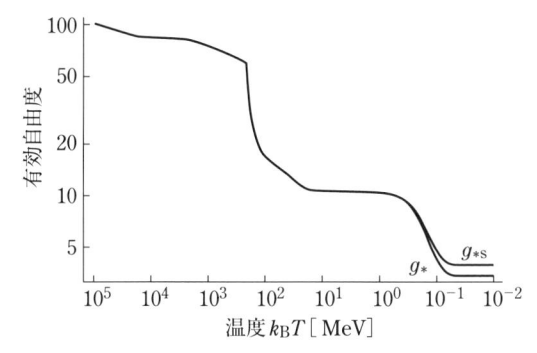

図 4.1 標準モデルにおける有効自由度の変化 [26]. ⓒ2003 by the American Physical Society

$$g_* (100\,\text{MeV} \gtrsim k_B T \gtrsim 1\,\text{MeV}) = 2 + \frac{7}{8}(2 \times 2 + 3 \times 2)$$
$$= 10.75 \tag{4.33}$$

となる.

 さらに宇宙の温度が下がって $T \sim 0.5\,\text{MeV}/k_B$ のときに陽電子が電子と対消滅する. そして陽子数と同じ数だけの電子が残されて, 非相対論的になる. その後は現在まで有効自由度が変化しない. この後に述べるように, 電子が対消滅するよりすこし以前には, ニュートリノが他の粒子と相互作用をしなくなってしまい, 電子の対消滅以後, ニュートリノの温度は光子の温度に比べて $(4/11)^{1/3}$ 倍だけ小さくなる. こうして有効自由度は,

$$g_* (k_B T \lesssim 100\,\text{keV}) = 2 + \frac{7}{8} \times 3 \times 2 \times \left(\frac{4}{11}\right)^{4/3}$$
$$\simeq 3.363 \tag{4.34}$$

となる. その後は現在までこの値に保たれ, 現在値 $g_{*0} = 3.363$ となる. このとき温度が光子とニュートリノで異なることから, エントロピーについての有効自由度 g_{*S} も上の値と異なり,

$$g_{*S} (k_B T \lesssim 100\,\text{keV}) = 2 + \frac{7}{8} \times 3 \times 2 \times \frac{4}{11}$$
$$\simeq 3.909 \tag{4.35}$$

で与えられるようになる. この値もそのまま現在値 $g_{*S0} = 3.909$ となる. この値と式 (4.25) から, 保存量である共動体積あたりの宇宙のエントロピー S が計算でき

て

$$k_\mathrm{B}^{-1}S = a^3 s = \frac{2\pi^2}{45\hbar^3 c^3} g_{*S0} k_\mathrm{B}{}^3 T_0{}^3 = 2889.7 \text{ cm}^{-3} \tag{4.36}$$

となる．有効自由度が固定して共動体積あたりの光子数が変化しなくなった後は，光子数とエントロピーの比も一定値

$$\frac{n_\gamma}{s}(k_\mathrm{B}T \lesssim 100 \text{ keV}) = \frac{n_{\gamma 0}}{s_0} = \frac{45\zeta(3)}{\pi^4}\frac{1}{g_{*S0}} = 0.1421 \simeq \frac{1}{7} \tag{4.37}$$

をとるようになる．

以上に述べた標準モデルによる有効自由度の変化を，式 (4.7), (4.8) に基づいてさらに正確に求めたものを図 4.1 に示す．

4.3 化学ポテンシャルと保存量

素粒子は相互作用反応によりその種類を変化させることができる．このとき反応の前後で一定に保たれる保存量が存在する．保存量を用いると粒子の化学ポテンシャルを決めることができる．このことを具体的に見るため，宇宙の温度が 100 MeV/k_B (~ 10^{12} K) 以下になる時期を例にとって説明する．上で述べたように，この時期に存在する粒子は陽子 p，中性子 n，光子 γ，電子 e^-，陽電子 e^+，ニュートリノ ν_e, ν_μ, ν_τ，反ニュートリノ $\bar{\nu}_e, \bar{\nu}_\mu, \bar{\nu}_\tau$ である．光子の化学ポテンシャルはゼロである．相対論的なフェルミ粒子である電子，陽電子，ニュートリノ，反ニュートリノは光子との対生成，対消滅反応を速く起こす化学平衡にあり，すべての反粒子の化学ポテンシャルは対応する粒子の化学ポテンシャルと絶対値が等しく符号が逆である．さらに，弱い相互作用反応 $p + e^- \leftrightarrow n + \nu_e$ により，中性子の化学ポテンシャルは

$$\mu_\mathrm{n} = \mu_\mathrm{p} + \mu_{e^-} - \mu_{\nu_e} \tag{4.38}$$

で与えられる．こうして，独立な化学ポテンシャルは $\mu_\mathrm{p}, \mu_{e^-}, \mu_{\nu_e}, \mu_{\nu_\mu}, \mu_{\nu_\tau}$ の 5 つとなり，他の化学ポテンシャルはこれらにより一意的に定まる．

標準モデルの相互作用反応においてバリオン数は不変である．したがって膨張宇宙ではバリオン数密度 n_b がスケール因子の 3 乗に反比例して低下する．いま考えている時期におけるバリオン数は，陽子数と中性子数の和で与えられる．エントロピー密度もスケール因子の 3 乗に反比例して低下するので，バリオン・エントロピー比

$$\frac{n_{\rm b}}{s} = \frac{n_{\rm p} + n_{\rm n}}{s} \tag{4.39}$$

は一定に保たれる．さらに，標準モデルの反応では3つの世代のレプトン数も不変である．第一世代のレプトン数は，電子と電子ニュートリノの数の和から，陽電子と反電子ニュートリノの数の和を差し引いたもので与えられる．第二世代と第三世代のレプトン数も同様に定義される．各世代のレプトン数密度を $l_{\rm e}, l_\mu, l_\tau$ とすると，いま考えている時期でのそれぞれのレプトン数・エントロピー比

$$\frac{l_{\rm e}}{s} = \frac{n_{\rm e^-} - n_{\rm e^+} + n_{\nu_e} - n_{\bar{\nu}_e}}{s} \tag{4.40}$$

$$\frac{l_\mu}{s} = \frac{n_{\nu_\mu} - n_{\bar{\nu}_\mu}}{s} \tag{4.41}$$

$$\frac{l_\tau}{s} = \frac{n_{\nu_\tau} - n_{\bar{\nu}_\tau}}{s} \tag{4.42}$$

は一定に保たれる．標準モデルにおいてはさらに反応の前後で電荷保存則が成り立ち，電荷・エントロピー比

$$\frac{q}{s} = \frac{n_{\rm p} - n_{\rm e^-} + n_{\rm e^+}}{s} \tag{4.43}$$

も一定に保たれる．

これらの式 (4.39)–(4.43) で表される5つの保存量により，5つの未知の化学ポテンシャルはすべて決定される．これらの保存量が我々の宇宙でどのような値をとっているかは観測から決められる．まず，我々の宇宙は全体として完全に中性か，あるいは荷電しているにしてもその量は観測によりきわめて小さく制限されているので，事実上 $q/s = 0$ とおいてよい．次に，バリオン・エントロピー比は式 (4.25) より

$$\frac{n_{\rm b}}{s} = \frac{\rho_{\rm b}}{m_{\rm H} c^2 s} = \frac{45\hbar^3 c}{2\pi^2 g_{*S0} m_{\rm H}} \frac{\rho_{\rm b0}}{k_{\rm B}^3 T_0^3} = 8.933 \times 10^{-11} \left(\frac{\Omega_{\rm b0} h^2}{0.023}\right) \tag{4.44}$$

となり，きわめて小さい値となる．ただし右辺の数値を求めるときに，宇宙マイクロ波背景放射による観測値 $T_0 = 2.725$ K を用いた．今後 T_0 を含んだ数値を求めるときにはつねにこの数値を代入する．

レプトン数については直接的な評価が難しい．バリオン数やレプトン数の起源を説明しようとする，標準モデルを拡張した理論モデルでは，レプトン数とバリオン数が同程度になることが期待される．これが正しければそれぞれのレプトン数・エントロピー比は $|l_i|/s \lesssim 10^{-10}$ ($i = {\rm e}, \mu, \tau$) であると考えられる．

ここで，各レプトン粒子 f の化学ポテンシャル μ_f について $|\mu_f| \lesssim k_{\rm B} T$ を仮定し，

式 (4.39)-(4.43) を化学ポテンシャルについて解いてみる．このときには，式 (4.17) と (4.25) より

$$\frac{n_f - n_{\bar{f}}}{s} \sim \frac{\mu_f}{k_B T} \tag{4.45}$$

となる．陽子と中性子は非相対論的であるから，式 (4.10) により

$$\frac{n_n}{n_p} = \exp\left(-\frac{Q_n - \mu_{e^-} + \mu_{\nu_e}}{k_B T}\right) \tag{4.46}$$

となる．ただしここで Q_n は中性子と陽子の静止質量エネルギーの差

$$Q_n = m_n c^2 - m_p c^2 = 1.293 \text{ MeV} \tag{4.47}$$

である．式 (4.46) の比の大きさは 1 程度かそれより小さい量なので，式 (4.39) より，

$$\frac{n_b}{s} \sim \frac{n_p}{s} \tag{4.48}$$

となる．これと式 (4.43), (4.45) により，

$$\frac{\mu_{e^-}}{k_B T} \sim \frac{n_b}{s} - \frac{q}{s} \sim 10^{-10} \tag{4.49}$$

が得られ，電子の化学ポテンシャルの影響は無視できることがわかる．さらに式 (4.45) を式 (4.40)-(4.42) に用いれば，

$$\frac{\mu_{\nu_e}}{k_B T} \sim \frac{l_e}{s}, \quad \frac{\mu_{\nu_\mu}}{k_B T} \sim \frac{l_\mu}{s}, \quad \frac{\mu_{\nu_\tau}}{k_B T} \sim \frac{l_\tau}{s} \tag{4.50}$$

となり，レプトン数・エントロピー比が十分小さければニュートリノの化学ポテンシャルの影響も無視できる．こうして，レプトンの化学ポテンシャルはすべて十分小さいとして矛盾はない．

バリオンに関しては，式 (4.38) により陽子と中性子の化学ポテンシャルがほぼ等しい．陽子の化学ポテンシャルは式 (4.10) により求められるから，

$$\begin{aligned}\mu_n \sim \mu_p &\sim m_p c^2 + k_B T \ln\left[\left(\frac{k_B T}{m_p c^2}\right)^{3/2} \frac{n_b}{s}\right] \\ &\sim m_p c^2 + k_B T \left[\frac{3}{2} \ln\left(\frac{k_B T}{m_p c^2}\right) - 23\right]\end{aligned} \tag{4.51}$$

のようになる．したがって，宇宙の温度が $100 \text{ MeV}/k_B$ ($\sim 10^{12}$ K) から $1 \text{ MeV}/k_B$ ($\sim 10^{10}$ K) へと変化するとき，化学ポテンシャル μ_p, μ_n は約 -1700 MeV から $+900$ MeV まで変化する．

4.4 物質と放射の等密度時

相対論的成分のエネルギー密度は式 (4.19) で与えられた．したがって，現在の放射成分のエネルギー密度は，

$$\rho_{r0} = \frac{\pi^2}{30} \frac{k_B^4}{\hbar^3 c^3} g_{*0} T_0^{\ 4} = 7.804 \times 10^{-31} \ c^2 \ \text{kg/m}^3 \tag{4.52}$$

である．これは密度パラメータにすれば，

$$\Omega_{r0} = \frac{\pi^2}{30} \frac{k_B^4}{\hbar^3 c^3} \frac{g_{*0}}{\rho_{c0}} T_0^{\ 4} = 4.155 \times 10^{-5} \ h^{-2} \tag{4.53}$$

となる．任意の時刻における放射成分のエネルギー密度は

$$\rho_r = \rho_{c0} \Omega_{r0} \frac{g_*}{g_{*0}} \left(\frac{T}{T_0}\right)^4 \tag{4.54}$$

とも表すことができる．

十分高温で熱平衡状態にある宇宙では，相対論的成分が宇宙のエネルギー密度の大半を担っている．温度が下がってくると対消滅しないで残っている非相対論的物質が宇宙のエネルギー密度において優勢になる．その境目の時刻が式 (3.88) で決められる等密度時であった．これを具体的に特徴づけるため，まず物質のエネルギー密度を温度の関数として表す．物質のエネルギー密度がスケール因子の 3 乗に反比例することと，エントロピー保存から出てくる式 (4.27) により，

$$\rho_m = \frac{\rho_{c0} \Omega_{m0}}{a^3} = \rho_{c0} \Omega_{m0} \frac{g_{*S}}{g_{*S0}} \left(\frac{T}{T_0}\right)^3 \tag{4.55}$$

が得られる．式 (4.54) と式 (4.55) が等しくなる条件から等密度時の温度 T_{eq} が求められる．さらにその時期のスケール因子 a_{eq} と赤方偏移 z_{eq} も求まる．有効自由度が現在値に固定した後，すなわち $g_* = g_{*0}, g_{*S} = g_{*S0}$ となった後に解があり，

$$T_{eq} = \frac{\Omega_{m0} T_0}{\Omega_{r0}} = 8.526 \times 10^3 \left(\frac{\Omega_{m0} h^2}{0.13}\right) \text{K} \tag{4.56}$$

$$a_{eq} = \frac{\Omega_{r0}}{\Omega_{m0}} = 3.196 \times 10^{-4} \left(\frac{\Omega_{m0} h^2}{0.13}\right)^{-1} \tag{4.57}$$

$$1 + z_{eq} = \frac{\Omega_{m0}}{\Omega_{r0}} = 3.129 \times 10^3 \left(\frac{\Omega_{m0} h^2}{0.13}\right) \tag{4.58}$$

となる．この温度のエネルギースケールは $k_B T_{eq} \sim$ eV であり，実際に宇宙における有効自由度はすでに固定している．

等密度時にはまだダークエネルギーや曲率は無視できる．したがって等密度時のハッブル・パラメータの値 H_{eq} は式 (3.101) を使うことにより

$$H_{\mathrm{eq}} = \frac{\sqrt{2}H_0\Omega_{\mathrm{m}0}^2}{\Omega_{\mathrm{r}0}^{3/2}} \tag{4.59}$$

と表される．このときの宇宙年齢 t_{eq} は，式 (3.141) を使うことにより，

$$t_{\mathrm{eq}} = \frac{2(2-\sqrt{2})}{3}\frac{\Omega_{\mathrm{r}0}^{3/2}}{H_0\Omega_{\mathrm{m}0}^2} = 6.051\times 10^4 \left(\frac{\Omega_{\mathrm{m}0}h^2}{0.13}\right)^{-2} \mathrm{yrs} \tag{4.60}$$

となる．

4.5　ガモフの基準と脱結合

　宇宙の初期では温度が高く，粒子は頻繁に相互作用することによって強く結合し，熱平衡状態となっている．粒子間でエネルギーが交換され，また，相対論的な粒子は生成消滅を頻繁に起こしている．やがて宇宙の温度が下がり，粒子数密度も下がってくると粒子間で（重力以外の）直接相互作用をすることができなくなり，お互いに独立に運動するようになる．この過程を粒子の脱結合 (decoupling) という．宇宙の熱史の中でどのような粒子がいつ脱結合したのかは，宇宙自体の進化にとって重要かつ本質的なことである．

　ある粒子が脱結合をしているかどうかは，その粒子が他の粒子と相互作用をするのに必要な平均時間がほぼ宇宙年齢以上であるかどうかでおおまかに判定できる[*1]．この平均時間は，1 つの粒子が単位時間あたりに相互作用をする確率（粒子の反応率）Γ の逆数 Γ^{-1} で与えられる．ここで散乱断面積 σ の定義から，速度 v を持つある粒子が，粒子数密度 n で一様に分布する粒子と相互作用するときの反応率は $n\sigma|v|$ である．散乱断面積と粒子の速度は粒子のエネルギーによって異なるので，考えている粒子のエネルギー分布で平均すると

$$\Gamma = n\langle\sigma|v|\rangle \tag{4.61}$$

を得る．一方，宇宙年齢のおおまかな大きさは，その時点でのハッブル・パラメータの逆数 H^{-1} で表される．したがって脱結合の判定条件は

[*1]　脱結合の正確な記述のためには，非平衡過程を統計的に取扱う必要があり，ボルツマン方程式によって調べられる．本書ではその詳細には立ち入らない．

$$\begin{cases} \Gamma > H & \text{結合状態} \quad \text{(coupled)} \\ \Gamma = H & \text{脱結合} \quad\quad \text{(decoupling)} \\ \Gamma < H & \text{脱結合状態} \quad \text{(decoupled)} \end{cases} \quad (4.62)$$

で与えられる．この条件は非常に単純ではあるが，より正確な取扱いによる結果とよく一致することが知られている．この条件は**ガモフの基準** (Gamow's criteria) と呼ばれている．

　粒子の相互作用の確率は通常，宇宙膨張とともに小さくなる．ハッブル・パラメータの値も緩やかに減少していくが，相互作用の確率の方が急速に小さくなる場合，初期に他の粒子と結合していた粒子も，$\Gamma = H$ となる時刻あたりで脱結合する．脱結合後の粒子は膨張宇宙の中で重力のみを感じながら自由に運動することになる．2.2.2 項で述べたように，このような粒子の運動量はスケール因子に反比例して減少していく．

　熱平衡状態から脱結合した粒子の分布関数は比較的単純な形をとり続ける．相対論的粒子の場合，粒子のエネルギーは $E = c|\boldsymbol{P}|$ で与えられるので，エネルギーそのものがスケール因子に反比例することになる．光子の場合エネルギーは振動数に比例するので，この関係は波長の赤方偏移を表している．したがって相対論的粒子の分布関数の変化は次のようになる．まず，脱結合時に 6 次元位相空間中の位置 $(\boldsymbol{R}_{\rm dec}, \boldsymbol{P}_{\rm dec})$ にあった粒子が脱結合後の時刻 t に位置 $(\boldsymbol{R}, \boldsymbol{P})$ へ移動したとする．このとき，粒子数の保存により両時刻における分布関数には

$$f(\boldsymbol{P}, t) d^3 R d^3 P = f(\boldsymbol{P}_{\rm dec}, t_{\rm dec}) d^3 R_{\rm dec} d^3 P_{\rm dec} \quad (4.63)$$

の関係がある．いま，位相空間を考えているので $\boldsymbol{R}$ は物理的スケールを表す座標であることに注意すると，座標体積素片について $d^3 R_{\rm dec} = a_{\rm dec}{}^3 a^{-3} d^3 R$ の関係がある．ここで，$a_{\rm dec} = a(t_{\rm dec})$ は脱結合時のスケール因子である．また，運動量はスケール因子に反比例するので，$a_{\rm dec} \boldsymbol{P}_{\rm dec} = a \boldsymbol{P}$，$d^3 P_{\rm dec} = a_{\rm dec}{}^{-3} a^3 d^3 P$ の関係がある．したがって，位相体積素片は不変，すなわち $d^3 R d^3 P = d^3 R_{\rm dec} d^3 P_{\rm dec}$ となる[*2]．これらのことから，時刻 t の分布関数は容易に求められ，

$$f(\boldsymbol{P}, t) = \left[\exp\left(\frac{c|\boldsymbol{P}_{\rm dec}|}{k_{\rm B} T_{\rm dec}} \right) \pm 1 \right]^{-1} = \left[\exp\left(\frac{c|\boldsymbol{P}|}{k_{\rm B} a_{\rm dec} T_{\rm dec}/a(t)} \right) \pm 1 \right]^{-1} \quad (4.64)$$

となる．ここで，$T_{\rm dec} = T(t_{\rm dec})$ は脱結合時の温度である．この最後の形を見ると，

[*2] この位相体積素片の不変性は，一般的に成り立つリューヴィルの定理の一例である．

分布関数は熱平衡の形を保ったままであり，温度に対応する量が

$$T(t) = \frac{a(t_{\rm dec})}{a(t)} T(t_{\rm dec}) \tag{4.65}$$

で与えられることがわかる．脱結合後は平衡状態でないにもかかわらず，この意味で温度という概念が存在する．この場合の温度はスケール因子に反比例していて，この振る舞いもほぼ平衡状態にあるときと同じである．ただ，他の粒子とのエネルギーのやりとりがないので，他の粒子からのエントロピー流入によって温度の冷却が鈍るようなことはない．他の粒子とは独立に，ただ単純に膨張に反比例して冷却していくのみである．以下で述べるように，このことは現在の宇宙でニュートリノと光子の温度に差が生じている原因となっている．

次に非相対論的粒子の場合を見てみよう．このときは粒子の 4 元運動量の 3 次元成分が

$$\boldsymbol{P} = \frac{m\boldsymbol{v}}{\sqrt{1-v^2/c^2}} \simeq m\boldsymbol{v} \tag{4.66}$$

となる．このため，運動量と同様に 3 次元速度 $\boldsymbol{v}$ もスケール因子に反比例して減少することになる：

$$|\boldsymbol{v}| \propto a^{-1} \tag{4.67}$$

熱平衡状態において，古典的な非相対論的粒子の速度はマクスウェル–ボルツマン分布

$$f(\boldsymbol{v}) = N \left(\frac{m}{2\pi k_{\rm B} T}\right)^{3/2} \exp\left(-\frac{mv^2}{2k_{\rm B} T}\right) \tag{4.68}$$

に従う．ここで，N は単位体積あたりの数密度である．この分布について上と同様に脱結合後の分布関数を求めれば，

$$\begin{aligned} f(\boldsymbol{v}, t) &= N_{\rm dec} \left(\frac{m}{2\pi k_{\rm B} T_{\rm dec}}\right)^{3/2} \exp\left(-\frac{mv_{\rm dec}^2}{2k_{\rm B} T_{\rm dec}}\right) \\ &= N \left(\frac{m}{2\pi k_{\rm B} a_{\rm dec}^2 T_{\rm dec}/a^2(t)}\right)^{3/2} \exp\left(-\frac{mv^2}{2k_{\rm B} a_{\rm dec}^2 T_{\rm dec}/a^2(t)}\right) \end{aligned} \tag{4.69}$$

となる．やはり熱平衡の形は脱結合後も保たれるが，温度に対応する量は

$$T(t) = \frac{a^2(t_{\rm dec})}{a^2(t)} T(t_{\rm dec}) \tag{4.70}$$

で与えられる．つまり，脱結合した非相対論的粒子の温度はスケール因子の 2 乗に反比例して低下し，1 乗に反比例する相対論的粒子の場合よりも急速に温度が下

4.6 原始ニュートリノ

ニュートリノは重力を別にすると弱い相互作用しか行わないので,きわめて観測しにくい粒子である.質量を持っているがその具体的な値についてはまだよくわかっていない.質量が $1\,\mathrm{MeV}/c^2$ を越えるような不自然に大きい場合を別にすれば,他の粒子とまだ相互作用をする初期宇宙でのニュートリノは相対論的に振る舞い,その質量は無視できる.

宇宙初期にはたとえば次のような反応

$$\nu_e + e^- \leftrightarrow \nu_e + e^-, \quad \nu_e + \bar{\nu}_e \leftrightarrow e^- + e^+,$$
$$\nu_e + \bar{\nu}_\mu \leftrightarrow e^- + \mu^+, \quad \nu_e + \mu^- \leftrightarrow \nu_\mu + e^-$$

などにより平衡状態となっている.ただし,最初の反応式は粒子種が変化せずにエネルギーと運動量がやりとりされる弾性散乱反応を表している.弱い相互作用の理論によると,これらの反応の断面積はほぼ

$$\sigma \sim \frac{G_\mathrm{F}^2 E^2}{\hbar^4 c^4} \tag{4.71}$$

で与えられる.ここで,E は反応する 2 粒子の重心系におけるエネルギーの和である.また,

$$G_\mathrm{F} = 1.1664 \times 10^{-5} (\hbar c)^3 \,\mathrm{GeV}^{-2} \tag{4.72}$$

はフェルミ結合定数と呼ばれ,弱い相互作用の大きさを特徴づける量である.関係する粒子はすべて相対論的であると近似できるので,エネルギーは $E \sim k_\mathrm{B} T$,粒子数密度は $n \sim (k_\mathrm{B} T/\hbar c)^3$,粒子の速度は $v \sim c$ となり,反応率はおおまかに

$$\Gamma = n\sigma v \sim \frac{G_\mathrm{F}^2 k_\mathrm{B}^5}{\hbar^7 c^6} T^5 \tag{4.73}$$

と見積もられる.

放射優勢期のハッブル・パラメータは式 (4.29) で与えられる.ここで電子・陽電子対消滅前の有効自由度の値 $g_* = 10.75$ を用いることにより,

$$\frac{\Gamma}{H} \sim \sqrt{\frac{45}{4\pi^3 g_*}} \frac{G_\mathrm{F}^2 m_\mathrm{Pl} k_\mathrm{B}^3}{\hbar^6 c^4} T^3 \simeq \left(\frac{T}{1.7 \times 10^{10}\,\mathrm{K}}\right)^3 \tag{4.74}$$

となる.ガモフの基準により,温度 $T \simeq 1.7 \times 10^{10}\,\mathrm{K} \simeq 1.5\,\mathrm{MeV}/k_\mathrm{B}$ においてニュー

トリノが脱結合する．

このニュートリノの脱結合温度は電子の質量エネルギーに対応する温度

$$T_e = 0.511 \text{ MeV}/k_B = 5.9 \times 10^9 \text{ K} \tag{4.75}$$

よりも大きいことに着目しよう．つまり，ニュートリノ脱結合の時期にはまだ電子が相対論的に振る舞っていて，有効自由度 g_{*S} がその分だけ大きかった．その後宇宙の温度が T_e を下回ると，対消滅反応

$$e^+ + e^- \to \gamma + \gamma \tag{4.76}$$

により陽電子はほとんどなくなり，残った電子も非相対論的になって有効自由度に寄与しなくなる．このため，電子と陽電子の担っていたエントロピーが光子に流入することで光子の温度は単純なスケール因子の反比例関係よりも多少大きくなるのである．一方，ニュートリノはもはや結合していないため，エントロピーは流入せず，単純に温度がスケール因子に反比例して低下する．こうして電子の対消滅以後，ニュートリノと光子の温度が食い違うことになる．

この温度差を見積もるため，ニュートリノ脱結合後のエントロピーの保存を考える．電子の対消滅前と対消滅後の有効自由度をそれぞれ g_{*S-}, g_{*S+} とすると，光子（自由度 2），電子と陽電子（自由度 4），ニュートリノ（自由度 6）からの寄与によって，

$$g_{*S-} = 2 + \frac{7}{8} \times 4 + \frac{7}{8} \times 6 = \frac{43}{4} \tag{4.77}$$

$$g_{*S+} = 2 + \frac{7}{8} \times 6 \times \left(\frac{T_{\nu+}}{T_+}\right)^3 = 2 + \frac{21}{4} \left(\frac{T_{\nu+}}{T_+}\right)^3 \tag{4.78}$$

となる．ここで，$T_+, T_{\nu+}$ はそれぞれ対消滅後の光子とニュートリノの温度である．対消滅前の任意時刻におけるスケール因子と温度を a_-, T_- とし，対消滅後の任意時刻におけるスケール因子を a_+ とすると，エントロピー保存により，

$$g_{*S-} T_-^3 a_-^3 = g_{*S+} T_+^3 a_+^3 \tag{4.79}$$

が成り立つ．また，ニュートリノの温度については $a_- T_- = a_+ T_{\nu+}$ であることを用いると，上の式から

$$T_{\nu+} = \left(\frac{4}{11}\right)^{1/3} T_+ \tag{4.80}$$

が導かれる．すなわち，対消滅後の任意時刻におけるニュートリノの温度は光子

の温度に比べて約 0.7 倍だけ小さいということになる．観測によって現在の光子の温度は約 2.7 K と測定されているので，現在のニュートリノの温度は約 1.9 K である．

次に，ニュートリノが現在の宇宙において占めるエネルギー密度の割合を見積もる．ニュートリノの質量が十分小さく，現在もまだ相対論的であるなら，放射として光子と同じ程度の寄与しかないので，全体のエネルギー密度に対してほとんど無視できる．現在のニュートリノが相対論的である条件は

$$m_\nu < \frac{k_B T_{\nu 0}}{c^2} = 1.7 \times 10^{-4} \text{ eV}/c^2 \tag{4.81}$$

である．この条件を満たすニュートリノの場合，そのエネルギー密度の和は

$$\rho_{\nu 0} = \sum_{\substack{\text{相対論的} \\ \text{ニュートリノ}}} \frac{7}{8} \frac{\pi^2}{30} \frac{k_B^4 T_{\nu 0}^4}{\hbar^3 c^3} \sim 10^{-5} h^{-2} \rho_{c0} \ll \rho_{m0} \tag{4.82}$$

となり，物質成分に比べれば無視できるほどしかない．だが，実験的に少なくとも 1 種類以上のニュートリノは式 (4.81) を満たさない質量を持っていることが示唆されている．その質量の絶対値は求められていないが，その値によっては，現在のエネルギー密度に無視できない寄与をする可能性がある．ここでは，そのニュートリノが脱結合時にまだ相対論的であり，現在までに非相対論的になる場合を考える．すなわち質量が

$$1.7 \times 10^{-4} \text{ eV}/c^2 < m_\nu < 1.5 \text{ MeV}/c^2 \tag{4.83}$$

の範囲にあるとする．脱結合時の相対論的な数密度はそのまま宇宙膨張により薄められ，ニュートリノと反ニュートリノの現在の数密度の和は

$$n_{\nu 0} + n_{\bar{\nu} 0} = \frac{6}{4} \frac{\zeta(3)}{\pi^2} \frac{k_B^3 T_{\nu 0}^3}{\hbar^3 c^3} = \frac{6}{11} \frac{\zeta(3)}{\pi^2} \frac{k_B^3 T_0^3}{\hbar^3 c^3} = 112.0 \text{ cm}^{-3} \tag{4.84}$$

となる．現在は非相対論的なので，そのエネルギー密度は

$$\rho_{\nu 0} = \sum_{\substack{\text{非相対論的} \\ \text{ニュートリノ}}} m_\nu c^2 (n_{\nu 0} + n_{\bar{\nu} 0}) \tag{4.85}$$

である．ここでの和記号は，現在，非相対論的になっているニュートリノの世代についての和を表す．これは密度パラメータにすると

$$\Omega_{\nu 0} h^2 = \frac{\sum m_\nu}{94.12 \text{ eV}/c^2} \tag{4.86}$$

となる．

　現在の宇宙におけるダークマター量は観測的に $\Omega_{\mathrm{dm}0}h^2 \sim 0.1$ 程度に制限されている．非相対論的なニュートリノはまさにダークマターとして寄与してしまうから，ニュートリノ質量の合計は 10 eV よりも大きくなれないことがわかる．電子ニュートリノを除くと，これは地上での実験により得られているニュートリノ質量への制限（表 4.4）よりもはるかに強い制限となる．宇宙の観測が素粒子の性質に強い制限を与えられるという典型例になっている．

　質量が数 eV/c^2 を超えるようなニュートリノは，現在の宇宙のエネルギー密度に無視できない寄与を持つことになる．これはバリオンでない物質成分となり，かつてダークマター候補と考えられたこともある．だが後の章で述べるように，ニュートリノのみがダークマターとして宇宙の物質成分を支配しているならば，我々の宇宙の構造形成に深刻な影響を及ぼして，観測事実を説明できないことが明らかになっている．ニュートリノはダークマターの一部を担っているかもしれないが，その他にもっと支配的なダークマターがなければならない．

4.7　元素合成

　宇宙が膨張して温度が冷えるにつれ，自由に飛び回っていた中性子は陽子と結合して束縛状態に落ち着き，原子核の状態で存在するようになる．これが宇宙初期における原始元素合成，あるいはビッグバン元素合成と呼ばれる過程である．この過程を通じて合成される元素は，現在の宇宙にあるバリオン物質を形作る原材料である．ここで最初にどのような元素がどのくらい合成されるかが問題となる．

　元素合成は陽子と中性子を材料とするので，これらがはじめにどのような比で存在するかが重要である．陽子 p と中性子 n は初期に弱い相互作用を行い，主として次の反応

$$\mathrm{p} + \mathrm{e}^- \leftrightarrow \mathrm{n} + \nu_\mathrm{e}, \quad \mathrm{p} + \bar{\nu}_\mathrm{e} \leftrightarrow \mathrm{n} + \mathrm{e}^+ \tag{4.87}$$

によって平衡状態となっている．弱い相互作用の現象論によれば，この 2 つの反応率はほぼ

$$\Gamma \sim \frac{G_\mathrm{F}^2 \left(1 + 3g_\mathrm{A}^2\right) k_\mathrm{B}^5 T^5}{\hbar^7 c^6} \tag{4.88}$$

で与えられる．ここで，$g_\mathrm{A} = 1.26$ は核子の擬ベクトル結合定数と呼ばれる量である．放射優勢期のハッブル・パラメータと温度の関係式 (4.29) から，

$$\frac{\Gamma}{H} \sim \left(\frac{T}{0.96 \times 10^{10} \text{ K}}\right)^3 \tag{4.89}$$

となる．すなわち，おおまかに温度 $T = 0.96 \times 10^{10}$ K において陽子が中性子へ転化する反応がなくなり，中性子数は増えなくなる．

温度が $T > 0.96 \times 10^{10}$ K のときには反応が熱平衡を保つから，中性子・陽子比は式 (4.46), (4.47)，およびレプトンの化学ポテンシャルが無視できることにより

$$\frac{n_{\rm n}}{n_{\rm p}} = \exp\left[-\frac{(m_{\rm n} - m_{\rm p})c^2}{k_{\rm B}T}\right] = \exp\left(-\frac{1.5 \times 10^{10} \text{ K}}{T}\right) \tag{4.90}$$

で表される．十分高温では当然この比は 1 であるが，反応が切れる 0.96×10^{10} K までにこの比は 1 よりも小さくなっている．ここで，ちょうど $T = 0.96 \times 10^{10}$ K の時点において上式で与えられる熱平衡の比がそのまま凍結するものと近似的に考えてみよう．するとその値は

$$\frac{n_{\rm n}}{n_{\rm p}}(t_{\rm n}) \simeq e^{-1.5/0.96} \simeq 0.21 \tag{4.91}$$

となる．ここで $t_{\rm n}$ はこの時点の宇宙時刻であり，式 (4.31) により $t_{\rm n} \simeq 1$ sec である．この中性子・陽子比が 0 でも 1 でもない微妙な値をとるという事実は，後の宇宙の物質進化に大きな影響を与える．この導出はかなりおおまかであったが，非平衡過程の正確な取り扱いによって求めても，ほぼこの値に一致する．

こうして中性子・陽子比がほぼ固定するが，中性子は孤立しているとベータ崩壊

$$n \to p + e^- + \bar{\nu}_{\rm e} \tag{4.92}$$

によって陽子へ転化するので，そのままでは中性子数は徐々に減っていく．一方，陽子は中性子と異なり完全に安定であるから中性子の減少分だけ増えていく．ベータ崩壊による中性子の平均寿命 $\tau_{\rm n} = 886$ sec は $t_{\rm n}$ に比べれば十分長い．その後の時刻 $t > t_{\rm n}$ における共動体積あたりの中性子数は因子 $e^{-(t-t_{\rm n})/\tau_{\rm n}}$ に比例して徐々に減少する．したがって，全バリオン数あたりの中性子数の割合 $X_{\rm n}$ の時間変化は

$$X_{\rm n}(t) \equiv \frac{n_{\rm n}(t)}{n_{\rm b}(t)} = \frac{e^{-(t-t_{\rm n})/\tau_{\rm n}}}{1 + n_{\rm p}/n_{\rm n}(t_{\rm n})} \simeq 0.17\, e^{-(t-t_{\rm n})/\tau_{\rm n}} \tag{4.93}$$

となる．ただしここで全バリオン数が保存することを用いた．

さらに宇宙の温度が冷えると，自由に飛び回っていた中性子は強い相互作用により陽子との束縛状態，つまり重水素原子核 D (= ^{2}H) となる．その後さらにさまざまな核反応を伴っていろいろな元素の原子核が合成される．具体的にどのような元素が合成されるかを計算するためには，宇宙膨張に伴う温度変化の下で，数多くの

パターンの核反応率を用いて元素組成の進化を解く必要がある．原子核反応は理論的取扱いの困難な強い相互作用過程であるため，これを第一原理から計算することは現在のところほとんど不可能である．そこで，実験データから求めた原子核反応の反応率を用いて計算される．その方程式は非線形な連立微分方程式となり，最終的には計算機により数値的に解くことになる．その結果として，以下に述べるような原子核反応が進むことがわかっている．

最初に中性子の多くは陽子と結合して次の反応

$$n + p \to D + \gamma \tag{4.94}$$

により重水素Dとなる．こうしてできた重水素や，まだ結合していない陽子や中性子は，比較的短い間に次のような反応

$$D + D \to \begin{cases} {}^3H + p \\ {}^3He + n \end{cases}$$

$$D + p \to {}^3He + \gamma$$

$$D + n \to {}^3H + \gamma$$

$$ {}^3H + D \to {}^4He + n$$

$$\left. \begin{array}{r} {}^3He + n \\ {}^3H + p \\ D + D \end{array} \right\} \to {}^4He + \gamma$$

を行い，3重水素 ${}^3H$，ヘリウム ${}^3He$, ${}^4He$ などが作られる．ここで，${}^3H$, ${}^3He$ の束縛エネルギーは小さく，安定な元素である ${}^4He$ に比べると最終的な数はかなり少なくなる．

さらに次のような反応

$$ {}^4He + {}^3H \leftrightarrow {}^7Li + \gamma$$

$$ {}^4He + {}^3He \leftrightarrow {}^7Be + \gamma$$

$$ {}^7Be + n \leftrightarrow {}^7Li + p$$

により，リチウム ${}^7Li$, ベリリウム ${}^7Be$ などのもう少し重い元素も作られるが，${}^4He$ 以外の元素は微量である．以上の主な元素合成の核反応の関係は図 4.2 のようになる．もっと重い元素も合成されるが，その量はさらにずっとわずかになる．質量数 A が 5 と 8 となる安定な原子核が存在すれば，それを経由してその先の重元素へと

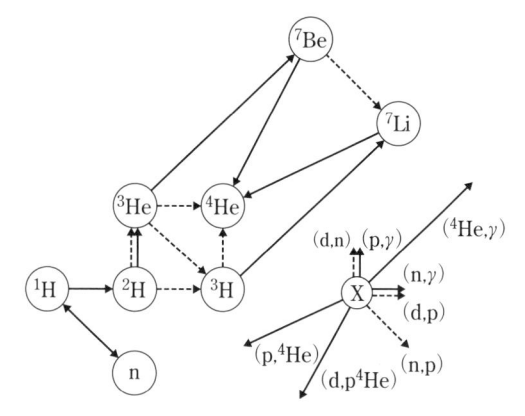

図 4.2 元素合成における主な核反応の関係図．右下の図は核反応の種類を表し，記号 (α, β) は粒子 α と衝突して粒子 β を放出することを表す．

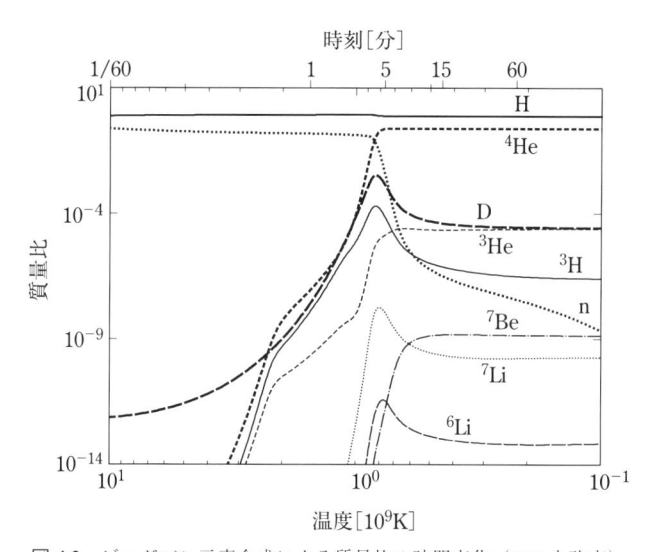

図 4.3 ビッグバン元素合成による質量比の時間変化（[27] を改変）．

原子核反応が進めるのだが，実際にはそのような原子核が存在しない．このため，ビッグバン元素合成では軽元素しか作られず，重元素を作ることがほとんどできないのである．図 4.3 に，元素合成で作られる元素組成の時間進化の数値計算結果を示す．

重水素が作られ始める時刻 t_D に存在した中性子は，わずかな量を除いてほとん

どが最終的に ^4He の原子核へと取り込まれる．このことから，最終的に合成される ^4He の量を比較的簡単に見積もることができる．初期に存在する 2 つの中性子が 1 つの ^4He を作るので，バリオンの総質量に対する ^4He の質量比 Y は

$$Y(^4\text{He}) = \frac{^4\text{He の総質量}}{\text{バリオンの総質量}} = \frac{n_n/2 \cdot 4m_p}{n_p m_p + n_n m_n} \simeq 2X_n(t_D) \tag{4.95}$$

となる．ただし $m_n \simeq m_p$ を用いた．ここで重水素のできはじめる時刻 t_D を求めれば上の量を見積もることができる．重水素の束縛エネルギーは約 2.2 MeV であるから，一見このエネルギーに対応する温度において重水素が作られると思うかもしれない．だが，バリオンの数よりも光子の数の方があまりに多いために，典型的な温度のエネルギーよりも大きなエネルギーを持つ光子の数も無視できない．このため，その温度では重水素ができても次に核反応が進む前にすぐに光分解してしまう．実際に重水素の先へ核反応が進むのは $T \sim 0.07 \text{ MeV}/k_B$ 程度にまで温度が下がってからである．その時刻は式 (4.31) により $t_D \simeq 270$ sec となるので，式 (4.93), (4.95) により，

$$Y(^4\text{He}) \simeq 0.25 \tag{4.96}$$

と見積もられる．この単純な見積り値はくわしい数値計算によって求めた正確な値ともほぼ一致している．

最終的に合成される元素のうち ^1H, ^4He 以外は微量であるが，それら微量元素の存在比も観測可能な量を与えるため重要な情報である．最終的に合成される元素の量はバリオン数と光子数の比 $\eta = n_b/n_\gamma$ に依存する．重水素以降の核反応は電子・陽電子の対消滅後に起こるので，すでに有効自由度は現在値に固定している．したがってバリオン数密度，光子数密度ともに温度の 3 乗に比例するので，このバリオン・光子比 η は現在まで時間的に一定である．バリオンの密度パラメータを Ω_{b0} とすると，現在のバリオン数密度は $n_{b0} = \rho_{c0}\Omega_{b0}/m_p c^2$ で与えられるから，

$$\eta = \frac{n_b}{n_\gamma} = \frac{n_{b0}}{n_{\gamma 0}} = \frac{\pi^2 \hbar^3 c \rho_{c0}}{2\zeta(3) m_p k_B^3 T_0^3}\Omega_{b0} = 2.734 \times 10^{-8}\, \Omega_{b0} h^2 \tag{4.97}$$

と表すことができる．この値がビッグバン元素合成によって作られる元素の存在比を決めるので，逆に原始的に作られた元素の存在比を観測することで宇宙のバリオン量を知ることができる．

最終的に合成される元素の存在比を実際に数値計算で求めてバリオン量の関数としたものを図 4.4 に示す．バリオン量の変化に対するこの振る舞いは定性的には次のように理解できる．バリオン量が増えると反応率が上がるため，中性子のベー

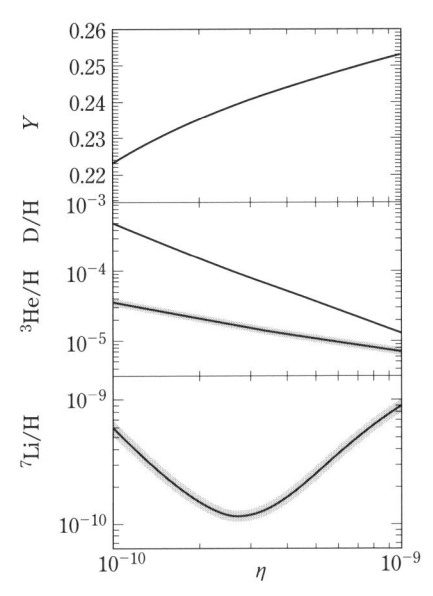

図 4.4 ビッグバン元素合成により最終的に合成された元素の存在比と宇宙のバリオン量 η の関係 [28].

夕崩壊があまり進まないうちに元素合成が始まり,わずかに最終生成物である ^{4}He は増えることになる.また,反応率の増加は,中間生成物である D, ^{3}H, ^{3}He を減らすことになる. ^{7}Li は単純な減少をしないが,これは反応 ^{7}Li + p → $2\,^4$He の反応率が上がることにより ^{7}Li が減少する効果と,反応率が上がることにより ^{7}Be の生成が増え,さらに反応 ^{7}Be + e$^-$ → ^{7}Li + ν_e を通じて ^{7}Li を増加させる効果の2つの効果が競合していることによる.

重水素 D はその原始存在比がとくにバリオン量に敏感であり,また宇宙が進化した後の天体現象により作られることはないと考えられていることから,バリオン量 η の見積りに都合のよい元素である.比較的最近,観測的に重水素の存在比が正確に見積られるようになった.付近の天体の影響を受けていないと思われる領域の視線方向遠方にクェーサーがあれば,スペクトル吸収線を調べることにより,その領域の元素組成が調べられるのである.このクェーサー吸収線系を用いた見積りによると,原始的な重水素と水素の数の比 D/H|$_\text{p}$ に対し,

$$\text{D/H}|_\text{p} = (2.68 \pm 0.26) \times 10^{-5} \tag{4.98}$$

という値が得られている.その他の元素も星や星間ガス雲を用いて見積もられて

いる．異なる観測によりいくつかの見積りがあるが，ほぼ次のように得られている[*3]：

$$Y_\mathrm{P} = 0.25 \pm 0.01 \tag{4.99}$$

$${}^3\mathrm{He}/\mathrm{H}\big|_\mathrm{P} = (1.1 \pm 0.2) \times 10^{-5} \tag{4.100}$$

$${}^7\mathrm{Li}/\mathrm{H}\big|_\mathrm{P} = (2.19 \pm 0.28) \times 10^{-10} \tag{4.101}$$

ここで ^{4}He の存在量だけは数の比ではなく式 (4.95) で定義されるようにバリオン量に対する質量比で表すことになっている．

　この結果を図 4.4 の理論計算と比べてまずいえることは，これらの観測値がビッグバン元素合成によっておおむね説明できるということである．これはビッグバンモデルに対する非常に強い根拠となっている．定常宇宙論など，ビッグバンを伴わない宇宙モデルでこれら原始元素の存在比をおおまかにでも説明することは非常に困難である．

　定量的にも ^{7}Li 以外は誤差の範囲で 1 つの η の値を使って説明することができる．だが ^{7}Li の観測値は期待されるよりも多少小さい．この理由ははっきりしないが，観測と理論の両面にまだ不定性があることも指摘されている．たとえば，Li の存在比は星の大気で測定され，その値は星が誕生したときから変化していないと仮定される．しかし星の進化過程でいくらか Li の存在比が減ってしまう可能性も排除できていない．

　重水素の存在比が観測的にもっとも不定性が小さいので，ここから η の値を制限することにより，

$$\eta = (6.0 \pm 0.4) \times 10^{-10} \tag{4.102}$$

という結果が得られている．これはバリオン密度パラメータの値にして

$$\Omega_{\mathrm{b}0} h^2 = 0.022 \pm 0.002 \tag{4.103}$$

となる．この値は，後に述べる宇宙マイクロ波背景放射というまったく異なる観測によって求めたバリオン量と誤差の範囲でよく一致する．観測的に全質量密度は $\Omega_{\mathrm{m}0} h^2 \simeq 0.13$ とされているから，バリオンだけで宇宙の質量のすべてを説明することはできない．宇宙の質量の大部分は非バリオン物質，つまりダークマターでなけ

[*3] K. Olive, *TASI Lectures on Astroparticle Physics*, astro-ph/0503065; G. Steigman, *Annu. Rev. Nucl. Part. Sci.*, **57**, 463 (2007).

ればならないことがここからも示唆される．

このような元素合成理論の成功は，我々が地球上の実験で確かめた物理法則が宇宙初期にも適用できるということも示唆している．もし物理法則や物理定数が宇宙初期で大きく変化しているならば，上のような観測との一致は得られないであろう．さらにまた，宇宙初期は全体が高エネルギーの状態であるため，天然の素粒子実験の場であるともいえる．たとえば，元素合成の時期の有効自由度 g_* が標準的な値と異なっているならば，原始元素の存在比も上に示した予言値とは異なってくる．式 (4.29) からわかるように，もし g_* が大きいとすると，同じ温度でも膨張速度が速くなり，さらに式 (4.89) からわかるように弱い相互作用の凍結する温度が高まる．すると式 (4.91) で計算される中性子の割合が増加することになるので，結局最終的に合成される ^{4}He などの割合が増えてしまうのである．このことから元素合成の時期に相対論的粒子として振る舞う粒子が標準モデルの素粒子以外にはないであろうことが示唆される．たとえば，軽いニュートリノが 4 世代以上あるようなモデルはこのことから制限される．

4.8 光子の脱結合と電子の再結合

宇宙初期には，光子は主に自由電子との相互作用を通じて他の物質と結合している．光子が脱結合するまでに自由電子は非相対論的になっているので，光子がトムソン散乱をする確率により，その脱結合時期を見積もることができる．トムソン散乱断面積

$$\sigma_\mathrm{T} = 6.652 \times 10^{-29} \mathrm{~m}^2 \tag{4.104}$$

を用いると，ある光子が非相対論的自由電子により散乱される確率は

$$\Gamma_\gamma = c n_\mathrm{e} \sigma_\mathrm{T} \tag{4.105}$$

となる．ここで n_e は自由電子の数密度である．自由電子の数は主に次の反応

$$\mathrm{p + e \leftrightarrow H} + \gamma \tag{4.106}$$

によって変化する．そこでまずはこの反応による電子の数密度の変化を調べる必要がある．ヘリウム原子核の数は水素原子の数に比べると 10% 程度であり，その他の原子核はさらに微量である．そこで以下では簡単のためこれらを無視し，宇宙のバリオンがすべて陽子の形で存在するものと近似する．

電子,陽子,水素はすでに非相対論的であるとすれば,熱平衡状態にあるこれら粒子の数密度はそれぞれ次のようになる:

$$n_{\mathrm{e}} = 2\left(\frac{m_{\mathrm{e}} k_{\mathrm{B}} T}{2\pi\hbar^2}\right)^{3/2} \exp\left(-\frac{m_{\mathrm{e}} c^2 - \mu_{\mathrm{e}}}{k_{\mathrm{B}} T}\right) \tag{4.107}$$

$$n_{\mathrm{p}} = 2\left(\frac{m_{\mathrm{p}} k_{\mathrm{B}} T}{2\pi\hbar^2}\right)^{3/2} \exp\left(-\frac{m_{\mathrm{p}} c^2 - \mu_{\mathrm{p}}}{k_{\mathrm{B}} T}\right) \tag{4.108}$$

$$n_{\mathrm{H}} = 4\left(\frac{m_{\mathrm{H}} k_{\mathrm{B}} T}{2\pi\hbar^2}\right)^{3/2} \exp\left(-\frac{m_{\mathrm{H}} c^2 - \mu_{\mathrm{H}}}{k_{\mathrm{B}} T}\right) \tag{4.109}$$

光子の化学ポテンシャルはゼロであるから,反応式 (4.106) による平衡条件により化学ポテンシャルは

$$\mu_{\mathrm{p}} + \mu_{\mathrm{e}} = \mu_{\mathrm{H}} \tag{4.110}$$

を満たす.ここで宇宙の電荷は事実上ゼロとみなせることから $n_{\mathrm{p}} = n_{\mathrm{e}}$ であること,また $m_{\mathrm{H}} \simeq m_{\mathrm{p}}$ であることを使えば,

$$\frac{n_{\mathrm{e}}^2}{n_{\mathrm{H}}} = \left(\frac{m_{\mathrm{e}} k_{\mathrm{B}} T}{2\pi\hbar^2}\right)^{3/2} \exp\left(-\frac{I_{\mathrm{H}}}{k_{\mathrm{B}} T}\right) \tag{4.111}$$

という関係が成り立つ.ここで,

$$I_{\mathrm{H}} = \left(m_{\mathrm{p}} + m_{\mathrm{e}} - m_{\mathrm{H}}\right) c^2 = 13.59 \text{ eV} \tag{4.112}$$

はよく知られた水素のイオン化エネルギーである.イオン化に関する平衡状態における数密度の式 (4.111) のような関係式をサハの式 (Saha equation) と呼ぶ.

ここで,全バリオン数密度 $n_{\mathrm{b}} = n_{\mathrm{p}} + n_{\mathrm{H}}$ に対する比として,イオン化率 $X_{\mathrm{e}} \equiv n_{\mathrm{e}}/n_{\mathrm{b}} = n_{\mathrm{p}}/n_{\mathrm{b}}$ を導入する.すると,式 (4.111) はバリオン量 $\eta = n_{\mathrm{b}}/n_\gamma$ を用いて,

$$\frac{1 - X_{\mathrm{e}}}{X_{\mathrm{e}}^2} = \frac{4\sqrt{2}\zeta(3)}{\sqrt{\pi}} \eta \left(\frac{k_{\mathrm{B}} T}{m_{\mathrm{e}} c^2}\right)^{3/2} \exp\left(\frac{I_{\mathrm{H}}}{k_{\mathrm{B}} T}\right) \tag{4.113}$$

と表される.これは X_{e} に関する 2 次方程式であり,$X_{\mathrm{e}} > 0$ を満たす解は

$$X_{\mathrm{e}}(T) = 2\left[1 + \sqrt{1 + \frac{16\sqrt{2}\zeta(3)}{\sqrt{\pi}} \eta \left(\frac{k_{\mathrm{B}} T}{m_{\mathrm{e}} c^2}\right)^{3/2} \exp\left(\frac{I_{\mathrm{H}}}{k_{\mathrm{B}} T}\right)}\right]^{-1} \tag{4.114}$$

と求められる.ここで温度 T は赤方偏移 z を用いて $T = (1+z)T_0$ と表されるので,上式は赤方偏移の関数 $X_{\mathrm{e}}(z)$ としても与えられ,図 4.5 に示したようになる.

この図より,赤方偏移 $z \sim 1300$ 前後でイオン化率が急激に小さくなることがわ

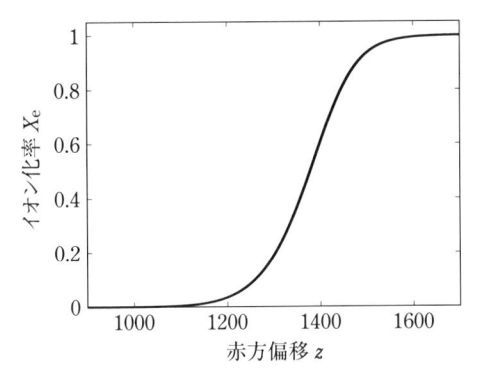

図 4.5 平衡イオン化率の変化を赤方偏移の関数として示したもの．ここでバリオン量は $\Omega_{b0}h^2 = 0.0225 \pm 0.0005$ を仮定し，誤差は線の太さに含まれている．

かる．つまり，この時点でほとんどの自由電子は陽子に捕らえられて水素原子が形成され，宇宙が中性化する．これを**再結合** (recombination) と呼ぶ[*4]．再結合は一瞬で起こるわけではないが，その目安として赤方偏移 $z = 1300$ を再結合の時期とみなすことができる：

$$z_{\rm rec} \simeq 1300 \tag{4.115}$$

$$T_{\rm rec} = (1 + z_{\rm rec})T_0 \simeq 3500 \text{ K} \tag{4.116}$$

このときの宇宙年齢は式 (3.141), (4.57) を用いてから $\Omega_{m0}h^2 \simeq 0.13$ とすると，

$$t_{\rm rec} \simeq 2.8 \times 10^5 \text{ yrs} \tag{4.117}$$

となる．ここで，再結合の温度に対応するエネルギー $k_B T_{\rm rec} \sim 0.3$ eV は，水素のイオン化エネルギー 13.6 eV に比べてずいぶん小さい．この理由は，バリオン数に比べて光子数があまりに大きいために，温度に比べてずっと大きなエネルギーを持つ光子の数も無視できないからである．このため，水素のイオン化エネルギーに対応する程度の温度では，水素が中性化してもすぐに高エネルギーの光子によってイオン化されてしまうのである．これは元素合成において重水素の形成時期が重水素の束縛エネルギーよりもずっと低い温度になるのと同じ理由である．

ここで，上の式 (4.114) において温度を十分小さくするとほぼ完全に中性化する

[*4] この時点までに電子と陽子が結合したことがあるわけではないので，この用語は不適切であるという意見もある．

ように見えるが，これは正しくない．実際には途中で熱平衡が破れるためにこの式が適用できなくなるからである．そしていくらかの陽子はイオン化したまま最後まで取り残される．この最終的なイオン化率は非平衡過程の取り扱いによって求められる．その結果，温度がほぼ $T \sim 0.25 \text{ eV}/k_\text{B}$ の時点で自由な陽子と電子が出会うことがなくなると見積もられている．したがって最終的なイオン化率は

$$X_\text{e}(\text{final}) \simeq 2.7 \times 10^{-5} \left(\Omega_\text{b0} h^2\right)^{-1} \tag{4.118}$$

と見積もられる．

再結合により自由電子の数密度が急激に下がると，式 (4.105) に従って光子が自由電子と相互作用する確率も下がり，光子は脱結合する．この脱結合の時期は，上で得られた電子の数密度とガモフの基準 $\Gamma_\gamma/H = 1$ により求められる．ここで物質優勢期のハッブル・パラメータは

$$H = \sqrt{\frac{8\pi G \rho_\text{m}}{3c^2}} = \sqrt{\frac{8\pi G \rho_\text{m0}}{3c^2 a^3}} \tag{4.119}$$

であり，散乱確率は

$$\Gamma_\gamma = c X_\text{e} n_\text{b} \sigma_\text{T} = \frac{\sigma_\text{T}}{m_\text{p} c} \frac{\rho_\text{b0}}{a^3} X_\text{e} \left(\frac{T_0}{a}\right) \tag{4.120}$$

であるから，

$$\begin{aligned}\frac{\Gamma_\gamma}{H} &= \sqrt{\frac{3}{8\pi G}} \frac{\sigma_\text{T}}{m_\text{H}} \frac{\rho_\text{b0}}{\sqrt{\rho_\text{m0}}} a^{-3/2} X_\text{e} \left(\frac{T_0}{a}\right) \\ &= \frac{3c\sigma_\text{T}}{8\pi G m_\text{H}} \frac{H_0 \Omega_\text{b0}}{\sqrt{\Omega_\text{m0}}} (1+z)^{3/2} X_\text{e} \left[(1+z) T_0\right]\end{aligned} \tag{4.121}$$

である．ここで観測値 $\Omega_\text{b0} h^2 \simeq 0.02$, $\Omega_\text{m0} h^2 \simeq 0.13$ を用いて上式が 1 になる赤方偏移を求めると，光子の脱結合の時期は

$$z_\text{dec} \sim 1100 \tag{4.122}$$

$$T_\text{dec} \sim 3000 \text{ K} \tag{4.123}$$

$$t_\text{dec} \sim 3.8 \times 10^5 \text{ yrs} \tag{4.124}$$

となる．確かに再結合の直後に光子が脱結合していることがわかる．

こうして，宇宙年齢が約 40 万年の頃に光子は物質と相互作用できなくなり，以後は直進するようになる．これを**宇宙の晴れ上がり** (photon decoupling) という．脱結合時に最後の散乱（最終散乱; last scattering）をした光子は，そのまま途中で遮られずに我々に届くことになる．これがビッグバンの残光，宇宙マイクロ波背景放

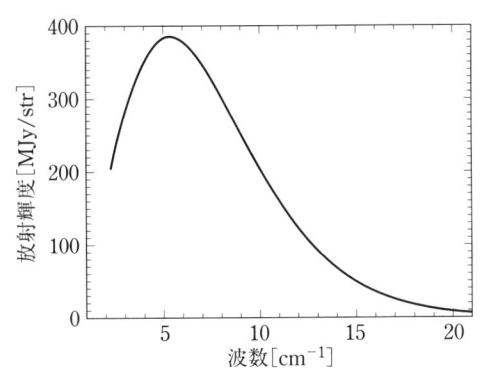

図 4.6 COBE 衛星によって観測された宇宙マイクロ波背景放射のスペクトル．ほぼ完全に黒体放射のプランク分布に一致している．誤差は線の太さ以下である [29]．

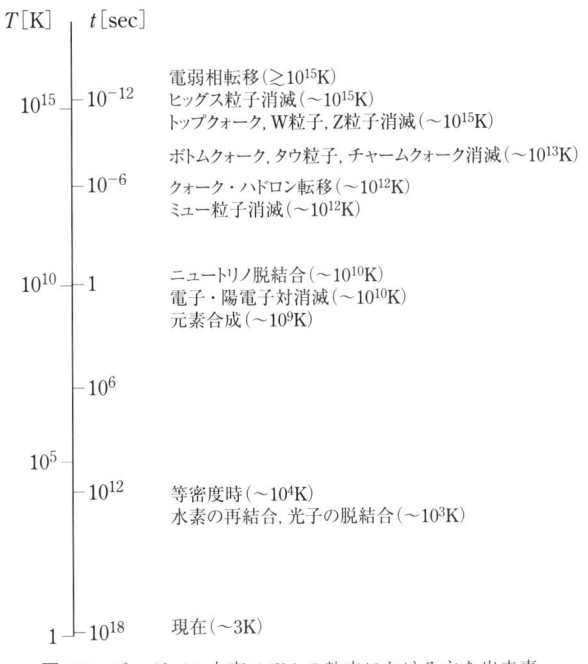

T [K]	t [sec]	
10^{15}	10^{-12}	電弱相転移($\gtrsim 10^{15}$K) ヒッグス粒子消滅($\sim 10^{15}$K) トップクォーク, W粒子, Z粒子消滅($\sim 10^{15}$K)
	10^{-6}	ボトムクォーク, タウ粒子, チャームクォーク消滅($\sim 10^{13}$K) クォーク・ハドロン転移($\sim 10^{12}$K) ミュー粒子消滅($\sim 10^{12}$K)
10^{10}	1	ニュートリノ脱結合($\sim 10^{10}$K) 電子・陽電子対消滅($\sim 10^{10}$K) 元素合成($\sim 10^{9}$K)
	10^{6}	
10^{5}	10^{12}	等密度時($\sim 10^{4}$K) 水素の再結合, 光子の脱結合($\sim 10^{3}$K)
1	10^{18}	現在($\sim$3K)

図 4.7 ビッグバン宇宙モデルの熱史における主な出来事．

射である．この放射はもともと熱平衡状態から脱結合しているため，スペクトルが完全な黒体放射になるという大きな特徴がある．

1.2.2 項でくわしく述べたように，この背景放射は 1965 年にペンジアスとウィル

ソンによって実際に発見され，ビッグバン理論の観測的足場が揺るぎないものになるきっかけとなる観測になった．その後，人工衛星 COBE による精密な測定により，この背景放射は実際にきれいなプランク分布のスペクトルを持つことが確認され，その温度は $T_0 = 2.725 \pm 0.001$ K というすばらしい精度で測定されている（図 4.6）．宇宙論はそれまで有効数字が 1 桁あるかないかの，おおざっぱな数値しか扱えないようなものであったが，これは何桁もの数値を比較できるような**精密宇宙論** (precision cosmology) の幕開けともいえる観測であった．

本章で見てきた，ビッグバン宇宙モデルの熱史における主な出来事をまとめると図 4.7 のようになる．

第5章

初期宇宙とインフレーション

　宇宙を初期にさかのぼっていくと温度が上がっていくので、いずれ素粒子の標準モデルにより記述されることがほぼ確実なエネルギー領域 $k_\mathrm{B} T \lesssim 1\,\mathrm{TeV}$ を超えてしまう。残念ながらこのような初期宇宙を記述する物理理論はまだ確立していない。理論モデルは多数提案されてはいるものの、それらの実験的裏づけはほとんどない。理論を検証するために必要なエネルギーが高すぎるのである。このため多数の理論的可能性が並び立っていて、どれかが正しいのか、あるいは他の可能性を探すべきなのか、などを客観的に判断することはできない。

　極限的な初期宇宙の研究は、このようにまだ不確定ではあるが高エネルギー領域を記述すると期待されるさまざまな素粒子理論モデルを宇宙へ応用することで進められる。もちろんその結論に確実性が乏しいことは否定できないが、それを逆手にとって考えると、宇宙がいまあるように存在するという条件からさまざまな理論モデルを制限できるともいえるのである。理論モデルを仮定し、そこからなにか宇宙に関する性質を引き出して、それを実際の宇宙の観測と比べることにより、もとにした理論の妥当性を判定できる可能性がある。この意味で初期宇宙は天然の高エネルギー実験場という見方ができる。もちろん、何度も試行のできる通常の実験と違って宇宙は一度きりしかないので、それで簡単に理論モデルを検証し得るとは限らない。しかし原理的には、人工的にけっして作り出せないような高エネルギー状態の情報が宇宙に含まれているのである。

　現状ではまだ宇宙の観測データは限られており、そしてその情報はきわめて間接的である。その結果、許される理論的自由度は大きくなり、宇宙観測だけから素粒子理論モデルを一意的に定めるというところまでいくのは難しい。だが、未知の物理法則への手がかりとして、将来へ有望な可能性を秘めていると考えられる。この章の目的は、そのような試みのうち代表的な問題のいくつかについて概説すること

にある*1.

5.1 標準モデルの拡張

　素粒子の標準モデルは実験をきわめてよく説明するという意味では素晴らしい理論であるが，理論的な観点からはまだ不満足な点がいくつかある．もっとも重大な点は重力相互作用が含まれていないことである．重力は他の相互作用に比べてあまりにも弱いので，現在までの素粒子の実験的検証においては完全に無視することができた．そして，素粒子を記述する場の量子論の枠組では重力相互作用を扱うこと自体が困難であり，量子重力理論の完成は大変難しい未解決の問題となっている．重力場は2階テンソルゲージ場とみなされるので，もし整合的に量子化がなされたとするならばスピン2を持つゲージ粒子になるものと期待される．この仮説的な粒子は**重力子**あるいは**グラビトン** (graviton) と呼ばれている．もちろん実験的に見つかっているわけでもなければ，理論的に矛盾なく整合的に理解されているわけでもない．

　重力を考えないとしても，標準モデルにはまだ不満足な点がある．それは，電磁相互作用と弱い相互作用は統一的に表されているものの，強い相互作用は統一的に扱われていないということである．

5.1.1　大統一理論

　重力以外の3つの相互作用を統一的に扱おうとするのが**大統一理論** (Grand Unified Theory; GUT) である．素粒子の標準モデルにおいては，高エネルギーで成り立っていた対称性が自発的に破れることによって低エネルギーの相互作用が出てきた．同様に標準モデルのすべての相互作用も，より高いエネルギーで成り立つゲージ対称性が破れることによって実現されていると考えるのが大統一理論の立場である．標準モデルのゲージ群を含むようなより大きなゲージ群としてもっともシンプルなものは SU(5) であることが知られていて，これに基づく SU(5) GUT が有望なモデルとして調べられてきた．

　この理論は，標準モデルでは別々の構成要素であったクォークとレプトンを統

---

*1　本章の内容については，正確に定量的取扱いをしようとすると場の理論が必要となる．本書では読者の予備知識として場の理論を前提としないため，この章は他の章に比べて定性的，あるいは半定量的な記述が多くなる．興味のある読者はさらに進んで学ぶための足がかりとしていただきたい．

一的な枠組に入れて扱えるなど，数々の好ましい点を備えている．SU(5) GUT では，標準モデルにおける粒子に加えてクォークとレプトン間の力を媒介するスピン1のゲージ粒子であるXボソンとYボソンを予言し，さらに標準理論とは別のヒッグス粒子も予言する．Xボソンは±4/3の電荷，Yボソンは±1/3の電荷を持ち，それぞれ3つの色の自由度を持つ．これら大統一理論で出てくる新粒子はGUTのエネルギースケールである10^{12}-10^{13} TeV/c^2 程度の質量を持つと考えられる．

大統一理論の対称性が破れずに実現するエネルギースケールは10^{12} TeV 程度である．大統一理論を直接検証するにはこのようなエネルギースケールの加速器が必要であるが，実際には地球上で実験できるエネルギースケールは1 TeV 程度まででありまったく及ばない．しかし実は，大統一理論はバリオン数を破るため，現在の標準モデルでは起こり得ない陽子崩壊を予言する．SU(5) GUT ではその崩壊の半減期が10^{30}年である．1つの陽子が崩壊するのを待っていたら，現在の宇宙年齢〜10^{10}年をはるかに越えてしまうが，大量に，たとえば1000トンの水を集めて絶えず監視していれば，1年に50個程度の陽子が崩壊することになる．この方法によって陽子の崩壊実験が行われているが，いままでのところ陽子崩壊は観測されていない．

この結果，SU(5) GUT で予言される頻度の陽子崩壊はないことがわかり，現在では単純なSU(5) GUT は捨てられてしまっている．だが，もっと陽子の寿命が長くなるモデルを採用すれば，GUT の枠組自身にはまだ可能性が残っている．より大きなゲージ群SO(10)，E_6 などに基づくGUT や，以下に述べる超対称性を取り入れたSUSY GUT などいくつもの可能性がある．一方，モデルを複雑にすればするほどそれだけ自由度が増えてしまい，理論の予言能力が落ちてしまうという難点もある．いまのところ，これらの大統一理論を確実に支持する，あるいは否定するような実験的手がかりは得られていない．

5.1.2 超対称性理論

大統一理論のエネルギースケールは電弱相互作用のエネルギースケールを十数桁程度も上回っている．このため，大統一理論からパラメータの人工的な微調整なしに自然に電弱相互作用のスケールを出すことは難しい．具体的にはヒッグス粒子への量子補正が大きくなりすぎる問題となって現れ，これを大統一理論における**階層性の問題** (hierarchy problem) と呼ぶ．この問題を解決しようとして提案されたのが**超対称性理論** (supersymmetric theory) である．超対称性 (supersymmetry) とはボース粒子とフェルミ粒子の入れ換えに関する仮説的な対称性である．この対称性を導

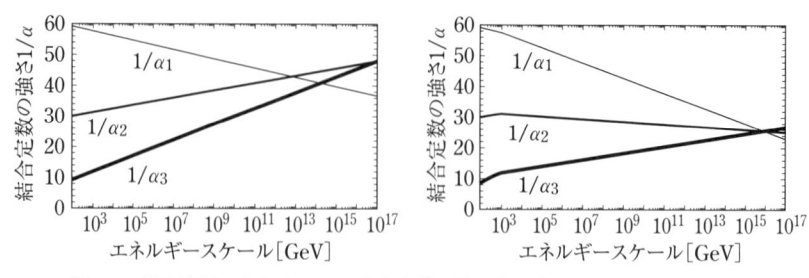

図 5.1 標準模型に表れる 3 つの結合定数の強さとエネルギースケールとの関係．左図は標準模型の場合，右図は最小超対称性を導入した場合（[30] を改変）．

入すると上記の大きすぎる量子補正は相殺されて，手で不自然に微調整する必要はなくなる．

一般に相互作用の結合の強さはエネルギースケールに依存して変化する．標準モデルでは重力以外の 3 つの力に対して結合の強さがすべて同じになるエネルギースケールはない．しかし超対称性を導入すると 3 つの力の強さが大統一理論のエネルギースケールで一致する（図 5.1）．この事実も大統一理論における超対称性の考え方を魅力的にしている．

しかし現実の素粒子の間には超対称性は存在しない．超対称性を成立させるためには我々の知っている素粒子すべてに対して同じ数だけの新しい素粒子を導入する必要がある．これらの新粒子をそれぞれの素粒子に対応する**超対称性粒子** (supersymmetric particle)，あるいは SUSY 粒子[*2]と呼ぶ．ボース粒子に対応する超対称性粒子はフェルミ粒子，フェルミ粒子に対応する超対称性粒子はボース粒子である．超対称性が厳密に成り立っていると，超対称性粒子の質量は対応する通常の粒子と同じ質量を持つはずである．しかし現実にはそのような粒子は存在しない．この明らかな矛盾を避けるには，超対称性が低エネルギー領域で破れて超対称性粒子の質量が実験にかからないほど重くなっていると考える必要がある．だが，その破れの機構について信頼できる解明はまだなされていない．

スピン 1/2 のフェルミ粒子と対をなす超対称性粒子はスピン 0 のスカラー粒子とされ，もとの粒子の名前の最初に「ス」(s) をつけて命名される．ボース粒子と対をなす超対称性粒子はもとの粒子の名前の最後に「イーノ」(ino) をつけて命名される（表 5.1）．最小超対称性モデル (Minimal Super Symmetric Model; MSSM) では，超対称性粒子のスピンを，対となる元の粒子よりなるべく 1/2 だけ小さくと

[*2] SUSY は super symmetric の略語．

表 5.1　超対称粒子の例

超対称粒子		記号	スピン($\hbar$)	対応粒子
セレクトロン	selectron	$\tilde{e}$	0	電子
スニュートリノ	sneutrino	$\tilde{\nu}$	0	ニュートリノ
スクォーク	squark	$\tilde{q}$	0	クォーク
フォティーノ	photino	$\tilde{\gamma}$	1/2	光子
ウィーノ	wino	$\tilde{W}$	1/2	W ボソン
ズィーノ	zino	$\tilde{Z}$	1/2	Z ボソン
グルイーノ	gluino	$\tilde{g}$	1/2	グルーオン
ヒグシーノ	Higgsino	$\tilde{H}$	1/2	ヒッグス粒子
グラビティーノ	gravitino	$\tilde{G}$	3/2	グラビトン

る．重力の自由度も含めて超対称化した超重力理論においては，グラビトンに対する超対称性粒子グラビティーノも存在する．このようにして超対称性理論では粒子の総数が倍増することになる．電荷を持つ超対称性フェルミ粒子は総称してチャージーノ，電荷を持たない中性の超対称性フェルミ粒子は総称してニュートラリーノ (neutralino) と呼ばれる．ニュートラリーノはフォティーノ，ズィーノ，ヒグシーノの量子的な混合状態である．この粒子は弱い相互作用と重力相互作用しかしないため，これがもし宇宙に満ちているとするとダークマターの候補になる．

5.1.3　余剰次元理論

　大統一理論における階層性の問題へのアプローチとして，余剰次元を持つ理論モデルも調べられている．時空の次元を 5 以上に拡張するアイディアはカルツァ–クライン理論をはじめとして古くからある．もちろん我々が感知できる時空の次元は 4 であるから，その他の余剰次元は何らかの方法で我々の目から隠されている必要がある．カルツァ–クライン理論など古くからあるタイプの余剰次元理論では，余剰次元が人間に感知できないほど小さいサイズに丸まって（コンパクト化して）見えなくなっていると考える．この状況を想像するには非常に細長いストローを思い浮かべてみるとよい．ストローの表面は 2 次元空間をなすが，1 つの方向がコンパクト化してほとんど見えなくなり，残りの方向だけが事実上のストローの長さになる．

　階層性の問題は非常に高いエネルギースケールの理論から低いエネルギースケールの現象を説明しなければいけないというところに原因がある．ところが高次元空間を考えると，以下に説明するようにはじめから低いエネルギースケールだけを考

えていればよくなるのである．

 3次元空間ではプランク長のサイズ $l_{Pl} \sim 10^{-35}$ m 程度以下になると空間の古典的描像が描けなくなり，素粒子を記述する場の理論が破綻すると考えられている．この長さを（換算）ド・ブロイ波長とするエネルギースケールはプランクエネルギー $E_{Pl} = m_{Pl}c^2 \sim 10^{19}$ GeV であり，これよりも高いエネルギースケールを通常の場の理論で記述することはできない．それにとって代わる理論で記述されることが自然に期待される．すなわち，このスケールが場の理論に基づいた自然なエネルギースケールになる．階層性の問題は，電弱統一理論のエネルギースケールである 1 TeV がこのプランクスケールよりもずっと小さいことに端を発している．

 ところがプランクエネルギーは重力定数に依存するので，空間の次元を増やすとその値が大きく違ってくる．高次元空間では重力の逆2乗則は成り立たない．空間が3次元のときに重力が逆2乗則となった理由は，重力の広がることのできる空間が半径 r とともに増えて，力は表面積に反比例し r^{-2} のように減少するからである．高次元空間ではさらに重力の広がることのできる空間が増え，余剰次元 d を持つ $3+d$ 次元空間の重力は $r^{-(d+2)}$ のように減少する．

 だが余剰次元がコンパクト化されて3次元だけがマクロに見えている場合は事情が異なる．コンパクト化のサイズを R とするとき，それより小さなスケールでは $r^{-(d+2)}$ のように力が減少するが，それより大きなスケールでは重力の広がることのできる空間が事実上3次元分しかないため r^{-2} のようにしか減少しなくなる．すると重力の逆2乗則が確かめられていないようなスケールに R があれば実験的には矛盾しない．$3+d$ 次元空間における重力定数 $G_{(d)}$ と3次元空間の重力定数 $G = G_{(0)}$ との関係は，距離が $r = R$ において力がほぼ一致することから $G_{(d)}/R^{d+2} \sim G/R^2$，すなわち $G_{(d)} \sim R^d G$ となる．ここから $3+d$ 次元空間のプランクエネルギーを $E_{(d)}$ とすると次元解析により

$$R \sim \left(\frac{E_{Pl}}{E_{(d)}}\right)^{2/d} \frac{\hbar c}{E_{(d)}} \tag{5.1}$$

が得られる．ここで高次元空間では階層性の問題がなく，電弱統一理論のエネルギースケールがプランクエネルギー $E_{(d)} \sim 1$ TeV を与えていると仮定すると，

$$R \sim \begin{cases} 10^{13} \text{ m} & (d = 1) \\ 1 \text{ mm} & (d = 2) \\ 10^{-5} \text{ mm} & (d = 3) \\ 10^{-8} \text{ mm} & (d = 4) \end{cases} \quad (5.2)$$

のようになる．一方，最近の実験によると $50\,\mu$m ぐらいまで重力の逆 2 乗則が確かめられている．したがって少なくとも $d \geq 3$ であれば階層性の問題を持たないモデルを構築できるというわけである．

ところが，コンパクト化された余剰次元は粒子の状態に新しい自由度を生む．簡単な例として半径 R にコンパクト化した余剰次元を考えると，その座標 y には長さ $2\pi R$ で周期境界条件が課される．他の次元の座標をまとめて x で表すと，波動関数は条件 $\psi(x, y + 2\pi R) = \psi(x, y)$ を満たすので離散フーリエ分解でき，

$$\psi(x, y) = \sum_n \psi_n(x) e^{iny/R} \quad (5.3)$$

となる．量子力学的に各フーリエモードは運動量固有状態であるから，その運動量は $p_y = -i\hbar\partial_y = n\hbar/R$ で与えられる．高次元空間における質量ゼロの粒子に対して，この粒子の全エネルギー E は

$$E^2 = |\boldsymbol{p}|^2 c^2 + p_y^2 c^2 = |\boldsymbol{p}|^2 c^2 + (n\hbar c/R)^2 \quad (5.4)$$

となる．すなわち実効的に質量 $M_n = \hbar c^{-1} n/R$ を持つ無数の粒子状態が現れる．この状態はカルツァ-クラインタワーと呼ばれる．ここで整数 n がゼロでない粒子状態のことをカルツァ-クライン励起状態という．

だが，現実にそのような励起状態は見つかっていない．たとえば $d = 3, 4$ に対して第一励起状態の質量 M_1 はそれぞれ $20\,\text{eV}/c^2$，$10\,\text{keV}/c^2$ 程度になり，これらの粒子があるならばすでに実験で見つかっているはずである．カルツァ-クライン励起状態の質量が実験的に検証できない $1\,\text{TeV}/c^2$ 程度以上となるためには $R \lesssim 10^{-17}\,\text{cm}$ に制限される．

だが，重力以外の物質場が余剰次元方向に広がれなくなっていると仮定すると余剰次元のサイズにこの厳しい制限はなくなる．一見突拍子もない仮定に見えるかもしれないが，素粒子のストリング理論におけるアイディアから自然に期待されるモデルであるため，最近よく調べられている．我々はバルクと呼ばれる高次元空間中に漂う 3 次元のブレーン上に拘束されているとするのである．この理論モデルは

ブレーン世界仮説 (brane-world model) と呼ばれる．この場合は余剰次元がコンパクト化されている必要もない．余剰次元方向に平坦でない計量を導入する弯曲した余剰次元モデルが最近よく調べられている．このように余剰次元理論についてはさまざまなアイディアが提案されて研究されているが，まだ実験的な検証のできる段階にはなく，大胆な憶測の域を出てはいない．

5.2 ダークマター粒子

　素粒子の標準モデルには，ニュートリノを除いてダークマターの候補となる粒子がない．前章で説明したようにニュートリノのみでは観測されるダークマターの性質を満たさないので，他に支配的なダークマターがあるはずである．そこで標準モデルを超えた理論に含まれる粒子がダークマターとなっていると期待することは自然である．宇宙初期の高温状態において生成された非標準モデルの粒子が，現在までに重力以外の相互作用をほとんどしなくなり，残存粒子として残っていると考えるのである．ダークマターは安定な粒子であり，脱結合時に粒子数が凍結してその後はほとんど相互作用をしないと考えられるので，現在の粒子数密度 n_0 は脱結合の時点における数密度 n_D により

$$n_0 = a_\mathrm{D}{}^3 n_\mathrm{D} = \frac{g_{*S0} T_0{}^3}{g_{*S}(T_\mathrm{D}) T_\mathrm{D}{}^3} n_\mathrm{D} \tag{5.5}$$

で与えられる．ここで a_D は脱結合時のスケール因子の値，T_D は脱結合時の宇宙の温度，g_{*S0} と $g_{*S}(T_\mathrm{D})$ はそれぞれ現在と脱結合時のエントロピー有効自由度である[*3]．2番目の等式はエントロピー保存から出る式 (4.27) による．脱結合時の温度や分布関数は残存粒子がどのような質量や相互作用を持つかによって異なる．

　この残存粒子がダークマター候補となるならば，現在時刻においては非相対論的粒子である．粒子の質量を m とすると，現在の質量パラメータへの寄与は

$$\Omega_{\chi 0} = \frac{n_0 m c^2}{\rho_{c0}} = \frac{8\pi G}{3 H_0{}^2} \frac{g_{*S0}}{g_{*S}(T_\mathrm{D})} \frac{T_0{}^3}{T_\mathrm{D}{}^3} m\, n_\mathrm{D} \tag{5.6}$$

となる[*4]．このようにダークマターの量はその粒子の脱結合温度と脱結合時の数密度により決まる．ここで粒子が熱平衡状態から脱結合した場合，粒子数密度は脱

[*3] より正確には脱結合時というよりも粒子数凍結時というべきであるが，以下のおおまかな議論ではあまり区別しない．

[*4] 粒子と反粒子を区別する数密度を考えた場合，両方合わせた密度パラメータを得るにはこの見積りを2倍するか，あるいは n_D に含まれる自由度 g にその2倍を含める必要がある．

結合温度により一意的に決まることになる．そこで脱結合時まで熱平衡状態にあったものを熱的残存粒子と呼ぶ．そうでなく非熱平衡過程により生成されたものを非熱的残存粒子と呼ぶ．熱的残存粒子はさらに，脱結合のときに相対論的であったかそうでなかったかによって，熱い残存粒子と冷たい残存粒子に分けることができる．熱い残存粒子の場合でも，ダークマターとなるためには脱結合後，宇宙の膨張により運動エネルギーを失い，現在までに非相対論的になっていなければならない．

5.2.1 熱い残存粒子

熱い残存粒子とは，その粒子が相対論的な段階で熱平衡状態から脱結合するものである．すなわち，粒子の質量 m と脱結合の温度 T_D は $mc^2 \ll k_B T_D$ を満たす．標準モデルにおける軽い質量を持つニュートリノはこの範疇に入る．脱結合時の数密度は式 (4.14) で与えられる．したがって式 (5.6) は

$$\begin{aligned}\Omega_{\chi 0} &= \frac{2\zeta(3)}{\pi}\frac{Gk_B^3}{\hbar^3 c^3}\frac{g_{*S0}T_0^3}{H_0^2}\frac{g}{g_{*S}(T_D)}m \\ &= 5.711\times 10^{-2}\,h^{-2}\,\frac{g}{g_{*S}(T_D)}\,\frac{m}{1\,\text{eV}/c^2}\end{aligned} \quad (5.7)$$

となる．ただし粒子はフェルミ粒子と仮定した．ボース粒子の場合は上の見積りに 4/3 倍の因子がかかる．たとえばニュートリノの場合は，1 世代あたりの自由度が $g = 2$ であり脱結合時 $g_{*S}(T_D) = 10.75$ であるから，式 (4.86) が再現される．後にくわしく見るように熱い残存粒子は現在のダークマターの観測的性質を満たさないから，現在のダークマターの量 $\Omega_{\text{dm}0}h^2 \simeq 0.11$ よりも十分少ない必要がある．このことから安定な熱い残存粒子の質量には制限がかかり，

$$m \ll 17.51\,\Omega_{\text{dm}0}h^2\,\frac{g_{*S}(T_D)}{g}\,\text{eV}/c^2 \simeq 1.9\,\frac{g_{*S}(T_D)}{g}\,\text{eV}/c^2 \quad (5.8)$$

という上限が得られる．素粒子の標準モデルを拡張することにより新しい粒子が出現する場合，これは宇宙論による素粒子モデルへの制限を与えることになる．

5.2.2 冷たい残存粒子

次に冷たい残存粒子を考える．すなわち $mc^2 \gg k_B T_D$ を満たす場合である．化学ポテンシャルが無視できるとすれば，脱結合時の数密度は式 (4.10) により

$$n_D = g\left(\frac{mk_B T_D}{2\pi\hbar^2}\right)^{3/2}\exp\left(-\frac{mc^2}{k_B T_D}\right) \quad (5.9)$$

で与えられる．これを式 (5.6) へ代入しても脱結合温度 T_D があらわに残ってしまうので，今度はその温度を見積もる必要がある．非相対論的な粒子は対消滅反応によって数を減らしてしまうが，脱結合により対消滅を逃れた粒子が最終的に生き残る．対消滅は粒子と反粒子の反応により起きる．粒子と反粒子の数密度はほとんど等しく，それぞれ n ずつとする．このとき粒子の対消滅反応率は，

$$\Gamma = n \langle \sigma_\mathrm{a} |\boldsymbol{v}| \rangle \tag{5.10}$$

で与えられる．ここで σ_a は対消滅反応の断面積である．上式と式 (4.29) をガモフの基準 $\Gamma = H$ に代入することにより，脱結合時の数密度 n_D は

$$n_\mathrm{D} = \sqrt{\frac{4\pi^3}{45}} \frac{k_\mathrm{B}^2}{m_\mathrm{Pl} \hbar c^2} \frac{\sqrt{g_*(T_\mathrm{D})} T_\mathrm{D}^2}{\langle \sigma_\mathrm{a} |\boldsymbol{v}| \rangle} \tag{5.11}$$

と表すこともできる．ここで一般に $\langle \sigma_\mathrm{a} |\boldsymbol{v}| \rangle$ は温度に依存するが，上式および以下では脱結合時における値を表しているものとする．これを式 (5.6) へ代入すると

$$\Omega_{\chi 0} = \frac{16\pi^{5/2}}{9\sqrt{5}} \frac{k_\mathrm{B}^3}{m_\mathrm{Pl}^3 c^3} \frac{g_{*S0} T_0^3}{H_0^2} \frac{\sqrt{g_*(T_\mathrm{D})}}{g_{*S}(T_\mathrm{D}) \langle \sigma_\mathrm{a} |\boldsymbol{v}| \rangle} \frac{mc^2}{k_\mathrm{B} T_\mathrm{D}} \tag{5.12}$$

となる．反粒子も合わせた密度パラメータは $\Omega_{\chi\bar{\chi}0} = 2\Omega_{\chi 0}$ で与えられる．

ここで，粒子が弱い相互作用のみをする重い粒子であるとしよう．このような仮説的な粒子を WIMP (Weakly Interacting Massive Particle)[*5] と呼ぶ．簡単のため，ここでは WIMP がスピン 1/2 のフェルミオンであるとする．この場合の反応率は，WIMP の質量が W ボソンの質量 $m_\mathrm{W} \sim 100\,\mathrm{GeV}$ よりも大きいか小さいかで異なってくる．

まず，$m \ll 100\,\mathrm{GeV}$ の場合を考える．弱い相互作用の反応率の計算から，この場合の反応率はいま考えている非相対論的領域で一定値の

$$\langle \sigma_\mathrm{a} |\boldsymbol{v}| \rangle \simeq \frac{c}{\hbar^4} G_\mathrm{F}^2 m^2 \tag{5.13}$$

となる[*6]．式 (5.9) と式 (5.11) のそれぞれの右辺の対数をとると，

[*5] もともと wimp には弱虫，いくじなしといった意味がある．
[*6] 質量を持つフェルミ粒子には，粒子と反粒子の区別できるディラック型と，反粒子が粒子と同一のマヨラナ型の 2 つの種類がある．ここではディラック型を例にとっている．マヨラナ型では非相対論的領域でも反応率に温度依存性があり，値もディラック型より小さくなるが，以下の半定量的な議論はほぼ同様に成り立つ．

$$\frac{mc^2}{k_B T_D} = 17.97 + 3\ln\left(\frac{m}{1\,\mathrm{GeV}/c^2}\right) + \frac{1}{2}\ln\left(\frac{mc^2}{k_B T_D}\right) - \ln\left(\frac{g_{*D}^{1/2}}{g}\right) + \ln\left(\frac{\langle \sigma_a |\boldsymbol{v}|\rangle}{\hbar^{-4} c G_F^{\,2} m^2}\right) \tag{5.14}$$

を得る．この式から T_D を数値的に求めることができる．だが，自然対数で表されている右辺第 2 項以降は，第 1 項に比べて小さい．その中で質量に対する依存性が最も大きい右辺第 2 項のみを残し，脱結合温度に依存する最後の 3 項を無視すると，

$$\frac{mc^2}{k_B T_D} \simeq 18 + 3\ln\left(\frac{m}{1\,\mathrm{GeV}/c^2}\right) \tag{5.15}$$

が得られる．たとえば $m \sim 10\,\mathrm{GeV}/c^2$ ならば $k_B T_D \sim 400\,\mathrm{MeV}$ となるので $g_*(T_D) = g_{*S}(T_D) \sim 60$ となる．このとき式 (5.12) と式 (5.13) を用いて

$$\Omega_{\chi\bar{\chi}0} h^2 \sim \left(\frac{m}{2\,\mathrm{GeV}/c^2}\right)^{-2} \tag{5.16}$$

と計算される．残存粒子の量がダークマターの量を上回らないという条件 $\Omega_{\chi\bar{\chi}0} \leq \Omega_{\mathrm{dm}0}$ により，WIMP の質量に対して次の制限

$$m \gtrsim 2\left(\Omega_{\mathrm{dm}0} h^2\right)^{-1/2}\,\mathrm{GeV}/c^2 \tag{5.17}$$

が得られる．この不等式はリー–ワインバーグ限界 (Lee-Weinberg bound) と呼ばれている．観測値 $\Omega_{\mathrm{dm}0} h^2 \simeq 0.11$ を代入すると，

$$m \gtrsim 6\,\mathrm{GeV}/c^2 \tag{5.18}$$

となる．つまり，WIMP の質量には下限が存在し，数 GeV/c^2 程度以下の質量の WIMP 粒子が残存粒子となって存在することは許されない．

次に WIMP の質量が $m \gg 100\,\mathrm{GeV}$ を満たすようなさらに重い粒子である場合を考える．この場合の反応率は

$$\langle \sigma_a |\boldsymbol{v}|\rangle \simeq \frac{c}{\hbar^4}\,\frac{G_F^{\,2} m_w^4}{m^2} \tag{5.19}$$

となる．これに合わせて式 (5.14) を書き換え，上と同様に脱結合温度に依存する対数補正項を無視すると

$$\frac{mc^2}{k_B T_D} = 29 - \ln\left(\frac{m}{1\,\mathrm{TeV}/c^2}\right) \tag{5.20}$$

を得る．たとえば $m \sim 1\,\mathrm{TeV}/c^2$ ならば $k_B T_D \sim 40\,\mathrm{GeV}$ となるので $g_*(T_D) = g_{*S}(T_D) \sim 100$ となる．すると式 (5.12) と式 (5.19) を用いて

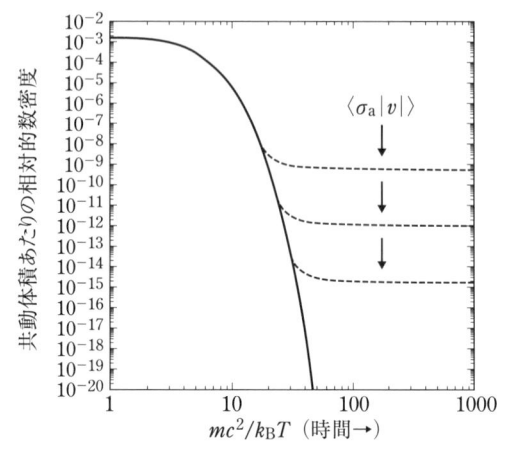

図 5.2 WIMP の共動体積あたりの数密度の進化．縦軸のスケールは任意．破線が実際の進化で，実線は熱平衡状態の場合 [31]．

$$\Omega_{\chi\bar{\chi}0}h^2 \sim \left(\frac{m}{3\,\text{TeV}/c^2}\right)^2 \tag{5.21}$$

と計算される．これがダークマターの量を上回らないためには

$$m \lesssim 3\left(\Omega_{\text{dm}0}h^2\right)^{1/2}\,\text{TeV}/c^2 \simeq 1\,\text{TeV}/c^2 \tag{5.22}$$

である必要がある．つまり，WIMP の質量には上限もある．

　以上により WIMP の質量が宇宙論的に許される範囲は限定される．上の計算において反応率の数値因子はモデルによって異なるため上の制限における数値因子にも不定性があるが，おおむね数 GeV/c^2 以上数 TeV/c^2 以下の範囲にあると考えられる．WIMP がダークマターの主成分となっているならば，この範囲の上限か下限あたりにあるはずと推測される．

　式 (5.13) における反応率の係数は，式 (5.14) からわかるように対数補正の効果しかないので，これが多少変化しても再結合温度はほとんど変わらない．そこで対数補正を無視する近似で式 (5.15) あるいは式 (5.20) を式 (5.12) に代入すると，

$$\langle \sigma_{\text{a}}|\boldsymbol{v}| \rangle \sim \frac{10^{-26}}{\Omega_{\chi\bar{\chi}0}h^2}\,\text{cm}^3/\text{s} \tag{5.23}$$

を得る．ここからわかるように，対消滅の反応率が増えれば現在の残存量は少なくなる．これは反応率が増えると脱結合が遅くなり脱結合温度が下がるため，十分な対消滅が起きてから脱結合するからである（図 5.2）．

もし WIMP がダークマターの主成分であるなら，$\Omega_{\chi\bar{\chi}0}h^2 \simeq \Omega_{\rm dm0}h^2 \simeq 0.11$ となるはずである．また脱結合時の速度は $m|v|^2/2 \sim 3k_{\rm B}T_{\rm D}/2$ と式 (5.15) により $|v| \sim 0.3c$ となる．したがって WIMP の対消滅断面積としては $\sigma_{\rm a} \sim 10^{-36}$ cm^2 程度の値が期待されるのである．これは弱い相互作用程度であり，もし WIMP がダークマターの正体であれば，宇宙を漂うダークマターを実験的に検出できる可能性がある．このため現在，WIMP を想定したダークマター直接探索実験が多数行われている．

超対称性理論における WIMP の有力候補はニュートラリーノである．超対称性粒子の中でももっとも軽い粒子は LSP (Lightest Supersymmetric Particle) と呼ばれる安定した粒子となり，ダークマターの候補になる．超対称性理論にはいろいろなバリエーションがあり，しかもその中に含まれるパラメータの数も膨大である．最小超対称性理論においてすら，標準理論に含まれるパラメータの他に 105 個もの不定パラメータが導入されている．このため何が LSP であるのかにもさまざまな可能性がある．

余剰次元理論においてはカルツァ–クライン励起状態の粒子が WIMP の候補になる．もっとも軽いカルツァ–クライン粒子は LKP (Lightest Kaluza-Klein particle) と呼ばれる安定した粒子となる．典型的には U(1)$_{\rm Y}$ ゲージボソンの第一励起状態が LKP の候補である．

5.2.3 非熱的残存粒子

非熱的残存粒子は相互作用が弱く，熱平衡状態に達することなく生成される．したがってその生成機構の詳細に残存量は大きく左右され，上のような一般的な議論は難しい．超対称性理論ではグラビティーノなどが非熱的残存粒子となり得る．また超対称性理論におけるスカラー場のソリトン解である Q ボールと呼ばれるものも非熱的に生成されるダークマター候補である．もっともよく引き合いに出される非熱的残存粒子の例はアクシオン (axion) である．

アクシオンとは，量子色力学における CP 不変性問題を解決するために導入された仮説的な粒子である．CP 不変性とは，粒子と反粒子を入れ換える C 変換（荷電共役変換）と，右巻き粒子と左巻き粒子を入れ換える P 変換（パリティ変換）を同時に行う CP 変換を行ったときに物理的性質が不変に保たれるという性質のことである．量子色力学ではこの CP 不変性が成り立つ理由はなく，むしろ破れている方が自然なのだが，実際には強い力の CP 不変性は非常によい精度で成り立っている．

強い力の CP 不変性を自然に保たせる理論として提案されたのがペッチェイ–ク

イン機構 (Peccei-Quinn mechanism) である．この機構では標準モデルにない新しい対称性を1つ付け加えることでこの CP 問題を回避する．そして標準モデルにはないスピンゼロのスカラー粒子を予言する．その粒子がアクシオンである．この粒子の質量は 10^{-6}-10^{-2} eV/c^2 と非常に軽いが，非熱的に生成されるため熱い残存粒子のように大きな運動エネルギーを持つことはない．これまでにアクシオンを見つけるべく数多くの探索実験が行われた．かなり広いパラメータ範囲が探されてきたが，まだ見つかっていない．もしアクシオンがあったとして現在どれくらいの量が残存するかは，理論に含まれる不定パラメータの値次第である．

5.3 バリオン数の起源

前章で見たように，宇宙全体でのバリオン数と光子数の比は

$$\eta = \frac{n_{b0}}{n_{\gamma 0}} = 2.734 \times 10^{-8}\, \Omega_{b0} h^2 \sim 6 \times 10^{-10} \tag{5.24}$$

であり，小さいながらも有限の値を持つ．だが，この宇宙がもし物質と反物質について対称であれば，バリオンと同じ量の反バリオンがこの宇宙にあるはずである．すると，我々のまわりにはほとんど反バリオン物質がないから，他の場所に反バリオン物質の多くが存在していることになる．この場合，バリオンと反バリオンが熱平衡状態を脱したときに粒子数が凍結し，対消滅しきれずに残ったバリオンが上の値になるはずである．だが，そのバリオンの量を前章のようにして見積もってみても，光子数との比にして 10^{-18} のオーダーにしかならず，上の値より9桁も小さい．

さらに，バリオンと同量の反バリオンが我々の宇宙にあるという証拠はまったく見当たらない．地球に降ってくる宇宙線を調べるとその粒子はほとんどすべてが反物質ではない．きわめてわずか反物質も含まれるが，これは途中の星間物質との相互作用でできる分であり，もともと宇宙にあった反バリオンに起源を持つとは考えられていない．また，銀河団中には銀河間ガスが存在する．もし銀河団のスケールにおいて物質と反物質が同じ程度存在するならば，物質でできたガスと反物質でできたガスの対消滅が起こっているはずである．このときに強いガンマ線を放射するはずだが，そのようなものは観測されていない．さらに銀河団よりも大きいスケールでバリオンと反バリオンが分離するようなメカニズムがあるとするのもきわめて不自然なことである．

したがって，我々の宇宙がもし物質と反物質について対称であれば，すでにバリ

オンは反バリオンと対消滅して光子になってしまっているはずである．しかし，バリオンがなければ我々は存在し得ないことになってしまう．したがって，我々の宇宙では始めから物質と反物質の量が非対称になっていると考えられる．宇宙初期の高温状態 ($T \gtrsim 1\,\mathrm{TeV}/k_\mathrm{B}$) を考えると，その時点でバリオンは相対論的になっているので，数値因子を無視すると $n_\mathrm{b} \simeq n_\mathrm{\bar{b}} \sim n_\gamma$ となる．標準モデルにバリオン数を破る反応は存在しないので，共動体積あたりのバリオン数 $a^3(n_\mathrm{b} - n_\mathrm{\bar{b}})$ は保存する．また共動体積あたりの光子の数密度 $a^3 n_\gamma$ も，有効自由度の変化からくる数値因子を無視する近似でおおまかには一定である．したがって，現在のバリオン数について式 (5.24) を実現するには，宇宙初期において

$$\frac{n_\mathrm{b} - n_\mathrm{\bar{b}}}{n_\mathrm{b}} \sim \frac{n_\mathrm{b} - n_\mathrm{\bar{b}}}{n_\gamma} \sim \frac{n_\mathrm{b0}}{n_{\gamma 0}} \sim 10^{-9} \tag{5.25}$$

程度のバリオン非対称性が必要になる．これはたとえば反バリオン 10 億個につき，バリオンは 10 億 +1 個だけ存在した，という驚くべき小さな非対称性である．

このような微妙なバリオン非対称性はどうして生まれたのであろうか？ 宇宙の誕生時には対称であったと考える方が自然である．もし初めにバリオンが対称であったとしても，その後の宇宙の進化の過程で非対称性を生む機構があったとすれば説明がつくかもしれない．こうしてバリオン非対称性を生むために必要なこととして次の 3 つの**サハロフの条件** (Sakharov conditions) というものが考えられている：

A) バリオン数を破る相互作用の存在

B) C 不変性および CP 不変性の破れ

C) 熱平衡からのずれ

最初にバリオンと反バリオンが対称であったなら，その後バリオン数を非対称にする相互作用が必要であるから，A) の条件は明らかであろう．また，C 不変性か CP 不変性のどちらかが成り立ってしまうと，A) の相互作用でせっかくバリオン数が変化しても，その反応を C 変換した反応あるいは CP 変換した反応が同様の確率で起こるから，実質的なバリオン数は依然変化しないことになってしまう．さらに，いくら相互作用が非対称であっても，熱平衡状態では A) の反応の逆反応も同様に起こるから，せっかくできたバリオン数非対称性がかき消されてしまう．

サハロフ (Andrei D. Sakharov, 1921–1989) がこれらの条件を提示したのは 1967 年であった．その当時はすでに弱い相互作用の CP 対称性の破れは見つかっていた．だが，これらの 3 つの条件を同時に満たすような都合のよい相互作用が現実

の宇宙にあるのかはわかっていなかった．その後，素粒子の標準理論を拡張した大統一理論が提案され，これがまさしくバリオン数を変化する相互作用を含み，かつ，C不変性とCP不変性の破れた理論であった．とくにもっとも単純なSU(5) GUTは魅力的であったため，これに基づいて宇宙初期のバリオン生成が盛んに調べられた．先に述べたように，残念ながらこの単純な大統一理論は実験的に否定されてしまったが，さらに複雑な群構造を持つ理論は否定されていない．現在の大統一理論には複数の可能性があり，理論的には一意的ではないため，大統一理論の枠組でバリオン生成が起きた可能性はまだある．もちろん，他の機構でバリオン生成が起きた可能性もある．

ここでは例として大統一理論によるバリオン生成の概略を述べる．一般的に，大統一理論においてバリオン数を破る相互作用の媒介粒子をX粒子とし，その質量を m_X とする．X粒子が崩壊して非対称なバリオン数を生成する．X粒子の単位時間あたりの崩壊率を Γ_X とする．宇宙初期にX粒子が媒介してバリオン数を破る反応が十分速ければ，この崩壊の逆反応も同様に起こって全体としてのバリオン非対称性は生じない．温度が $T_X \equiv m_X c^2 / k_B$ よりも下がるとX粒子の生成反応率は急激に小さくなる．ここでX粒子の平均寿命 Γ_X^{-1} がそのときの宇宙年齢 H^{-1} より小さいと，X粒子は熱平衡分布関数を持ったままその数を急激に減らしてしまう．このような熱平衡分布では最終的にバリオンの非対称性を作り出すことができない．したがって，温度が T_X を下回ってX粒子が生成されなくなった後にもX粒子は生き残らなければならないので，その時点で $\Gamma_X / H \lesssim 1$ となっていることが少なくとも必要である．

バリオン数を破る相互作用の強さを表す無次元パラメータを α_X とすると，大統一理論により計算されるX粒子の崩壊率は，温度 T_X 以下においてほぼ一定値の

$$\Gamma_X \sim \frac{c^2}{\hbar} g \alpha_X m_X \tag{5.26}$$

で与えられる．ここで $g = 100$–200 は崩壊チャネル数で，崩壊できる粒子の個数にほぼ対応する．そこでここでは $g \sim g_*$ とおく．すると式 (4.29) を用いて

$$\frac{\Gamma_X(T_X)}{H(T_X)} \sim \sqrt{\frac{45}{4\pi^3}} \frac{g_*^{1/2} \alpha_X m_{Pl} m_X c^4}{k_B^2 T_X^2} = \sqrt{\frac{45}{4\pi^3}} \frac{g_*^{1/2} \alpha_X m_{Pl}}{m_X} \tag{5.27}$$

となる．ここからX粒子の質量への制限として

$$m_X \gtrsim 10^{19} g_*^{1/2} \alpha_X \text{ GeV}/c^2 \tag{5.28}$$

が得られる．典型的な場合として $g_* \sim 10^2$, $\alpha_X \sim 10^{-2}$ のときには $m_X \gtrsim 10^{18}$ GeV/c^2 となる．

　上の条件が満たされると，X 粒子はその分布関数の形が熱平衡からずれるまで十分長く生き残ってから崩壊し，最終的にバリオンの対称性を破ることができる．たとえば X 粒子がクォークのペア qq あるいは反クォークと反レプトンのペア $\bar{q}\bar{l}$ にだけ崩壊する場合を考えてみる．クォークのバリオン数は 1/3，反クォークのバリオン数は −1/3 である．したがってこの 2 つの崩壊では作られるバリオン数が異なり，それぞれ 2/3 および −1/3 となる．クォークには色の自由度があるので，クォークペアへの崩壊の方が崩壊チャネル数が大きく崩壊率が高い．したがってこの 2 つの崩壊により全体として正のバリオン数が生成される．一方，X 粒子の反粒子 $\bar{X}$ は $\bar{q}\bar{q}$ と ql へ崩壊するから全体として負のバリオン数を生成する．ここで崩壊率が粒子と反粒子で同じであれば全体としてバリオン数は生成されない．バリオン数を生成するには X 粒子と $\bar{X}$ 粒子で崩壊率の対称性が破れていなければならない．

　標準モデルや多くの大統一理論では C 変換に意味がない構造になっているので，CP 変換についての対称性が問題となる．ここで CP 不変性が破れているとすると，X 粒子と $\bar{X}$ 粒子の崩壊率が対称でなくなる．X 粒子が X → qq に崩壊する割合（分岐比）を r とし，X → $\bar{q}\bar{l}$ に崩壊する分岐比を $1 - r$ とする．対応する $\bar{X}$ 粒子の分岐比を $\bar{r}, 1 - \bar{r}$ とすると，全体として生成されるバリオン数は

$$\Delta B = \frac{2}{3}r + \left(-\frac{1}{3}\right)(1-r) + \left(-\frac{2}{3}\right)\bar{r} + \frac{1}{3}(1-\bar{r}) = r - \bar{r} \tag{5.29}$$

となる．

　他にバリオン数を破る反応がなければ，すべての X 粒子と $\bar{X}$ 粒子が崩壊した後このバリオン数がそのまま残る．X 粒子は相対論的な時期に脱結合しているので，その数密度は $n_X = n_{\bar{X}} \sim n_\gamma$ となる．したがって生み出されるバリオン数は $n_b - n_{\bar{b}} \sim \Delta B\, n_\gamma$ となるので，初期バリオン非対称性は

$$\frac{n_b - n_{\bar{b}}}{n_b} \sim \Delta B \tag{5.30}$$

となる．したがって，式 (5.25) の観測値を説明するためには

$$\Delta B \sim 10^{-9} \tag{5.31}$$

という値を大統一理論が満たさなければならない．

　大統一理論にもいろいろな可能性があり，また実験的に確かめられた理論でもない以上，実際に物質の非対称性がこのようなメカニズムで生成されたのかは自明で

はない．さらに悪いことに，この後述べるインフレーションが大統一理論により引き起こされると，せっかく作られたバリオン非対称性がインフレーションによりほとんどかき消されてしまう．また標準理論の枠内でも，量子効果としてスファレロンと呼ばれるバリオン数を破る解があり，これが初期に作られたバリオン数を消し去ってしまう可能性がある．このため，バリオン数生成の機構としては上に述べたような大統一理論による機構の他にもいろいろな可能性が考えられている．

上述のスファレロン過程ではバリオン数とレプトン数の差 $B - L$ が保存される．つまりレプトン数をバリオン数に変換することができる．そこでなんらかの機構によりレプトン数を初期に生成し，このスファレロン過程を用いてバリオン数を生成しようとする理論がいくつか提案されている．他にも，大統一理論よりはずっとエネルギーの低い 100 GeV 程度の時期において，電弱相互作用の対称性が破れる相転移に伴ってバリオン数の非対称性が生成されるという理論もある．この場合でも標準モデルの範囲内では十分なバリオン非対称性を作ることはできないことがわかっていて，その拡張が必要である．あるいは，アフレック–ダイン場 (Affleck-Dine field) と呼ばれるバリオン数あるいはレプトン数を持つスカラー場が，インフレーション後に振動することでバリオン数を生み出すという機構も考えられている．このアフレック–ダイン場としてはスクォークやスレプトンなどの超対称性粒子が候補とされている．

このようにバリオン数生成の機構はいろいろと考えられてはいるが，どれも可能性の 1 つであり，実際の宇宙でどうだったのか現在のところまだ結論は出ていない．いずれにしてもバリオン自体の起源を理解するためには，素粒子の標準モデルを超えた物理理論が必要である．

5.4 標準宇宙モデルの問題点

ビッグバンモデルに基づく標準宇宙モデルは観測を非常によく説明して大きな成功を収めている．だが，このモデルに従って宇宙の初期へ時間を遡っていくと，理論的に見て不自然な点がいくつか出てくる．我々の宇宙ができるためには宇宙の初期でかなり不自然な条件が満たされていなければならないのである．以下にその代表的な問題点を具体的に見ていく．

5.4.1 ホライズン問題

我々の宇宙は大きなスケールで見ると一様であるが，それがなぜなのかというの

がホライズン問題である．我々の宇宙は現在のホライズンスケール全体にわたってきわめて一様である．たとえば，宇宙マイクロ波背景放射の温度は 10^{-5} の精度で等方的だが，背景放射の光子が出発した場所は，現在のホライズンの果てにほぼ等しい．宇宙のまったく反対側からくる背景放射が同じ温度を持っていることは，少なくとも現在のホライズンの直径 $6\,h^{-1}$ Gpc のスケールで宇宙が一様であることを示している．

一様等方宇宙モデルにおいては，一様性に理由はなく初めから初期条件として仮定されている．これについて宇宙初期になんらかの機構が働いて一様になったのだろうと考えることが自然である．だが，宇宙のホライズンを超えたスケールではお互いに因果関係を持つことができない．標準宇宙モデルの枠内では宇宙のホライズンは時間とともに広がり続けているので，宇宙初期にさかのぼるとホライズンはいくらでも小さくなる．すると，極限的な宇宙初期には空間的に離れた点同士の間に何の因果関係もなかったはずである．したがって，宇宙を一様にするような物理過程は，それが因果律に従う限り原理的に考えられない．つまり宇宙が現在大スケールで一様なのは偶然に初期条件がそうであったとしかいえなくなってしまう．

ここで問題となっているホライズンは過去へ向かっての因果関係であるから，粒子ホライズンに対応する．放射優勢期の粒子ホライズンのサイズは式 (3.151) で与えられる．式 (4.31) を使ってこれを宇宙の温度 T で表すと，

$$l_{\mathrm{H}} = 2ct = \sqrt{\frac{45}{4\pi^3 g_*}} \frac{\hbar c^3 m_{\mathrm{Pl}}}{k_{\mathrm{B}}^2 T^2} = 1.451 \times 10^{-27} g_*^{-1/2} \left(\frac{k_{\mathrm{B}} T}{10^{15}\mathrm{GeV}}\right)^{-2}\mathrm{m} \tag{5.32}$$

となる．これを共動距離に直すと，$g_* = g_{*S}$ のとき

$$L_{\mathrm{H}} = \left(\frac{g_{*S}}{g_{*S0}}\right)^{1/3} \frac{T}{T_0} l_{\mathrm{H}} = 1.821 \left(\frac{g_*}{100}\right)^{-1/6} \left(\frac{k_{\mathrm{B}} T}{10^{15}\mathrm{GeV}}\right)^{-1}\mathrm{m} \tag{5.33}$$

となる．たとえば GUT 期 $k_{\mathrm{B}} T \sim 10^{15}$GeV に物質が生成された場合，当時のホライズン半径は，その後の膨張によって引き延ばされても現在やっと 2m 程度にしかならないのである．宇宙初期に物質生成が起きるとき，宇宙のエネルギー密度を一様化する機構はせいぜい当時のホライズン半径程度にしか働かないから，現在の宇宙が 2m を大きく超えた $6\,h^{-1}$ Gpc $\sim 10^{26}$m 以上もの大スケールにわたって一様であることはまったく説明できない．

5.4.2 平坦性問題

現在の宇宙の曲率は非常に小さく，現在までのところ観測的にその値が有限であ

る積極的な証拠はない．このことから $|\varOmega_{\mathrm{K}0}| = c^2|K|/H_0^2 \ll 1$ となり，曲率半径のスケールは少なくとも現在のホライズンスケールよりもずっと大きい．この理由を宇宙初期に求めると，またもや不自然な状況が明らかとなる．

宇宙初期の曲率パラメータの値は，放射優勢期における関係式 (4.27), (4.29) から，

$$\varOmega_{\mathrm{K}} = \frac{H_0^2}{a^2 H^2} \varOmega_{\mathrm{K}0} = 3.875 \times 10^{-52} \, h^2 \left(\frac{g_*}{100}\right)^{-1/3} \left(\frac{k_{\mathrm{B}} T}{10^{15}\,\mathrm{GeV}}\right)^{-2} \varOmega_{\mathrm{K}0} \tag{5.34}$$

となる．宇宙初期の曲率はこのように不自然に小さい値となっている．たとえば GUT スケールにおいては，曲率半径が当時のハッブル半径の 10^{26} 倍以上となり，きわめて不自然である．曲率パラメータは，宇宙のさまざまなエネルギー成分の密度パラメータ $\varOmega_A$ との間に

$$\varOmega_{\mathrm{K}} = 1 - \sum_A \varOmega_A \tag{5.35}$$

の関係があることを思い出そう．これはすなわち，宇宙に生成されたエネルギー成分の量がなぜか 52 桁以上もの精度で微調整されて，その和がほとんど臨界密度に等しくなっているということである．この不自然な状況について，標準モデルではまったくの偶然としか説明がつけられない．

5.4.3 残存粒子問題

大統一理論など，素粒子の標準モデルを超える統一理論が多数提案されている．その枠組の中では，標準モデルに含まれないさまざまな型の粒子などが含まれている．これらのうち少なからぬものは，宇宙初期に多数生成された後に対消滅せず生き残ってしまい，現在の宇宙にありあまるほどの残存量となってしまう．そして現実には観測されない粒子などを生み出してしまったり，標準モデルでうまく説明できていた元素合成に悪い影響を及ぼしてしまったり，現在の残存量が観測されている宇宙の密度を大幅に上回ってしまったりといった問題が発生する．

たとえば，超重力理論ではグラビティーノがこの問題を持っていて，グラビティーノ問題と呼ばれている．グラビティーノはダークマターの候補とも言われるが，その残存量を見積もると現実に観測されるダークマター量よりも桁違いに多くなってしまう．これを避けるためにグラビティーノが不安定な粒子だとすると，今度は標準理論でとてもうまくいっていた元素合成をだめにしてしまうのである．

さまざまな統一理論に共通する性質としてゲージ対称性の自発的破れがある．宇宙初期の高温状態で成り立っているゲージ対称性は，宇宙の温度が冷えるに従い自

発的に破れる．この過程は真空の相転移とみなすことができる．宇宙の中のある場所がたまたま何かのきっかけで対称性の破れた状態になると，その状態がまわりの空間へ広がっていき，最終的に宇宙全体を覆い尽くす．このとき，宇宙全体で対称性の破れを起こし始める場所が複数あると，その場所ごとに異なる真空になってしまう．するとそれら複数の真空が連続的に宇宙全体を埋め尽くすことができなくなり，宇宙のところどころに**位相的欠陥** (topological defect) を生み出してしまう．対称性を破る機構によって位相的欠陥は 0 次元の点状（モノポール）となったり，1 次元的なひも状（宇宙ひも，コズミックストリング）になったり，2 次元的な面状（ドメインウォール）になったり，あるいは 3 次元的な時空のねじれ（宇宙テクスチャー）になったりと，さまざまなバリエーションがある．だが，これらのものはすべて現在の宇宙には観測されていない．統一理論を信ずるならば，これらの位相的欠陥をなんらかの機構で現在の宇宙から消しておく必要がある．

とくに大統一理論によるゲージ対称性の破れではモノポール位相欠陥として磁気単極子が必然的に現れてしまうことが数学的に示される．ここで磁気単極子があまりに多く作られ過ぎる問題をとくに**モノポール問題** (monopole problem) と呼ぶ．ある点のまわりに相転移を始めた真空はホライズン半径程度まで広がることができる．そこでおおまかに，当時のホライズンを半径とする球の体積中にほぼ 1 つの割合で磁気単極子ができると期待できる．磁気単極子は極度に安定な粒子で，いったん生成されるとそのまま現在まで生き残る．したがって式 (5.33) より，現在の数密度は

$$n_{\mathrm{mp0}} \sim \frac{3}{4\pi L_{\mathrm{H}}^3} \simeq 0.04 \left(\frac{g_*}{100}\right)^{1/2} \left(\frac{k_{\mathrm{B}}T}{10^{15}\mathrm{GeV}}\right)^3 \mathrm{m}^{-3} \tag{5.36}$$

と見積もられる．大統一理論から生み出される磁気単極子の質量として典型的な値は

$$m_{\mathrm{mp}} \sim \frac{m_{\mathrm{X}}}{\alpha_{\mathrm{GUT}}} \sim 10^{16} \ \mathrm{GeV}/c^2 \tag{5.37}$$

である．これにより磁気単極子の現在の密度パラメータは

$$\Omega_{\mathrm{mp0}} h^2 = \frac{n_{\mathrm{mp0}} m_{\mathrm{mp}} c^2}{\rho_{\mathrm{c0}}/h^2} \sim 4 \times 10^{13} \tag{5.38}$$

という莫大な値となってしまい，絶望的に現在の宇宙と矛盾している．

5.4.4 宇宙定数問題

アインシュタインによって導入された宇宙定数は時間的にも空間的にも一定の基

本定数であり，真空にも一定の有限なエネルギー密度を与える．式 (3.26) で見たように，宇宙項により導かれる真空のエネルギー密度は

$$\rho_\Lambda = \frac{c^4 \Lambda}{8\pi G} \tag{5.39}$$

という一定値である．宇宙定数は空間の体積そのものの持つエネルギー，つまり真空のエネルギーとみなすことができる．

　一般相対性理論では宇宙定数は単なる定数にすぎないが，実は量子場の理論において真空のエネルギーが自然に現れてくる．これを説明するため，まず角振動数 ω を持つ調和振動子を考える．量子化したエネルギースペクトルは

$$E_n = \hbar\omega\left(n + \frac{1}{2}\right), \qquad (n = 0, 1, 2, \ldots) \tag{5.40}$$

で与えられ，基底状態 ($n = 0$) のエネルギーは $\hbar\omega/2$ である．この有限な基底エネルギーは**ゼロ点エネルギー** (zero-point energy) と呼ばれる．

　量子場においては，場のすべてのフーリエモード k ごとに調和振動子の自由度がある．簡単な例として平坦な空間における質量 m の自由スカラー場 $\phi(\mathbf{x}, t)$ を考えると，そのラグランジアンは

$$\begin{aligned} L &= -\frac{1}{2}\int d^3x \left(\partial^\mu \phi^* \partial_\mu \phi + \hbar^{-2} c^2 m^2 |\phi|^2\right) \\ &= \frac{1}{2}\int d^3x \left[c^{-2}|\dot\phi|^2 - |\boldsymbol{\nabla}\phi|^2 - \hbar^{-2} c^2 m^2 |\phi|^2\right] \end{aligned} \tag{5.41}$$

で与えられる．ここで場は無限自由度を持ち，そのままでは取り扱い上都合が悪い．このような場合の常套手段として，一時的に空間全体を周期境界条件を持つ有限体積 V で置き換え，最終的な結果において $V \to \infty$ とする処方を用いる．空間座標に関する場のフーリエ展開

$$\phi(\mathbf{x}, t) = \frac{1}{\sqrt{V}} \sum_k e^{i\mathbf{k}\cdot\mathbf{x}} \phi_k(t) \tag{5.42}$$

をこのラグランジアンに代入すると，

$$L = \frac{1}{2}\sum_k \left(\frac{|\dot\phi_k|^2}{c^2} - (k^2 + \hbar^{-2}c^2 m^2)|\phi_k|^2\right) \tag{5.43}$$

となる．ここで各フーリエモードは独立であり，その形は1次元調和振動子のラグランジアン

$$L = \frac{1}{2}M\dot{r}^2 - \frac{1}{2}M\omega^2 r^2 \tag{5.44}$$

と等価である．第 1 項から $|\phi_k| \leftrightarrow M^{1/2}cr$ と対応し，さらに第 2 項から $\omega^2 \leftrightarrow c^2(k^2 + \hbar^{-2}c^2m^2) \equiv \omega_k^2$ と対応する．

したがって各モードの基底状態はゼロ点エネルギー $\hbar\omega_k/2$ を持つ．これを可能な波数ベクトル k に関して足し合わせると，基底状態における空間全体のゼロ点エネルギーを与える．1 次元方向の周期境界の間隔を $V^{1/3}$ とすると許される波数間隔は $\Delta k = 2\pi/V^{1/3}$ となるから，$V \to \infty$ の極限では $d^3k = (2\pi)^3/V$ と対応する．場のゼロ点エネルギーの密度がすなわち真空エネルギーの密度であるから，

$$\rho_{\text{vac}} = \frac{1}{V}\sum_k \frac{1}{2}\hbar\omega_k = \frac{\hbar c}{2}\int \frac{d^3k}{(2\pi)^3}\sqrt{k^2 + \hbar^{-2}c^2m^2} \tag{5.45}$$

と計算される．

これは発散積分であり，文字通り受け取れば量子場のゼロ点エネルギーは無限大ということになる．だが，無限に小さなスケールまで通常の場の理論が成り立つことは期待できない．少なくともプランク長 $l_{\text{Pl}} = (G\hbar/c^3)^{1/2} = 1.616 \times 10^{-35}$ m より短いスケールにおいては連続的な時空間という概念が保たれない．この長さスケール以下では重力にも量子論的な振る舞いが期待され，時空間を古典的に扱う通常の場の理論は破綻しているであろう．そこで，おおまかな見積りを得るため，プランク長に対応する波数 $k_{\text{max}} = 2\pi/l_{\text{Pl}}$ を積分変数 k の上限として式 (5.45) へ適用する．このときプランク質量 $m_{\text{Pl}} \simeq 1.2 \times 10^{19}$ GeV$/c^2$ よりも小さい通常の粒子に対して質量項は無視できるので，

$$\rho_{\text{vac}} \sim \frac{\hbar c k_{\text{max}}^4}{16\pi^2} = \pi^2 \varrho_{\text{Pl}} c^2 \sim 5 \times 10^{97} c^2 \text{ kg/m}^3 \tag{5.46}$$

となる．ここで $\varrho_{\text{Pl}} = c^5/(G^2\hbar) = 5.155 \times 10^{96}$ kg/m^3 はプランク密度である．

得られたエネルギー密度は想像を絶する大きさで，これを宇宙定数と同一視することは許されない．密度パラメータの値に直すと，

$$\Omega_{\text{vac}0} \sim \frac{8\pi^3}{3}\left(\frac{d_{\text{H}0}}{l_{\text{Pl}}}\right)^2 \sim 3 \times 10^{123}\, h^{-2} \tag{5.47}$$

という莫大な数となる．ここで $d_{\text{H}0} = c/H_0$ は現在のハッブル半径，$l_{\text{Pl}} = (\hbar G/c^3)^{1/2}$ はプランク長である．つまりこの密度パラメータがこのように莫大な数になっているのは，人間に観測できる最大スケールであるハッブル半径と，人間に考えられる最小スケールであるプランク長の比が起源だからである．こんなに大きなエネ

ルギー密度があると，曲率パラメータも 10^{123} の程度となり，宇宙の曲率半径はプランク長程度になってしまう．だが現実の宇宙の曲率パラメータは 1 より十分小さい．つまり，単純に量子場の真空エネルギー密度を宇宙定数の起源であるとすると，観測値との間に 123 桁以上もの食い違いが現れてしまうのである．これは量子場の理論そのものにとっても都合が悪い．何らかの未知の機構により量子場のゼロ点エネルギーが打ち消し合って消えている必要がある．超対称性や量子重力効果などの機構も考えられてはいるが，現状では信頼できる自然な機構はない．

それでも真空エネルギーが完全にゼロであれば，何かの対称性で打ち消されていることも自然に期待できる．しかし観測的には有限の値 $\Omega_\Lambda \sim O(1)$ を持っている．このことがますます宇宙定数の謎を深めている．場の真空エネルギーで観測を説明するためには，わずか 10^{-123} というあまりに微小な割合だけ残した打ち消し合いが必要となり，異常な不自然さを呈するからである．この極度に微小な数を理論的に自然に説明することはきわめて難しい．宇宙定数問題は宇宙論のみならず，素粒子論の立場からも大きな問題であり，現代物理学の最大の謎の 1 つでもある．

5.5 インフレーション

5.5.1 インフレーション宇宙

　前節で述べたような標準宇宙モデルの問題点のうち，ホライズン問題，平坦性問題，および残存粒子問題を一挙に解決する可能性を持つアイディアが**インフレーション宇宙** (inflationary universe) である．これらの標準宇宙モデルの問題は，宇宙初期がフリードマン的な宇宙であるときに存在する．インフレーション宇宙の考え方では，宇宙初期のある一定の期間，フリードマン的でなくド・ジッター的な宇宙になった時期があるものと仮定する．このド・ジッター期にはハッブル・パラメータ $H = \dot{a}/a$ が一定なので，$a \propto e^{Ht}$ となり空間が指数関数的に引き伸ばされる．インフレーションという名前は，この急激な空間の増大にちなみグースによって名づけられた．インフレーションはなんらかの場の真空期待値が引き起こすと考えられているが，それが具体的に何なのかについてはいろいろなモデルがあり，いまのところ確定していない．

　インフレーション期があると，それがなかったとして求めた粒子ホライズンは実際のホライズンではなくなる．インフレーション期以前に因果関係を持っていた空間の 2 点はインフレーションによって非常に大きな距離へと引き離される．その

5.5 インフレーション

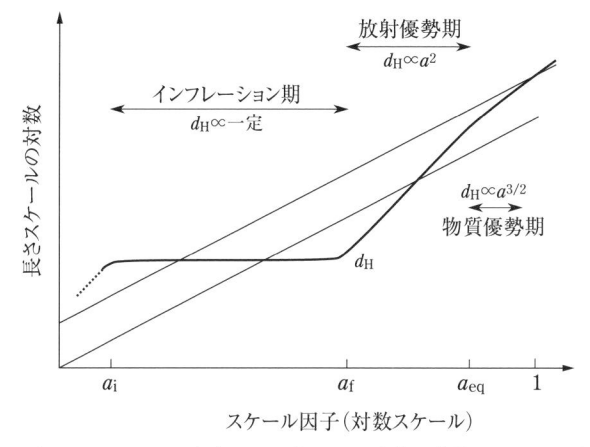

図 5.3 インフレーション宇宙でのスケールの変化．太線がハッブル半径 d_H の変化を表し，細線は共動スケール l_phys の変化を表す．下の細線は放射優勢期にハッブル半径に入ってくる共動スケールで，上の細線は物質優勢期である現在 ($a=1$) ちょうどハッブル半径に入る共動スケールである．

共動距離が現在の（見かけの）ホライズン半径よりも大きければ，現在の宇宙がホライズンより大きなスケールで一様になっていたとしても驚くには当たらない．したがってホライズン問題を解決している．

さらにインフレーションによる宇宙の急激な膨張は曲率を急激に小さくする．これはちょうど風船を膨らますと表面が平らに近づいていくのに似た原理である．宇宙のインフレーションが十分長く続けば曲率は実質的にゼロになってしまい，平坦性問題も解決する．また，インフレーション期以前に作られた残存粒子の密度は空間の急膨張で極度に薄められるので，残存粒子問題も解決できる．ただしもちろんインフレーション後に作られる残存粒子についてはその限りではない．

フリードマン宇宙における見かけのホライズンを表す量として，ハッブル半径 $d_\mathrm{H} \equiv c/H$ を考える．これは，ある時刻の膨張率で決まる時間スケールに光速をかけたものである．このハッブル半径は数値因子を除くと，減速膨張するフリードマン宇宙では粒子ホライズンに一致し，加速膨張するド・ジッター宇宙では事象ホライズンに一致する（図 3.16 も参照）．次に物質に固定された任意の 2 点を考え，その物理的距離を l_phys としよう．この距離はスケール因子 a に比例する．これらの長さの時間変化は図 5.3 のようになる．

インフレーションの始まる時刻と終わる時刻をそれぞれ $t_\mathrm{i}, t_\mathrm{f}$ とし，対応するスケール因子を $a_\mathrm{i} = a(t_\mathrm{i}), a_\mathrm{f} = a(t_\mathrm{f})$ とする．インフレーションより以前 $t < t_\mathrm{i}$ がど

のようなものであるかはモデルにもよるが，ここでは通常の減速膨張をしていたものとする．たとえばインフレーション以前に放射優勢であるならば，$d_H = 2ct$, $l_{phys} \propto t^{1/2}$ となり，ハッブル半径は l_{phys} よりも速く増大する．次々と大きな距離がハッブル半径内に入ってくることにより，因果関係を持ち得る空間領域は広がっていく．インフレーションが起き始める前には l_{phys} がハッブル半径の内部に入っていて，そのスケールで宇宙は一様化しているものとしよう．そしてインフレーション期 $t_i < t < t_f$ に入るとハッブル・パラメータがほぼ一定値をとり，$d_H =$ 一定，$l_{phys} \propto e^{Ht}$ となる．すると l_{phys} は指数関数的に大きくなり，このとき一定値にとどまっているハッブル半径を超えることができる．インフレーションが終わった後 $t > t_f$ では再び放射優勢のフリードマン宇宙に戻り，ハッブル半径の増加率が l_{phys} のそれを上回るようになる．こうして一度ハッブル半径外へ出たスケールがまたハッブル半径内へ戻ってくる．物質優勢期になっても $d_H = 3ct/2$, $l_{phys} \propto t^{2/3}$ となり，依然ハッブル半径が空間の膨張を超えて広がる．こうして，現在ようやく見かけのホライズン内に入ってくるスケールも，インフレーション以前に因果関係を持つことができるのである．

次に，定量的にどのくらいインフレーションが起きればよいのかを考える．インフレーション前後のスケール因子の比の対数 N は膨張指数と呼ばれ，インフレーションがどれだけ起きたのかを表すのによく用いられる．この量はハッブル・パラメータの定義 $H = \dot{a}/a$ の積分により，一般に

$$N \equiv \ln\left[\frac{a(t_f)}{a(t_i)}\right] = \int_{t_i}^{t_f} H dt \tag{5.48}$$

で与えられる．インフレーション中はハッブル・パラメータがほぼ一定なので，

$$N \simeq H(t_f)(t_f - t_i) \tag{5.49}$$

となる．つまり膨張指数はインフレーション中の膨張率とその持続時間にほぼ比例する．

まず，ホライズン問題が解決されるためには，現在までにハッブル半径に入ってきた共動スケールがすべて，インフレーション以前のフリードマン期にハッブル半径の内部に入っていることが最低限必要である．図から見てとれるように，これは現在のハッブル半径に対応する共動距離が，インフレーション開始時のハッブル半径に対応する共動距離よりも小さければ成り立つ：

$$\frac{c}{H_0} < \frac{c}{a(t_i)H(t_i)} \tag{5.50}$$

このときには，現在のハッブル半径より小さな共動スケールがすべてインフレーション以前にも因果関係を持つことができるようになる．インフレーション中ハッブル・パラメータはほぼ一定であるから，上の条件は

$$\frac{a(t_\mathrm{f})}{a(t_\mathrm{i})} > \frac{a(t_\mathrm{f})H(t_\mathrm{f})}{H_0} \tag{5.51}$$

と書き直せる．インフレーション終了時のハッブル・パラメータ $H(t_\mathrm{f})$ の値は，式 (4.29) の放射優勢期のハッブル・パラメータの値へ接続しているから，式 (5.51) は $g_{*S}(T_\mathrm{f}) = g_*(T_\mathrm{f})$ のとき，

$$\begin{aligned}\frac{a(t_\mathrm{f})}{a(t_\mathrm{i})} &> \sqrt{\frac{4\pi^3}{45}} \frac{k_\mathrm{B}^2}{\hbar c^2 m_\mathrm{Pl}} \frac{g_{*S0}^{1/3} T_0}{H_0} [g_*(T_\mathrm{f})]^{1/6} T_\mathrm{f} \\ &= 5.080 \times 10^{25} h^{-1} \left[\frac{g_*(T_\mathrm{f})}{100}\right]^{1/6} \left(\frac{k_\mathrm{B} T_\mathrm{f}}{10^{15}\,\mathrm{GeV}}\right)\end{aligned} \tag{5.52}$$

となる．ただし $T_\mathrm{f} = T(t_\mathrm{f})$ とした．式 (5.52) を膨張指数への制限として書き直すと

$$N > 59.55 - \ln\left(\frac{h}{0.7}\right) + \frac{1}{6}\ln\left(\frac{g_*(T_\mathrm{f})}{100}\right) + \ln\left(\frac{k_\mathrm{B} T_\mathrm{f}}{10^{15}\,\mathrm{GeV}}\right) \tag{5.53}$$

となる．対数補正の部分が十分小さければ $N \gtrsim 60$ となる．

次に平坦性問題を解決する条件を考える．インフレーション中はほぼ $a \propto e^{Ht}$ となっていることより，時間依存する曲率パラメータの値は

$$\Omega_\mathrm{K} = -\frac{c^2 K}{a^2 H^2} \propto e^{-2Ht} \tag{5.54}$$

となる．したがってインフレーションが十分持続すればインフレーション終了時の曲率はほとんどゼロになる．インフレーション中の曲率パラメータの減少は上の式より

$$\Omega_\mathrm{K}(t_\mathrm{f}) = e^{-2H_\mathrm{I}(t_\mathrm{f}-t_\mathrm{i})} \Omega_\mathrm{K}(t_\mathrm{i}) = e^{-2N} \Omega_\mathrm{K}(t_\mathrm{i}) \tag{5.55}$$

となるから，現在の曲率パラメータは

$$\Omega_\mathrm{K0} = \left[\frac{a(t_\mathrm{f})H(t_\mathrm{f})}{H_0}\right]^2 \Omega_\mathrm{K}(t_\mathrm{f}) = e^{2(N_\mathrm{min}-N)} \Omega_\mathrm{K}(t_\mathrm{i}) \tag{5.56}$$

となる．ここで，N_min はホライズン問題を解決するのに必要な N の最小値であり，式 (5.51) 右辺の対数である．したがって，不自然な微調整をしなくとも現在の曲率パラメータの大きさがインフレーション開始時のものを上回ることはない．十分なインフレーションが起きて $e^N \gg e^{N_\mathrm{min}}$ となっていれば，現在の曲率は実質上ゼロになる．

以上のように，十分なインフレーションの持続により，ホライズン問題と平坦性問題は同時に解決できる．また，インフレーション前にできた不必要な残存粒子の密度は e^{-3N} 倍に薄められて事実上問題ではなくなる．

5.5.2 インフレーションの機構

以上のように，一時的なド・ジッター期があると都合のよいことがわかったが，では一体そのようなド・ジッター期はどのように実現し得るのであろうか？ ド・ジッター宇宙は宇宙定数によって実現されるが，宇宙定数は定義によって定数なので，インフレーションが始まったり終わったりすることはない．うまく現れてまたうまく消えるような，都合のよいものであってほしい．

一般的なインフレーションモデルでは，なんらかのスカラー場などによって一時的に現れた真空エネルギーがド・ジッター宇宙を実現していると考える．そのような場は**インフラトン** (inflaton) と呼ばれる．ただしそれがなんなのかは確定していない．インフレーション理論が提案された当初は，具体的に大統一理論におけるヒッグス場がインフラトンと考えられたが，あまりうまくいかなかった．現在では大統一理論から離れ，自由にモデルを仮定して調べられている．

単純なインフラトンは実スカラー場 $\phi(x)$ である．いま，量子ゆらぎについて平均したインフラトンの有効ポテンシャルを $V(\phi)$ とし，質量項があればそれもこのポテンシャル項に含めておく．作用積分のローレンツ不変性と一般座標変換不変性，そして運動方程式が時間の 2 階微分までしかないということを要請するとこのスカラー場のラグランジアンが一意的に定められる．それは共動座標 x^i による積分として一般に

$$L = \int \sqrt{-g}\, d^3x \left[-\frac{1}{2} g^{\mu\nu} \partial_\mu \phi \partial_\nu \phi - V(\phi) \right] \tag{5.57}$$

で与えられる[*7]．ここで $g = \det(g_{\mu\nu})$ は計量テンソルの行列式である．

いま一様等方宇宙を考えると，スカラー場は時間のみの関数となって空間微分の項は落ち，また式 (3.2) から $\sqrt{-g} \propto a^3$ である．したがってこの場合は単位共動体積中のラグランジアンを考えれば十分で，それは

$$\tilde{L} = a^3 \left[\frac{\dot\phi^2}{2c^2} - V(\phi) \right] \tag{5.58}$$

となる．このラグランジアンは力学変数 $\phi(t)$ に対する 1 次元力学系を表している．

[*7] ここでは重力場を背景場として扱い，そのゆらぎの自由度は考えていない．

5.5 インフレーション

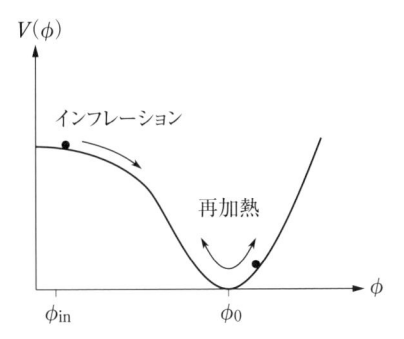

図 5.4　インフレーションを引き起こすスカラー場のポテンシャルの例.

ただし宇宙膨張の影響でラグランジアンが時間に陽に依存する．ここからオイラー–ラグランジュ方程式を求めると，

$$\ddot{\phi} + 3H\dot{\phi} + c^2 V'(\phi) = 0 \tag{5.59}$$

を得る．ここで V' はポテンシャルの ϕ による微分である．この方程式は，摩擦を受けながら 1 次元ポテンシャル中を運動する粒子を記述する運動方程式と等価である．宇宙膨張が摩擦となって場の進化を抑える役割をしている．

次にハミルトニアンを求めれば場のエネルギーを計算することができる．それを場の量で書き直して，場のエネルギー密度を求めると，

$$\rho_\phi = \frac{\dot{\phi}^2}{2c^2} + V(\phi) \tag{5.60}$$

となる．さらに，式 (5.60) を一様等方宇宙における保存則の式 (3.15) に代入して式 (5.59) を使うと，場の圧力に対応する量が導かれ，

$$p_\phi = \frac{\dot{\phi}^2}{2c^2} - V(\phi) \tag{5.61}$$

となる．

ここで $\dot{\phi} = 0$ のとき $V(\phi)$ は一定なのでその値を $V = c^4 \Lambda / 8\pi G$ とおけば，ちょうど式 (3.26) における宇宙定数のエネルギー密度と圧力に一致することに着目しよう．インフレーションに必要なド・ジッター宇宙がこのスカラー場により実現できるのである．なんらかの方法でこの状態から脱して真空エネルギーを事実上ゼロにすることができれば，インフレーションを終わらせてフリードマン宇宙へ戻すことができる．

そこでよく考えられる筋書きは次の通りである．まず，このスカラー場が $\dot{\phi}^2 \ll$

c^2V を満たしながらゆっくりと $V > 0$ を運動する．このときにほぼド・ジッター宇宙が実現してインフレーションが起きる．次にこのスカラー場が $V = 0$ となる点のまわりを振動するなどして急速にその真空エネルギーを他の物質場などへ解放し，インフレーションが終了する．インフレーション中は急膨張により宇宙の温度が急激に下がるが，インフレーション終了時に解放された真空エネルギーは宇宙を再加熱させ，標準的なビッグバン宇宙の高温状態を作り出す．たとえばインフレーションを起こす例として図 5.4 のようなポテンシャルが考えられる．このスカラー場はインフレーションが始まるときには，なんらかの理由によって真の真空ではない $\phi = \phi_{\mathrm{in}}$ という値にある．スカラー場の値はポテンシャルの最小点である真の真空 ϕ_0 へ向かってゆっくりと落ちていき，インフレーションを起こす．そして最終的には真の真空へ落ち着いてインフレーションが終了することになる．

インフレーションが十分長く起きる必要があるため，インフラトンポテンシャルの形はある程度制限される．上に述べたようにインフラトンの値の進化は，摩擦を受けながらポテンシャル中をゆっくりと運動する粒子の運動と等価である．摩擦が十分大きければ，すぐに摩擦とポテンシャル力がつりあうようになり，ある一定の終端速度を持った状態に落ち着く．このときは運動方程式 (5.59) において加速度項 $\ddot\phi$ が無視できるので，

$$\dot\phi \simeq -\frac{c^2}{3H}V'(\phi) \tag{5.62}$$

となる．またここでスカラー場の真空エネルギーが卓越しているとすると，式 (5.60) とフリードマン方程式 (3.22) から

$$H \simeq \sqrt{\frac{8\pi G}{3c^2}V(\phi)} \tag{5.63}$$

となる．これらの近似はスローロール条件と呼ばれる次の条件

$$\dot\phi^2 \ll c^2 V(\phi), \quad |\ddot\phi| \ll c^2 |V'(\phi)| \tag{5.64}$$

の下で成り立つ．式 (5.62)–(5.64) により，ポテンシャルの微分に対しては

$$\left(\frac{V'}{V}\right)^2 \ll \frac{24\pi G}{c^4}, \quad \left|\frac{V''}{V}\right| \ll \frac{24\pi G}{c^4} \tag{5.65}$$

という条件が課されることがわかる．

すると式 (5.48) で表されるインフレーションの膨張指数は，式 (5.62), (5.63) を用いて

$$N = \int_{t_i}^{t_f} H dt = \int_{\phi_i}^{\phi_f} \frac{H}{\dot{\phi}} d\phi \simeq -\frac{8\pi G}{c^5} \int_{\phi_i}^{\phi_f} \frac{V(\phi)}{V'(\phi)} d\phi \quad (5.66)$$

となる．最後の積分によれば，式 (5.65) のスローロール条件が成り立つとき，場の値の差が $|\phi_f - \phi_i| \sim c^2 G^{-1/2}$ 程度以上の値を持てば N は十分大きくなる．十分なインフレーションはこのように比較的小さな傾きを持つポテンシャルによって起こすことができる．

インフレーションが終わりに近づくと，インフラトンはポテンシャルが最小値になる点 ϕ_0 のまわりに振動を始める．ここでインフラトンの真空エネルギーが宇宙の再加熱を起こすならば，インフラトンは他の物質場との量子的な相互作用によりエネルギーを失う．再加熱が実際にどのような過程で起きるかは，ポテンシャルがどのようなもの，インフラトンと物質場の相互作用がどのようなものかなどのモデルに大きく依存する．基礎的な相互作用が定まっていない現状では，まだ具体的な結論は出ていない[*8]．

5.5.3 インフレーションと初期ゆらぎ

インフレーション理論は標準モデルの不自然な点を避けるのみならず，宇宙の構造の起源を説明する可能性もある．インフレーション前におけるハッブル・スケール以下のゆらぎは微視的相互作用によってならされるなどして一様等方になっている．だが，インフラトン場や重力場には量子論的な不確定性による量子ゆらぎが存在する．このような量子ゆらぎは通常，観測されなければ実在するゆらぎとはなり得ない．だが，インフレーション中にハッブル・スケールを越えることによって量子相関が消え，ゆらぎが「凍りつく」ことにより，観測しなくとも古典的なゆらぎになり得ると考えられている[*9]．こうして超ハッブル・スケールに生成されたゆらぎはインフレーション終了後，再びハッブル・スケールの中に入ってきて，その後の構造形成の種となる．

このシナリオでは，宇宙の密度ゆらぎの起源はインフラトン場などの量子論的不確定性である．そこでこの量子ゆらぎの性質がどのようなものになるのかが重要である．

[*8] 最近では，インフラトンから他の物質への崩壊に共鳴的な過程を伴うパラメータ共鳴を用いたプレヒーティング (preheating) と呼ばれるモデルが調べられたりもしている．

[*9] この古典化のプロセスは量子論における観測問題とも関係していて，具体的にどのような機構なのか，観測過程なしに本当に古典化するのかなど，必ずしも明確にはなっていない原理的な問題が存在する．

インフラトン場が空間的にゆらいでいると，インフレーションが終わる時刻は場所によって異なる．インフラトン場の力学的エネルギーは最終的に物質や放射のエネルギーに転化するが，この転化の起きる時刻が場所ごとに違うことになる．ここでは半定量的な見積りとして，あるハッブル体積中における平均的な場の値が，宇宙全体の平均から $\delta\phi$ だけずれていたと考えてみよう．宇宙全体での平均的な場の時間微分を $\dot{\phi}$ とすると，この体積中でのインフラトン場の発展は，平均的な場の発展に比べて時間

$$\delta t = \frac{\delta\phi}{\dot{\phi}} \tag{5.67}$$

だけずれた発展をすることになる．インフラトン場が放射などのエネルギーに転化するときにはどこでも同じ密度が生まれるが，この時間のずれの間宇宙が膨張するので，できる密度にはむらが生じることになる．たとえば再加熱時に物質優勢宇宙のように振る舞えば，密度 ρ はスケール因子 a と $\rho \propto a^{-3}$ の関係にあるから，時刻のずれにより生じる密度ゆらぎは $\delta = \delta\rho/\rho = -3\delta a/a = -3H\delta t$ となる．したがって密度ゆらぎと場の値のゆらぎの関係は

$$\delta \sim \frac{H\delta\phi}{\dot{\phi}} \tag{5.68}$$

となる．ただしいまは半定量的な扱いのため符号や数値因子は無視している．

インフラトン場のゆらぎ $\delta\phi$ は量子ゆらぎにより与えられるので，次にこれを見積もってみる．インフレーション中は場のポテンシャルがほぼ一定なので，簡単のためラグランジアン密度 (5.57) でポテンシャル項 $V(\phi)$ を無視した自由場のラグランジアン

$$L = -\frac{1}{2}\int \sqrt{-g}d^3x g^{\mu\nu}\partial_\mu\phi\partial_\nu\phi \tag{5.69}$$

を考える．場のフーリエ変換 (5.42) と平坦なロバートソン–ウォーカー計量を用いれば，このラグランジアンは

$$L = \frac{a^3}{2}\sum_k \left(\frac{|\dot{\phi}_k|^2}{c^2} - \frac{k^2}{a^2}|\phi_k|^2\right) \tag{5.70}$$

となる．ただしここでは簡単な見積りのため重力場のゆらぎを無視して考える[*10]．

[*10] 本来計量のゆらぎと場のゆらぎは必ず結合するのでこの取扱いは厳密なものでない．だが導かれる半定量的な結論には影響しない．

このラグランジアンは波数ごとに独立な 1 次元調和振動子を合わせたものに似た形をしている．フーリエ係数の実部に着目し，$r \equiv m^{-1/2} c^{-1} \operatorname{Re} \phi_k, \omega \equiv ck$ とおけば，このモードのラグランジアンは

$$\tilde{L} = \frac{1}{2} m a^3 \left(\dot{r}^2 - \frac{\omega^2}{a^2} r^2 \right) \tag{5.71}$$

となる．虚部についても同様である．ここから運動方程式を求めると，

$$\ddot{r} + 3H\dot{r} + \frac{\omega^2}{a^2} r = 0 \tag{5.72}$$

となる．この方程式は時間変化するばね定数を持つ振動子が，摩擦を受けながら運動する系の方程式と等価である．これは古典力学の基本的な問題であり，時間に関するフーリエ変換を用いて容易に解を得ることができる．解は摩擦の係数 $3H$ と振動周波数 ω/a の大小によって定性的な振る舞いが異なる．この 2 つの場合分けはちょうど着目する物理的スケール a/k がハッブル半径 c/H を超えているかどうかという場合分けに対応する．

まず，ハッブル半径よりも十分小さなスケール $ck \gg aH$ では摩擦項は重要でなく，周波数がゆっくりと変化する調和振動子となる．この場合には断熱近似により各時刻で a が一定の調和振動子とみなすことができる．するとラグランジアン (5.71) は質量 $m_0 = ma^3$，角振動数 $\omega_0 = \omega/a$ の調和振動子に対応する．この系を量子化した場合の基底状態の位置のゆらぎを求めることは量子力学の初歩的な問題であり，その結果は $\langle r^2 \rangle = \hbar/(2m_0\omega_0) = \hbar/(2m\omega a^2)$ となる．これをもとの場のフーリエモードの量子ゆらぎで表せば，

$$|\delta\phi_k|^2 \sim \frac{\hbar c}{a^2 k} \tag{5.73}$$

となる．このようにゆらぎの大きさを波数の関数として表したものをゆらぎのスペクトルという．この基底状態のゆらぎは断熱的なので，ハッブル半径内にとどまる限りどの時刻をとってみても成り立つ関係である．

次に，ハッブル半径よりも十分大きなスケール $ck \ll aH$ を考えると，逆に摩擦項が卓越して運動が止まってしまう．つまり，そのような大きなスケールではゆらぎが成長せずに凍りついてしまう[*11]．

インフレーション理論の枠組では，現在観測できる宇宙はインフレーション前に

[*11] ハッブル半径より大きなスケールのゆらぎの定義には一般相対論的な座標のとり方に依存した不定性がある．このため実はこの解釈には注意が必要であるが，本書ではあまり深入りしない．

ハッブル半径内にあり，インフレーション中にいったんハッブル半径の外に出て，その後再びハッブル半径内に入ってきたものである．したがって，宇宙のゆらぎは次のような過程をたどることになる．はじめ量子ゆらぎがハッブル半径内に存在する．そのゆらぎのスペクトルは式 (5.73) で与えられる．この量子ゆらぎがいったんハッブル半径の外に出ると，このゆらぎの振幅は凍りついて，このとき同時にゆらぎが古典化するものと仮定される．波数 k のスケールを持つゆらぎがハッブル半径を出る時刻のスケール因子は $a = ck/H$ で与えられるから，ハッブル半径の外で凍りつくゆらぎは

$$|\delta\phi_k|^2 \sim \frac{\hbar}{ck^3}H^2 \tag{5.74}$$

というスペクトルを持つことになる．ここで H は波数 k のゆらぎがハッブル半径を出たときのハッブル・パラメータの値であるが，インフレーション中にはほぼ一定である．ただしスローロール近似では式 (5.63) に従って多少変化するので，わずかに波数依存性がある．ここでスペクトル $|\delta\phi_k|^2$ は ϕ^2 の次元に比べて（長さ）^{3} の余計な次元を持っている．次元を合わせたスペクトル $k^3|\delta\phi_k|^2/2\pi^2$ が実空間スケール $1/k$ におけるゆらぎの物理的な振幅 $\delta\phi$ の 2 乗期待値に対応する．すると，この物理的振幅はほぼスケールによらない**スケール不変なゆらぎ** (scale-invariant perturbations) となる．このように振幅が一定になるのは，もともとインフレーション中の宇宙が時間並進不変なド・ジッター宇宙であることが原因である．インフレーション中は物理的なハッブル・スケールが一定であり，そのスケールに同じ振幅のゆらぎが刻み込まれるためである．

こうしてハッブル半径の外での場のゆらぎの振幅は $\delta\phi \sim \sqrt{\hbar/c}\,H$ となる．これを式 (5.68) に代入すれば，エネルギー密度のゆらぎは

$$\delta \sim \sqrt{\frac{\hbar}{c}}\frac{H^2}{\dot\phi} \tag{5.75}$$

となる．インフレーション中は H と $\dot\phi$ がゆっくりとしか変化しない．このため，ハッブル・スケールを超えるゆらぎの振幅はほぼスケール不変になるという重要な性質を持つ．ハッブル半径の外でこのゆらぎは止まっているから，インフレーション後にハッブル半径内に入ってくるゆらぎの振幅もほぼ一定の振幅を持つことになる．このようにスケールによらない振幅を持つ初期ゆらぎは**ハリソン–ゼルドビッチスペクトル** (Harrison-Zel'dovich spectrum) と呼ばれ，インフレーション理論の提案される前から提唱されていた．スケール不変なゆらぎの性質は，インフレーショ

ン理論の詳細にあまりよらないかなり普遍的な予言である．

また，調和振動子の基底状態の波動関数はガウス関数であるから，インフラトン場が単一で自己結合が小さいと仮定すれば密度ゆらぎはガウス型の分布になる．さらに単一のスカラー場によるインフレーションにより作られるゆらぎは放射成分と物質成分のゆらぎが比例した**断熱ゆらぎ** (adiabatic perturbations) と呼ばれるものになる．これらの性質も当初はインフレーション理論の基本的な予言とされていたが，以下に述べるように現在ではさまざまなバージョンのインフレーションモデルがあり，必ずしもこれらの性質を予言しないものも多数ある．

このようにインフレーション理論から導かれる密度ゆらぎのスペクトルのスケール依存性は普遍的であり，かつ観測ともよく合うが，その絶対的な振幅は式 (5.75) の値自体を通じてモデルに依存する．観測的にこれは 10^{-5} 程度であるが，通常のインフレーションモデルにおいてこれは自然なパラメータの範囲で満たされず，ゆらぎが大きくなりすぎてしまうことが知られている．この問題を回避するのにインフレーションモデルのパラメータ微調整を行うならば，そもそも微調整問題をさけるべく導入されたインフレーション理論そのものの動機に逆らうことになる．

5.5.4　いろいろなインフレーションモデル

はじめのインフレーションモデルは，SU(5) 大統一理論におけるヒッグス場の有効ポテンシャルが 1 次相転移を起こすために生じるとして提案された．これは**古いインフレーションモデル** (old inflation) と呼ばれ，そのスカラー場ポテンシャルは図 5.5 のようになる．このモデルでは，はじめ温度が高いとき $\phi = 0$ がポテンシャル最小値となる通常のポテンシャルを持っていて，スカラー場の値もそこにあ

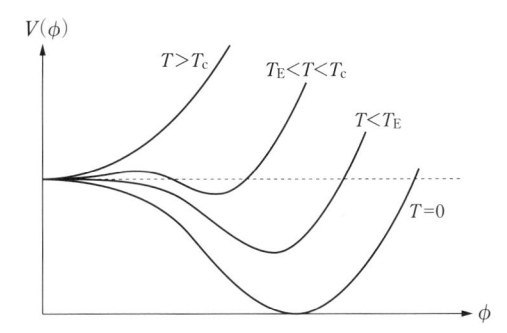

図 5.5　古いインフレーションモデルにおける有限温度のスカラー場ポテンシャル．温度 T が $T_E < T < T_c$ を満たす間，偽真空が現れる．

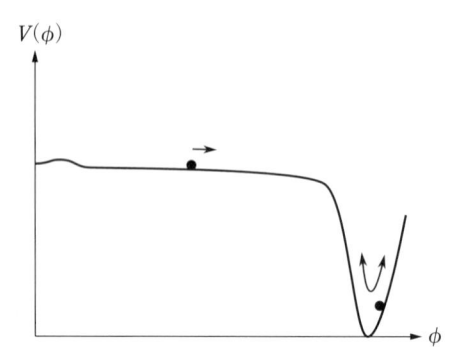

図 5.6　新しいインフレーションモデルにおけるスカラー場ポテンシャル．

る．次第に温度が下がるにつれて，他の場所にも極小値ができるようになり，ある臨界温度 T_c を下回ると，最小値が $\phi \neq 0$ の場所へ移る．すると $\phi = 0$ は偽の真空となる．このときにポテンシャル障壁ができるため，場の値はその後もしばらく $\phi = 0$ にとどまったまま過冷却する．このときの真空エネルギーによりインフレーションが起こされる．その後量子力学的トンネル効果によりポテンシャル障壁を越え，1次相転移を起こして真の真空へと落ち着く．するとインフレーションが終了する．

このモデルはインフレーション理論の最初期のモデルであるが，提案された当初から問題点が明らかになっていた．偽の真空から抜け出してくるとき，空間のある点を中心に核生成を起こして泡状に相転移が進行する．このとき泡の内部の真空エネルギーは泡の壁の運動エネルギーに費やされて，泡の内部では宇宙が再加熱されない．異なる泡の境界壁が衝突するときにのみ再加熱が起きる．だがインフレーションが十分起きるためには，その核生成の中心となる点がそのときのホライズン半径内に1つ程度しか発生できない．このため真の真空が宇宙を覆い尽くすことがなくなり，境界壁の衝突はほとんど起きない．このようにインフレーションがうまく終わらないという問題点は「華麗なる退場の問題」(graceful exit problem) と呼ばれている．

場の理論における有効ポテンシャルは近似的に求められるが，その計算の正当性は微妙で必ずしも上のようなポテンシャルが現実的とは限らない．そこで次に考えられたのが，図 5.6 のようなコールマン–ワインバーグ型のヒッグス場有効ポテンシャルを用いるモデルである．この有効ポテンシャルに基づくインフレーションモデルは新しいインフレーションモデル (new inflation) と呼ばれる．温度が高いとき

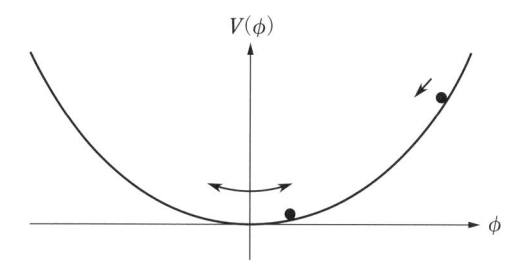

図 5.7 カオス的インフレーションモデルにおけるスカラー場ポテンシャル.

には，古いインフレーションモデルと同様に $\phi = 0$ がポテンシャルの最低点となっているが，温度が下がったとき，もはや高いポテンシャル障壁は存在しない．このため真空の相転移は2次相転移になり，ゆっくりとスカラー場が真の真空へ移動する．このときポテンシャルに平坦な部分が存在し，スカラー場がスローロール運動を行って十分なインフレーションを起こす．その先には真の真空へ続く急峻なポテンシャルの崖があり，そこへ落ちると真の真空のまわりを振動しながら宇宙を再加熱させ，インフレーションが終わる．

このモデルはたいへんよい特徴を持っているのだが，モデルのパラメータに微調整が必要であるという問題点がある．たとえば，インフレーションを十分起こしてかつ，量子ゆらぎを作りすぎないためにはポテンシャルが不自然に平坦な部分を持つ必要がある．また，スカラー場はインフレーション前に他の物質場と熱平衡状態にあると仮定されるので結合が強いはずである．強い結合定数はポテンシャルに対する量子補正を大きくしてしまい平坦ポテンシャルを壊してしまう．インフレーションモデルは標準モデルの微調整の問題を避けるために考えられたので，インフレーションモデルに微調整が必要となれば，なんのためにあるのかよくわからない．そのため，だんだんと興味が失われていった．

ここまでは素粒子の統一理論に基づいた，比較的現実味を帯びたヒッグス場のポテンシャルを用いたモデルであったが，あまりうまくいかないことがわかってきた．そのため，統一理論とは切り離して，現実の宇宙と矛盾しないようなポテンシャルを自由に考えるということが行われるようになる．

その1つはリンデ (Andrei D. Linde, 1948-) によって考えられた**カオス的インフレーション** (chaotic inflation) というもので，たとえば $V(\phi) \propto \phi^n$ のような非常に単純なポテンシャルを考える．その形は図5.7のようになり，原点にのみ極小値があるだけでもはや相転移は起こらない．その代わり，スカラー場の初期状態が $\phi \neq 0$ にランダムに分布するとするのである．十分なインフレーションを起こすにはスカ

ラー場がプランクスケールよりも大きな値を初期にランダムにとればよい．この初期状態からスカラー場が真空 $\phi = 0$ へ向かって運動するときに宇宙膨張による強い摩擦を受けてスローロール運動を行い，インフレーションが起こる．そして十分原点に近づくとスローロール条件が破れて振動しはじめ，再加熱をしてインフレーションが終わる．

この場合でも，十分なインフレーションを起こして観測されるような宇宙を作るには，最初スカラー場のゆらぎが不自然に大きな空間スケールではじめから一様になっていなければならないことがわかっている．さらにポテンシャルの係数である結合定数の値を不自然に小さくとらなければならない．このようにやはり微調整問題が避けられないことが判明している．

このシナリオでは場所によって初期条件が異なるのでインフレーションの期間も異なることになる．我々の観測できるホライズンスケールではインフレーションが十分起きた後に終了して一様等方時空になっているが，他の領域ではまだインフレーションしている場所もあるし，ほとんどインフレーションせずに終わってしまった領域もある．このため観測領域を大きく超えて全体として見ると，きわめて非一様な宇宙の姿をしていることになる．

スカラー場の運動は古典的には原点に向かって一方的に進むが，量子効果を取り入れるとポテンシャルの大きくなる方向へ戻ることもある．そのような空間領域では他の場所に比べて真空エネルギーが大きくなり，より膨張が速くなる．このためそのような領域は他の領域よりも体積が増えていく．これをくり返して，宇宙全体にはつねにインフレーションをしている領域が存在することになる．インフレーションが終了した領域は我々の宇宙になるが，そうでない領域ではいまでもインフレーションが継続するので，カオス的インフレーションのこの特徴は**永久インフレーション** (eternal inflation) とも呼ばれる．この見方は宇宙に始まりを必要としない現代的な定常宇宙論の復活ともいえる．

その後も数限りなくいろいろなインフレーションモデルが提案されている．当初の比較的シンプルなアイディアからすると，これらの現在のモデルはかなり複雑化してしまっている．インフレーションを起こす場と終わらせる場が異なるハイブリッド・インフレーション，重力の修正理論に基づく拡張インフレーション，余剰次元理論に基づくブレーン・インフレーションなど，挙げ始めたらきりがない．その結果，可能なインフレーションモデルの数そのものがインフレーションしてしまった．これらほとんどのインフレーション理論はもはや現実性のある素粒子モデルから完全に切り離されているため，なにが正しいのか混沌とした状況にある．

インフレーションモデルは宇宙定数問題についてはまったく解決していない．GUTスケールでインフレーションが起こったとすると，そのときの場の真空エネルギー密度の典型的な値は $10^{78}c^2\text{g/cm}^3$ である．これがインフレーション後に宇宙定数のエネルギー密度の現在値 $10^{-29}c^2\text{g/cm}^3$ だけ残してキャンセルしなければならないため，依然107桁の微調整が必要となる．

以上のように，インフレーションモデルはたいへん魅力的な側面を持つ一方，現状では実験的根拠の乏しい仮定に基づいたたくさんの可能性の寄せ集めとなっていて，一意的な予言能力を持つ理論とはなっていない．このためインフレーション理論がテスト可能な科学的理論であるかについては異論もある．ハリソン–ゼルドビッチスペクトルを自然に出したことは大きな成果といえるが，インフラトン・ポテンシャルに対する微調整問題も依然深刻である．インフレーションモデル導入の最大の動機である宇宙のホライズン問題や平坦性問題は，時空の始まり自体の量子重力的な未知の機構に理由がある可能性も捨てることはできない．最近ではインフレーションモデルに代わり得る機構も提案されている．たとえば，余剰次元におけるブレーン世界仮説において，ブレーン同士の衝突がこの宇宙の始まりであるという**エクピロティック宇宙** (ekpyrotic universe) と呼ばれるモデルなどがある．このモデルでは我々の宇宙が始まる前に大きなスケールで因果律を持ち得るため，インフレーション理論を必要としないとされる．

インフレーション理論が宇宙のゆらぎの性質を計算できることは重要である．このためインフレーションモデルを1つだけに絞りこめばそれは科学理論としてテスト可能である．宇宙の精密な観測が今後大きく進めば，可能なモデルの数を減らすこともできる．実際に最近は宇宙の背景放射や大規模構造などの観測が進み，いくつかの簡単なインフレーションモデルを棄却することもできるようになってきた．しかし現実には可能なモデルの数が多すぎて，事実上どのような観測結果であっても適当なモデルを作ることで説明できてしまう．インフレーション理論が実際に現実の宇宙を反映したものかどうかは，依然として今後の研究により検証されるべき課題である．

5.6 量子宇宙論

宇宙の時間を極限まで遡っていくと宇宙はどこまでも小さくなる．小さいスケールには量子論の原理が働くため，極限的には宇宙全体が量子的に振る舞うようになるだろう．そこでは一般相対性理論を超えた時空の量子論が必要とされるが，長年

にわたる膨大な研究にもかかわらずそのような理論は完成していない．完全な理論が存在するのかどうかすら不明である．このような極限的な宇宙の状態についてはほとんどなにもわからないといえるが，未知の理論の表面をなでるようにして研究されている．

5.6.1 プランク時間

まず，どれくらい初期にさかのぼると時空の古典的描像が破綻するのかを見ることにする．宇宙初期の時間は，フリードマン方程式 $H^2 = 8\pi G\rho/3c^2$ と $H \sim 1/t$ により $t \sim c/\sqrt{G\rho}$ で与えられる．またハッブル半径内のエネルギーは $E_H \sim (c/H)^3\rho \sim c^5t/G$ である．これが不確定性関係 $E_H \cdot t \sim \hbar$ を満たす条件から，次のプランク時間

$$t_{Pl} = \sqrt{\frac{\hbar G}{c^5}} = 5.391 \times 10^{-44} \text{ sec} \tag{5.76}$$

よりも以前の宇宙は因果関係にある領域すべてにわたって古典的な描像が成り立っていないことがわかる．このプランク時間は重力，特殊相対論，量子論をそれぞれ記述する基本定数 $G, c, \hbar$ を組み合わせて得られる時間の次元を持つ量である．つまりこれらの理論を完全に統一した理論で記述されるべき時間スケールを表している．このまだ完成していない理論は**量子重力理論** (quantum gravity theory) と呼ばれている．一般相対性理論は重力と特殊相対論を統一しているが，量子論が含まれていない．一般相対論と量子論のできた20世紀前半から，この2つの理論は折り合いの悪いことがただちに認識されていた．それを統一しようという試みは長いこと行われてきたが，いまだ完成には至っていない．この2つの理論は根本的な考え方が異なっており，これまでのところ未解決の物理学上の大難問となっている．

5.6.2 ホィーラー–ドウィット方程式

ここで正準量子化の手続きによって重力場を量子化することを考え，どのような問題点が出てくるのかを見る．そのためまず重力場をハミルトン形式で書き表す必要がある．重力場の作用積分は次のアインシュタイン–ヒルベルト作用

$$S_{EH} = \frac{c^3}{16\pi G} \int \sqrt{-g} d^4x (R - 2\Lambda) \tag{5.77}$$

で与えられる．時空に適切な座標を導入してからこの作用積分を正準量子化し，時空のシュレーディンガー方程式に対応する方程式を導くことが可能である．その方程式はホィーラー–ドウィット方程式 (Wheeler–Dewitt equation) と呼ばれ，宇宙の波動関数を決める方程式と考えられる．宇宙の波動関数は時空がとり得るあらゆる

可能性を含んだ無限次元**超空間** (superspace) の関数，つまり汎関数である．したがってホィーラー–ドウィット方程式は複雑な汎関数微分方程式となる．この方程式を一般的に解くことは不可能である．

ここで問題を単純化し，一様等方な宇宙のみを考えることにより無限の空間自由度を有限化したモデルを考える．すると波動関数は有限の自由度を持つ通常の関数になる．このように無限大の自由度を有限の自由度へ大幅に制限した空間は**ミニ超空間** (mini-superspace) と呼ばれる．

一般の 4 次元計量 $g_{\mu\nu}$ は，一様等方な 3 次元空間の条件から $g_{0i} = 0$, $g_{ij} = a(t)\gamma_{ij}$ を満たす．ここで γ_{ij} は曲率 K が一定の一様等方 3 次元計量である．したがってこのミニ超空間の一般的な計量は

$$ds^2 = -N^2(t)c^2 dt^2 + a^2(t)\gamma_{ij}dx^i dx^j \tag{5.78}$$

となる．ここで $a(t)$ は通常のスケール因子であり宇宙のサイズを決める変数に対応する．また $N(t)$ はラプス関数と呼ばれ，時間間隔を決める自由度に対応する．

この計量からスカラー曲率を計算してアインシュタイン–ヒルベルト作用に代入し，時間積分の表面項を落とすと，

$$S_{\mathrm{EH}} = \frac{3c^4}{8\pi G} \int dt\, d^3x\, \sqrt{\gamma}\left(KNa - \frac{a\dot{a}^2}{c^2 N} - \frac{\Lambda}{3}Na^3 \right) \tag{5.79}$$

となる．さらに簡単のため空間体積が有限になる閉じた宇宙 $K > 0$ を考えると，空間積分は 3 次元球の体積

$$\int \sqrt{\gamma}d^3 x = 2\pi^2 K^{-3/2} \tag{5.80}$$

を与える．そこで $R(t) = K^{-1/2}a(t)$ と変数変換する[*12]と式 (5.79) からラグランジアンが

$$L = \frac{3\pi c^4}{4G}\left(NR - \frac{R\dot{R}^2}{c^2 N} - \frac{\Lambda}{3}NR^3 \right) \tag{5.81}$$

となることがわかる．いま力学変数は N と R の 2 つであるが，このラグランジアンには N に関する時間微分の項が存在しない．これは運動方程式が N に対する時間発展を与えず，この力学系の拘束条件となることを意味する．ラプス関数は時空間中で時間一定面を人工的に定義するもので，それは本来の力学的な自由度ではない．拘束条件はラプス関数が本来の力学的な変数でないことから生じる．

[*12] 同じ記号になってしまったが，スカラー曲率 R とは区別せよ．

定義に従って正準共役変数を求めると，

$$P_N = \frac{\partial L}{\partial \dot{N}} = 0 \tag{5.82}$$

$$P_R = \frac{\partial L}{\partial \dot{R}} = -\frac{3\pi c^2}{2G}\frac{R\dot{R}}{N} \tag{5.83}$$

となる．式 (5.82) が 1 次拘束条件である．したがってハミルトニアンは

$$H = P_N \dot{N} + P_R \dot{R} - L = -\frac{G}{3\pi c^2}\frac{N}{R}\left[P_R^2 + \left(\frac{3\pi c^3}{2G}\right)^2 \left(R^2 - \frac{\Lambda}{3}R^4\right)\right] \tag{5.84}$$

となる．1 次拘束条件が時間発展してもつねに成り立つべきことから 2 次拘束条件が導かれる．ここで $N > 0$ であることに注意すると，

$$\dot{P}_N = -\frac{\partial H}{\partial N} = 0 \quad \Leftrightarrow \quad H = 0 \tag{5.85}$$

となる．

　つまりこの系のハミルトニアンはつねにゼロとなる．ハミルトニアンが系の時間発展を決定することを思い起こせば，この系はその意味での力学的な時間発展がない．時間発展に関する内容は拘束条件の中に含まれているのである．このことは一様等方性の仮定とは関係なく，一般的な重力場の正準形式においても成り立つ．通常は時間変数が外から与えられるパラメータであるのに対し，重力場では時間の経過自体が力学変数により決まるという，他の力学系では考えられない性質を持っていることが本質的な理由である．

　拘束のある系の量子化では，拘束条件を演算子として波動関数 Ψ に作用させ，波動関数に対する条件とみなす．シュレーディンガー表示 $P_N = -i\hbar \partial_N$ により拘束条件 (5.82) に対応する方程式は

$$\frac{\partial \Psi}{\partial N} = 0 \tag{5.86}$$

となる．この式により波動関数は変数 N に依存せず，変数 R のみの関数 $\Psi(R)$ となる．同様に拘束条件 (5.85) に対応する方程式は

$$\left[\frac{d^2}{dR^2} - \left(\frac{3\pi c^3}{2G\hbar}\right)^2 \left(R^2 - \frac{\Lambda}{3}R^4\right)\right]\Psi(R) = 0 \tag{5.87}$$

となる．これがミニ超空間における宇宙の波動関数 Ψ を決めるホィーラー–ドウィット方程式である．これは 1 次元量子力学系における定常状態のシュレーディン

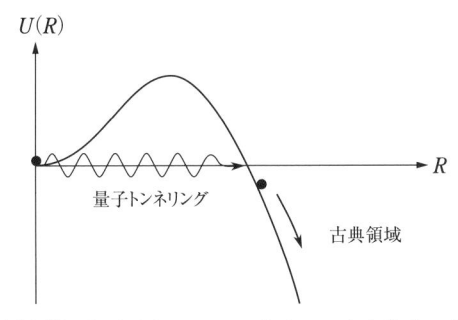

図 5.8 ミニ超空間におけるホィーラー–ドウィット方程式のポテンシャル．量子トンネリング効果により宇宙が古典領域に生まれ出て膨張を始めた可能性を示唆する．

ガー方程式と等価であり，エネルギーゼロの固有状態を求める問題になる．そのポテンシャルは $U(R) = (3\pi/2l_{\rm Pl}^2)^2(R^2 - \Lambda R^4/3)/2$ である（図 5.8）．

このポテンシャルは原点で極小になっていて，$0 < R < (\Lambda/3)^{-1/2}$ にポテンシャル障壁があり，さらにその先には古典的に存在できる領域が広がっている．原点は宇宙が何もない「無」に対応していると考えられる．すると，この「無」の状態から量子的なトンネル効果により宇宙が生まれ出たという驚くべき可能性が考えられるのである．そのトンネル確率は境界条件がどういうものかによる．境界条件についてはいくつかの提案がなされているが，いまだによくわかっていない．

それ以前に，宇宙の波動関数をどう解釈すればよいのかが大きな問題としてある．通常の量子系では，波動関数は確率解釈によって観測量と結びついている．同じ条件下で系を何度も観測してみたとき，得られる観測値の分布確率が波動関数の振幅の 2 乗で与えられる．だがいまの場合，宇宙が 1 つしかない上に観測者自身も問題の系の中にいる．通常の量子論は系の外にいる観測者をつねに想定しているのである．このため宇宙の波動関数の場合は通常の確率解釈が意味をなさなくなる．確率解釈を超えて量子論の解釈を拡張する試みもなされているが，現在でも依然として解決していない．

また，ハミルトニアンが拘束条件として消えてしまっているのも問題である．任意の物理量を表す演算子 $X(t)$ の期待値は，

$$\langle \Psi | X(t) | \Psi \rangle = \langle \Psi | e^{iHt} X(0) e^{-iHt} | \Psi \rangle = \langle \Psi | X(0) | \Psi \rangle \tag{5.88}$$

となり，どのような物理量にも時間発展がなくなってしまう．このことはホィーラー–ドウィット方程式が，本来の時間座標の含まれない定常状態の方程式になっ

ていることと対応する．宇宙全体を計量場として量子化した場合，宇宙に時間発展がなくなってしまうのである．このことは，時間自体がなにか宇宙の進化とともに現象論的に現れるのではないかという深遠な事実を示唆しているようにも見えるが，その真の意味は不明である．

また，一様等方性を仮定しない一般のホィーラー–ドウィット方程式を考えるとさらに問題が出てくる．まず，方程式が無限自由度を持つので複雑すぎて一般的に解けない．また，量子化の際に演算子順序をどうとればよいのかわからないという問題もある．さらには，方程式が双曲型の微分方程式であり，この場合クライン–ゴルドン方程式などと同様，波動関数から保存する確率密度を定義することができない．確率解釈以前の問題である．

以上のように，単純に量子論を一般相対性理論に適用しようとすると，いくつもの原理的な困難に突き当たる．この困難の解決には，時空間と量子論の本質をより深いところから根本的に理解することが必要である．量子重力理論の歴史は，この1世紀近くにわたって失敗の歴史でもあった．現在でも，ループ量子重力理論やストリング理論をはじめとしていろいろなアイディアが注入され，研究されている．多くの才能ある研究者たちによってすべての相互作用の統一を目指した理論的探求が続けられているが，いまだその先行きは不透明である．一時期，ストリング理論が世界のすべてを説明する究極の理論かもしれないとの期待が大きく高まったこともあったが，その後その期待を具現化する定式化が得られているとは言い難い．量子重力が問題になるプランクエネルギーは，人類が地上で実験できるエネルギースケールをはるかに上回っている．このため，実験的な手がかりのない領域で理論だけが先行せざるを得ないという，これまでの物理学の発展史上かつてない困難な状況にある．道のりは果てしなく険しいが，いつの日か宇宙の創世を真の意味で記述する究極の理論が見つかるときがくるのであろうか？　いまのところ誰にもわからない．

第6章

構造形成の基礎 I

　現在の宇宙にはあらゆる構造が満ちあふれている．前章までは主として宇宙の一様等方成分に着目して見てきたが，完全に一様等方な宇宙にはいかなる構造もできようがない．構造がなければ我々自身も生まれず，こうして存在することができなかった．宇宙マイクロ波背景放射の等方性から初期の宇宙はきわめて一様であったことがわかっているが，その中に微小なゆらぎも観測されている．このゆらぎはその後の宇宙の進化とともに重力の働きによって成長することができる．そして現在の構造に至ったと考えるのが自然である．このように重力が原動力となって宇宙の構造が形成されたとする考え方を構造形成の**重力不安定性理論** (gravitational instability theory) という．背景放射にゆらぎが見つかるまではこれ以外の理論も唱えられて構造形成論が混迷したこともあったが，現在では定量的に観測事実を説明することができる標準的な理論となっている．

6.1　ゆらぎの発展方程式

　初期にきわめて小さかったゆらぎが成長して現在の大きな宇宙構造となるのは，非相対論的な物質に限られる．相対論的な放射成分は圧力が強すぎるために重力不安定性によっては十分な構造形成を進められないのである．また，因果的な領域にしか物質を集めることはできないので，ホライズンサイズよりも小さな構造しか形成できない．ホライズン*¹よりも内側では空間の膨張則以外に一般相対論的効果は小さい．そこでここでは膨張宇宙を背景時空と考え，その中で非相対論的に振る舞う物質の空間的ゆらぎを扱うことを考える．

　いま宇宙にある物質成分を完全流体とみなすと，その物理状態は質量密度場

---

*1　より正確にはハッブル半径．

$\varrho(\boldsymbol{r},t)$,圧力場 $p(\boldsymbol{r},t)$,速度場 $\boldsymbol{v}(\boldsymbol{r},t)$ によって定まる.非相対論的な物質の場合,圧力はエネルギー密度 ρ に比べて十分小さく,$p \ll \rho = \varrho c^2$ が成り立つ.この流体に対する基礎方程式は,連続の式とオイラー方程式である.膨張しない平坦な空間座標 $\boldsymbol{r}$ において,重力ポテンシャル場 $\phi(\boldsymbol{r},t)$ 中におけるそれらの方程式は

$$\frac{\partial \varrho}{\partial t} + \boldsymbol{\nabla} \cdot (\varrho \boldsymbol{v}) = 0 \tag{6.1}$$

$$\frac{\partial \boldsymbol{v}}{\partial t} + (\boldsymbol{v} \cdot \boldsymbol{\nabla})\boldsymbol{v} = -\frac{\boldsymbol{\nabla} p}{\varrho} - \boldsymbol{\nabla} \phi \tag{6.2}$$

となる.ここで $\boldsymbol{\nabla} = \partial/\partial \boldsymbol{r}$ である.この物質成分は他の成分と重力以外の相互作用をしないものと仮定した.第1の連続の式は,空間に固定されたある微小体積中の質量の増加が,そこへ流れ込む質量に等しいことを意味する.すなわち質量の保存である.第2のオイラー方程式は,流体に対するニュートンの運動方程式である.左辺は流体とともに運動する質量素片についての速度変化を表し,右辺はその質量素片に加わる質量あたりの力を表す.右辺第1項は圧力勾配により生じる力,第2項は重力による力にそれぞれ対応する.

上に与えられる流体の方程式は膨張しない静止座標で表されたものなので,これを膨張時空の座標である共動座標 $\boldsymbol{x} = \boldsymbol{r}/a$ によって書き直すことを考える.まず,上に与えられた速度場は静止座標から見た速度を表しているが,膨張宇宙では共動座標から見た速度を速度場とみなす必要がある.そこで物質の移動に伴う静止座標の値の時間変化を考えると,

$$\dot{\boldsymbol{r}} = \dot{a}\boldsymbol{x} + a\dot{\boldsymbol{x}} \tag{6.3}$$

となる.右辺第1項は,共動座標で静止している物質が静止座標で見たときに運動して見える効果を表している.したがって共動座標の速度場においてはこの寄与を差し引いた $a\dot{\boldsymbol{x}}$ を速度とみなすべきであり,そのためには

$$\boldsymbol{v} \to \boldsymbol{v} + \dot{a}\boldsymbol{x} \tag{6.4}$$

と置き換えればよい.また,静止座標から共動座標への座標変換 $(t, \boldsymbol{r}) \to (t, \boldsymbol{x})$ により,偏微分は

$$\frac{\partial}{\partial t} \to \frac{\partial}{\partial t} - \frac{\dot{a}}{a}\boldsymbol{x} \cdot \boldsymbol{\nabla}, \qquad \boldsymbol{\nabla} \to \frac{1}{a}\boldsymbol{\nabla} \tag{6.5}$$

と置き換えられる.ここで右辺の空間微分は共動座標によるもので $\boldsymbol{\nabla} = \partial/\partial \boldsymbol{x}$ である.時間の偏微分は固定される変数が変わるのでこのような変換となる.

これらの変換を式 (6.1), (6.2) に適用すると，

$$\frac{\partial \varrho}{\partial t} + 3\frac{\dot{a}}{a}\varrho + \frac{1}{a}\boldsymbol{\nabla}\cdot(\varrho\boldsymbol{v}) = 0 \tag{6.6}$$

$$\frac{\partial \boldsymbol{v}}{\partial t} + \frac{\dot{a}}{a}\boldsymbol{v} + \frac{1}{a}(\boldsymbol{v}\cdot\boldsymbol{\nabla})\boldsymbol{v} = -\frac{1}{a}\boldsymbol{\nabla}\varPhi - \frac{1}{a\varrho}\boldsymbol{\nabla}p \tag{6.7}$$

を得る．ここで，共動座標の重力ポテンシャル $\varPhi$ を

$$\varPhi = \phi + \frac{1}{2}a\ddot{a}|\boldsymbol{x}|^2 \tag{6.8}$$

で定義した．重力ポテンシャルをこのように変更する理由は，静止座標と共動座標が原点以外でお互いに加速運動しているためである．共動的に膨張する物質は共動座標では力を受けていないが，静止座標では加速運動するので見かけの力が加わるのである．

さて，上に導いた方程式を解くためには重力ポテンシャルを与える必要がある．重力場には宇宙全体のエネルギー成分がすべて寄与する．ここでは宇宙の支配的なエネルギー成分も非相対論的物質である場合を考え，その全質量密度を ϱ_{tot} とする．このときの重力ポテンシャルは静止座標における次のポアソン方程式

$$\triangle\phi = 4\pi G\varrho_{\text{tot}} \tag{6.9}$$

により定まる．ここで $\triangle = \boldsymbol{\nabla}\cdot\boldsymbol{\nabla}$ は静止座標のラプラシアンである．いま問題にしている流体が支配的エネルギー成分であれば，$\varrho_{\text{tot}} = \varrho$ とおいてよい．このように自分自身が作る重力場中で進化する系は**自己重力系** (self-gravitating system) と呼ばれる．以下では自己重力系でない場合も含めて考える．

非相対論的物質が支配的な宇宙において，空間平均した宇宙の全質量密度を $\bar{\varrho}_{\text{tot}}$ とすれば，スケール因子の 2 階微分は式 (3.14) により，

$$\frac{\ddot{a}}{a} = -\frac{4\pi G}{3}\bar{\varrho}_{\text{tot}} \tag{6.10}$$

で与えられる．式 (6.5), (6.8), (6.9), (6.10) により共動座標系におけるポアソン方程式は，

$$\triangle\varPhi = 4\pi Ga^2\left(\varrho_{\text{tot}} - \bar{\varrho}_{\text{tot}}\right) \tag{6.11}$$

となる．共動座標系で見ると，宇宙に一様に広がった密度は重力ポテンシャルに寄与しない．空間的一様性からのずれのみが寄与する．それに対して，静止座標においては空間に一様に分布した物質はポテンシャルを発散させてしまう．このこと

は，静止宇宙に物質を一様に分布させた状態が極度に不安定であることを意味している．これとは対照的に，膨張宇宙での一様な物質分布は安定である．このような観点から，静止宇宙より膨張宇宙の方が自然であるということができる．

流体の密度と圧力の空間平均は時間のみの関数であり，それらをそれぞれ $\bar{\varrho}(t)$, $\bar{p}(t)$ とおく．このとき式 (6.6) の空間平均をとると

$$\frac{d}{dt}\left(a^3\bar{\varrho}\right) = 0 \tag{6.12}$$

となる．この式は一様等方宇宙の保存則を表す式 (3.16) において圧力の無視できる非相対論的流体の場合に一致している．

これら空間平均量をもとに，密度ゆらぎの場 $\delta(\boldsymbol{x}, t)$ と圧力ゆらぎの場 $\delta p(\boldsymbol{x}, t)$ を次のように定義する：

$$\delta(\boldsymbol{x}, t) = \frac{\varrho(\boldsymbol{x}, t) - \bar{\varrho}(t)}{\bar{\varrho}(t)} \tag{6.13}$$

$$\delta p(\boldsymbol{x}, t) = p(\boldsymbol{x}, t) - \bar{p}(t) \tag{6.14}$$

式 (6.12) を用いると，共動座標系における連続の式 (6.6) とオイラー方程式 (6.7) はそれぞれ

$$\frac{\partial \delta}{\partial t} + \frac{1}{a}\nabla \cdot [(1+\delta)\boldsymbol{v}] = 0 \tag{6.15}$$

$$\frac{\partial \boldsymbol{v}}{\partial t} + \frac{\dot{a}}{a}\boldsymbol{v} + \frac{1}{a}(\boldsymbol{v}\cdot\nabla)\boldsymbol{v} = -\frac{1}{a}\nabla\Phi - \frac{\nabla(\delta p)}{a\bar{\varrho}(1+\delta)} \tag{6.16}$$

とかける．また，ポアソン方程式 (6.11) は

$$\triangle\Phi = \frac{4\pi G}{c^2}a^2\bar{\rho}_{\text{tot}}\,\delta_{\text{tot}} \tag{6.17}$$

と表される．ここで δ_{tot} は宇宙の全密度成分についての密度ゆらぎである．

なお，宇宙の優勢エネルギー成分が相対論的物質の場合，式 (6.10) は宇宙の全平均圧力 $\bar{p}_{\text{tot}}$ の寄与が付け加わり，

$$\frac{\ddot{a}}{a} = -\frac{4\pi G}{3c^2}(\bar{\rho}_{\text{tot}} + 3\bar{p}_{\text{tot}}) \tag{6.18}$$

で置き換えられる．しかしこれを用いると，共動座標におけるポアソン方程式 (6.11) の両辺が一様宇宙において消えず，おかしなことになる．これはもとのポアソン方程式 (6.9) が非相対論的物質に対するものだからである．

圧力が寄与する場合にも一様宇宙で $\Phi = 0$ の解を持つためには，もとの静止座

標のポアソン方程式(6.9)が

$$\triangle \phi = \frac{4\pi G}{c^2}(\rho_{\text{tot}} + 3p_{\text{tot}}) \tag{6.19}$$

であればよい．実際，アインシュタイン方程式のニュートン極限を相対論的物質を含む場合に拡張するとこの修正されたポアソン方程式(6.19)を示すことができる[*2]．相対論的物質では圧力も重力源として作用し，重力ポテンシャルに寄与するのである．こうして，いま考えている非相対論的物質の他に，外場として相対論的成分も重力ポテンシャルに寄与するときには共動座標のポアソン方程式(6.17)は

$$\triangle \Phi = \frac{4\pi G a^2}{c^2}(\bar{\rho}_{\text{tot}}\delta_{\text{tot}} + 3\delta p_{\text{tot}}) \tag{6.20}$$

となる．ここで δp_{tot} は全圧力のゆらぎである．この場合も，ゆらぎのない一様な成分は重力ポテンシャルに寄与しない．とくに宇宙項は空間的に一定の相対論的エネルギー成分である．このため，非相対論的なポアソン方程式(6.17)の形は宇宙項があっても変更を受けない．

以上，式(6.15), (6.16)と，式(6.17)あるいは(6.20)が膨張宇宙において非相対論的完全流体で近似される物質ゆらぎの発展を記述する基礎方程式系である．1つの流体成分あたり，変数は $\delta, \delta p, \bm{v}$ の5自由度を持つ．ポアソン方程式で決まる重力ポテンシャルを別にすれば，流体変数を決める独立な方程式の数は4個しかないので変数の数が1つ多い．方程式を解くには物質の状態方程式をさらに加える必要がある．

6.2　ジーンズ不安定性

重力は引力であるから一方的に質量を引き寄せるのみである．すこしでも密度の大きい部分があると，重力により付近の物質はそこへ集まろうとする．するとますます密度が大きくなり重力が強くなる．こうしてゆらぎが大きく成長することになる．これが重力不安定性によるゆらぎの成長である．だがここで重力による収縮力を支えてしまうだけの圧力があれば，ゆらぎが成長できなくなる．このことは重力不安定性によりゆらぎが成長するための条件を導く．

[*2]　一般相対性理論におけるニュートン極限については，たとえば，内山龍雄『一般相対性理論』（裳華房，1978）などを参照のこと．

重力的なゆらぎの成長のためにはまず，ゆらぎが小さい初期の段階で成長できる必要がある．そこでゆらぎの量に対する 1 次の項だけを考えて，高次の項を無視する線形近似によりこれを調べてみる．ゆらぎが十分成長した後はかなり複雑になるが，線形段階では比較的単純に調べることができる．

式 (6.15) に $\partial/\partial t + 2\dot{a}/a$ を作用させた式と，式 (6.16) に $-a^{-1}\boldsymbol{\nabla}\cdot$ を作用させた式を加え合わせて非線形項を落とすと，速度場が消去されて次式となる：

$$\frac{\partial^2 \delta}{\partial t^2} + 2\frac{\dot{a}}{a}\frac{\partial \delta}{\partial t} - \frac{\triangle(\delta p)}{a^2 \bar{\varrho}} = \frac{4\pi G}{c^2}(\bar{\rho}_{\text{tot}}\delta_{\text{tot}} + 3\delta p_{\text{tot}}) \tag{6.21}$$

ただし，宇宙の支配的エネルギー成分には相対論的物質も許す一般的な場合を考え，ポアソン方程式には式 (6.20) を用いた．ここで圧力と密度ゆらぎの関係を得るため，流体の単位質量あたりのエントロピーを S として状態方程式が $p = p(\varrho, S)$ で与えられるとする．線形近似の範囲内で圧力のゆらぎは

$$\delta p = \left(\frac{\partial p}{\partial \varrho}\right)_S \bar{\varrho}\,\delta + \left(\frac{\partial p}{\partial S}\right)_\varrho \delta S \tag{6.22}$$

となる．ここで右辺の第 1 項の係数はこの流体の音速 c_{s} の 2 乗に対応する量で

$$c_{\text{s}}^2 = \left(\frac{\partial p}{\partial \varrho}\right)_S \tag{6.23}$$

である．こうして式 (6.21) を書き直すと

$$\frac{\partial^2 \delta}{\partial t^2} + 2\frac{\dot{a}}{a}\frac{\partial \delta}{\partial t} - \left(4\pi G \bar{\varrho}\delta + \frac{c_{\text{s}}^2}{a^2}\triangle \delta\right) = \left(\frac{\partial p}{\partial S}\right)_\varrho \frac{\triangle(\delta S)}{a^2 \bar{\varrho}} + \frac{4\pi G}{c^2}(\bar{\rho}_{\text{ext}}\delta_{\text{ext}} + 3\delta p_{\text{ext}}) \tag{6.24}$$

となる．ただし $\bar{\rho}_{\text{ext}}\delta_{\text{ext}} = \bar{\rho}_{\text{tot}}\delta_{\text{tot}} - \bar{\rho}\delta$, $\delta p_{\text{ext}} = \delta p_{\text{tot}} - \delta p$ は他の流体成分からの全ゆらぎへの寄与である．また，非相対論的流体については $c_{\text{s}} \ll c$ となることから $(c_{\text{s}}/c)^2$ が含まれる項を無視した．

ここでエントロピーゆらぎ δS について見ておく．熱伝導が無視できる場合を考えると流体の流れに沿って S が保存するので，静止座標では

$$\frac{\partial S}{\partial t} + \boldsymbol{v}\cdot\boldsymbol{\nabla}S = 0 \tag{6.25}$$

が成り立つ．これを式 (6.4), (6.5) により共動座標の方程式に変換すれば

$$\frac{\partial S}{\partial t} + \frac{1}{a}\boldsymbol{v}\cdot\boldsymbol{\nabla}S = 0 \tag{6.26}$$

となる．一様等方宇宙ではエントロピーの平均値 $\bar{S}$ が保存されるので，ゆらぎの成分 $\delta S = S - \bar{S}$ についても上と同様の式が成り立つ．それをゆらぎの量について線形化すると，

$$\frac{\partial}{\partial t}\delta S = 0 \tag{6.27}$$

となる．つまり質量あたりのエントロピーゆらぎは線形領域で時間変化しない．とくに，初期条件としてはじめからエントロピーゆらぎがない断熱ゆらぎの場合には，その後もエントロピーゆらぎは生まれない．これとは対照的に，初期にエントロピーゆらぎしかなく密度ゆらぎがゼロであったとしても，式 (6.24) により密度ゆらぎは生成される．すなわち，エントロピーゆらぎは密度ゆらぎの源となれるが，逆は成り立たない[*3]．

以下は簡単のため，エントロピーゆらぎや他のエネルギー成分のゆらぎが無視できる，つまり式 (6.24) の右辺が無視できる場合を考える．これは断熱ゆらぎ $\delta S = 0$ かつ自己重力系の場合に対応するが，宇宙定数やゆらぎの無視できるダークエネルギーなど，空間的ゆらぎのないエネルギー成分はあってもよい．ここでゆらぎの空間成分をフーリエ分解して考えるのがよい．密度ゆらぎの連続フーリエ変換とその逆変換は

$$\tilde{\delta}(\boldsymbol{k},t) = \int d^3x\, e^{-i\boldsymbol{k}\cdot\boldsymbol{x}}\delta(\boldsymbol{x},t), \qquad \delta(\boldsymbol{x},t) = \int \frac{d^3k}{(2\pi)^3}\, e^{i\boldsymbol{k}\cdot\boldsymbol{x}}\tilde{\delta}(\boldsymbol{k},t) \tag{6.28}$$

で与えられる．このとき $\tilde{\delta}(\boldsymbol{k},t)$ に対する方程式は

$$\frac{\partial^2 \tilde{\delta}}{\partial t^2} + 2\frac{\dot{a}}{a}\frac{\partial \tilde{\delta}}{\partial t} - \left(4\pi G\bar{\varrho} - \frac{c_s^2 k^2}{a^2}\right)\tilde{\delta} = 0 \tag{6.29}$$

となる．したがって各フーリエモードは独立に進化し，異なるフーリエモードがお互いに影響し合うことはない．これは線形理論の特徴であり，このために解析が非常に簡単化する．以下は波数ベクトル $\boldsymbol{k}$ のフーリエモードのみに着目し，$\tilde{\delta}$ を単に δ とかくことにする．

式 (6.29) は δ を粒子の位置とみなしたニュートンの運動方程式との対応で考えると具体的に解かなくてもその解の振る舞いがわかる．第 1 項を粒子の加速を表すものとみなせば，第 2 項は速度に比例した逆向きの摩擦力を表すものとみなされる．さらに第 3 項は粒子の位置に依存したポテンシャル力とみなすことができる．つまり，摩擦力を受けながらポテンシャル $V(\delta) = -(4\pi G\bar{\varrho} - c_s^2 k^2/a^2)\delta^2/2$ 中を 1 次元運動する粒子の運動方程式と等価である（図 6.1）．ただしこのポテンシャルは時間変化する．

[*3] ただし後述するように，多成分系においては各成分のゆらぎが断熱的であっても成分間の速度差などにより線形領域でも全体のエントロピーゆらぎが発生する．

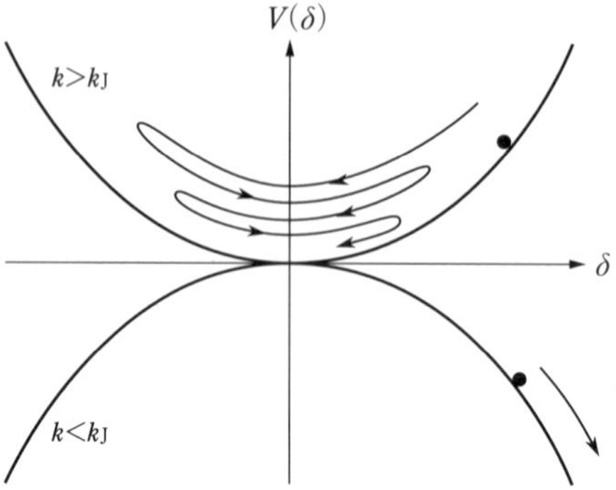

図 6.1 ジーンズ不安定性を表すポテンシャル．ポテンシャルの形は時間変化する．

ポテンシャルの係数 $4\pi G\bar{\varrho} - c_s^2 k^2/a^2$ が負ならば下に凸なポテンシャルとなる．このとき δ は成長できずに減衰振動しながらゼロに近づいていく．この状況は音速が十分大きい場合に起こる．音速が大きいということは，圧力の効果が大きいということで，重力による収縮力を圧力が押し返すことで密度ゆらぎが成長できない状況に対応する．これは言い方を変えれば，長さスケール $1/k$ が十分小さい場合でもある．小スケールには質量が十分含まれないため，ゆらぎが成長するための重力が不足するとも解釈できる．圧力によるこの振動現象を，ゆらぎの**音響振動** (acoustic oscillations) という．

逆にこの係数が正であればポテンシャルは上に凸になり，摩擦力を受けながらもゆらぎが成長できるようになる．これは重力が圧力に打ち勝ってゆらぎが成長し，物質が重力収縮をしていく状況である．摩擦項は宇宙膨張によるものであり，宇宙膨張は重力収縮を遅くする働きがある．

これら 2 つの定性的に異なる状況を分ける臨界の波数 k_J は，上のポテンシャルの係数がちょうどゼロになる条件から

$$k_J = \frac{a\sqrt{4\pi G\bar{\varrho}}}{c_s} \tag{6.30}$$

で与えられる．これは実距離の波長にして

$$\lambda_J \equiv \frac{2\pi a}{k_J} = c_s\sqrt{\frac{\pi}{G\bar{\varrho}}} \tag{6.31}$$

に対応する．この波長を目安とする長さよりも短いスケールの密度ゆらぎは圧力に阻まれて成長できず，それより長いスケールのゆらぎのみが成長できる．この臨界

の長さ λ_J のことはジーンズ長 (Jeans length) と呼ばれ，宇宙の構造形成にとって重要な量である．また，ジーンズ長を直径とする球に含まれる質量

$$M_\mathrm{J} \equiv \frac{4\pi\bar{\varrho}}{3}\left(\frac{\lambda_\mathrm{J}}{2}\right)^3 = \frac{\pi^{5/2}}{6}\frac{c_\mathrm{s}^3}{\sqrt{G^3\bar{\varrho}}} \tag{6.32}$$

を考えれば，それは重力成長により形成することのできる天体の最低限の質量の目安となる．この量 M_J をジーンズ質量 (Jeans mass) と呼ぶ[*4]．

音速は流体の性質で定まるが，例として質量 m の同種粒子でできている理想気体を考えてみる．単位質量の気体を考えると，その体積は $V = 1/\varrho$，粒子数は $1/m$ で与えられるので，その状態方程式は $p = \varrho k_\mathrm{B} T/m$ となる．ここで断熱過程におけるポアソンの式により pV^γ は一定である．ここで $\gamma = C_p/C_V$ は比熱比で，単原子理想気体の場合は $\gamma = 5/3$ である[*5]．したがって p/ϱ^γ は断熱過程で一定となるので，

$$c_\mathrm{s}^2 = \left(\frac{\partial p}{\partial \varrho}\right)_S = \frac{p}{\varrho^\gamma}\left(\frac{\partial}{\partial \varrho}\varrho^\gamma\right)_S = \frac{\gamma p}{\varrho} = \frac{\gamma k_\mathrm{B} T}{m} \tag{6.33}$$

となる．すなわちこの場合の音速は $c_\mathrm{s} = \sqrt{\gamma k_\mathrm{B} T/m}$ で与えられる．

非相対論的流体では，$k_\mathrm{B} T \ll mc^2$ であるから，この音速は光速に比べてずっと小さい．したがって，物質優勢であればジーンズ長はホライズンサイズ $l_\mathrm{H} \equiv c/H \sim c/(G\varrho)^{1/2}$ に比べてずっと小さく $\lambda_\mathrm{J} \sim (c_\mathrm{s}/c)l_\mathrm{H}$ となる．このため，小スケールを除けば，ホライズン内の広いスケールにわたって重力不安定性による構造形成が可能である．

6.3 重力不安定性によるゆらぎの成長

ここではジーンズ長より大きなスケールのゆらぎに着目し，その線形成長の解を求めることを考える．物質優勢期に入ってから現在に至るまでのダークマターのゆらぎの線形成長はこの場合に対応する．宇宙の構造形成において重要な役割を果たす過程である．

[*4] ジーンズ長やジーンズ質量は重力収縮の目安を表す量であり，前につく数値因子にあまり意味はない．

[*5] 2原子分子気体では $\gamma = 7/5$，多原子分子気体では $\gamma = 4/3$ となる．

6.3.1 密度ゆらぎの成長

ジーンズ長より十分大きなスケールにおいて，非相対論的物質の密度ゆらぎの成長方程式 (6.29) は

$$\ddot{\delta} + 2\frac{\dot{a}}{a}\dot{\delta} - 4\pi G\bar{\varrho}\delta = 0 \tag{6.34}$$

となる．この式は波数 k に依存しないので，実空間でもフーリエ空間でも同様に成り立つ微分方程式となっている．すなわち方程式が空間的に局所的である．ジーンズ長以下のゆらぎを無視する線形近似では，空間各点の密度ゆらぎの値は独立に時間発展する．

はじめに，簡単なアインシュタイン–ド・ジッター宇宙の場合を考える．この場合，式 (3.105), (3.106) により $\dot{a}/a = 2/3t$, $\bar{\varrho} = (6\pi Gt^2)^{-1}$ であるから，式 (6.34) は

$$\ddot{\delta} + \frac{4}{3t}\dot{\delta} - \frac{2}{3t^2}\delta = 0 \tag{6.35}$$

となる．ここで $\delta \propto t^n$ とおいて代入すれば，ただちに $n = 2/3, -1$ という解が見つかる．したがって一般解はこれらの解の重ね合わせで表されて

$$\delta = At^{2/3} + Bt^{-1} \tag{6.36}$$

となる．第1項は時間とともに成長するため**成長モード** (growing mode) と呼ばれ，第2項は減衰するため**減衰モード** (decaying mode) と呼ばれる．減衰モードは時間とともに急速に小さくなっていくので，構造形成には重要な役割を果たさない．一方，成長モードの成長はスケール因子の成長 $a \propto t^{2/3}$ とまったく同じである．したがって宇宙が物質優勢期で，アインシュタイン–ド・ジッター宇宙により近似できるとき，密度ゆらぎはスケール因子に比例して $\delta \propto a$ のように成長することになる．

物質優勢期以後で曲率や宇宙定数が含まれる一般の場合の方程式も，次に示すように解析的に求積することができる．まず微分方程式を1階微分のない標準形に直すため $y = a\delta$ という変数を導入すると，方程式 (6.34) は

$$\ddot{y} - \left(\frac{\ddot{a}}{a} + 4\pi G\bar{\varrho}\right)y = 0 \tag{6.37}$$

の形になる．

ここで，一様等方宇宙のアインシュタイン方程式 (3.14), (3.15) は，非相対論的物質と宇宙項の含まれる場合

$$\frac{\ddot{a}}{a} = -\frac{4\pi G}{3}\bar{\varrho} + \frac{c^2\Lambda}{3}, \qquad \dot{\bar{\varrho}} = -3\frac{\dot{a}}{a}\bar{\varrho} \tag{6.38}$$

となり，第 1 式を微分して第 2 式を用いると

$$\dddot{a} - \frac{\ddot{a}\dot{a}}{a} - 4\pi G \dot{a}\bar{\varrho} = 0 \tag{6.39}$$

が導かれる．つまり $y = \dot{a}$ が方程式 (6.37) の特解になっている．2 階線形微分方程式の一般論により特解が見つかればもう 1 つの解も求められる．いまの場合 $y = \dot{a}w$ とおくと方程式 (6.37) は

$$\dot{a}\ddot{w} + 2\ddot{a}\dot{w} = 0 \tag{6.40}$$

となる．この方程式は $\dot{w}$ についてただちに求められ，その解は $\dot{w} \propto \dot{a}^{-2}$ である．したがって

$$w \propto \int \frac{dt}{\dot{a}^2} = \int \frac{da}{\dot{a}^3} \tag{6.41}$$

である．これで独立な 2 解が求まった．まとめると δ に対する独立解は

$$D_+ \propto H \int_0^a \frac{da}{a^3 H^3} \tag{6.42}$$

$$D_- \propto H \tag{6.43}$$

の 2 つとなる．物質優勢期以後のハッブル・パラメータ

$$H = H_0 \sqrt{\frac{\Omega_{m0}}{a^3} + \Omega_{\Lambda 0} + \frac{1 - \Omega_{m0} - \Omega_{\Lambda 0}}{a^2}} \tag{6.44}$$

は時間の減少関数であるから，第 2 の解は減衰モードであり，第 1 の解が成長モードに対応する．この関数 $D_+(t)$ をとくに**線形成長因子** (linear growth factor) と呼ぶ．アインシュタイン-ド・ジッター宇宙 $\Omega_{m0} = 1, \Omega_{\Lambda 0} = 0$ の場合は $D_+ \propto a, D_- \propto a^{-3/2}$ となり，当然ながら上で得た結果を再現する．成長モード D_+ は，時間に依存する宇宙論パラメータ Ω_m, Ω_Λ を用いて，次の便利な形に変形できる：

$$D_+ = \frac{5}{2} a \Omega_m \int_0^1 \frac{dx}{(\Omega_m/x + \Omega_\Lambda x^2 + 1 - \Omega_m - \Omega_\Lambda)^{3/2}} \tag{6.45}$$

ここで，比例定数は $a \to 0$ の極限で $D_+ \to a$ となるように選んだ．

スケール因子が大きくなる極限 $a \to \infty$ では，曲率優勢の場合 $H \propto a^{-1}$，宇宙定数優勢の場合 $H = $ 一定 となる．式 (6.42) の形から，どちらの場合でも $D_+ \to$ 定数 となる．これは膨張により物質密度が薄くなり，膨張を振り切って重力成長すること

ができなくなるからである．この場合ゆらぎの成長に無限の時間がかかるようになってしまう．

宇宙項のないフリードマンモデル $\Omega_{\Lambda 0} = 0$ の場合には成長モードの積分 (6.45) は初等積分により求められ，

$$D_+ \propto \begin{cases} \dfrac{1+2\Omega_{\rm m}}{1-\Omega_{\rm m}} + \dfrac{3\Omega_{\rm m}}{(1-\Omega_{\rm m})^{3/2}} \ln\left(\dfrac{1-\sqrt{1-\Omega_{\rm m}}}{\sqrt{\Omega_{\rm m}}}\right) & (\Omega_{\rm m} < 1) \\ \dfrac{1+2\Omega_{\rm m}}{\Omega_{\rm m}-1} - \dfrac{3\Omega_{\rm m}}{(\Omega_{\rm m}-1)^{3/2}} {\rm Arctan}\sqrt{\Omega_{\rm m}-1} & (\Omega_{\rm m} > 1) \end{cases} \quad (6.46)$$

となる．一般の場合の厳密解は初等関数で表されないが，次の近似式が知られている：

$$D_+ \approx \frac{5}{2} a \Omega_{\rm m} \left[\Omega_{\rm m}^{4/7} - \Omega_\Lambda + \left(1 + \frac{\Omega_{\rm m}}{2}\right)\left(1 + \frac{\Omega_\Lambda}{70}\right) \right]^{-1} \quad (6.47)$$

この近似式は $0.03 \leq \Omega_{\rm m} \leq 2, -5 \leq \Omega_\Lambda \leq 5$ に対して比較的正確である．

宇宙項でない一般のダークエネルギーモデルの場合などには上の積分形や近似式は適用できない．その場合であっても微分方程式 (6.34) を数値積分して線形成長因子を求めることは難しくない．

図 6.2 は宇宙項入り平坦モデル，負曲率モデル，アインシュタイン-ド・ジッターモデルの 3 つの場合の線形成長因子をスケール因子の関数として示したものである．宇宙項入り平坦モデルや負曲率モデルにおいては宇宙項や曲率が効くことで成長が抑えられていることが見てとれる．

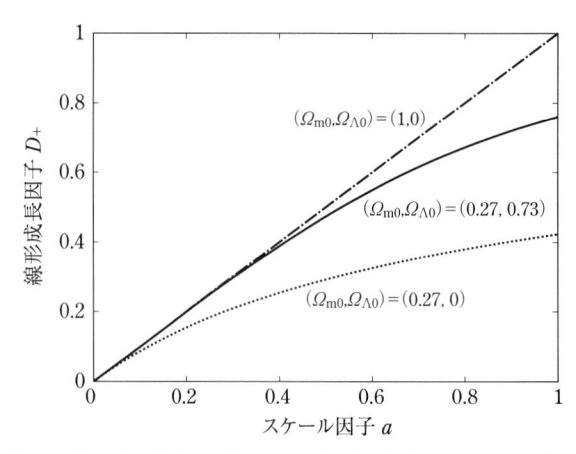

図 **6.2** 線形成長因子 D_+ をスケール因子の関数として示したもの．

ゆらぎの発展する時間が十分あれば減衰モードは無視できるようになる．したがって，とくに現在の密度ゆらぎを $\delta_0(\boldsymbol{x})$ とすれば，過去へさかのぼった密度ゆらぎの値は

$$\delta(\boldsymbol{x},t) = D(t)\delta_0(\boldsymbol{x}) + 減衰モード \tag{6.48}$$

と表される．ただし $D(t) = D_+(t)/D_+(t_0)$ は現在時刻 t_0 で規格化した線形成長因子である．

6.3.2 重力ポテンシャルと速度場

重力ポテンシャルの成長は，密度ゆらぎの成長とポアソン方程式

$$\triangle \Phi = 4\pi G a^2 \bar{\varrho} \delta \tag{6.49}$$

により決められる．ここで $\bar{\varrho} \propto a^{-3}$ より，減衰モードを無視したときの線形ポテンシャルの時間変化は $\Phi \propto D(t)/a(t)$ で与えられる．

フーリエ空間では $\triangle \to -k^2$ となるから，ポアソン方程式はフーリエ変換で解くと簡単である．式 (6.28) のフーリエ変換を適用することにより式 (6.49) の解は

$$\tilde{\Phi}(\boldsymbol{k},t) = -4\pi G a^2 \bar{\varrho} \frac{\tilde{\delta}(\boldsymbol{k},t)}{k^2} \tag{6.50}$$

と表される．これを実空間へ戻すと，

$$\begin{aligned}\Phi(\boldsymbol{x},t) &= -4\pi G a^2 \bar{\varrho} \int \frac{d^3k}{(2\pi)^3} e^{i\boldsymbol{k}\cdot\boldsymbol{x}} \frac{1}{k^2} \int d^3x' e^{-i\boldsymbol{k}\cdot\boldsymbol{x}'} \delta(\boldsymbol{x}',t) \\ &= -G a^2 \bar{\varrho} \int d^3x' \frac{\delta(\boldsymbol{x}',t)}{|\boldsymbol{x}-\boldsymbol{x}'|}\end{aligned} \tag{6.51}$$

となる．第 2 の等式では $\boldsymbol{k}$ 積分を行ったが，これは $\boldsymbol{k}$ 空間の z 軸に $\boldsymbol{x}-\boldsymbol{x}'$ の方向をとって積分を球座標で行い，さらに $\int_0^\infty \sin x/x = \pi/2$ を用いることで示される[*6]．これらの関係式 (6.50), (6.51) はポアソン方程式の解を与えるものであり，密度ゆらぎが線形領域になくとも成り立つ．

次に速度場の振る舞いを線形理論により調べる．まずオイラー方程式 (6.16) を線形化して回転をとると，

$$\frac{\partial}{\partial t}\boldsymbol{\nabla}\times\boldsymbol{v} + \frac{\dot{a}}{a}\boldsymbol{\nabla}\times\boldsymbol{v} = 0 \tag{6.52}$$

[*6] この計算はラプラシアンのグリーン関数を求めたことに対応する．

となる．この式から速度場の回転は線形領域では a^{-1} に比例して減衰することがわかる．これは速度場の回転成分が減衰モードであり，宇宙膨張により弱められていくことを意味する．したがって速度場の成長モードは回転成分のないポテンシャル流となるので，規格化された速度ポテンシャル $\psi(\boldsymbol{x}, t)$ により

$$\boldsymbol{v} = -\frac{\boldsymbol{\nabla}\psi}{aH} \tag{6.53}$$

と表せる．

次に連続の式 (6.15) を線形化すると，

$$\dot{\delta} + \frac{1}{a}\boldsymbol{\nabla}\cdot\boldsymbol{v} = 0 \tag{6.54}$$

となる．密度ゆらぎに対しても成長モードのみをとると，式 (6.48), (6.53), (6.54) により速度ポテンシャルは次のポアソン方程式を満たす．

$$\triangle\psi = a^2 H\dot{\delta} = a^2 H^2 f\delta \tag{6.55}$$

ただし

$$f(t) = \frac{d\ln D}{d\ln a} = \frac{\dot{D}}{HD} \tag{6.56}$$

は線形成長因子の時間微分を規格化した関数である．式 (6.55) を重力ポテンシャルのポアソン方程式 (6.49) と比較すると，速度ポテンシャルは重力ポテンシャルにより

$$\psi = \frac{H^2 f}{4\pi G\bar{\varrho}}\varPhi \tag{6.57}$$

と表される．

ポアソン方程式 (6.55) の解は，フーリエ空間と実空間でそれぞれ

$$\tilde{\psi}(\boldsymbol{k}, t) = -\frac{a^2 H^2 f}{k^2}\tilde{\delta}(\boldsymbol{k}, t) \tag{6.58}$$

$$\psi(\boldsymbol{x}, t) = -\frac{a^2 H^2 f}{4\pi}\int d^3 x'\frac{\delta(\boldsymbol{x}', t)}{|\boldsymbol{x} - \boldsymbol{x}'|} \tag{6.59}$$

となる．速度ポテンシャルから速度場の表式はすぐに求められ，フーリエ空間と実空間でそれぞれ

$$\tilde{v}(\bm{k},t) = \frac{-i\bm{k}}{aH}\tilde{\psi}(\bm{k},t) = aHf\frac{i\bm{k}}{k^2}\tilde{\delta}(\bm{k},t) \tag{6.60}$$

$$\bm{v}(\bm{x},t) = -\frac{1}{aH}\bm{\nabla}\psi(\bm{x},t) = -\frac{aHf}{4\pi}\int d^3x'\frac{\bm{x}-\bm{x}'}{|\bm{x}-\bm{x}'|^3}\delta(\bm{x}',t) \tag{6.61}$$

となる．

因子 f は線形成長因子を微分して求められる．ダークエネルギーが宇宙定数の場合には式 (6.45) を微分することにより，時間に依存した宇宙パラメータ $\varOmega_\mathrm{m}, \varOmega_\varLambda$ を使って閉じた積分型として表すことができ，

$$f = -1 - \frac{\varOmega_\mathrm{m}}{2} + \varOmega_\varLambda + \left[\int_0^1 \frac{dx}{(\varOmega_\mathrm{m}/x + \varOmega_\varLambda x^2 + 1 - \varOmega_\mathrm{m} - \varOmega_\varLambda)^{3/2}}\right]^{-1} \tag{6.62}$$

となる．アインシュタイン-ド・ジッター宇宙 $\varOmega_\mathrm{m0} = 1, \varOmega_{\varLambda 0} = 0$ の場合は恒等的に $f = 1$ となる．

式 (6.62) の積分の部分は線形成長因子の積分形 (6.45) に現れてくるものと同じである．そこでこの部分に近似式 (6.47) と同じものを用いると，

$$f \approx \varOmega_\mathrm{m}^{4/7} + \frac{\varOmega_\varLambda}{70}\left(1 + \frac{\varOmega_\mathrm{m}}{2}\right) \tag{6.63}$$

という簡潔な近似式を得る．ここからわかるように，この因子の宇宙定数の値への依存性は弱い．よりおおまかな $f \approx \varOmega^{0.6}$ という近似式もよく用いられてきた．一般のダークエネルギーなどの場合には，やはり微分方程式 (6.34) の数値積分によって求められる．

6.4 バリオン宇宙とダークマターの必要性

我々の宇宙のエネルギー成分として確実に存在するものは，原子などのバリオン成分と光子などの放射成分である．そこでここでは現在の宇宙を支配する非相対論的成分がバリオンで与えられると仮定したバリオン宇宙について見る．

6.4.1 バリオン宇宙のジーンズスケール

ここでは宇宙の主要成分としてバリオンと放射を考える．電子はクーロン力により陽子と強く結合しているので，電子は陽子とほぼ一体となって振る舞う．そこで，電荷を持つレプトンも含めて（多少不正確な用語だが）バリオン成分と呼ぶことにする．また，放射成分は光子のみによって担われていると近似的に考える．宇

宙のエネルギー成分をバリオンと放射の2成分で表し，バリオンのエネルギー密度を $\rho_b = \varrho_b c^2$，放射のエネルギー密度を ρ_r とする．

宇宙のエントロピーはほとんどが放射によって担われ，そのエントロピー密度 s は式 (4.15), (4.24) により $s \propto T^3 \propto \rho_r^{3/4}$ である．バリオン粒子の数密度を n_b とすると $n_b \propto \rho_b$ であるから，バリオンあたりのエントロピーについて

$$\frac{s}{n_b} \propto \frac{\rho_r^{3/4}}{\rho_b} \tag{6.64}$$

が成り立つ．バリオンと光子が強く結合していればバリオンあたりのエントロピーが固定されて $(\partial \rho_b/\partial \rho_r)_S = (3/4)\rho_b/\rho_r$ が成り立つ．

光子の脱結合以前は実際バリオンと光子が強く結合し，1つの流体として振る舞う．この場合，全質量密度は $\varrho = \varrho_b + \rho_r/c^2$，全圧力は $p = p_r = \rho_r/3$ となる．ここから音速が

$$c_s = \left[\left(\frac{\partial p}{\partial \varrho}\right)_S\right]^{1/2} = \left[\frac{c^2 (\partial p_r/\partial \rho_r)_S}{1 + (\partial \rho_b/\partial \rho_r)_S}\right]^{1/2} = \frac{c}{\sqrt{3}}\left(1 + \frac{3}{4}\frac{\rho_b}{\rho_r}\right)^{-1/2} = \frac{c}{\sqrt{3}}\left(1 + \frac{3}{4}\frac{a}{a_{eq}}\right)^{-1/2} \tag{6.65}$$

と求まる．ジーンズ長の式 (6.31) は非相対論的流体について導かれたものだが，相対論的流体についてもおおまかな重力成長の判定条件として使うことはできる．すると，等密度時以前にはジーンズ長がホライズンスケールとなり，ゆらぎが成長できない．これはもちろん放射の圧力が強すぎるためである．その後等密度時をはさんでジーンズ長はゆるやかにホライズンスケールよりも小さくなる．脱結合以前の物質優勢期 $a_{eq} \ll a < a_{dec}$ におけるジーンズ質量は

$$M_J \simeq \frac{\pi^{5/2}}{6\sqrt{G^3 \varrho_b}}\left[\frac{c}{\sqrt{3}}\left(\frac{3}{4}\frac{\rho_b}{\rho_r}\right)^{-1/2}\right]^3 \tag{6.66}$$

となるが，$\rho_b \propto a^{-3}$ $\rho_r \propto a^{-4}$ によりこれは一定値

$$M_J \simeq \frac{8\sqrt{2}}{81\sqrt{3}}\frac{\pi^3 c^3}{G}\frac{\Omega_{r0}^{3/2}}{H_0 \Omega_{b0}^2} \simeq 1.9 \times 10^{16} (\Omega_{b0} h^2)^{-2} M_\odot \tag{6.67}$$

へ近づく．ただし最後の数値を導くときに Ω_{r0} としては現在の光子からの寄与のみを代入した．この質量は銀河の典型的な質量 $10^{11} M_\odot$ を大きく上回っている．したがって，光子の脱結合以前に銀河の質量に対応するバリオンのゆらぎは音響振動をして成長することができない．

放射が脱結合をするとバリオンの音速は式 (6.33) のように与えられ，ジーンズ長は急速に小さくなる．簡単のためにバリオンを水素原子のみからなる単原子理想気体で近似すると，バリオンの音速は

$$c_s^2 = \frac{5}{3}\frac{k_B T_b}{m_H} \tag{6.68}$$

である．ここで m_H は水素原子の質量，T_b はバリオンの温度である．したがって脱結合以後 $a > a_{\rm dec}$ のジーンズ質量は

$$M_J = \frac{5\sqrt{5}\pi^{5/2}}{18\sqrt{3}}\left(\frac{k_B}{Gm_H}\right)^{3/2}\left(\frac{T_b^3}{\varrho_b}\right)^{1/2} \tag{6.69}$$

となる．バリオンが放射から脱結合した後，バリオンの温度は式 (4.70) に従い $T_b \propto a^{-2}$ のように低下するから，ジーンズ質量は $T_b^{3/2}\varrho_b^{-1/2} \propto a^{-3/2}$ のように減少する．ここで脱結合直後のバリオン温度は光子の温度 T に等しいので $T_b^3/\varrho_b = T^3/\varrho_b$ となるが，この右辺の量は時間的に不変なので現在の光子の温度とバリオン密度で評価できる．したがって，光子脱結合後 $a > a_{\rm dec}$ のジーンズ質量は

$$M_J = \frac{\sqrt{3}\pi^{5/2}}{10\sqrt{5}}\left(\frac{k_B}{Gm_H}\right)^{3/2}\left(\frac{T_0^3}{\varrho_{b0}}\right)^{1/2}\left(\frac{a_{\rm dec}}{a}\right)^{3/2} \simeq 3\times 10^5 \,(\Omega_{b0}h^2)^{-1/2} M_\odot \left(\frac{a_{\rm dec}}{a}\right)^{3/2} \tag{6.70}$$

となる[*7]．この質量はほぼ球状星団程度であり，銀河の典型的な質量 $10^{11}M_\odot$ を下

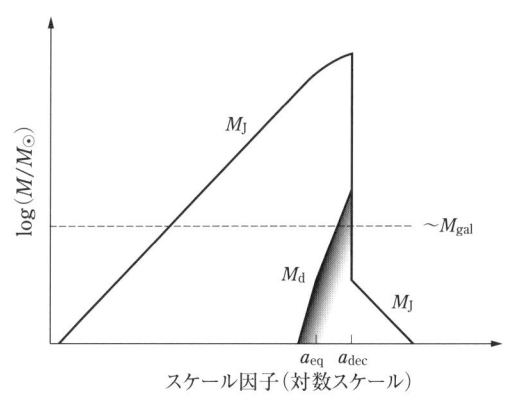

図 **6.3** ジーンズ質量 M_J とシルク質量 M_d のスケール変化（模式図）．灰色の部分が拡散減衰の領域．銀河質量の位置はバリオン量にもよるが，たとえば破線の付近となる．

---

*7 実際には光子の脱結合後にもわずかに相互作用が残るため，バリオンの温度はしばらく光子の温度に引きずられて $T_b \simeq T$ となる時期が続く．したがって，ここでの大まかな見積りよりもジーンズ質量は多少大きくなる．

回る．したがって銀河の形成は光子の脱結合以後に可能となる．以上のジーンズ質量の変化は図 6.3 で模式的に表される．銀河の質量スケールのゆらぎは，脱結合時にジーンズ質量が急激に小さくなってから成長が可能になる．

6.4.2 拡散減衰

光子の脱結合において，光子とバリオンとの相互作用は一瞬で切れてしまうわけではない．はじめ光子は頻繁にバリオンと衝突しているが，徐々に衝突の回数が減っていき，最後にはほとんど衝突しなくなるという連続的なものである．この遷移的な過程において，断熱ゆらぎが一部消えてしまう効果がある．

断熱ゆらぎの場合バリオンと光子のゆらぎははじめ一致しているが，光子の平均自由行程が長くなると光子は拡散するので，その拡散スケール以下の光子のゆらぎはならされてしまう．その一方，バリオンはまだ光子と相互作用をするため，拡散した光子との速度差による摩擦力を受ける．上で見たように脱結合以前はジーンズ長がホライズンサイズになるためにゆらぎは音響振動をしているが，バリオンの振動はこの摩擦力によって急速に減衰することになる．こうしてバリオンと光子の密度ゆらぎはともに光子の拡散スケール以下の波長において減衰する．この現象は**拡散減衰** (diffusion damping) または**シルク減衰** (silk damping) と呼ばれる．

光子の拡散距離は次のように見積もることができる．光子は直接的には自由電子とのトムソン散乱を主としてバリオンと相互作用する．自由電子の数密度を n_e とすれば，光子が 1 回衝突するのに要する平均的な時間は $(n_e \sigma_T c)^{-1}$ である．この時間に光子が進むことのできる平均自由行程 l_f は

$$l_f = \frac{1}{n_e \sigma_T} \tag{6.71}$$

で与えられる．トムソン散乱において光子の振動数は変化しない．そこで光子が上の平均距離ごとに自由電子と衝突して散乱を受け，進む方向がランダムに変化するものと近似的に考えれば，光子の拡散をランダムウォークの過程としてモデル化することができる．

一般に平均自由行程 l_f の粒子が N 回のランダムウォークにより拡散する距離は $l_d = N^{1/2} l_f$ である．これは次のように示される．ランダムウォークにより i 回目の衝突と $i+1$ 回目の衝突の間に進む物理的距離を Δr_i とする．この距離の 2 乗期待値は平均自由行程により $\langle |\Delta r_i|^2 \rangle = l_f^2$ と見積もられる．N 回の衝突の後に粒子が移動した長さの 2 乗期待値は

$$l_\mathrm{d}^2 = \left\langle \left| \sum_{i=0}^{N} \Delta \boldsymbol{r}_i \right|^2 \right\rangle = \sum_{i=0}^{N} \left\langle |\Delta \boldsymbol{r}_i|^2 \right\rangle = N l_\mathrm{f}^2 \tag{6.72}$$

となる．ここで2番目の等式において，異なる衝突後の移動距離の間に相関がないことから $\langle \Delta \boldsymbol{r}_i \cdot \Delta \boldsymbol{r}_j \rangle = 0$ $(i \neq j)$ を用いた．

時間 t の間に光子が自由電子と衝突する回数は $N = ct/l_\mathrm{f}$ であるから，この間の拡散距離は

$$l_\mathrm{d} = \sqrt{\frac{ct}{n_\mathrm{e} \sigma_\mathrm{T}}} \tag{6.73}$$

で与えられる．ここでおおまかな拡散距離を見積もるため，t を宇宙年齢スケール $t \sim H^{-1} = (8\pi G \rho_\mathrm{m}/3c^2)^{-1/2}$ とし，またこの時点まですべての原子がイオン化していると近似して $n_\mathrm{e} = n_\mathrm{b} = \varrho_\mathrm{b}/m_\mathrm{H}$ とする．すると

$$l_\mathrm{d} = \left(\frac{8\pi G}{3}\right)^{-1/4} \left(\frac{m_\mathrm{H}}{\sigma_\mathrm{T}}\right)^{1/2} \frac{c^2}{\rho_\mathrm{b}^{1/2} \rho_\mathrm{m}^{1/4}}\bigg|_\mathrm{dec} = \sqrt{\frac{8\pi G}{3} \frac{m_\mathrm{H} c}{\sigma_\mathrm{T}}} \frac{(1+z_\mathrm{dec})^{-9/4}}{H_0^{3/2} \Omega_\mathrm{b0}^{1/2} \Omega_\mathrm{m0}^{1/4}} \tag{6.74}$$

となる．

物質成分がバリオンのみからなり $\Omega_\mathrm{m0} = \Omega_\mathrm{b0}$ となる場合，この拡散スケールに対応する質量（**シルク質量** (silk mass)）は

$$\begin{aligned} M_\mathrm{d} &\equiv \frac{4\pi \bar{\varrho}_\mathrm{b}}{3} \left(\frac{l_\mathrm{d}}{2}\right)^3 = \frac{\sqrt{2}\pi^{3/2}}{3\sqrt{3}} \frac{G^{1/2} m_\mathrm{H}^{3/2} c^{3/2}}{\sigma_\mathrm{T}^{3/2}} \frac{(1+z_\mathrm{dec})^{-15/4}}{H_0^{5/2} \Omega_\mathrm{b0}^{5/4}} \\ &= 8.5 \times 10^{11} (\Omega_\mathrm{b0} h^2)^{-5/4} M_\odot \end{aligned} \tag{6.75}$$

となる．ただし $z_\mathrm{dec} = 1100$ とした．これは銀河の質量を上回っており，再結合時には銀河スケールのゆらぎはほとんど消え去ってしまっていることになる．図6.3にこの減衰域が示してある．

6.4.3 バリオン宇宙の困難

以上に見てきたように，物質成分がバリオンのみで成り立っているような宇宙では，銀河団程度の大きなスケールであっても光子との相互作用によって脱結合の時期までゆらぎが成長できない．これは銀河団やそれより小さな構造が脱結合以後に成長し始めて現在の構造にまで至ったことを意味する．アインシュタイン–ド・ジッター宇宙の場合，ゆらぎの線形成長は $\delta \propto a$ であるから，脱結合時のゆらぎの大きさ δ_dec は現在のゆらぎの大きさ δ_0 に比べて

$$\delta_{\text{dec}} \sim \frac{\delta_0}{1+z_{\text{dec}}} \sim 10^{-3}\delta_0 \qquad (6.76)$$

となる．低密度宇宙 $\Omega_{\text{m}0} < 1$ の場合，δ_{dec} はさらにこれよりも大きい．現在の密度ゆらぎは銀河団スケールでもすでに $\delta_0 > 1$ となっているので，上式から $\delta_{\text{dec}} > 10^{-3}$ でなければならない．ところが，宇宙マイクロ波背景放射の等方性から，脱結合時のゆらぎはきわめて小さく抑えられている．式 (6.64) と $\rho_{\text{r}} \propto T^4$ から

$$\frac{\delta(n_{\text{b}}/s)}{n_{\text{b}}/s} = \frac{\delta\rho_{\text{b}}}{\rho_{\text{b}}} - \frac{3}{4}\frac{\delta\rho_{\text{r}}}{\rho_{\text{r}}} = \delta - 3\frac{\delta T}{T} \qquad (6.77)$$

となるが，断熱ゆらぎの場合左辺はゼロであるから $\delta T/T = \delta/3$ となる．したがって，脱結合時の温度ゆらぎは少なくとも 3×10^{-4} 程度なければならないのだが，背景放射の観測によれば $\delta T/T \sim 10^{-5}$ であって，初期のゆらぎが小さすぎる．この見積りはかなりおおまかではあるが，くわしい定量的な解析によっても同じ結論が導かれる．これは，バリオン宇宙では脱結合時から現在までに構造が成長するための時間が足りないことを意味している．

さらに拡散減衰により銀河スケールのゆらぎが脱結合時までに消されてしまっていることも深刻な問題である．バリオン宇宙で銀河を作るには，まず銀河団スケール以上の波長のゆらぎが最初に成長してから，その後の非線形成長により銀河スケールのゆらぎが作り出される必要がある．それが実際に可能かどうかを別にしても，上で見たように銀河団スケールの構造を作り出すことすら難しいので，銀河スケールのゆらぎを作ることはなおさら困難である．

こうして断熱ゆらぎに基づいたバリオン宇宙によって観測を説明することは難しい．だが断熱ゆらぎでなければ上に述べた困難はそのまま当てはまることはない．断熱ゆらぎでない宇宙の初期ゆらぎの可能性として，物質と放射のエネルギー密度の和が空間的に一定で，エネルギー密度の比だけがゆらいでいるモデルが考えられる．この場合初期の空間曲率は一定となるので，このゆらぎの初期条件は**等曲率ゆらぎ** (isocurvature perturbations) と呼ばれる．

等曲率ゆらぎでは放射の空間的ゆらぎが断熱ゆらぎのときよりもずっと小さいので，上に述べた拡散減衰は起こらない．したがって銀河形成が強く阻害されることはない．また，この場合エントロピーがゆらぐので上の式 (6.77) はゼロにならない．その代わり，$\delta\rho_{\text{r}} + \delta\rho_{\text{b}} = 0$ と $\rho_{\text{r}} \propto T^4$ から

$$\frac{\delta T}{T} = \frac{1}{4}\frac{\delta\rho_{\text{r}}}{\rho_{\text{r}}} = -\frac{1}{4}\frac{\rho_{\text{b}}}{\rho_{\text{r}}}\delta \qquad (6.78)$$

となる．宇宙初期の放射優勢期には $\rho_{\text{b}} \ll \rho_{\text{r}}$ であるから，初期の温度は実質的に

ゆらいでいない．このため**等温ゆらぎ** (isothermal perturbation) と呼ばれることもある．

　等曲率ゆらぎでは初期の全密度のゆらぎはゼロであるが，式 (6.24) に見たように，エントロピーゆらぎを源にしてホライズン内で密度ゆらぎが成長する．ホライズンに入る前のゆらぎの振る舞いは断熱ゆらぎと異なるが，ホライズンに入ってある程度密度ゆらぎが成長し曲率ゆらぎが生まれた後の成長は，断熱ゆらぎの場合と似たようなものになる．したがって，等曲率ゆらぎの場合であってもやはり温度ゆらぎと構造形成の観測を矛盾なく説明することは難しい．かえって物質優勢期の温度ゆらぎが大きくなることから，物質優勢期にホライズン内に入ってくる大角度スケールの背景放射ゆらぎが大きくなりすぎて，このモデルも観測により厳しく制限されてしまう．また，バリオンと放射の宇宙で等曲率ゆらぎを作り出す自然な物理的機構がないという難点もある．

　このように，重力不安定性による構造形成において，我々の宇宙の主要な物質成分がバリオンであるとすると，ゆらぎの種類が何であれ観測との間に矛盾が生じる．その第一の原因は，バリオンが脱結合時まで光子と相互作用することで，構造形成が脱結合以後にしか進まないというところにある．このため，重力不安定性により構造形成を起こすためには，光子と相互作用しないバリオン以外の物質，ダークマターを考える必要がある．

　第 1 章で述べたように，ダークマターが重力的に支配的であるという証拠はこれ以外に数多く存在する．このため，ダークマターによる構造形成が現在の標準的な理論となっている．

6.5　ダークマターによる構造形成

　さまざまな観測的証拠により，この宇宙の支配的な物質成分はバリオンではなく，ダークマターであることがほぼ確実である．ダークマターは仮説的な物質であり，重力以外の相互作用が無視できるものと規定される．構造形成の重力源となるが，それ自身の圧力や他の物質との相互作用はないか，あるいはあってもきわめて弱いものとして取り扱われる．以下にダークマターが重力的に支配する構造形成について見ていく．

6.5.1　ダークマターゆらぎの成長

　放射優勢期から物質優勢期にかけてのダークマターゆらぎの成長について考え

る．この時期にはあらゆるスケールでゆらぎが十分小さいので，線形理論を用いることができる．ここではバリオンの寄与を無視して，放射とダークマターの2成分を考える．ダークマターは定義により圧力が無視できるので，そのゆらぎ $\delta_{\rm dm}$ の発展方程式は式 (6.21) により

$$\ddot{\delta}_{\rm dm} + 2\frac{\dot{a}}{a}\dot{\delta}_{\rm dm} = \frac{4\pi G}{c^2}(\bar{\rho}_{\rm dm}\delta_{\rm dm} + \bar{\rho}_{\rm r}\delta_{\rm r} + 3\delta p_{\rm r}) \simeq \frac{4\pi G}{c^2}\bar{\rho}_{\rm dm}\delta_{\rm dm} \qquad (6.79)$$

となる．放射成分は強い圧力によりホライズン内で重力成長をしないため，そのゆらぎはダークマターの密度ゆらぎに比べて重要ではない．そこで放射の空間的ゆらぎを無視する近似を行い，$\delta_{\rm r} = \delta p_{\rm r} = 0$ とおいたものが右辺の近似式である．

放射優勢期から物質優勢期にかけてのフリードマン方程式 $(\dot{a}/a)^2 = 8\pi G(\bar{\rho}_{\rm dm} + \bar{\rho}_{\rm r})/3c^2$ を使い，また時間 t の代わりに変数 $y = \bar{\rho}_{\rm dm}/\bar{\rho}_{\rm r} = a/a_{\rm eq}$ を用いて方程式 (6.79) を書き換えると

$$\frac{d^2\delta_{\rm dm}}{dy^2} + \frac{2+3y}{2y(1+y)}\frac{d\delta_{\rm dm}}{dy} - \frac{3\delta_{\rm dm}}{2y(1+y)} = 0 \qquad (6.80)$$

となる．この方程式の独立な2解は

$$\delta_{\rm dm} \propto 1 + \frac{3y}{2} \qquad (6.81)$$

および

$$\delta_{\rm dm} \propto \left(1 + \frac{3y}{2}\right)\ln\left[\frac{\sqrt{1+y}+1}{\sqrt{1+y}-1}\right] - 3\sqrt{1+y} \qquad (6.82)$$

である[*8]．ここで最初の解 (6.81) が成長モードに対応し，2番目の解 (6.82) が減衰モードに対応する．

ここで成長モードに着目すれば，ゆらぎの成長は

$$\delta_{\rm dm} \propto 1 + \frac{3}{2}\frac{a}{a_{\rm eq}} \qquad (6.83)$$

で与えられる．ここからすぐわかるように放射優勢期 $a < a_{\rm eq}$ にはダークマターのゆらぎがほとんど成長できない．成長モードは等密度時までに最初の 5/2 倍にしかならない．放射優勢期はダークマターの重力が弱いので，ゆらぎの成長が阻害されるのである．物質優勢期 $a > a_{\rm eq}$ になると，この解はアインシュタイン–ド・ジ

[*8] 最初のものが解になっていることは代入すればただちにわかり，2番目の解は式 (6.37) を解いたときと同様の方法で見つけられる．

ッター宇宙のゆらぎの成長則 $\delta \propto a$ に近づいていく．放射優勢期におけるダークマターゆらぎの成長の停滞現象は**メスザロス効果** (Mészáros effect)，あるいは**スタグスパンション** (stagspansion) と呼ばれることもある．

6.5.2 無衝突減衰

ダークマターが無衝突粒子からできているとすると，粒子の速度分散が大きいときその自由運動によってゆらぎが減衰する．これをダークマターの**無衝突減衰** (collisionless damping) あるいは**自由流減衰** (free-streaming damping) という．この現象はここまでの取扱いにおける流体近似では表されない．ダークマターの速度分散の程度はダークマター粒子によって大きく異なり，無衝突減衰が実際にどの程度起きるかはダークマターのモデルによる．逆に言えば，無衝突減衰の効果の観測によりダークマターの正体に関する情報が得られる．

ダークマター粒子の典型的な速さの時間変化を $v(t)$ とすると，時間間隔 dt の間に共動距離 dx を走るとき $v(t)dt = a(t)dx$ が成り立つ．したがって粒子の自由運動 (free streaming) のスケールは共動距離にして

$$L_{\rm fs}(t) = \int_0^t \frac{v(t')}{a(t')} dt' = \int_0^{a(t)} \frac{v \, da}{a^2 H} \tag{6.84}$$

である．ただし，この粒子は十分初期に他のエネルギー成分から脱結合して自由運動をしているとし，積分の下限は近似的に $a = 0$ とした．

粒子が相対論的な時期は光速で走っているが，非相対論的になると式 (2.46) で見たようにスケール因子に反比例して運動量と速度が減少する．そこで粒子が非相対論的になる時期のスケール因子を $a_{\rm nr}$ とすると，おおまかに

$$v \sim \begin{cases} c & (a < a_{\rm nr}) \\ c a_{\rm nr}/a & (a > a_{\rm nr}) \end{cases} \tag{6.85}$$

と近似できる．ここでもし $a_{\rm nr} > a_{\rm eq}$ であれば，この粒子は等密度時以降まで放射のように振る舞い，ダークマターとして構造形成に寄与できなくなってしまう．そこでいま等密度時までには非相対論的になっている場合 $a_{\rm nr} < a_{\rm eq}$ を考える．

ダークマターゆらぎの成長が始まる等密度時までに無衝突減衰によって消されてしまうゆらぎのスケールは構造形成にとって本質的な役割を持つ．ここでは簡単のため，積分 (6.84) の範囲において $a_{\rm nr}$ を境として $a_{\rm eq}$ までを2つの時期に分け，放射優勢期の膨張則を用いて近似的に求める．放射優勢期のハッブル・パラメータ $H(a)$ の漸近形は $H(a) \simeq H_0 \Omega_{\rm r0}^{1/2} a^{-2}$ となるから，

$$L_{\text{fs}} \simeq \frac{c}{H_0\sqrt{\Omega_{\text{r}0}}} \int_0^{a_{\text{nr}}} da + \frac{ca_{\text{nr}}}{H_0\sqrt{\Omega_{\text{r}0}}} \int_{a_{\text{nr}}}^{a_{\text{eq}}} \frac{da}{a}$$

$$= \frac{ca_{\text{nr}}}{H_0\sqrt{\Omega_{\text{r}0}}} \left[1 + \ln\left(\frac{a_{\text{eq}}}{a_{\text{nr}}}\right)\right] \tag{6.86}$$

と積分される．このスケールを決める主要な因子は，ダークマターが非相対論的になる時期 a_{nr} である．この時期までに粒子は光速で飛び回ることにより，当時のホライズンスケールのゆらぎを消してしまうのである．

ダークマター粒子が十分早い時期から非相対論的になっていれば，減衰スケールは十分に小さく，無衝突減衰はあまり効かない．逆に相対論的な時期が長ければ無衝突減衰が大きいスケールまで効くことになる．粒子がどの時期まで相対論的に振る舞うかは，その粒子の生成機構によって異なる．たとえばアクシオンのような場合には，非熱平衡過程により小さな速度分散を持って生まれてくるので，はじめから非相対論的であり無衝突減衰は起こらない．大きな速度分散を持って生まれてくるダークマター粒子の場合にだけ無衝突減衰が大きくなる．

以下ではダークマターが熱的残存粒子であるとした場合の無衝突減衰のスケールを考えることにする．ダークマター粒子の質量を m とし，等密度時までには他の物質から脱結合しているものとする．この粒子の熱運動エネルギーが非相対論的になる温度の目安 T_{nr} は

$$k_{\text{B}} T_{\text{nr}} = \frac{1}{3} mc^2 \tag{6.87}$$

により与えられる．ここでダークマターが冷たい残存粒子となる WIMP であるとすると，式 (5.17) のリー–ワインバーグ限界により，$T_{\text{nr}} \gtrsim 2\,\text{GeV}/k_{\text{B}} \simeq 2\times 10^{13}\,\text{K}$ となるため，スケール因子にしてほぼ $a_{\text{nr}} \lesssim 10^{-13}$ という制限がある．すると式 (6.86) の値は $L_{\text{fs}} \lesssim 1\,\text{pc}$ と制限され，構造形成にとっては無視できるほど小さいスケールになる．

したがって無衝突減衰が構造形成において問題になるのは熱い残存粒子の場合である．この場合には式 (5.8) から $m \sim 10\,\text{eV} \ll 1\,\text{MeV}/c^2$ であり，T_{nr} は電子・陽電子対消滅の温度 $\sim 1\,\text{MeV}/k_{\text{B}}$ よりも十分小さいので，光子数はすでに凍結している温度である．したがって，

$$a_{\text{nr}} = \frac{T_0}{T_{\text{nr}}} = \frac{3k_{\text{B}} T_0}{mc^2} \tag{6.88}$$

となる．これを式 (6.86) へ代入すると，

$$L_{\rm fs} \simeq \frac{3k_B T_0}{H_0 \sqrt{\Omega_{\rm r0}} mc} \left[1 + \ln\left(\frac{mc^2}{3k_B T_0} \frac{\Omega_{\rm r0}}{\Omega_{\rm m0}} \right) \right]$$

$$= 82.31 \left(\frac{mc^2}{10\ {\rm eV}} \right)^{-1} \left\{ 1 + 0.3981 \left[\ln\left(\frac{mc^2}{10\ {\rm eV}} \right) - \ln\left(\frac{\Omega_{\rm m0} h^2}{0.13} \right) \right] \right\} {\rm Mpc} \tag{6.89}$$

を得る．この典型的なスケールは銀河団よりも大きい．無衝突減衰が非常に大きなスケールのゆらぎまでも消してしまうことがわかる．熱い残存粒子の質量と密度パラメータの関係式 (5.7) を用い，対数補正は無視すると，

$$L_{\rm fs} \simeq 47 \, \frac{g}{g_{*S}(T_{\rm D})} \left(\Omega_{\chi 0} h^2 \right)^{-1} {\rm Mpc} \tag{6.90}$$

となる．ここで $\Omega_{\chi 0}$ はこの熱い残存粒子の密度パラメータである．

ニュートリノは熱い残存粒子である．ここで 1 つの世代のニュートリノがダークマターとなっている場合を考えると，$g = 2$ および $g_{*S}(T_{\rm D}) = 10.75$ であるから，式 (6.90) は

$$L_{\rm fs} \simeq 80 \left(\frac{\Omega_{\nu 0} h^2}{0.11} \right)^{-1} {\rm Mpc} \tag{6.91}$$

となる．ニュートリノがダークマターであれば $\Omega_{\nu 0} h^2 \simeq \Omega_{\rm dm0} h^2 \simeq 0.11$ となるはずで，この場合銀河団よりも大きなスケールのゆらぎすらなくなってしまう．これでは構造形成は起こらない．このため，通常のニュートリノがダークマターとなる可能性は観測的に否定される．

6.5.3　ダークマターの分類

構造形成が起きる時期にダークマターは他のエネルギー成分から脱結合していて，重力源としての役割しか果たしていない．このため構造形成はダークマターが何であるかというくわしい性質にあまり依存しないが，上に示したように無衝突減衰の有無には多大に影響される．そこで構造形成理論においては，ダークマターを無衝突減衰の有無により分類することが有用である．

宇宙の構造形成の過程で無衝突減衰が無視できないものは**ホット・ダークマター** (Hot Dark Matter; HDM) あるいは**熱い暗黒物質**と呼ばれる．逆に無衝突減衰のほとんど効かないものは**コールド・ダークマター** (Cold Dark Matter; CDM) あるいは**冷たい暗黒物質**と呼ばれる．また中間の性質を持つものの分類として，**ウォーム・ダークマター** (Warm Dark Matter; WDM) あるいは**暖かい暗黒物質**が考えられることもある．

ホット・ダークマター

　ホット・ダークマターは等密度時までに無衝突減衰によって小スケールのゆらぎをならしてしまっている．上に見たように熱い残存粒子はホット・ダークマターとなる．したがって，ホット・ダークマターの典型的な例は質量を持つニュートリノである．ニュートリノは，他のダークマター候補と違ってその存在が確実な粒子であり，比較的重い質量を持っていればダークマターとして寄与する．だが，通常のニュートリノでは無衝突減衰が大きすぎて超銀河団スケールのゆらぎすらも作れないため，現実的なダークマターとはみなされていない．

　ホット・ダークマターの場合の構造形成としては，無衝突減衰を受けていない超銀河団よりも大きなスケールのゆらぎがはじめに成長することになる．線形領域では，異なるスケールのゆらぎは独立に成長する．だが，非線形領域では大スケールのゆらぎが小スケールのゆらぎを増幅させる．この非線形性により大構造が分裂して銀河団や銀河を形成するという筋書きが考えられる．このような構造形成の筋書きを**トップダウン型構造形成シナリオ** (top-down scenario of structure formation) という．

　この型のシナリオは，バリオン宇宙における断熱ゆらぎに基づく構造形成においても想定されていた．この場合にはシルク減衰によって銀河スケールのゆらぎがないからである．いずれにしても，銀河スケールのゆらぎが消されてしまう機構があると，このトップダウン型の構造形成シナリオにならざるを得ない．だが現在では，銀河団よりも銀河の方が古くから存在し，さらに超銀河団はまだ形成途上にあることがわかっている．つまり小スケールの構造から先に生まれているのである．このため極端なトップダウン型構造形成シナリオは現実的ではない．

コールド・ダークマター

　一方，コールド・ダークマターは無衝突減衰の効かないダークマターである．このタイプのダークマターは構造形成にとって都合の悪いゆらぎの減衰がないため観測との一致もよく，現在標準的なモデルとされている．熱的残存粒子の場合は質量の重い粒子がコールド・ダークマターの候補となり，その一例は冷たい残存粒子のWIMPである．非熱的な残存粒子の場合はその質量には関わりなく，非相対論的な速度分散を持って生成されればコールド・ダークマターとなることができる．アクシオンはそのような例である．

ホット・ダークマターの場合と異なり，コールド・ダークマターでは小さなスケールのゆらぎが消されずに存在しているので，小さい構造がまず先に形成される．それがさらに重力によって集まり，より大きな構造を作っていく．このような構造形成のシナリオは**ボトムアップ型構造形成シナリオ** (bottom-up scenario of structure formation) と呼ばれる．この型のシナリオは，バリオン宇宙における等曲率ゆらぎに基づく構造形成においても想定されていた．バリオン宇宙の場合には，背景放射の温度ゆらぎと比べたときのゆらぎの大きさに難があったが，コールド・ダークマターにおいてはちょうどよい大きさのゆらぎになるのである．観測的に古い銀河が見つかっていることや，銀河団など大きな構造は比較的新しく形成されていることとも符合する．このため，コールド・ダークマターに基づくボトムアップ型構造形成シナリオは現代の標準的な構造形成モデルとして受け入れられている．

ウォーム・ダークマター

コールド・ダークマターは標準的なモデルであるが，銀河よりも小スケールの細かな構造が多く形成されすぎるのではないかという問題が指摘されている（サブハロー問題）．このため，無衝突減衰がそのスケールまであるようなダークマターのモデルが考えられることもある．これはホット・ダークマターとコールド・ダークマターの中間的なものであるため，ウォーム・ダークマターと呼ばれている．ウォーム・ダークマターの候補とされる例は，軽いグラビティーノや弱い相互作用をしないステライル・ニュートリノと呼ばれる仮説的粒子である．これらはもし熱的残存粒子であったとしても，通常のニュートリノよりもずっと早い時期に脱結合するので，式 (6.90) における $g_{*S}(T_D)$ が大きくなり，無衝突減衰のスケールがニュートリノよりもずっと小スケールにずれこむ．さらにステライル・ニュートリノは非熱的生成をする可能性もある．

いまのところは銀河よりも大きなスケールを問題にする限り，コールド・ダークマターによる構造形成は観測をよく説明する．小スケールのゆらぎについては非線形性の大きい領域でもあり，サブハロー問題がコールド・ダークマターに対する矛盾といえるのかどうかはまだ不確定である．将来的にさらに小スケールのゆらぎの研究が進めば，ダークマターの性質として単純にコールドかホットかという性質だけでなく，もう少しくわしい性質が問題となる可能性はある．

6.6 ダークマター宇宙におけるバリオンと光子のゆらぎ

6.6.1 バリオンゆらぎの追いつき

　光子の脱結合時までバリオンのゆらぎは放射と強く結合して成長できないが，ダークマターのゆらぎはそれより前の等密度時以後から成長できる．このため脱結合時のバリオンのゆらぎはダークマターのゆらぎよりも小さい．だがバリオン成分は脱結合後，すでに成長しているダークマターゆらぎの作る重力ポテンシャルへ落ち込んでいき，バリオンゆらぎの成長は加速的に進む．そして比較的短い時間でバリオンゆらぎの大きさはダークマターゆらぎと同じ程度になる．この現象はバリオンゆらぎの追いつき（キャッチアップ，catch up）と呼ばれている．

　この過程を定量的に見てみる．ダークマターとバリオンが混在する系において，バリオンゆらぎ δ_b の線形成長は式 (6.21) により

$$\ddot{\delta}_b + 2\frac{\dot{a}}{a}\dot{\delta}_b = \frac{4\pi G}{c^2}(\bar{\rho}_{dm}\delta_{dm} + \bar{\rho}_b\delta_b) \simeq \frac{4\pi G}{c^2}\bar{\rho}_{dm}\delta_{dm} \tag{6.92}$$

で記述される．ここでバリオン密度がダークマター密度に比べて無視できるとしたのが右辺の近似式である．また物質優勢であるから放射成分は寄与しない．

　ここで，時間 t の代わりに変数 $y = a/a_{dec}$ を導入すれば，方程式は

$$y^{1/2}\frac{d}{dy}\left(y^{3/2}\frac{d\delta_b}{dy}\right) = \frac{3}{2}\delta_{dm} \tag{6.93}$$

となる．ここで右辺はダークマターの成長モード $\delta_{dm} \propto y$ で与えられる．簡単のため再結合時にバリオンのゆらぎがまったくないとして $y = 1$ のとき $\delta_b = d\delta_b/dy = 0$ という初期条件によって解けば，

$$\delta_b = \left[1 - 3\left(\frac{a}{a_{dec}}\right)^{-1} + 2\left(\frac{a}{a_{dec}}\right)^{-3/2}\right]\delta_{dm} \tag{6.94}$$

となる．この式から，脱結合以後 a/a_{dec} が大きくなると，すぐにバリオンのゆらぎはダークマターのゆらぎに追いついていくことがわかる．この様子は図 6.4 で模式的に表される．

6.6.2 バリオン音響振動

　脱結合時までバリオンは光子と強く結合して混合流体として振る舞う．この間ゆ

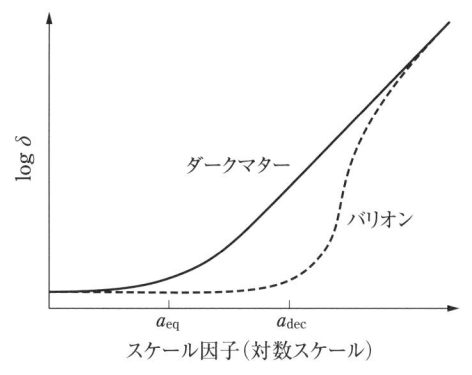

図 6.4　バリオンゆらぎのダークマターゆらぎへの追いつき（模式図）.

らぎは成長せず，ダークマターが主として作る重力ポテンシャル中で光子とともに音響振動を行っている．これを**バリオン音響振動** (Baryon Acoustic Oscillations; BAO) という．この現象は宇宙論において観測的にも重要な役割を果たすので，ここでそのおおまかなスケールを見積もってみよう．定量的な振動の方程式は後の 7.2.3 項で具体的に導く．

　ある波長スケールのバリオンや光子のゆらぎの音響振動は，その波長がホライズンに入ってから脱結合時まで続く．脱結合時にこの音響振動はいっせいに終了し，そのときの振動位相が固定される．波長スケールごとに振動周期および振動の継続時間が異なるため，脱結合時の振動の位相は波長スケールごとに異なる．このことが，現在観測できるゆらぎに特徴的なパターンを生み出す．たとえば，ある波長のゆらぎが最大振幅となる位相で脱結合を迎えると，そのままゆらぎの振幅が大きく固定される．一方，振幅がゼロになる位相で脱結合を迎えると，そのスケールのゆらぎはそのままなくなってしまう．

　こうして，バリオンおよび光子のゆらぎについて脱結合後のスケール依存性に特徴的な振動パターンが現れる．そしてそれは現在観測できるゆらぎへ引き継がれ，実際に宇宙背景放射のゆらぎや宇宙大規模構造の観測によって検出されている．

　脱結合前は，バリオンと光子の強い結合により空間の各点におけるバリオンの数密度 $n_b \propto \rho_b$ と光子の数密度 $n_\gamma \propto \rho_\gamma^{3/4}$ との比は一定に保たれる．断熱ゆらぎではこの比に空間的なゆらぎがないので，

$$\frac{\delta(n_b/n_\gamma)}{n_b/n_\gamma} = \delta_b - \frac{3}{4}\delta_\gamma = 0 \tag{6.95}$$

が脱結合時まで保たれることになる．ただし δ_b, δ_γ はそれぞれバリオンと光子のゆ

らぎである．したがって脱結合時までこれら2種のゆらぎは $\delta_b = 3\delta_\gamma/4$ を保ちながら音響振動を行う．

バリオン音響振動のスケールは，バリオンと光子の混合流体に対する音速の振る舞いにより特徴づけられる．とくに，ゆらぎが音響振動の波として伝わる距離が本質的である．この距離のことを**音響ホライズン** (sound horizon) という．音速を c_s とすると，ある微小時間間隔 dt の間に波が進む共動距離は $c_s dt/a$ であるから，宇宙年齢 t における音響ホライズンは

$$r_s(t) \equiv \int_0^t \frac{c_s}{a} dt \tag{6.96}$$

で与えられる．脱結合時の音響ホライズンの値 $r_s(t_{\rm dec})$ のスケールまでゆらぎのパターンは波動として伝播できる．

まず実空間において考えてみよう．初期時刻に1つの場所に局在したバリオン・光子混合流体の密度ゆらぎに着目する．音響振動によってこの密度ゆらぎは四方八方に伝播し，脱結合時までに半径 $r_s(t_{\rm dec})$ の球面上へ到達する密度波となる．脱結合時にこの伝播は停止するので，その後のゆらぎの進化にはこのスケールを特徴とするパターンが表れる．

このことをフーリエ空間において考えてみよう．波数 k を持つ平面波のモードに着目する．初期のゆらぎは波動として伝播していくが，このとき互いに逆向きに進行する波が重なり合う結果，波形の進行しない定常波となる．1方向へ進む波の成分が1波長 $2\pi/k$ だけ進むごとにこの定常波の形は元へ戻る．したがってこの波動は振動部分が $\cos[kr_s(t) + \alpha]$ で表されるようなものになる．ここで初期位相 α はゆらぎの初期条件によって決まる．後に詳しく見るように，断熱ゆらぎの場合にはゆらぎの時間微分がゼロとなる初期条件から始まるので $\alpha = 0$ となる．したがってバリオンと光子のゆらぎは脱結合時まで

$$\delta_b = \frac{3}{4}\delta_\gamma \sim \cos[kr_s(t)] \tag{6.97}$$

のように振る舞う．ただし宇宙膨張の影響により振幅が徐々に減少する効果もあるが，ここでは振動の性質にだけ着目しておく．脱結合時にこの振動位相が固定されるので，$\cos[kr_s(t_{\rm dec})] = \pm 1$ を満たすような波数ではバリオンと光子の密度ゆらぎの振幅が大きいまま取り残される．すなわち

$$k = \frac{m\pi}{r_s(t_{\rm dec})}, \quad (m = 1, 2, 3, \ldots) \tag{6.98}$$

を満たす波数のゆらぎが大きな振幅となる．

バリオン・光子混合流体の音速 c_s は式 (6.65) と同様に求められる．ここでバリオンの平均エネルギー密度を $\bar{\rho}_b$，平均圧力を $\bar{p}_b$ とし，光子のそれらを $\bar{\rho}_\gamma, \bar{p}_\gamma$ とする．ここで $\bar{p}_b = 0, \bar{p}_\gamma = \bar{\rho}_\gamma/3$ である．そして次の量

$$R = \frac{\bar{\rho}_b + \bar{p}_b}{\bar{\rho}_\gamma + \bar{p}_\gamma} = \frac{3}{4}\frac{\bar{\rho}_b}{\bar{\rho}_\gamma} \tag{6.99}$$

を定義すれば，

$$c_s = \frac{c}{\sqrt{3}}\frac{1}{\sqrt{1+R}} \tag{6.100}$$

となる．これを音響ホライズンを表す式 (6.96) に代入すると，解析的に積分することができ，

$$r_s(t) = \frac{c}{\sqrt{3}}\int_0^{a(t)}\frac{1}{\sqrt{1+R}}\frac{da}{a^2 H} = \frac{\sqrt{2/3}}{k_{eq}\sqrt{R_{eq}}}\int_0^{R(t)}\frac{dR}{\sqrt{(1+R)(R+R_{eq})}}$$

$$= \frac{2\sqrt{2/3}}{k_{eq}\sqrt{R_{eq}}}\ln\left(\frac{\sqrt{1+R}+\sqrt{R+R_{eq}}}{1+\sqrt{R_{eq}}}\right) \tag{6.101}$$

となる．ここで 2 番目の等式を導くのに放射優勢期から物質優勢期にかけてのフリードマン方程式から

$$a^2 H = \frac{ca_{eq}k_{eq}}{\sqrt{2}}\sqrt{1+\frac{a}{a_{eq}}} \tag{6.102}$$

となること，および $R \propto a$ を用いた．ただし $a_{eq} \equiv a(t_{eq})$, $R_{eq} \equiv R(t_{eq})$ はそれぞれ等密度時 t_{eq} における値を表し，$k_{eq} \equiv a_{eq}H_{eq}/c$ は等密度時のハッブルサイズに対応する波数である．

したがって，脱結合時の音響ホライズンの値は $R_{dec} \equiv R(t_{dec})$ を用いて

$$r_s(t_{dec}) = \frac{2\sqrt{2/3}}{k_{eq}\sqrt{R_{eq}}}\ln\left(\frac{\sqrt{1+R_{dec}}+\sqrt{R_{dec}+R_{eq}}}{1+\sqrt{R_{eq}}}\right) \tag{6.103}$$

で与えられる．ここに表れる量の具体的な値は，式 (4.57), (4.59) などにより

$$k_{eq} = \frac{\sqrt{2}H_0}{c}\frac{\Omega_{m0}}{\Omega_{r0}^{1/2}} = 9.514 \times 10^{-3}\left(\frac{\Omega_{m0}h^2}{0.13}\right)\text{ Mpc}^{-1} \tag{6.104}$$

$$R_{eq} = \frac{3}{4}a_{eq}\frac{\Omega_{b0}}{\Omega_{\gamma 0}} = \frac{3}{8}g_{*0}\frac{\Omega_{b0}}{\Omega_{m0}} = 0.2231\left(\frac{\Omega_{b0}h^2}{0.023}\right)\left(\frac{\Omega_{m0}h^2}{0.13}\right)^{-1} \tag{6.105}$$

$$R_{dec} = \frac{a_{dec}}{a_{eq}}R_{eq} = \frac{3}{8}g_{*0}a_{dec}\frac{\Omega_{b0}}{\Omega_{r0}} = 0.6404\left(\frac{1+z_{dec}}{1090}\right)^{-1}\left(\frac{\Omega_{b0}h^2}{0.023}\right) \tag{6.106}$$

となる．ここに示唆されている典型的なパラメータ値のとき $r_{\rm s,dec} = 147.6$ Mpc となる．これは $h \simeq 0.70$ のとき $r_{\rm s,dec} \simeq 103\, h^{-1}$ Mpc に対応する．

このようにバリオン音響振動は宇宙初期の物理的効果により決まる特徴的なスケールを出す．このことを利用すると，振動スケールが宇宙を測定するのに都合のよい「宇宙論的ものさし」(standard ruler) となるのである．バリオン音響振動は比較的最近まで測定が難しかったが，現在ではすでに宇宙マイクロ波背景放射と銀河分布の大規模構造の両方で観測されている．後の章でも述べるように，バリオン音響振動はこのため現代的な観測的宇宙論においてとくに重要な役割を果たしている．

6.6.3 拡散減衰

ダークマターのゆらぎに拡散減衰は作用しない．だがバリオンと光子のゆらぎはやはり拡散減衰を受ける．この場合，脱結合時までの光子の拡散スケールは式 (6.74) において $\Omega_{\rm m0}$ にダークマターとバリオンの両方からの寄与を入れたもので与えられ，共動スケールにすると

$$L_{\rm d} = \sqrt{\frac{8\pi G}{3} \frac{m_{\rm H} c}{\sigma_{\rm T}}} \frac{(1+z_{\rm dec})^{-5/4}}{H_0^{3/2} \Omega_{\rm b0}^{1/2} \Omega_{\rm m0}^{1/4}}$$

$$= 19.99 \left(\frac{1+z_{\rm dec}}{1090}\right)^{-5/4} \left(\frac{\Omega_{\rm b0} h^2}{0.023}\right)^{-1/2} \left(\frac{\Omega_{\rm m0} h^2}{0.13}\right)^{-1/4} \text{ Mpc} \quad (6.107)$$

となる．バリオン音響振動はこの光子の拡散スケールを目安に，それより小さいスケールにおいて減衰することになる．

第7章

構造形成の基礎 II

前章ではニュートン極限と線形近似に基づくゆらぎの発展について調べた．ゆらぎの波長がハッブル・スケール $\sim c/H$ 程度かそれより長い場合にはニュートン極限は成り立たなくなる．さらにゆらぎが十分成長すると主に小スケールにおいて線形近似が成り立たなくなる．この章では，これら2つの場合にゆらぎの発展がどうなるのかについて述べる．

7.1 相対論的ゆらぎの発展方程式

ここまでに用いたゆらぎの発展方程式はニュートン極限に基づいているため，ハッブル・スケールを超える波長のゆらぎには適用できない．現在ハッブル半径内に入っている波長も，過去へさかのぼればハッブル半径の外にあった．そこで現在観測できるゆらぎを宇宙初期のゆらぎと結びつけようとすれば，超ハッブル・スケール $\gg c/H$ のゆらぎの発展を知っておく必要がある．

このためには，相対論的なゆらぎの発展方程式をニュートン極限をとらずに扱う．超ハッブル・スケールのような大スケールのゆらぎは非常に小さい．そこで，はじめからすべての量を線形近似で扱うことにする．また，簡単のため背景時空の曲率が無視できる $K=0$ の場合を考え，背景空間には直交座標を用いる．このとき線形理論による密度ゆらぎの進化に関係するゆらぎを含む計量は

$$ds^2 = -\left(1+\frac{2\Phi}{c^2}\right)c^2 dt^2 + a^2\left(1+\frac{2\Psi}{c^2}\right)\delta_{ij}dx^i dx^j \tag{7.1}$$

の形である．変数 Φ, Ψ は時間と空間に依存し，計量の非一様性を表す場である．上の形には空間計量の非等方なゆらぎの自由度が入っていないが，それは線形密度ゆらぎの進化とは独立であることが示されるので簡単のためここでははじめから考

えない[*1]．変数 Φ は宇宙の各点における時間の進み方のゆらぎを表し，変数 Ψ は空間の等方的な膨張率のゆらぎを表している．また，以下では簡単のためアインシュタイン–ド・ジッター宇宙の場合を考え，$\Omega_m = 1$ であるとする．これは十分初期の宇宙に対してよい近似である．以下の計算を一般の宇宙に拡張することも難しくはない．

線形近似の下で式 (7.1) の計量からクリストッフェル記号を計算すると，

$$\Gamma^0_{00} = \frac{\dot{\Phi}}{c^3}, \quad \Gamma^0_{0i} = \Gamma^0_{i0} = \frac{\Phi_{,i}}{c^2}, \quad \Gamma^i_{00} = \frac{\Phi_{,i}}{c^2 a^2} \tag{7.2}$$

$$\Gamma^0_{ij} = \frac{a^2}{c}\left[\frac{\dot{a}}{a}\left(1 - \frac{2\Phi}{c^2} + \frac{2\Psi}{c^2}\right) + \frac{\dot{\Psi}}{c^2}\right]\delta_{ij}, \quad \Gamma^i_{0j} = \Gamma^i_{j0} = \frac{1}{c}\left(\frac{\dot{a}}{a} + \frac{\dot{\Psi}}{c^2}\right)\delta_{ij} \tag{7.3}$$

$$\Gamma^i_{jk} = \frac{1}{c^2}\left(\delta_{ij}\Psi_{,k} + \delta_{ik}\Psi_{,j} - \delta_{jk}\Psi_{,i}\right) \tag{7.4}$$

となる．ただし，背景時空は平坦空間なので，空間添字の上下は区別しない．さらに定義に従ってアインシュタイン・テンソルを求めれば，

$$G^0{}_0 = -\frac{1}{c^2}\left[3\frac{\dot{a}^2}{a^2}\left(1 - \frac{2\Phi}{c^2}\right) + \frac{6}{c^2}\frac{\dot{a}}{a}\dot{\Psi} - \frac{2}{a^2}\triangle\Psi\right], \tag{7.5}$$

$$G^0{}_i = -\frac{2}{c^3}\left(\frac{\dot{a}}{a}\Phi - \dot{\Psi}\right)_{,i}, \quad G^i{}_0 = \frac{2}{c^3 a^2}\left(\frac{\dot{a}}{a}\Phi - \dot{\Psi}\right)_{,i} \tag{7.6}$$

$$G^i{}_j = -\frac{1}{c^2}\left[\left(2\frac{\ddot{a}}{a} + \frac{\dot{a}^2}{a^2}\right)\left(1 - \frac{2\Phi}{c^2}\right) + \frac{2}{c^2}\left(\ddot{\Psi} + 3\frac{\dot{a}}{a}\dot{\Psi} - \frac{\dot{a}}{a}\dot{\Phi}\right) - \frac{1}{a^2}\triangle(\Phi + \Psi)\right]\delta_{ij}$$
$$- \frac{1}{c^2 a^2}(\Phi + \Psi)_{,ij} \tag{7.7}$$

となる．ここで $\triangle(\cdots) = (\cdots)_{,ii}$ は 3 次元ラプラシアンである．

宇宙のエネルギー成分としては，簡単のために理想流体で近似される場合を考える．実際の宇宙では相対論的成分に非等方ストレスなどが存在するが，それほど大きな寄与ではないのでここでは簡単のため近似的に無視する．理想流体のエネルギー運動量テンソルはエネルギー密度 ρ，圧力 p，4 元速度 u^μ により

$$T^\mu{}_\nu = (\rho + p)u^\mu u_\nu + p\delta^\mu{}_\nu \tag{7.8}$$

で与えられる．ここで 4 元速度は規格化条件 $u^\mu u_\mu = -1$ を満たし，物理的な 3 次元速度は $v_i = cau^i/u^0$ で与えられる．これらのことから線形近似の下では

[*1] 本来計量の自由度は 10 個あるが，そのうち 4 つは座標変換の自由度で固定できる．ここで採用したのはコンフォーマル・ニュートン座標条件と呼ばれるものである．残り 6 つの物理的自由度のうち，2 つは重力波の自由度に対応し，さらに 2 つは膨張の回転成分の自由度に対応する．これら 4 つの自由度は密度ゆらぎの線形進化とは独立であることを示すことができる．

7.1 相対論的ゆらぎの発展方程式

と表される。ここから式 (7.8) のエネルギー運動量テンソルは

$$u^0 = 1 - \frac{\Phi}{c^2}, \quad u^i = \frac{v_i}{ca}, \quad u_0 = -1 - \frac{\Phi}{c^2}, \quad u_i = \frac{av_i}{c} \tag{7.9}$$

$$T^0{}_0 = -\bar{\rho}(1+\delta), \quad T^0{}_i = (\bar{\rho}+\bar{p})\frac{av_i}{c}, \quad T^i{}_0 = -(\bar{\rho}+\bar{p})\frac{v_i}{ca}, \quad T^i{}_j = (\bar{p}+\delta p)\delta_{ij} \tag{7.10}$$

となる。

次に、上に得られた量をアインシュタイン方程式 (3.10) へ代入する。式 (7.5)-(7.7) と式 (7.10) をアインシュタイン方程式に代入すれば、背景の一様等方成分に対して曲率がない場合の式 (3.13)-(3.15) が再び得られる：

$$\frac{\dot{a}^2}{a^2} = \frac{8\pi G}{3c^2}\bar{\rho}, \quad \frac{\ddot{a}}{a} = -\frac{4\pi G}{3c^2}(\bar{\rho}+3\bar{p}), \quad \dot{\bar{\rho}} + 3\frac{\dot{a}}{a}(\bar{\rho}+\bar{p}) = 0 \tag{7.11}$$

この一様等方解を差し引けば、線形ゆらぎについて次の方程式系が得られる：

$$3\frac{\dot{a}}{a}\left(\dot{\Psi} - \frac{\dot{a}}{a}\Phi\right) - \frac{c^2}{a^2}\triangle\Psi = 4\pi G\bar{\rho}\delta \tag{7.12}$$

$$\left(\dot{\Psi} - \frac{\dot{a}}{a}\Phi\right)_{,i} = \frac{4\pi G}{c^2}(\bar{\rho}+\bar{p})av_i \tag{7.13}$$

$$\left[\left(2\frac{\ddot{a}}{a} + \frac{\dot{a}^2}{a^2}\right)\Phi - \ddot{\Psi} - 3\frac{\dot{a}}{a}\dot{\Psi} + \frac{\dot{a}}{a}\dot{\Phi} + \frac{c^2}{2a^2}\triangle(\Phi+\Psi)\right]\delta_{ij}$$
$$- \frac{c^2}{2a^2}(\Phi+\Psi)_{,ij} = 4\pi G\delta p\delta_{ij} \tag{7.14}$$

ただし、右辺の流体に関する量は全エネルギー成分からの寄与を足し合わせたものである。

ここで式 (7.13) から、速度場 v_i はポテンシャル流となり、回転成分がないことがわかる。これは式 (7.1) において非等方な計量のゆらぎを落としたことに由来する。線形速度場の回転成分は密度ゆらぎの発展とは独立なモードである[*2]。

さらに式 (7.14) はトレース部分とそれ以外の部分に分解できて

$$\left(2\frac{\ddot{a}}{a} + \frac{\dot{a}^2}{a^2}\right)\Phi - \ddot{\Psi} - 3\frac{\dot{a}}{a}\dot{\Psi} + \frac{\dot{a}}{a}\dot{\Phi} + \frac{c^2}{3a^2}\triangle(\Phi+\Psi) = 4\pi G\delta p \tag{7.15}$$

$$(\Phi+\Psi)_{,ij} = \frac{1}{3}\delta_{ij}\triangle(\Phi+\Psi) \tag{7.16}$$

となる。ここで式 (7.16) において $i \neq j$ のときは $(\Phi+\Psi)_{,ij} = 0$ となる。この式を積

[*2] さらに速度場の回転成分は超ハッブル・スケールでも膨張宇宙における減衰モードとなるため重要ではない。

分すると $\Phi + \Psi$ の空間平均がゼロになるような解は

$$\Phi + \Psi = 0 \tag{7.17}$$

しかない．

式 (7.17) により，式 (7.12), (7.13), (7.15) は

$$\frac{c^2}{a^2}\triangle\Phi - 3\frac{\dot{a}}{a}\left(\dot{\Phi} + \frac{\dot{a}}{a}\Phi\right) = 4\pi G\bar{\rho}\delta \tag{7.18}$$

$$\dot{\Phi} + \frac{\dot{a}}{a}\Phi = \frac{4\pi Ga}{c^2\dot{a}}(\bar{\rho} + \bar{p})\psi \tag{7.19}$$

$$\ddot{\Phi} + 4\frac{\dot{a}}{a}\dot{\Phi} + \left(2\frac{\ddot{a}}{a} + \frac{\dot{a}^2}{a^2}\right)\Phi = 4\pi G\delta p \tag{7.20}$$

となる．ここで ψ は式 (6.53) で定義される速度ポテンシャルである．

式 (7.18), (7.19) からただちに

$$\triangle\Phi = \frac{4\pi Ga^2}{c^2}\bar{\rho}\left[\delta + \frac{3}{c^2}(1+w)\psi\right] \tag{7.21}$$

が得られる．ここで $w = \bar{p}/\bar{\rho}$ である．この式はニュートン極限におけるポアソン方程式の形をしているが，密度ゆらぎの他に速度場もポテンシャル源として寄与している．ところがこの速度場の寄与はハッブル半径内において非常に小さい．なぜなら，ハッブル半径内では波数 k のモードについて $k \gg aH/c$ であり，また式 (6.55) により $\psi = -a^2H^2fk^{-2}\delta$ となるからである．

つまりこの式 (7.21) のポテンシャル源となる因子はハッブル半径内においては通常の密度ゆらぎである．ハッブル・スケールになって初めて密度ゆらぎ δ との違いが顕著になる．そこで密度ゆらぎを δ から

$$\Delta \equiv \delta + \frac{3}{c^2}(1+w)\psi \tag{7.22}$$

により再定義すると，式 (7.21) は非相対論的なポアソン方程式と同じ形

$$\triangle\Phi = \frac{4\pi Ga^2}{c^2}\bar{\rho}\Delta \tag{7.23}$$

になる．

このようにハッブル半径内でほぼ等価な密度ゆらぎの定義が複数存在することは，密度ゆらぎがハッブル・スケールでの座標条件に大きく依存する量であることを反映している．すなわち，ハッブル・スケールでは密度ゆらぎに対する自然な定義が存在しない．どの座標条件を用いた定義を採用するかは，方程式の扱いやすさ

や数値的な安定性など，個々の問題ごとに純粋に技術的な理由で選択される[*3]．

ここでは簡単のため成分全体として断熱ゆらぎとなっている場合を仮定して $\delta p = c_s^2 \bar{\rho} \delta / c^2$ とする．この関係を用いて式 (7.18), (7.20) から δ, δp を消去し，さらに背景場の方程式 (7.11) を用いると

$$\ddot{\Phi} + \left(4 + \frac{3c_s^2}{c^2}\right)H\dot{\Phi} - \frac{c_s^2}{a^2}\triangle\Phi + 3H^2\left(\frac{c_s^2}{c^2} - w\right)\Phi = 0 \tag{7.24}$$

を得る．これはポテンシャル Φ の発展を記述する微分方程式となっている．物質の状態方程式から w, c_s の時間変化が与えられれば，この方程式を積分することによりポテンシャルの解 Φ が求まる．そして式 (7.11), (7.19), (7.23) から導かれる式

$$\Delta = \frac{2}{3}\frac{\triangle\Phi}{a^2H^2} \tag{7.25}$$

$$\psi = \frac{2}{3}\frac{\dot{\Phi} + H\Phi}{H(1+w)} \tag{7.26}$$

により密度ゆらぎ Δ および速度場 ψ が求められる．ただし，このように簡単化したのは理想流体の仮定によるもので，近似的な取扱いをしていることには注意しておく．

超ハッブル・スケールにおいては次式で定義される**曲率ゆらぎ** (curvature perturbation)

$$\zeta = \Psi - \psi \tag{7.27}$$

が有用である[*4]．断熱ゆらぎの場合，超ハッブル・スケールにおいて曲率ゆらぎが保存するという性質がある．このことをいま採用している近似の範囲内で示しておこう．式 (7.17), (7.26) により曲率ゆらぎは

$$\zeta = -\Phi - \frac{2}{3}\frac{\dot{\Phi} + H\Phi}{H(1+w)} \tag{7.28}$$

となる．ここで，式 (7.11) および $\dot{p}/\dot{\rho} = c_s^2/c^2$ を用いると

$$\dot{H} = -\frac{3}{2}H^2(1+w), \quad \frac{\dot{w}}{1+w} = -3H\left(\frac{c_s^2}{c^2} - w\right) \tag{7.29}$$

が示される．これらの式を使って式 (7.28) の時間微分を計算し，さらに式 (7.24)

[*3] ここで定義された密度ゆらぎ Δ は最初，ゆらぎのゲージ依存性を系統的に調べたバーディーン (James M. Bardeen, 1939–) によって導入されたものであり，共動ゲージ座標条件によって定義した密度ゆらぎに等しい．

[*4] この曲率ゆらぎは共動ゲージにおける空間計量のゆらぎに一致する．

を用いると，波数 k のフーリエモードについて

$$\dot{\zeta} = \frac{2Hc_{\rm s}^2}{3c^2(1+w)}\left(\frac{ck}{aH}\right)^2 \Phi \tag{7.30}$$

が導かれる．超ハッブル・スケール $k \ll aH/c$ において右辺はゼロへ近づくから，曲率ゆらぎは時間的に一定値に保たれることがわかる．ここで用いた式 (7.24) は断熱ゆらぎの発展方程式であり，曲率ゆらぎが一定になるのは断熱ゆらぎの特徴である．ここでは完全流体の近似で示したが，そうでない一般の場合にも同様に示すことができる．

7.2 相対論的ゆらぎの成長

7.2.1 単成分流体近似の解

上に導かれた超ハッブル・スケールを含むゆらぎの発展方程式を具体的に放射優勢期と物質優勢期において解いてみる．エネルギー成分を単成分の完全流体で近似すると，放射優勢期では $w = c_{\rm s}^2/c^2 = 1/3$，物質優勢期では $w = c_{\rm s}^2/c^2 = 0$ となる．そこでいま一般に $w = c_{\rm s}^2/c^2 =$ 定数 となる場合を考え，

$$\nu = \frac{2}{1+3w} = \frac{2}{1+3c_{\rm s}^2/c^2} \tag{7.31}$$

とおく．このとき背景場の方程式 (7.11) により，スケール因子の解は A を定数として

$$a = At^{\nu/(\nu+1)} \tag{7.32}$$

となる．さらに

$$x = \frac{(\nu+1)k}{A}t^{1/(\nu+1)}, \quad F = x^\nu \Phi \tag{7.33}$$

とおくと，ポテンシャルの発展方程式 (7.24) をフーリエ変換した波数 k のモードは

$$\frac{d^2F}{dx^2} + \frac{2}{x}\frac{dF}{dx} + \left[c_{\rm s}^2 - \frac{\nu(\nu+1)}{x^2}\right]F = 0 \tag{7.34}$$

という式となる．

方程式 (7.34) は $c_{\rm s} \neq 0$ のとき，$c_{\rm s}x$ を変数とする球ベッセル微分方程式に他ならない．したがって，その一般解は球ベッセル関数 $j_\nu(c_{\rm s}x)$ と球ノイマン関数 $n_\nu(c_{\rm s}x)$ の重ね合わせで与えられる．ここで $\nu > -1$ の場合，球ノイマン関数で与えられる

解は $x \to 0$ で $n_\nu(c_s x) \propto (c_s x)^{-\nu-1}$ のように発散するので，時間が増えると急激に減衰する．つまり，この解は減衰モードであることがわかる．したがって成長モードは球ベッセル関数で与えられ，

$$\Phi \propto x^{-\nu} j_\nu(c_s x) \tag{7.35}$$

となる．球ベッセル関数の漸近形

$$j_\nu(z) = \begin{cases} z^\nu/(2\nu+1)!! & (z \to 0) \\ z^{-1} \cos[z - (\nu+1)\pi/2] & (z \to \infty) \end{cases} \tag{7.36}$$

により，超ハッブル・スケールの極限 $k \to 0$ ではポテンシャルが一定値に近づき，ハッブル半径の内側では時間あるいはスケールの関数として振動的になる．

放射優勢期の場合は上の形に $c_s^2 = c^2/3$, $\nu = 1$ を代入したものが解である．超ハッブル・スケールにおける時間的に一定のポテンシャルの値を $\Phi_r(\mathbf{k})$ とおくと，その解は

$$\Phi = \frac{3\sqrt{3}}{2}\Phi_r \frac{a}{ckt} j_1\left(\frac{2}{\sqrt{3}}\frac{ckt}{a}\right) \to \begin{cases} \Phi_r & \left(\frac{ckt}{a} \to 0\right) \\ -\frac{9}{4}\Phi_r \left(\frac{a}{ckt}\right)^2 \cos\left(\frac{2}{\sqrt{3}}\frac{ckt}{a}\right) & \left(\frac{ckt}{a} \to \infty\right) \end{cases} \tag{7.37}$$

となる．超ハッブル・スケール $ckt/a \to 0$ のポテンシャルは一定だが，ハッブル半径内 $ckt/a \to \infty$ では振動しながらその振幅は $(a/t)^2 \propto a^{-2}$ に比例して減衰する．

式 (7.25) により密度ゆらぎは

$$\Delta = -\frac{4\sqrt{3}}{c^2}\Phi_r \frac{ckt}{a} j_1\left(\frac{2}{\sqrt{3}}\frac{ckt}{a}\right) \to \begin{cases} -\frac{8}{3c^2}\Phi_r \left(\frac{ckt}{a}\right)^2 & \left(\frac{ckt}{a} \to 0\right) \\ \frac{6}{c^2}\Phi_r \cos\left(\frac{2}{\sqrt{3}}\frac{ckt}{a}\right) & \left(\frac{ckt}{a} \to \infty\right) \end{cases} \tag{7.38}$$

となる．超ハッブル・スケールでこの密度ゆらぎは $(t/a)^2 \propto a^2$ に比例して成長していることがわかる．またハッブル半径内では振動し，その振幅は成長しない．さらに式 (7.25) と球ベッセル関数の微分 $[j_1(x)/x]' = -j_2(x)/x$ により速度場は

$$\psi = \frac{3}{2}\Phi_r \left[\frac{\sqrt{3}}{2}\frac{a}{ckt} j_1\left(\frac{2}{\sqrt{3}}\frac{ckt}{a}\right) - j_2\left(\frac{2}{\sqrt{3}}\frac{ckt}{a}\right)\right]$$

$$\to \begin{cases} \frac{1}{2}\Phi_r & \left(\frac{ckt}{a} \to 0\right) \\ \frac{3\sqrt{3}}{4}\frac{a}{ckt}\Phi_r \sin\left(\frac{2}{\sqrt{3}}\frac{ckt}{a}\right) & \left(\frac{ckt}{a} \to \infty\right) \end{cases} \tag{7.39}$$

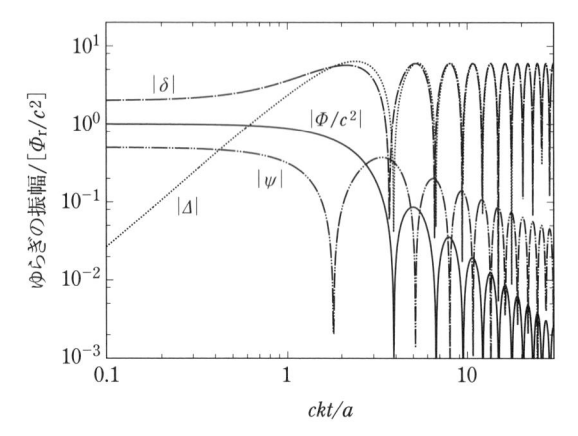

図 7.1 単成分近似による，放射優勢期にハッブル半径に入るゆらぎの進化．振幅は $\Phi_\mathrm{r}/c^2 = 1$ と規格化してある．

で与えられる．

ここで密度ゆらぎとして Δ ではなく元の δ で見たときの超ハッブル・スケールの成長はまったく異なる．実際，上の解と式 (7.22) により，

$$\delta = -\frac{6}{c^2}\Phi_\mathrm{r}\left[\left(\frac{2}{\sqrt{3}}\frac{ckt}{a} + \frac{\sqrt{3}}{2}\frac{a}{ckt}\right)j_1\left(\frac{2}{\sqrt{3}}\frac{ckt}{a}\right) - j_2\left(\frac{2}{\sqrt{3}}\frac{ckt}{a}\right)\right]$$

$$\to \begin{cases} -\dfrac{2}{c^2}\Phi_\mathrm{r} & \left(\dfrac{ckt}{a} \to 0\right) \\ \dfrac{6}{c^2}\Phi_\mathrm{r}\cos\left(\dfrac{2}{\sqrt{3}}\dfrac{ckt}{a}\right) & \left(\dfrac{ckt}{a} \to \infty\right) \end{cases} \tag{7.40}$$

となる．これはハッブル半径内では Δ に一致する．だが，超ハッブル・スケールでは時間的に一定であり，a^2 に比例して成長する Δ とは対照的である．このように超ハッブル・スケールの密度ゆらぎは定義によって定性的にもまったく異なった振る舞いをする．

ベッセル関数による近似的な解析解として表されたゆらぎ変数 $\Phi, \Delta, \delta, \psi$ の進化の様子を図 7.1 に示す．

次に物質優勢期を考える．この場合には $c_\mathrm{s} = 0, \nu = 2$ であるから方程式 (7.34) は

$$\frac{d^2 F}{dx^2} + \frac{2}{x}\frac{dF}{dx} - \frac{6}{x^2}F = 0 \tag{7.41}$$

となる．この解は容易に $F \propto x^2, x^{-3}$ と求まる．後者の解が減衰モードで，それを無視すれば，式 (7.33) により Φ はスケールによらず時間的に一定となる．

そこでこの一定値を $\Phi_\mathrm{m}(\boldsymbol{k})$ とおけば，式 (7.25), (7.26) により

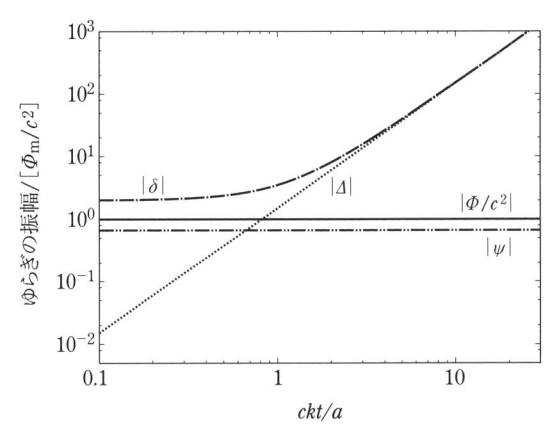

図 7.2 単成分近似による，物質優勢期にハッブル半径に入るゆらぎの進化．振幅は $\Phi_m/c^2 = 1$ と規格化してある．放射優勢期は無視されている．

$$\Phi = \Phi_m \tag{7.42}$$

$$\Delta = -\frac{3}{2}\frac{k^2 t^2}{a^2}\Phi_m \tag{7.43}$$

$$\psi = \frac{2}{3}\Phi_m \tag{7.44}$$

となる．物質優勢期の密度ゆらぎ Δ はハッブル半径の内外にかかわらず $t^2/a^2 \propto a$ に比例して成長する．一方，元の密度ゆらぎ δ は

$$\delta = -\frac{2}{c^2}\Phi_m\left(1 + \frac{3}{4}\frac{c^2 k^2 t^2}{a^2}\right) \tag{7.45}$$

となる．やはりこの場合も超ハッブル・スケールでは成長しない．ハッブル半径内では Δ と実質的に同じになり a に比例して成長する．

ここで得られた解析解によるゆらぎ変数 $\Phi, \Delta, \delta, \psi$ の進化の様子を図 7.2 に示す．

放射優勢期と物質優勢期ではともに超ハッブル・スケールのポテンシャルが時間的に一定となるが，これら 2 つの値 Φ_r, Φ_m は等しくはない．両者の間の関係は，超ハッブル・スケールにおける曲率ゆらぎの保存から導くことができる．実際，曲率ゆらぎをポテンシャルで表した式 (7.28) が両優勢期で等しくなることから，

$$\Phi_m = \frac{9}{10}\Phi_r \tag{7.46}$$

となる．すなわち，超ハッブル・スケールのポテンシャルは等密度時をまたいで 10% だけ減少する．

以上からわかることは，ゆらぎの波長がどの時点でハッブル半径内に入ってきたかでそのゆらぎの振る舞いが大きく左右されるということである．このためゆらぎはその波長スケールごとに受ける物理効果が異なり，初期のゆらぎは現在までに大きく変形されることとなる．

7.2.2 多成分流体

宇宙はいくつかのエネルギー成分で成り立っていて，エネルギー的に優勢でない成分は他の成分の作る重力場の中で進化することになる．さらに成分間に直接の相互作用があれば，各成分のゆらぎの進化はその相互作用の詳細にも依存して複雑になる．ここでは，成分間の直接相互作用が無視できる場合について多成分流体の進化を考えることにする．とくに超ハッブル・スケールでは因果律のため成分間に相互作用がないので，この場合にあてはまる．

成分間に直接相互作用がないときは，成分 A のエネルギー運動量テンソル $T_A{}^\mu{}_\nu$ は個別に保存則 $T_A{}^\mu{}_{\nu;\mu} = 0$ を満たす．成分ごとのエネルギー運動量テンソルの形も式 (7.10) と同様に導かれて，線形近似で

$$T_A{}^0{}_0 = -\bar{\rho}_A(1 + \delta_A), \quad T_A{}^0{}_i = (\bar{\rho}_A + \bar{p}_A)\frac{av_{Ai}}{c}$$
$$T_A{}^i{}_0 = -(\bar{\rho}_A + \bar{p}_A)\frac{v_{Ai}}{ca}, \quad T_A{}^i{}_j = (\bar{p}_A + \delta p_A)\delta_{ij} \tag{7.47}$$

となる．保存則の一様等方成分については式 (3.15) と同様に

$$\dot{\bar{\rho}}_A + 3\frac{\dot{a}}{a}(\bar{\rho}_A + \bar{p}_A) = 0 \tag{7.48}$$

となる．保存則の線形項については，式 (7.2)–(7.4) のクリストッフェル記号を使って共変微分を計算することにより，

$$-c\,\delta T_A{}^\mu{}_{0;\mu} = \bar{\rho}_A\dot{\delta}_A + 3\frac{\dot{a}}{a}(\delta p_A - \bar{p}_A\delta_A) + (\bar{\rho}_A + \bar{p}_A)\left(\frac{1}{a}\boldsymbol{\nabla}\cdot\boldsymbol{v}_A + \frac{3}{c^2}\dot{\Psi}\right) = 0 \tag{7.49}$$

$$\frac{c^2}{a}\delta T_A{}^\mu{}_{i;\mu} = (\bar{\rho}_A + \bar{p}_A)\left[\dot{v}_{Ai} + \frac{\dot{a}}{a}\left(1 - 3\frac{c_A^2}{c^2}\right)v_{Ai} + \frac{c^2}{a}\frac{\partial_i \delta p_A}{\bar{\rho}_A + \bar{p}_A} + \frac{1}{a}\partial_i \Phi\right] = 0 \tag{7.50}$$

となる．ただし，$c_A^2 = c^2 \dot{\bar{p}}_A/\dot{\bar{\rho}}_A$ はこの成分に対する音速の 2 乗である．また，上の式を導くのに背景場の式 (7.48) を使った．式 (7.49) と (7.50) は，非相対論的な流体に対して導かれた連続の式 (6.15) とオイラー方程式 (6.16) を線形化して相対論的に拡張したものに対応する．相対論的な効果として，相対論的な圧力の効果と，空間計量の時間変化 Ψ の効果が付け加わっている．

ここで個々の成分に対する断熱ゆらぎの条件 $\delta p_A = c^{-2} c_A^2 \bar{\rho}_A \delta_A$ を仮定すると，式

(7.49), (7.50) は

$$\dot{\delta}_A + 3\frac{\dot{a}}{a}\left(\frac{c_A{}^2}{c^2} - w_A\right)\delta_A + (1+w_A)\left(\frac{1}{a}\boldsymbol{\nabla}\cdot\boldsymbol{v}_A + \frac{3}{c^2}\dot{\Psi}\right) = 0 \qquad (7.51)$$

$$\dot{\boldsymbol{v}}_A + \frac{\dot{a}}{a}\left(1 - 3\frac{c_A{}^2}{c^2}\right)\boldsymbol{v}_A + \frac{c_A{}^2}{a}\frac{\boldsymbol{\nabla}\delta_A}{1+w_A} + \frac{1}{a}\boldsymbol{\nabla}\Phi = 0 \qquad (7.52)$$

と表される．ただし，$w_A \equiv \bar{p}_A/\bar{\rho}_A$ は成分 A の状態方程式パラメータである．この変数の時間微分は

$$\dot{w}_A = -3\frac{\dot{a}}{a}(1+w_A)\left(\frac{c_A{}^2}{c^2} - w_A\right) \qquad (7.53)$$

となるので，相対論的な連続の式 (7.51) は

$$\frac{\partial}{\partial t}\left(\frac{\delta_A}{1+w_A} + \frac{3}{c^2}\Psi\right) + \frac{1}{a}\boldsymbol{\nabla}\cdot\boldsymbol{v}_A = 0 \qquad (7.54)$$

と書き直すことができる．式 (7.52) の発散をとったものと式 (7.54) を用いると速度場を消去することができ，発展方程式

$$\left[\frac{\partial^2}{\partial t^2} + \frac{\dot{a}}{a}\left(2 - \frac{3c_A{}^2}{c^2}\right)\frac{\partial}{\partial t} - \frac{c_A{}^2}{a^2}\triangle\right]\left(\frac{\delta_A}{1+w_A} + \frac{3}{c^2}\Psi\right) = \frac{1}{a^2}\triangle\left[\Phi - \frac{3c_A{}^2}{c^2}\Psi\right] \qquad (7.55)$$

が得られる．いま考えている成分が宇宙のエネルギー優勢成分でない場合，計量ゆらぎ Φ, Ψ は優勢成分のアインシュタイン方程式により決まる．このときには計量ゆらぎを外場とみなすことができ，式 (7.55) は各フーリエモードについて右辺を強制力とする摩擦項入りの強制振動型の方程式となる．

上に表れてくる量 $\delta_A/(1+w_A) + 3\Psi/c^2$ の意味を見るため，成分 A が相対論的な放射成分であるか，あるいは非相対論的な物質成分である場合を考える．このとき，その粒子数密度は式 (4.10)-(4.16) により $n_A \propto \rho_A^{1/(1+w_A)}$ で与えられ，$w_A = 0, 1/3$ は定数である．この場合に数密度のゆらぎを求めると

$$\frac{\delta n_A}{n_A} = \frac{\delta_A}{1+w_A} \qquad (7.56)$$

となることがわかる．共動体積あたりの粒子数密度は，式 (7.1) における空間計量のゆらぎを含めて線形近似で $N_A = n_A a^3(1+3\Psi/c^2)$ となる．したがって，そのゆらぎは線形近似で

$$\frac{\delta N_A}{N_A} = \frac{\delta_A}{1+w_A} + \frac{3}{c^2}\Psi \qquad (7.57)$$

となる．つまり，式 (7.54) は共動体積あたりの数密度ゆらぎに対する粒子数保存則を表し，式 (7.55) はその時間発展を表す方程式である．

速度場の発散には回転成分は寄与しないので，式 (6.53) と同様に成分 A の速度ポテンシャル ψ_A を定義すれば，$\boldsymbol{\nabla} \cdot \boldsymbol{v}_A = -\Delta \psi_A / aH$ となる．単成分における式 (7.39), (7.44) からわかるように，速度ポテンシャルは重力ポテンシャルと同じ程度の量である．波数 k のゆらぎに対して，

$$\frac{\boldsymbol{\nabla} \cdot \boldsymbol{v}_A}{aH} = \frac{c^2 k^2}{a^2 H^2} \frac{\psi_A}{c^2} \tag{7.58}$$

となるから，式 (7.54) における速度場の寄与は超ハッブル・スケール $c^2 k^2 \ll a^2 H^2$ において無視できる．これは，超ハッブル・スケールで物質やエネルギーが移動することがないため，速度場が連続の式に寄与しないことを意味している．

このことを用いると，超ハッブル・スケールでは任意の 2 成分 A, B について，式 (7.54), (7.58) により

$$\frac{\partial}{\partial t}\left(\frac{\delta_A}{1+w_A}\right) = \frac{\partial}{\partial t}\left(\frac{\delta_B}{1+w_B}\right) \tag{7.59}$$

が成り立つ．断熱ゆらぎでは各成分の数密度ゆらぎは一定の比率で生成されるので，$\delta n_A / n_A = \delta n_B / n_B$ という初期条件を持つ．したがって，式 (7.56) より，式 (7.59) を時間で積分したときの積分定数はゼロである．つまり断熱ゆらぎの場合，放射成分あるいは物質成分として生成される任意の 2 成分 A, B について，超ハッブル・スケールにおいては

$$\frac{\delta_A}{1+w_A} = \frac{\delta_B}{1+w_B} \tag{7.60}$$

の関係が保たれる．

多成分系では，各成分のゆらぎが断熱的であっても全体のゆらぎも断熱的とは限らない．これを見るため，全体のエントロピーゆらぎを無次元化した量

$$\Gamma \equiv \left(\frac{\partial p}{\partial S}\right)_\varrho \frac{\delta S}{\bar{p}} = \frac{\delta p}{\bar{p}} - \frac{c_s^2}{c^2 w} \delta \tag{7.61}$$

を定義する．ただし 2 番目の等式では関係式 (6.22) を用いた．ここで全流体の変数を式 (3.39) のように成分に分解して式 (7.48) を用いると，全体の音速は

$$c_s^2 = \frac{1}{\bar{\rho}(1+w)} \sum_A \bar{\rho}_A (1+w_A) c_A^2 \tag{7.62}$$

と求められる．さらに成分ごとのゆらぎは断熱的であるものと仮定すれば，

$$\delta = \frac{1}{\bar{\rho}} \sum_A \bar{\rho}_A \delta_A, \quad \delta p = \frac{1}{c^2} \sum_A c_A^2 \bar{\rho}_A \delta_A \tag{7.63}$$

となる．

これらの式を用いて，全体のエントロピーゆらぎの式 (7.61) を変形すれば，

$$\Gamma = \frac{1}{2c^2\bar{\rho}^2 w(1+w)} \sum_{A\neq B} \bar{\rho}_A \bar{\rho}_B (1+w_A)(1+w_B)(c_A{}^2 - c_B{}^2)\left(\frac{\delta_A}{1+w_A} - \frac{\delta_B}{1+w_B}\right) \quad (7.64)$$

が導かれる．超ハッブル・スケールでは，各成分が断熱ゆらぎであれば式 (7.60) が成り立つので，この全体のエントロピーゆらぎはゼロである．ところが，ホライズン内では式 (7.54) の第 2 項が消えず，式 (7.64) の最後の因子は

$$\frac{\partial}{\partial t}\left(\frac{\delta_A}{1+w_A} - \frac{\delta_B}{1+w_B}\right) = \frac{1}{a}\boldsymbol{\nabla} \cdot (\boldsymbol{v}_A - \boldsymbol{v}_B) = \frac{k^2}{a^2 H}(\psi_A - \psi_B) \quad (7.65)$$

を満たす．したがって，音速の異なる成分間に速度差がある場合，たとえ個々の成分が断熱ゆらぎであっても全体として見るとエントロピーゆらぎが生じている．この場合には全体の断熱性を仮定した重力ポテンシャルの発展方程式 (7.24) にはエントロピーゆらぎの寄与が付け加わり，エントロピーゆらぎの発展と合わせて解く必要が出てくる．ただしエネルギー優勢成分が 1 つだけであればこうして生成されるエントロピーは重要ではない．実際，式 (7.64) には $\bar{\rho}_A \bar{\rho}_B/\bar{\rho}^2$ の因子があり，2 つ以上の成分が同じ程度のエネルギー密度にならない限りこの因子は小さく抑えられている．

7.2.3 音響振動方程式

上に得られた多成分流体の方程式を用いて，6.6.2 項に説明したバリオン音響振動をさらに定量的に取扱うことができる．まず，バリオンと光子が強く結合するときの関係式 (6.95) を再導出することから始める．結合が強ければ両成分について速度差がないので $\boldsymbol{v}_b = \boldsymbol{v}_\gamma$ となる．バリオンと光子の間に働く相互作用はトムソン散乱である．トムソン散乱においては光子のエネルギーが電子の静止質量に比べて十分小さく，散乱の前後で光子の波長は変化しない．したがってバリオンと光子の間のエネルギー輸送が無視できるので，各成分ごとに式 (7.49) の保存則が成り立ち，さらに式 (7.54) が成り立つ．ここで $w_b = 0, w_\gamma = 1/3$ であるから，式 (7.54) によりハッブル半径内外にかかわらず $\delta_b = 3\delta_\gamma/4$ となる．断熱ゆらぎの初期条件として式 (7.60) が成り立つから積分定数はゼロとなり，関係式

$$\delta_b = \frac{3}{4}\delta_\gamma \quad (7.66)$$

がハッブル半径に入ったスケールについても保たれる．

上の関係式と $\bar{p}_b = 0, \bar{p}_\gamma = \bar{\rho}_\gamma/3$ を用いれば，バリオン・光子混合流体の密度ゆら

ぎについて

$$\frac{\delta_{b\gamma}}{1+w_{b\gamma}} = \frac{\bar{\rho}_b \delta_b + \bar{\rho}_\gamma \delta_\gamma}{\bar{\rho}_b + \bar{\rho}_\gamma + \bar{p}_b + \bar{p}_\gamma} = \frac{3}{4}\delta_\gamma = \delta_b \qquad (7.67)$$

となる．バリオン・光子混合流体の音速は式(6.100)で与えられた．すなわち

$$c_s^2 = \frac{c^2}{3}\frac{1}{1+R} \qquad (7.68)$$

となる．式(7.67), (7.68)を発展方程式(7.55)へ代入することにより，

$$\left[\frac{\partial^2}{\partial t^2} + \left(\frac{\dot{a}}{a} + \frac{\dot{R}}{1+R}\right)\frac{\partial}{\partial t} + \frac{c_s^2 k^2}{a^2}\right]\left(\delta_b + \frac{3}{c^2}\Psi\right) = \frac{k^2}{a^2}\left(\frac{1}{1+R}\Psi - \Phi\right) \qquad (7.69)$$

が得られる．ただし $R \propto a$ より従う関係 $\dot{a}/a = \dot{R}/R$ を用いた．またフーリエ空間に移行し $\triangle \to -k^2$ と置き換えた．光子のゆらぎ δ_γ は式(7.66)によりバリオンのゆらぎ δ_b で与えられるので，以下はバリオンのゆらぎに着目して方程式の解を考えることにする．

ダークマター宇宙における物質優勢期では，光子やバリオンは宇宙の主要成分でない．計量ゆらぎ Φ, Ψ はダークマターのゆらぎによって支配されるため，バリオンや光子のゆらぎの発展において（近似的に）外力とみなすことができる．するとこの方程式は時間に依存する摩擦項を持つ強制振動の方程式に等価である．これがバリオン音響振動を定量的に表す方程式となる．

計量ゆらぎの時間変化は宇宙年齢スケールでしか変化しないから，ハッブル半径内における振動の定性的な振る舞いにはあまり重要な役割を果たさない．振動の振る舞いのほとんどは斉次方程式の解で決まる．さらに摩擦項に対応する左辺第2項の係数も，やはり宇宙年齢スケールでしか変化しない関数の微分であるから，その効果は小さく抑えられている．

そこでとりあえず近似的に強制項と摩擦項を無視してみると，式(7.69)は

$$\left(\frac{\partial^2}{\partial t^2} + \frac{c_s^2 k^2}{a^2}\right)\left(\delta_b + \frac{3}{c^2}\Psi\right) = 0 \qquad (7.70)$$

となる．これは角振動数 $c_s k/a$ がゆっくりと変化する調和振動子の方程式に等価である．計量ゆらぎ Ψ はあまり振動しないから，この方程式の振動性はバリオンのゆらぎ δ_b によるものである．その振動数はゆらぎの波数に比例する．すなわち直観的にも明らかなように，波長の短い小スケールほど振動周期が短い．

この振動は摩擦項の効果により減衰する．この効果を解析的に調べるにはWKB

近似が有効である*5．いま $\omega(t) \equiv c_s k/a$ とおくと，斉次方程式は

$$\left[\frac{\partial^2}{\partial t^2} + \left(\frac{\dot{a}}{a} + \frac{\dot{R}}{1+R}\right)\frac{\partial}{\partial t} + \omega^2\right]\left(\delta_b + \frac{3}{c^2}\Psi\right) = 0 \tag{7.71}$$

の形である．ここで解の形を

$$\delta_b + \frac{3}{c^2}\Psi = A(t)\,e^{iB(t)} \tag{7.72}$$

とする．振幅 A や R, a の時間変化のスケールは宇宙膨張の時間スケール $1/H$ と同程度である．一方，位相を表す B の時間変化スケールは振動の時間スケール $1/\omega$ である．すなわちオーダーの関係として

$$\left|\frac{\dot{A}}{A}\right| \sim \left|\frac{\dot{R}}{R}\right| \sim O(H), \quad \left|\frac{\ddot{A}}{A}\right| \sim O(H^2), \quad |\dot{B}| \sim O(\omega), \quad |\ddot{B}| \sim O(\omega^2) \tag{7.73}$$

が成り立つ．ここで振動の時間スケール ω^{-1} が宇宙膨張の時間スケール H^{-1} よりもずっと短ければ $H/\omega \ll 1$ となる．この小さい量について展開して，低次のいくつかの項により近似するのが WKB 近似である．この近似の条件は H^{-1} がほぼ宇宙年齢 t の程度であることから $a/k \ll c_s t$ とも表すことができる．ここからわかるように，波数 k に対応する波長スケールが音速によって到達できる長さスケールよりも十分小さいときによい近似であり，小スケールになるほど有効である．

式 (7.72) を式 (7.71) へ代入し，その実部と虚部から

$$\frac{\ddot{A}}{A} + \left(\frac{\dot{a}}{a} + \frac{\dot{R}}{1+R}\right)\frac{\dot{A}}{A} - \dot{B}^2 + \omega^2 = 0 \tag{7.74}$$

$$2\frac{\dot{A}}{A}\dot{B} + \ddot{B} + \left(\frac{\dot{a}}{a} + \frac{\dot{R}}{1+R}\right)\dot{B} = 0 \tag{7.75}$$

の 2 式が得られる．ここで式 (7.73) の関係を使い，H/ω の 2 次以上の項を無視すると A, B について陽に解くことができる．その結果を式 (7.72) へ代入すると，独立な 2 解は

$$\delta_b + \frac{3}{c^2}\Psi \propto \frac{\exp(\pm ikr_s)}{(1+R)^{1/4}} \tag{7.76}$$

となる．ただし $r_s(t)$ は式 (6.96) の音響ホライズンである．光子ゆらぎの斉次解もまったく同じ形である．指数関数の部分が振動を表す．また R は時間とともに a に比例して大きくなるので，この振動は減衰する．ゆらぎの値は実数であるから，上の独立解を実数化した

---

*5　W. Hu and N. Sugiyama, *Astrophys. J.*, **444**, 489 (1995).

$$X_1 = \frac{\cos(kr_s)}{(1+R)^{1/4}}, \quad X_2 = \frac{\sin(kr_s)}{(1+R)^{1/4}} \tag{7.77}$$

を用いると一般解を構成するときの係数も実数になる．

ここでもとの非斉次方程式 (7.69) に戻ると，その解は斉次方程式の一般解に非斉次方程式の特解を加えたものである．一般に 1 変数の線形微分方程式では，強制項のない斉次方程式の解をすべて求めることができればグリーン関数が構成できて，もとの方程式の一般解が求まる．いま強制項 $F(t)$ を持つ非斉次 2 階微分方程式について，その斉次方程式の 2 つの独立解が $X_1(t), X_2(t)$ であるとき，もとの非斉次方程式の特解は

$$\int_0^t dt' \frac{X_1(t')X_2(t) - X_1(t)X_2(t')}{X_1(t')\dot{X}_2(t') - \dot{X}_1(t')X_2(t')} F(t') \tag{7.78}$$

で与えられる．式 (7.77) より

$$X_1(t')X_2(t) - X_1(t)X_2(t') = \frac{\sin[kr_s(t) - kr_s(t')]}{[1+R(t)]^{1/4}[1+R(t')]^{1/4}} \tag{7.79}$$

$$X_1(t')\dot{X}_2(t') - \dot{X}_1(t')X_2(t') = \frac{ck}{\sqrt{3}\,a(t')} \frac{1}{1+R(t')} \tag{7.80}$$

となる．こうして特解が求まるので，方程式 (7.69) の WKB 解は結局

$$\delta_b + \frac{3}{c^2}\Psi = \frac{1}{(1+R)^{1/4}}\Biggl\{ C_1 \cos(kr_s) + C_2 \sin(kr_s)$$
$$+ \frac{\sqrt{3}\,k}{c} \int_0^t \frac{dt'}{a(t')} [1+R(t')]^{3/4} \left[\frac{\Psi(t')}{1+R(t')} - \Phi(t') \right] \sin[kr_s(t) - kr_s(t')] \Biggr\} \tag{7.81}$$

となる．積分定数 C_1, C_2 はゆらぎの波長が超ハッブル・スケールにあるときの値を初期条件として決められる．

断熱ゆらぎの場合は放射優勢期と物質優勢期のどちらでも超ハッブル・スケールのゆらぎとポテンシャルが時間的に一定になるから，$C_1 = \delta_b(0) + 3\Psi(0)/c^2, C_2 = 0$ となる[*6]．ここで $\Psi(0), \delta_b(0)$ はそれぞれ初期の超ハッブル・スケールにおける空間計量ゆらぎとバリオンゆらぎの値である．また簡単のため上の式で宇宙膨張による振動の減衰を表す因子 $1 + R$ を近似的に無視しても，音響振動の振る舞いを見るには十分である．ただし振動位相を決める r_s に含まれる同じ因子はそのまま保持する．こうして式 (7.81) は断熱ゆらぎに対して近似的に

[*6] これに対して等曲率ゆらぎの場合は $C_1 = 0, C_2 \neq 0$ となり，音響振動の位相は 90 度ずれる．

$$\delta_{\mathrm{b}} = \left[\delta_{\mathrm{b}}(0) + \frac{3}{c^2}\Psi(0)\right]\cos(kr_{\mathrm{s}}) - \frac{3}{c^2}\Psi$$
$$+ \frac{\sqrt{3}k}{c}\int_0^t \frac{dt'}{a(t')}\left[\Psi(t') - \Phi(t')\right]\sin\left[kr_{\mathrm{s}}(t) - kr_{\mathrm{s}}(t')\right] \quad (7.82)$$

となる．これは直観的に導いた式 (6.97) に対応する．光子のエネルギー密度ゆらぎは上の式から式 (7.66) により与えられる．すなわち，

$$\delta_{\gamma} = \left[\delta_{\gamma}(0) + \frac{4}{c^2}\Psi(0)\right]\cos(kr_{\mathrm{s}}) - \frac{4}{c^2}\Psi$$
$$+ \frac{4k}{\sqrt{3}\,c}\int_0^t \frac{dt'}{a(t')}\left[\Psi(t') - \Phi(t')\right]\sin\left[kr_{\mathrm{s}}(t) - kr_{\mathrm{s}}(t')\right] \quad (7.83)$$

となる．

ここで表れてくる初期条件 $\delta_{\mathrm{b}}(0)$, $\Psi(0)$ は超ハッブル・スケールのゆらぎの進化により与えられる．ここでは本節で用いている理想流体の近似でこれを考えておく．簡単のため，放射成分は近似的に光子だけで成り立っているものとし，ニュートリノの寄与は無視する[*7]．超ハッブル・スケールでは式 (7.40), (7.45) により放射優勢期においては $\delta_{\gamma} = -2\Phi_{\mathrm{r}}/c^2$，物質優勢期においては $\delta_{\mathrm{m}} = -2\Phi_{\mathrm{m}}/c^2 = -9\Phi_{\mathrm{r}}/5c^2$ となる．また，完全流体の近似より $\Psi = -\Phi$ となる．さらに断熱ゆらぎの場合，式 (7.60) より超ハッブル・スケールで $\delta_{\mathrm{m}} = \delta_{\mathrm{b}} = 3\delta_{\gamma}/4$ となる．これらのことから放射優勢期と物質優勢期のどちらであっても，初期条件は

$$\delta_{\mathrm{b}}(0) + \frac{3}{c^2}\Psi(0) = -\frac{9}{2c^2}\Phi_{\mathrm{r}}, \quad \delta_{\gamma}(0) + \frac{4}{c^2}\Psi(0) = -\frac{6}{c^2}\Phi_{\mathrm{r}} \quad (7.84)$$

で与えられる．

7.3 球対称非線形モデル

ここまで線形近似によってゆらぎの成長を調べてきた．線形近似はゆらぎの振幅 δ が 1 よりも十分小さい間はよい近似であるが，重力成長によりその値が大きくなってくると近似が悪くなる．線形近似の有利な点は，ゆらぎの空間依存性をフーリエ変換することによって，各波数ごとに独立な発展方程式が得られることにあった．ところが線形近似の成り立たない非線形領域では波数ごとの発展方程式が結合

[*7] ニュートリノは自由運動をするため，ゆらぎがあれば圧力が非等方になる．このため本節で用いている完全流体の近似は成り立たない．バリオンや光子についてはトムソン散乱によって圧力が等方化されるので，脱結合以前のゆらぎは完全流体で近似できる．

し，その成長を解析的に取り扱うことがはるかに困難になる．

現在の宇宙において，ほぼ $10\,h^{-1}\mathrm{Mpc}$ 程度よりも小スケールのゆらぎで非線形性が大きくなっている．したがって銀河団や銀河よりも小さな構造の形成には非線形効果が重要な役割を担っている．しかも銀河や星などの構造の形成には放射による冷却が重要な役割を果たし，重力相互作用だけでなく電磁相互作用も絡んだかなり複雑な非線形過程となっている．このような複雑な系の発展を解析的に厳密に扱うことはきわめて困難である．そこで問題を簡単化したモデルを用いてこの過程を調べる．

7.3.1 球対称崩壊モデル

近似的に非線形構造形成を調べるための簡単なモデルとしてよく用いられるのが**球対称崩壊モデル**である．このモデルではある点のまわりに質量が球対称に分布する状況を考える．質量を構成する粒子の速度分散が無視できるものとすると，この系が重力によりどのように時間発展するかを調べることは単純な1次元問題になる．以下では簡単のため宇宙定数と曲率を無視してアインシュタイン-ド・ジッター宇宙の場合を考える．一般の宇宙モデルの場合は多少複雑になるが，本質的には以下と同様に解析できる．

球対称モデルにおいて，対称点を中心とした物理的半径 R の球殻に存在する物質を考える．半径 R は物質に固定されて変化する変数とみなす．球対称分布の場合，球殻にかかる力はその球殻の内部にある物質の質量 M だけで決まり，外部の質量分布には依存しない．球殻内の質量 M は一定であるから変数 R はニュートンの運動方程式

$$\frac{d^2 R}{dt^2} = -\frac{GM}{R^2} \tag{7.85}$$

に従って発展する．膨張宇宙においては R の初期条件として外向きの速度を持つ．したがって式 (7.85) はちょうど星の上で質点を上に投げ上げるときの運動方程式と等価である．脱出速度を超える十分な運動エネルギーを与えてやれば R が永遠に膨張する非束縛解となり，そうでなければ R がいずれ収縮する束縛解となる．

式 (7.85) を1回積分すると

$$\left(\frac{dR}{dt}\right)^2 = \frac{2GM}{R} + 2E \tag{7.86}$$

となる．ここで E は積分定数であり，単位質量あたりの全エネルギーに対応する．$E<0$ が束縛解に対応し，$E>0$ が非束縛解に対応する．この式はさらに初等的に

積分することができ，その結果はパラメータ表示を用いて

$$\begin{cases} R = (GM)^{1/3}A^2(1-\cos\theta) \\ t = A^3(\theta - \sin\theta) \end{cases} \quad (E<0) \tag{7.87}$$

$$\begin{cases} R = (GM)^{1/3}A^2(\cosh\theta - 1) \\ t = A^3(\sinh\theta - \theta) \end{cases} \quad (E>0) \tag{7.88}$$

である．ここで A は積分定数であり，どの球殻を考えるかに応じて決まる値である．

宇宙の平均質量密度 $\bar\varrho = \bar\rho/c^2$ は，いま考えているアインシュタイン-ド・ジッター宇宙の場合，式 (3.106) で与えられる．また球殻内の質量密度を ϱ とすると，

$$\varrho = \frac{3M}{4\pi R^3}, \quad \bar\varrho = \frac{1}{6\pi Gt^2} \tag{7.89}$$

となるから，球殻内の密度ゆらぎ $\delta = \varrho/\bar\varrho - 1$ は

$$\delta(t) = \frac{9GMt^2}{2R^3} - 1 = \begin{cases} \dfrac{9}{2}\dfrac{(\theta-\sin\theta)^2}{(1-\cos\theta)^3} - 1 & (E<0) \\ \dfrac{9}{2}\dfrac{(\sinh\theta - \theta)^2}{(\cosh\theta - 1)^3} - 1 & (E>0) \end{cases} \tag{7.90}$$

で与えられる．ここで時刻 t は式 (7.87), (7.88) によりパラメータ θ と関係づけられる．

非束縛解 ($E>0$) においては，密度が時間とともに単調にゼロに近づいていくので，天体形成には対応しない．一方，束縛解 ($E<0$) においては球殻の運動が膨張から収縮へ転じて中心点へ崩壊するので，有限の時間で密度が無限大に発散する．この束縛解では，膨張から収縮へ転ずる転回点において球殻の半径 R が最大となる．この転回点は式 (7.87) より $\theta = \pi$ に対応し，そのときの時刻と半径は

$$t_{\text{turn}} = \pi A^3, \quad R_{\text{turn}} = 2(GM)^{1/3}A^2 \tag{7.91}$$

である．このときの密度ゆらぎの値は

$$\delta_{\text{turn}} = \frac{9\pi^2}{16} - 1 \simeq 4.55 \tag{7.92}$$

となる．さらに中心点 $R=0$ へ収束する崩壊点は $\theta = 2\pi$ に対応し，その時刻は

$$t_{\text{coll}} = 2t_{\text{turn}} = 2\pi A^3 \tag{7.93}$$

である．このとき密度ゆらぎは発散する．

このアインシュタイン–ド・ジッター宇宙の球対称モデルにおいて，転回点から崩壊点までにかかる時間は**自由落下時間** (free-fall timescale) と呼ばれる．転回点における質量密度を $\varrho_{\text{turn}} = 3M/4\pi R_{\text{turn}}^3$ とすると，式 (7.91), (7.93) より自由落下時間 t_{ff} は

$$t_{\text{ff}} = t_{\text{coll}} - t_{\text{turn}} = \pi A^3 = \frac{\pi}{2}\sqrt{\frac{R_{\text{turn}}^3}{2GM}} = \sqrt{\frac{3\pi}{32G\varrho_{\text{turn}}}} \tag{7.94}$$

となる．膨張も収縮もしていない質量密度 ϱ_{turn} の球対称領域に対する自由落下時間はこの最後の表式で与えられる．

密度ゆらぎが小さい段階では球対称モデルにおいても線形理論で記述できるはずである．ある程度密度ゆらぎが成長すると線形理論の予言からずれていく．このとき線形理論による密度ゆらぎの予言値と，実際に非線形成長した密度ゆらぎの値との間に対応関係をつけておくと有用である．

そこで式 (7.87) と (7.90) により密度ゆらぎと時刻をパラメータ θ で展開すると

$$\delta = \frac{3}{20}\theta^2 + O(\theta^4), \quad t = \frac{A^3}{6}\theta^3 + O(\theta^5) \tag{7.95}$$

となる．最低次の近似では $\delta \propto t^{2/3}$ となり，式 (6.36) で求めた線形成長解に一致する．この線形ゆらぎの値を δ_{L} とおくと

$$\delta_{\text{L}}(t) = \frac{3(6t)^{2/3}}{20A^2} \tag{7.96}$$

と表される．この線形ゆらぎの表式に転回点の時刻 t_{turn} および崩壊点の時刻 t_{coll} を代入すると

$$\delta_{\text{L}}(t_{\text{turn}}) = \frac{3(6\pi)^{2/3}}{20} \simeq 1.06, \quad \delta_{\text{L}}(t_{\text{coll}}) = \frac{3(12\pi)^{2/3}}{20} \simeq 1.69 \tag{7.97}$$

を得る．すなわち，線形理論によって成長させたゆらぎの値が 1.69 となったとき，球対称ゆらぎは崩壊して密度が無限大になる．ここでは簡単なアインシュタイン–ド・ジッター宇宙モデルの場合を考えたが，他の宇宙モデルの場合を考えても，崩壊点の線形ゆらぎの値は 1.69 という数値からそれほど変わらない．

7.3.2 ビリアル定理

上に述べた球対称モデルでは崩壊点において密度が無限大に発散する．だが実際の宇宙には完全な球対称ゆらぎというものはないし，また密度が大きくなると速度分散も無視できなくなるので，厳密な意味で質量が一点に集中することはない．その代わり重力的に束縛された天体が形作られると考えられる．

平衡状態にある重力的に束縛された系については，全エネルギーが時間平均したポテンシャルエネルギーのちょうど半分になることが示される．これを**ビリアル定理** (virial theorem) という．以下，物質が重力相互作用のみをする点粒子の集合の場合にこの定理を示しておく．

粒子 i の質量，位置，運動量をそれぞれ $m_i, \bm{r}_i, \bm{p}_i$ とする．系全体のハミルトニアンを H とすると，正準方程式は

$$\frac{d\bm{r}_i}{dt} = \frac{\partial H}{\partial \bm{p}_i}, \quad \frac{d\bm{p}_i}{dt} = -\frac{\partial H}{\partial \bm{r}_i} \tag{7.98}$$

である．したがって

$$\frac{d}{dt}\sum_i \bm{p}_i \cdot \bm{r}_i = \sum_i \left(\frac{\partial H}{\partial \bm{p}_i} \cdot \bm{p}_i - \frac{\partial H}{\partial \bm{r}_i} \cdot \bm{r}_i \right) \tag{7.99}$$

が成り立つ．

ここでハミルトニアンは系の運動エネルギー K とポテンシャルエネルギー U の和

$$H = K + U \tag{7.100}$$

で与えられる．いま重力相互作用のみを行う自己重力系を考えているので

$$K = \sum_i \frac{|\bm{p}_i|^2}{2m_i}, \quad U = -\frac{1}{2}\sum_{i \neq j} \frac{G m_i m_j}{|\bm{r}_i - \bm{r}_j|} \tag{7.101}$$

となる．したがって式 (7.99) の右辺第 1 項は

$$\sum_i \frac{\partial H}{\partial \bm{p}_i} \cdot \bm{p}_i = \sum_i \frac{\partial K}{\partial \bm{p}_i} \cdot \bm{p}_i = \sum_i \frac{\bm{p}_i}{m_i} \cdot \bm{p}_i = 2K \tag{7.102}$$

となる．さらに粒子 i に働く力は

$$-\frac{\partial U}{\partial \bm{r}_i} = -\sum_{j(\neq i)} Gm_i m_j \frac{\bm{r}_i - \bm{r}_j}{|\bm{r}_i - \bm{r}_j|^3} \tag{7.103}$$

となり，式 (7.99) の右辺第 2 項は

$$-\sum_i \frac{\partial H}{\partial \bm{r}_i} \cdot \bm{r}_i = -\sum_i \frac{\partial U}{\partial \bm{r}_i} \cdot \bm{r}_i = -\sum_{i \neq j} Gm_i m_j \frac{|\bm{r}_i|^2 - \bm{r}_i \cdot \bm{r}_j}{|\bm{r}_i - \bm{r}_j|^3}$$

$$= -\frac{1}{2} \sum_{i \neq j} \frac{Gm_i m_j}{|\bm{r}_i - \bm{r}_j|} = U \tag{7.104}$$

となる．ただし最後から 2 番めの等式は和の中を i, j について対称化することで示される．また，上のハミルトニアンによる運動量は $\bm{p}_i = m_i d\bm{r}_i/dt$ で与えられるから，式 (7.99) の左辺で時間微分されている因子は

$$\sum_i \bm{p}_i \cdot \bm{r}_i = \frac{1}{2}\frac{d}{dt}\sum_i m_i |\bm{r}_i|^2 = \frac{1}{2}\frac{dI}{dt} \tag{7.105}$$

となる．ここで

$$I = \sum_i m_i |\bm{r}_i|^2 \tag{7.106}$$

は系の慣性モーメントである．

以上により式 (7.99) は

$$\frac{1}{2}\frac{d^2 I}{dt^2} = 2K + U \tag{7.107}$$

という式に帰着する．ここである時間間隔 T での時間平均を $\langle \cdots \rangle$ で表すと，

$$\left\langle \frac{d^2 I}{dt^2} \right\rangle = \frac{1}{T}\int_0^T \frac{d^2 I}{dt^2} dt = \frac{1}{T}\left(\left.\frac{dI}{dt}\right|_T - \left.\frac{dI}{dt}\right|_0 \right) \tag{7.108}$$

となる．系が重力的に束縛されていれば慣性モーメントの時間微分 dI/dt の値には限りがあるので，式 (7.108) の右辺は長時間平均の極限 $T \to \infty$ で一般にゼロになる．系全体の慣性モーメントが周期的に変化している場合にはその周期の時間で平均すれば式 (7.108) がゼロになる．また系全体の形が変化しない平衡状態にあれば，慣性モーメントは一定であるから時間平均をしなくてもゼロになる．

こうして式 (7.107) は長時間平均の下で

$$\langle K \rangle = -\frac{1}{2}\langle U \rangle \tag{7.109}$$

となる．系の力学的エネルギーは $E = K + U$ であるからこの式は

$$\langle E \rangle = \frac{1}{2}\langle U \rangle \tag{7.110}$$

とも表される．これがビリアル定理である．系の形が変化しない平衡状態にあればビリアル定理は時間平均なしで成り立つ．ここでビリアル定理は速度分布についてなんら仮定せずに導かれたことに注意しよう．粒子の運動がランダムな速度を持っていても，あるいは全体として回転していても，ビリアル定理は同様に成り立つ．

7.3.3 球対称モデルにおけるビリアル平衡

ここで簡単な系として，重力的に束縛された平衡状態にある半径 R の一様密度を持つ球を考え，ビリアル定理を応用してみる．この球の全質量を M とするとその質量密度は $\varrho = 3M/(4\pi R^3)$ である．球内にとった半径 $r\,(0 < r < R)$ よりも内側にある質量は $4\pi r^3 \varrho/3 = Mr^3/R^3$ であり，その場所で半径方向に厚さ dr を持つ球殻の質量は $4\pi r^2 \varrho dr = 3Mr^2 dr/R^3$ であるから，この一様球のポテンシャルエネルギーは

$$U = -\int_0^R \frac{G}{r} \frac{Mr^3}{R^3} \frac{3Mr^2 dr}{R^3} = -\frac{3}{5}\frac{GM^2}{R} \tag{7.111}$$

となる．ここでビリアル定理を用いると，系の全運動エネルギー K と全力学的エネルギー E は

$$K = \frac{3}{10}\frac{GM^2}{R}, \quad E = -\frac{3}{10}\frac{GM^2}{R} \tag{7.112}$$

で与えられる．

さらに簡単のため N 個の同じ質量 m を持つ粒子の集団からなる一様球を考える．この系の全質量は $M = Nm$ である．この構成粒子はガス分子であってもよいし，星や銀河などでもよい．このとき全運動エネルギーは

$$K = \frac{1}{2}m\sum_{i=1}^{N}|\boldsymbol{v}_i|^2 = \frac{1}{2}M\sigma^2 \tag{7.113}$$

となる．ここで $\boldsymbol{v}_i = \boldsymbol{p}_i/m$ は粒子 i の速度，また

$$\sigma^2 = \frac{1}{N}\sum_{i=1}^{N}|\boldsymbol{v}_i|^2 \tag{7.114}$$

は全粒子の速度分散である．式 (7.112), (7.113) より

$$\sigma^2 = \frac{3}{5}\frac{GM}{R} \tag{7.115}$$

が成り立つ．

　観測できる速度は視線方向成分だけであることが多い．速度分布が等方的な場合には，視線方向速度成分の分散は $\sigma_\mathrm{r}^2 = \sigma^2/3$ で与えられる．そこで観測された視線方向の速度分散 σ_r^2 から定義される次の量

$$M_\mathrm{vir} = \frac{5R\sigma_\mathrm{r}^2}{G} \tag{7.116}$$

は**ビリアル質量** (virial mass) と呼ばれる．このビリアル質量は上のように極度に簡単化された系に対する質量である．実際の天体の正確な質量を与えるわけではないが，実践的には大きさと速度分散の観測できる天体に対する質量の目安として用いられる．

　次に平均分子量 μ の分子 N 個からなる理想気体が半径 R の一様球中に分布する場合を考える．いま，

$$\langle v^2 \rangle = \frac{1}{N\mu m_\mathrm{H}} \sum_i m_i |\boldsymbol{v}_i|^2 \tag{7.117}$$

を質量で重みをつけた分子速度の 2 乗平均とする．このとき全運動エネルギーは

$$K = \frac{1}{2} N\mu m_\mathrm{H} \langle v^2 \rangle \tag{7.118}$$

で与えられる．ビリアル定理により，式 (7.112) と全質量が $M = N\mu m_\mathrm{H}$ であることから

$$\langle v^2 \rangle = \frac{3}{5} \frac{GM}{R} \tag{7.119}$$

が得られる．

　速度分散による運動エネルギーを熱エネルギーと解釈して等分配則を適用すると，

$$\frac{1}{2} \mu m_\mathrm{H} \langle v^2 \rangle = \frac{3}{2} k_\mathrm{B} T \tag{7.120}$$

となる．熱平衡になければこの式の T は本来の意味の温度ではない．この式によって定義される温度を**ビリアル温度** (virial temperature) と呼び T_vir で表す．すなわち，

$$T_\mathrm{vir} = \frac{\mu m_\mathrm{H} \langle v^2 \rangle}{3k_\mathrm{B}} \tag{7.121}$$

である．ここに一様球の場合の式 (7.119) を代入すると

$$T_{\rm vir} = \frac{GM\mu m_{\rm H}}{5k_{\rm B}R} \tag{7.122}$$

となる．

　ビリアル定理を用いて，前項で導入した球対称モデルで形成される天体について調べてみる．簡単のため，内部の密度が一様な球の非線形成長を考える．方程式(7.85)においては $R/M^{1/3}$ という組み合わせがまったく同じ方程式に従うので，それがつねに一定になるような解の組が存在する．この解では，どの半径 R をとってもその内部密度 $3M/(4\pi R^3)$ は一定になる．すなわち密度が内部の場所によらない一様球のまま時間発展するような解がある．以下ではこの一様球の半径を $R(t)$ とし，その質量を M とする．

　この一様球のポテンシャルエネルギーは式(7.111)で与えられる．球対称モデルにおいては転回点で半径が最大値 $R_{\rm turn}$ をとり，そのときの運動エネルギーがゼロになるので，系の全エネルギーは転回点でのポテンシャルエネルギーに等しい．したがって全エネルギーは

$$E = -\frac{3}{5}\frac{GM^2}{R_{\rm turn}} \tag{7.123}$$

となる．

　転回した後この一様球の半径は収縮する．球対称モデルでは崩壊点に至るが，実際には球対称性が崩れ，さらに構成粒子の速度分散が無視できなくなる．その結果，系は速度分散によって支えられる天体となり，それ以上収縮しなくなる．そしてビリアル定理の成り立つ平衡状態（ビリアル平衡）に至ると考えられる．簡単のためこうしてできた天体を半径 $R_{\rm vir}$ の一様球とすると，そのポテンシャルエネルギーは

$$U_{\rm vir} = -\frac{3}{5}\frac{GM^2}{R_{\rm vir}} \tag{7.124}$$

となる．系の全エネルギーは式(7.123)で与えられるから，ビリアル定理の式(7.110)は $E = U_{\rm vir}/2$ となり，

$$R_{\rm vir} = \frac{1}{2}R_{\rm turn} \tag{7.125}$$

が得られる．このようなビリアル平衡に達するまでの時間は自由落下時間程度である．したがって球対称モデルにおける崩壊点の時間 $t_{\rm coll}$ でこの平衡状態に達するものと考えてよいであろう．このときの宇宙の平均質量密度は $\bar\varrho_{\rm coll} = (6\pi G t_{\rm coll}^2)^{-1}$ であり，また天体の質量密度は $\varrho_{\rm coll} = 3M/(4\pi R_{\rm vir}^3)$ である．したがってそのときの密

度ゆらぎの値は

$$\delta_{\text{coll}} = \frac{3M}{4\pi R_{\text{vir}}^3 \bar{\varrho}_{\text{coll}}} - 1 = 18\pi^2 - 1 \simeq 177 \tag{7.126}$$

と見積もることができる.

7.3.4 冷却過程と銀河の質量

　上に見たような重力的非線形成長によりダークマターの構造が形成されると考えられる．重力相互作用には特徴的なスケールが存在しないため，こうしてできる構造には特徴的な質量がない．初期条件や宇宙年齢などによって，どんな質量の天体でも形成可能である．そしてビリアル平衡に達した天体はエネルギーが保存される限りそれ以上収縮することはできない．

　だが，直接光で観測できる銀河などはバリオン成分でできている．バリオン成分は光子と相互作用するので，放射により熱的なエネルギーを失って冷却し，さらに収縮することができる．ここでは簡単のためダークマターの重力は無視し，バリオンガスからなる半径 R の一様球を考えることにする．すると冷却する前のバリオン成分は式 (7.122) のビリアル温度 T_{vir} を持つ．ガス粒子は中性またはイオン化した原子や電子からなる．バリオンガスが原始元素合成により作られたヘリウムと水素のみからなり，その質量存在比が $Y = 4n_{\text{He}}/n_{\text{H}} = 0.25$ ですべての原子がイオン化している簡単な場合を考えると，粒子の平均分子量は $\mu = (n_{\text{H}} + 4n_{\text{He}})/(2n_{\text{H}} + 3n_{\text{He}}) \simeq 0.57$ となる．

　粒子同士の物理的な相互作用過程で発生する放射がエネルギーを持ち去るとガスは冷却する．この冷却はたとえば，2つのガス粒子が相互作用することで励起状態となった後に光子を放射することなどで生じる．このことから，ガス粒子が十分希薄でその数密度を n とするとき，冷却率はガス粒子の対の数 n^2 に比例する．すると単位体積，単位時間あたりのエネルギー変化率である冷却率は

$$|\dot{E}_{\text{cool}}| = n^2 \Lambda(T) \tag{7.127}$$

と表すことができる．ここで $\Lambda(T)$ は**冷却関数** (cooling function) と呼ばれる温度 T の関数で，量子力学的過程の計算により求められるものである．この冷却関数の計算結果の例を図 7.3 に示す．冷却関数は元素の組成によって大きく異なる．この図には原始的な元素組成比から現在の元素組成である太陽の元素組成比までいくつかの重元素量について表してある．原始的な銀河の形成においては，重元素のない原始的な元素組成の冷却関数が適用される．

7.3 球対称非線形モデル | 249

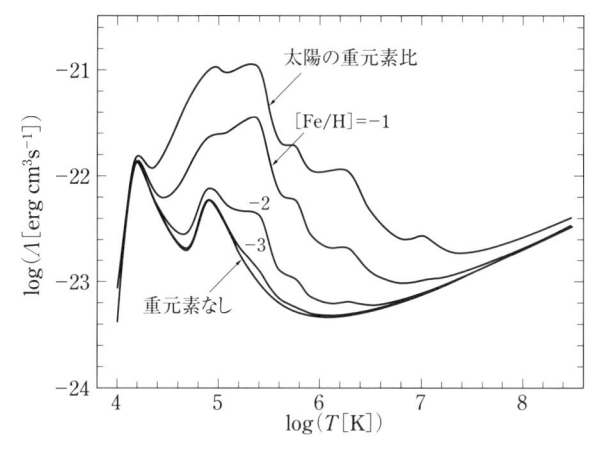

図 7.3 冷却関数．原始的元素比の場合と現在の重元素比の場合，および重元素量 [Fe/H] をいくつか変化させた場合が示されている．ここで重元素量の記号 [Fe/H] は鉄原子数と水素原子数の比が，太陽におけるものの何倍であるかを 10 を底とする対数で表したものである（[32] を改変）．

重元素がない場合，冷却関数には 10^4 K から 10^5 K にかけて 2 つのピークがある．このうち左のピークは水素のイオン化と再結合による冷却の寄与で，右のピークはヘリウムによる同様の寄与である．また 10^6 K 以上では電子の熱制動放射やコンプトン散乱による冷却が支配的になる．

温度 T を持つ原始的なガス雲の単位体積あたりの熱運動エネルギー $E_k = 3nk_BT/2$ が放射冷却により失われる時間スケールは

$$t_{\text{cool}} = \frac{E_k}{|\dot{E}_{\text{cool}}|} = \frac{3}{2} \frac{k_B T}{n\Lambda(T)} \tag{7.128}$$

である．一方，質量密度 $\varrho = \mu m_H n$ の一様球に対する自由落下時間は式 (7.94) において $\varrho_{\text{turn}} \to \varrho$ とした

$$t_{\text{ff}} = \sqrt{\frac{3\pi}{32G\varrho}} = \sqrt{\frac{3\pi}{32G\mu m_H n}} \tag{7.129}$$

で与えられる．冷却時間スケールが自由落下時間スケールよりも長ければ，原始ガス雲はいったんビリアル平衡の大きさで収縮が止まる．その後は冷却とともに準静的に収縮する．この状態では小さなスケールの構造や星なども形成できず，銀河となることができない．冷却時間スケールが自由落下時間スケールより短くなると，十分速く冷却が進んで重力的に収縮可能となる．この場合には小さな構造も形成さ

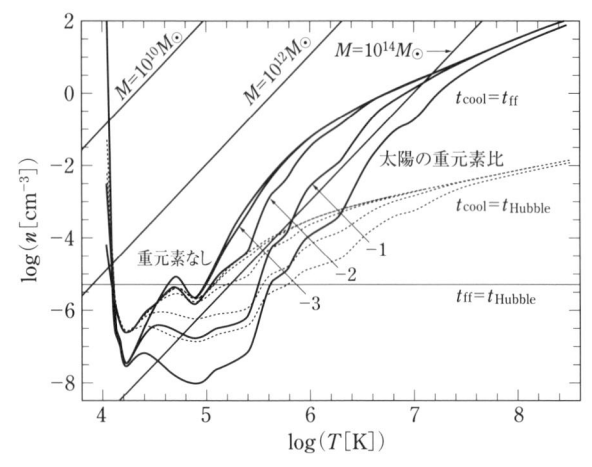

図 7.4 冷却可能な条件を数密度と温度の平面に表した図．図 7.3 と同様にいくつかの重元素比について示してある．またビリアル質量 M が一定になる線も示してある（[32] を改変）．

れるので，最終的に銀河の形成へ至ると考えられる．

縦軸にガス粒子の数密度 n，横軸に温度 T をとって，冷却の条件を表した図を**冷却図 (cooling diagram)** という．冷却時間 $t_{\rm cool}$ と自由落下時間 $t_{\rm ff}$ が等しくなるような曲線が銀河形成に必要な冷却が起こるかどうかを分ける．ダークマターの寄与も含めた冷却図の計算例が図 7.4 に示されている．条件 $t_{\rm cool} = t_{\rm ff}$ を満たす曲線より上側では $t_{\rm cool} < t_{\rm ff}$ となっていて，十分短い冷却時間スケールにより銀河形成が可能となる．また条件 $t_{\rm cool} = t_{\rm ff}$ と $t_{\rm cool} = t_{\rm Hubble}$ を満たす曲線に囲まれた部分では $t_{\rm ff} < t_{\rm cool} < t_{\rm Hubble}$ となっていて，準静的に収縮することで現在までに冷却は可能である．最後に条件 $t_{\rm ff} = t_{\rm Hubble}$ を満たす曲線より下側では $t_{\rm ff} > t_{\rm Hubble}$ となっていて，現在までに重力的に崩壊することができずに天体形成には至らない．この図の上にはビリアル質量が一定となる線も描かれている．これを冷却曲線と比較すると冷却可能な質量に対する情報も得られる．

そこで重力崩壊時の赤方偏移を $z_{\rm coll}$ とする．ガス粒子の宇宙全体での平均数密度の現在値を $\bar{n}_0$ とすると，重力崩壊時の平均数密度は $\bar{n} = (1 + z_{\rm coll})^3 \bar{n}_0$ である．ここで式 (7.126) により重力崩壊時における天体中のガス粒子数密度 n を見積もると $n = (1 + \delta_{\rm coll})\bar{n} = 18\pi^2 (1 + z_{\rm coll})^3 \bar{n}_0$ となる．ここで現在のバリオン数密度の値 $n_{\rm b0} \simeq 2.5 \times 10^{-7}$ cm^{-3} を用いておおまかに $\bar{n}_0 \sim 2 n_{\rm b0}$ と見積もると，$n \sim 10^{-4}(1+z_{\rm coll})^3$ cm^{-3} となる．ここで重力崩壊の赤方偏移を $z_{\rm coll} \lesssim 10$ とすると，$n \lesssim 10^{-1}$ cm^{-3} となる．

この見積りと冷却図により重力収縮可能な条件を満たすには温度が $T \lesssim 10^6$ K 程度と考えられる．この領域で十分な冷却により重力収縮可能な質量はほぼ $M \lesssim 10^{12} M_\odot$ 程度となることがわかる．この上限値はほぼ典型的な銀河の質量である．これよりはるかに大きな質量を持つ銀河団などの構造では冷却時間が自由落下時間を上回るので，重力崩壊をせずに準静的な収縮をすると考えられる．このように銀河の典型的な質量は冷却過程の物理によっておおまかに説明される．

上の議論で導かれた銀河の典型的質量は基本的な物理過程によって導かれた．このことは銀河の典型質量が物理的な基本定数と結びついていることを示唆する．温度が $T \lesssim 10^6$ K のとき，水素とヘリウムのイオン化と再結合過程が冷却に支配的に寄与する．量子力学的な冷却関数の計算によると，$Y = 4n_{\rm He}/n_{\rm H} = 0.25$ のときほぼ

$$\Lambda(T) \simeq 6.5 \times 10^1 \frac{\alpha^5 \hbar^2 c^2}{(m_e k_B T)^{1/2}} \tag{7.130}$$

という結果が得られている．ただし係数は無次元量で $\alpha \simeq 1/137$ は微細構造定数である．すると式 (7.128), (7.129) より

$$\frac{t_{\rm cool}}{t_{\rm ff}} \simeq 0.043 \frac{(G\mu m_e m_p)^{1/2}}{\alpha^5 \hbar^2 c^2} \frac{(k_B T)^{3/2}}{n^{1/2}} \tag{7.131}$$

となる．ここで T をビリアル温度とすると，式 (7.122) により

$$n \simeq \frac{M}{\mu m_p} \frac{3}{4\pi R^3} \simeq 3.0 \times 10^1 \frac{(k_B T)^3}{G^3 \mu^4 M^2 m_p^4} \tag{7.132}$$

となる．このとき条件 $t_{\rm cool} \lesssim t_{\rm ff}$ は質量を制限する式となり，

$$M \lesssim 3.1 \times 10^1 \alpha^5 \left(\frac{\hbar c}{G m_p^2}\right)^2 \left(\frac{m_p}{m_e}\right)^{1/2} m_p \simeq 7 \times 10^{11} M_\odot \tag{7.133}$$

を得る．ただし $\mu = 0.57$ とした．この上限値が上の議論で銀河の典型的質量とみなされたものである．この議論にダークマターの寄与は無視されてはいるが，上の冷却図上で見積もられた銀河の典型的質量をおおまかに再現する．もちろん個々の銀河の正確な質量はゆらぎの初期条件や形成時の元素組成，角運動量，超新星爆発による加熱効果，さらにはまわりの環境効果など複雑な要因によって左右されると考えられ，ここでの議論はあまりにも単純化されたものである．にもかかわらずそのおおまかな質量が式 (7.133) のように基本的な物理定数と関係づけられていることは興味深い．

7.4 非線形構造形成

球対称でない一般のゆらぎを完全な非線形領域まで記述することはあまりに複雑な問題で，厳密に解析的な取扱いはできない．そこでこの問題に対しては近似的に非線形成長を表す解析的モデルや，シミュレーションによる数値的方法などが用いられる．

7.4.1 ゼルドビッチ近似

ゆらぎの非線形成長を与える近似的方法として，**ゼルドビッチ近似** (Zel'dovich approximation) がある．この近似は比較的大スケールでの非線形性を記述する．たとえば，構造形成のトップダウンシナリオにおいては小スケールにゆらぎがないため大スケールの非線形性が重要であった．このような状況を調べる場合ゼルドビッチ近似は有効な手法である．また，以下で述べる宇宙論的数値シミュレーションの初期条件を作るのにも，ゼルドビッチ近似が応用されて用いられている．

第 6 章に述べた流体の記述では，密度場や速度場などの値は共動座標 x の関数として与えられた．このような場の変数の扱いは流体のオイラー的見方と呼ばれる．一方，流体の微小素片（流体素片）の動きを追いかけることで流体の状態を記述することもでき，これは流体のラグランジュ的見方と呼ばれる．ゼルドビッチ近似はこのラグランジュ的見方に基づく近似法である．

流体のラグランジュ的見方では，まず流体そのものに固定された座標 q を考える．たとえばある基準となる時刻を設定し，そのときの流体の位置座標を流体に固定させればよい．この座標は各流体素片を表す連続的なラベルである．各流体素片は固有の座標値 q を持ち，運動に伴ってその値を変えない．この流体に固定された座標 q を**ラグランジュ座標** (Lagrangian coordinates) という．そして各ラグランジュ座標値に対応する流体素片が時間とともにどのように動いていくのかを追跡する．これに対して空間に固定された座標 x を**オイラー座標** (Eulerian coordinates) という．

宇宙論的ゆらぎの場合，重力的成長をし始める時刻 t_i にはゆらぎは十分小さい．この初期時刻の流体素片の座標値をラグランジュ座標とすると，ラグランジュ座標の密度場はほとんど一様である．ある時刻 t において，ラグランジュ座標 q に対応する物質素片のオイラー座標を $x(q,t)$ とする．このオイラー座標は共動座標であるとする．一様等方宇宙の場合は $x(q,t) = q$ と一定値をとる．実際の非一様宇宙で

はこの関係からずれが生じる．その変位ベクトルを $p(q,t)$ とすると

$$x(q,t) = q + p(q,t) \tag{7.134}$$

となる．この式はオイラー座標における流体素片の運動を与えるもので，ラグランジュ座標 q からオイラー座標 x への，時間をパラメータとする写像になっている．ここでオイラー座標における物理的な質量密度場を $\varrho(x,t)$ とする．仮想的な一様等方宇宙では $x = q$ であり，その物理的質量密度場は場所によらず $\bar{\varrho}(t)$ である．実際のゆらぎのある宇宙と仮想的な一様等方宇宙の間における質量保存の関係により，

$$\varrho(x,t)d^3x = \bar{\varrho}(t)d^3q \tag{7.135}$$

が成り立つ．したがって密度場はヤコビアンにより

$$\varrho(x,t) = \frac{\bar{\varrho}(t)}{\det(\partial x/\partial q)} = \frac{\bar{\varrho}(t)}{\det(\delta_{ij} + \partial p_i/\partial q_j)} \tag{7.136}$$

と表される．

ここでゆらぎが小さければ，$\partial p/\partial q$ の値が小さい．そこでこの量について展開して 1 次の項まで残す線形近似をとると，密度ゆらぎは

$$\delta(x,t) = \frac{\varrho(x,t)}{\bar{\varrho}} - 1 \simeq -\mathrm{tr}\left(\frac{\partial p}{\partial q}\right) = -\nabla_q \cdot p \tag{7.137}$$

となる．ここで $\nabla_q = \partial/\partial q$ はラグランジュ座標による勾配である．さらに流体の速度は

$$v(x,t) = a\dot{x}(q,t) = a\dot{p}(q,t) \tag{7.138}$$

で与えられる．式 (7.137) および (7.138) の左辺はオイラー座標 x の関数である．だがテイラー展開を考えれば左辺で $x \to q$ と置き換えてもその違いはゆらぎの 2 次以上である．したがって線形近似の範囲でこの置き換えが許される．

ゆらぎが小さいとき上に導いたオイラー座標の変数は線形理論の解に一致するべきである．ゼルドビッチ近似とは，式 (7.137), (7.138) が線形理論の成長解を与えるように変位ベクトル p を決定し，それをラグランジュ的見方に基づいて非線形領域まで外挿するという近似である．線形理論の成長解は式 (6.48), (6.53) で与えられた．その形から，変位ベクトルの時間依存性は線形成長因子 $D(t)$ で与えられて空間依存性から分離し，さらに速度場がポテンシャル流になることから変位ベクトルはスカラー関数の勾配で与えられる．すなわち，変位ベクトルは次の形

$$p(\boldsymbol{q}, t) = D(t) \nabla_q \varphi_0(\boldsymbol{q}) \tag{7.139}$$

に限られる．ここで $\varphi_0(\boldsymbol{q})$ は時間に依存しないラグランジュ座標のみの関数で，線形密度ゆらぎの現在値を源とするラプラス方程式

$$\triangle_q \varphi_0(\boldsymbol{q}) = -\delta_0(\boldsymbol{q}) \tag{7.140}$$

を満たす．この式を式 (6.49), (6.55) と比較すれば，重力ポテンシャルや速度ポテンシャルの現在値 $\Phi_0(\boldsymbol{x}) = \Phi(\boldsymbol{x}, t_0), \psi_0(\boldsymbol{x}) = \psi(\boldsymbol{x}, t_0)$ にラグランジュ座標を代入した量により

$$\varphi_0(\boldsymbol{q}) = -\frac{\Phi_0(\boldsymbol{q})}{4\pi G \bar{\varrho}_0} = -\frac{\psi_0(\boldsymbol{q})}{H_0^2 f_0} \tag{7.141}$$

と表すこともできる．ここで $f_0 \equiv f(t_0) = \dot{D}(t_0)/H_0$ である．

このように線形理論に基づいて得られた変位ベクトルを用いると，流体素片のオイラー座標空間における運動が

$$\boldsymbol{x}(\boldsymbol{q}, t) = \boldsymbol{q} + D(t) \nabla_q \varphi_0(\boldsymbol{q}) \tag{7.142}$$

で与えられる．この式はゆらぎが小さい間しか正しくはないが，上に述べたようにゼルドビッチ近似とはこの式で与えられる運動を非線形領域にまで外挿したものである．

変位ベクトルが大きくなると式 (7.136) における分母がゼロになることがあり，そのとき密度が発散する．これはオイラー座標 $\boldsymbol{x}$ の1点に複数のラグランジュ座標 $\boldsymbol{q}$ の点が対応する写像の特異点になっている場合である．球対称解の崩壊点の場合と同様，実際の流体では速度分散や圧力の効果により厳密な意味で密度が発散することはない．そしてゼルドビッチ近似ではこのような特異点を通り過ぎた後も，流体素片はもとと同じ方向へ進みつづける．実際には特異点を通り過ぎると逆向きに加速度が働くはずであり，この状況をゼルドビッチ近似は再現できない．特異点の形成後，ゼルドビッチ近似では小スケール側の構造から順番に消されてしまう．この点を改良するため，ゼルドビッチ近似を拡張した近似法もいくつか開発されている．

ゼルドビッチ近似は線形理論を用いて導かれたものであるが，最近では2次以上の非線形補正項を入れて一般化された近似が用いられることもある．この観点によると，ゼルドビッチ近似は一般化されたラグランジュ的高次摂動論の最低次近似であるとみなすことができる．

7.4.2 N 体シミュレーション

非線形領域における一般のゆらぎを解析的に調べることは難しい問題であるが,数値的に調べることは可能である.初期密度ゆらぎを数値的に構成し,その後の非線形な力学進化をコンピュータ上で数値的にシミュレーションする.この方法は宇宙論的数値シミュレーションと呼ばれている.最近ではコンピュータの計算能力の進展に伴ってかなり大規模なシミュレーションを行うこともできるようになってきた.

コンピュータが扱えるのは有限個のデータであるから,無限自由度の連続的な密度場などは有限自由度に離散化して計算される.人工的な離散化の影響する小スケールの振る舞いを正確に表すことはできない.さらに宇宙の体積を有限化して計算する必要もあり,シミュレーションを行う体積よりも大スケールの振る舞いを調べることもできない.このように数値シミュレーションには調べることのできるスケールに限りがある.このスケールの限りのことを**シミュレーションの解像度** (resolution of simulation) という.

ダークマターによる重力的な構造の進化だけを考える場合で,さらに重力にニュートン近似が使えるとき,数値シミュレーションの原理は比較的単純である.この場合にはダークマターを離散化された N 個の粒子の集まりであると考え,すべての粒子対にニュートン重力を適用して働く力を計算し,膨張宇宙の中で各粒子の運動を数値的に追跡していけばよい.この手法による数値シミュレーションを N **体シミュレーション** (N-body simulation) という.

宇宙論的な N 体シミュレーションでは,周期境界条件を課した立方体を考えることが多い.そしてその体積中でシミュレーション粒子を運動させる.粒子 i ($i = 1, 2, \ldots, N$) の共動座標を $\boldsymbol{x}_i$ とし,その時間微分を $\boldsymbol{u}_i = d\boldsymbol{x}_i/dt$ とする.この場合物理的な速度 $\boldsymbol{v}_i$ は $\boldsymbol{v}_i = a\boldsymbol{u}_i$ で与えられる.ここで時間微分 d/dt は粒子に沿っての微分である.連続的な流体との対応では流体素片に沿って時間微分をする**ラグランジュ微分** (Lagrangian derivative) に相当する.これに対して固定した空間点における量を時間で微分したものが通常の偏微分 $\partial/\partial t$ に相当し,こちらは**オイラー微分** (Eulerian derivative) とも呼ばれる.

共動座標におけるラグランジュ微分とオイラー微分との関係は

$$\frac{d}{dt} = \frac{\partial}{\partial t} + \frac{d\boldsymbol{x}}{dt} \cdot \frac{\partial}{\partial \boldsymbol{x}} = \frac{\partial}{\partial t} + \boldsymbol{u} \cdot \boldsymbol{\nabla} \tag{7.143}$$

である.この関係を用いて,共動座標でかかれたオイラー方程式 (6.7) をラグラン

ジュ微分で書き直すと，

$$\frac{d\boldsymbol{v}}{dt} + \frac{\dot{a}}{a}\boldsymbol{v} = -\frac{1}{a}\boldsymbol{\nabla}\Phi - \frac{\boldsymbol{\nabla}p}{a\varrho} \tag{7.144}$$

となる．N 体シミュレーションでは圧力の無視できる流体を扱うので，ここから個々の粒子は次の式

$$\frac{d\boldsymbol{x}_i}{dt} = \boldsymbol{u}_i, \quad \frac{d\boldsymbol{u}_i}{dt} + 2\frac{\dot{a}}{a}\boldsymbol{u}_i = \boldsymbol{g}_i \tag{7.145}$$

に従う．ここで

$$\boldsymbol{g}_i = -\frac{1}{a^2}\boldsymbol{\nabla}\Phi(\boldsymbol{x}_i, t) \tag{7.146}$$

は共動座標における重力加速度を与える量である．重力ポテンシャルは全粒子の空間分布から決められる．

　N 体シミュレーションを行う第一段階として初期状態の粒子分布を用意する必要がある．このためにゼルドビッチ近似（あるいはその拡張）が有用である．初期時刻にゆらぎが線形領域にあれば，線形重力ポテンシャル場 Φ_0 を与えると式 (7.141), (7.142), (7.138) により各シミュレーション粒子の初期位置と初期速度が決められる．ラグランジュ座標 $\boldsymbol{q}$ の空間に一様に分布させた多数の粒子を，この手続きによりオイラー座標の位相空間へ写像することで N 体シミュレーションの初期状態が生成されるのである．

　生成された初期状態の粒子分布から出発し，微分方程式 (7.145) を時間について差分化して数値的に解く．ここで各シミュレーション粒子に対する加速度 $\boldsymbol{g}_i$ には他のすべての粒子が寄与するので，粒子数が多ければ多いほどその計算には時間がかかる．それゆえこの加速度をいかに効率よく求めるかが N 体シミュレーションにおいては重要になる．加速度の求め方には以下に述べるようにいくつかの方法がある．

　格子（グリッド）状に分けられた空間の各点で重力ポテンシャルの勾配を求めてから各粒子の加速度を求める方法を**粒子・メッシュ法**（Particle-Mesh method; **PM 法**）という．この方法ではまず格子の各点における粒子の密度を計算する．次に得られた密度を源とするポアソン方程式を数値的に解き，格子の各点での重力ポテンシャルの勾配を求める．そして格子上で得られた値を内挿することで各粒子の位置における加速度を得る．

　ここでポアソン方程式の解を実空間で求めようとすると，3次元積分の式 (6.51) を離散化して用いることになり，すべての格子上でポテンシャルの値を得るため

の演算量は格子数 N_g の2乗の程度 $O(N_g^2)$ に比例する．十分な空間解像度を得るためには格子数が多いほどよいので，莫大な計算時間を必要とする．ところが，フーリエ空間におけるポアソン方程式の解は式 (6.50) で与えられるので積分する必要がなく，計算時間は格子数に比例するだけである．ここで数値的なフーリエ変換を単純に行うと $O(N_g^2)$ の演算を必要とするので同じことのように見えるが，実際には離散的な空間のフーリエ変換を高速に行う**高速フーリエ変換** (Fast Fourier Transform; FFT) という強力な数値アルゴリズムがある．この方法に基づくとフーリエ変換に要する演算量は $O(N_g \log N_g)$ 程度になる．単純なアルゴリズムでポアソン方程式を解く演算量 $O(N_g^2)$ に比べて，計算時間がだいたい $\log_2 N_g / N_g$ 倍となる．たとえば，シミュレーション体積の1辺を1000分割した $N_g = 10^9$ の3次元グリッドに対して，単純な方法では30年かかる計算もFFTを用いた方法だとわずか1分程度ですむという強力さである．

PM法は比較的単純で高速なアルゴリズムだが，格子サイズ以下の解像度がないという欠点もある．このため比較的近くにあるシミュレーション粒子同士の重力は正確に扱えない．そこでこれを改良して，近くの粒子同士に働く力は以下に述べるような方法で直接計算し，遠方の粒子からの力だけを格子上の重力ポテンシャルで求めるという方法がある．この方法は**粒子・粒子・粒子・メッシュ法**（Particle-Particle-Particle-Mesh method; P^3M 法）と呼ばれる．粒子・メッシュ法よりは多少遅くなるが，FFTによる高速性を保持しつつ近距離の精度もよいという特性を持つ．

加速度の計算精度を上げるためには粒子同士に働く重力を直接計算する方が望ましい．連続場におけるポアソン方程式の解の積分形 (6.51) より重力ポテンシャルの勾配は

$$\nabla \Phi(\boldsymbol{x}, t) = -Ga^2 \nabla \int d^3 x' \frac{\varrho(\boldsymbol{x}', t) - \bar{\varrho}}{|\boldsymbol{x} - \boldsymbol{x}'|} = Ga^2 \int d^3 x' \varrho(\boldsymbol{x}', t) \frac{\boldsymbol{x} - \boldsymbol{x}'}{|\boldsymbol{x} - \boldsymbol{x}'|^3} \qquad (7.147)$$

となる．ここで積分中の $\bar{\varrho}$ の項は勾配をとるときに対称性から消える．これは一様な密度が加速に寄与しないことに対応している．N 体シミュレーションでは質量が離散化しているので密度場を

$$\varrho(\boldsymbol{x}, t) = \frac{m}{a^3} \sum_{j=1}^{N} \delta_D^3[\boldsymbol{x} - \boldsymbol{x}_j(t)] \qquad (7.148)$$

と表現できる．ここで $\delta_D^3(\boldsymbol{x})$ はディラックの3次元デルタ関数である．右辺の分母に a^3 が現れる理由は密度 ϱ が物理的座標 $\boldsymbol{r} = a\boldsymbol{x}$ における物理的密度を表すからである．また m はシミュレーション粒子の質量である．式 (7.146)-(7.148) により

加速度は

$$g_i = \frac{Gm}{a^3} \sum_{j(j\neq i)} \frac{x_j - x_i}{|x_j - x_i|^3} \qquad (7.149)$$

となり，他の粒子から受ける重力加速度の足し合わせとして表現できる．

2つのシミュレーション粒子が近づきすぎると式(7.149)の和においてその粒子対の寄与が非常に大きくなる．このとき2つの粒子の軌道は2体相互作用によって大きく曲げられることになる．だがこの2体相互作用は質量を離散化したために生じる人工的なものであって，実際の連続的に近い質量分布には存在しない．そこでN体シミュレーションで粒子対に働く重力を計算するときは，式(7.149)を

$$g_i = \frac{Gm}{a^3} \sum_{j(j\neq i)} \frac{x_j - x_i}{\left(|x_j - x_i|^2 + \epsilon^2\right)^{3/2}} \qquad (7.150)$$

のように修正して用いることが多い．こうすると，距離ϵ以下に近づいた粒子対に2体相互作用による大きな加速度はもはや働かない．この距離ϵはN体シミュレーションのソフトニング長と呼ばれる．この修正は，粒子を点粒子ではなくソフトニング長程度の半径に広がったものと考えることに対応する．

式(7.149)あるいは式(7.150)により粒子同士に働く力をすべて計算する直接法を粒子数Nの系に用いると$O(N^2)$の演算量が必要になる．これを通常のコンピュータ上で行うと時間がかかりすぎてあまり大きな粒子数のシミュレーションはできない．そこでこの重力計算の部分だけを高速に行う専用のハードウェアGRAPE(GRAvity PipE)が日本で開発された．これを用いると直接法でも計算時間を大幅に短縮することができる．さらに最近では，低価格化，高性能化の著しいGPU (Graphics Processing Unit)というグラフィックス用の専用ハードウェアを，より一般的な用途に使うGPGPU (General Purpose GPU)の方法が急激に発展してきた．これをN体シミュレーションに用いる試みも行われていて，今後は有力な方法になるかもしれない．

だが非常に大きな粒子数を必要とする宇宙論的N体シミュレーションでは，やはり直接法には限界がある．そこで直接法の一部の計算を省略する方法も考えられてきた．遠方の粒子から受ける力は近傍の粒子から受ける力に比べて小さい．そこで近くの粒子から受ける力は直接法で計算し，遠くの粒子から受ける力はまとめて近似的に計算することが考えられる．この考えに基づいているのが**ツリー法** (tree method)である．この方法では，まずシミュレーションを行っている立方体

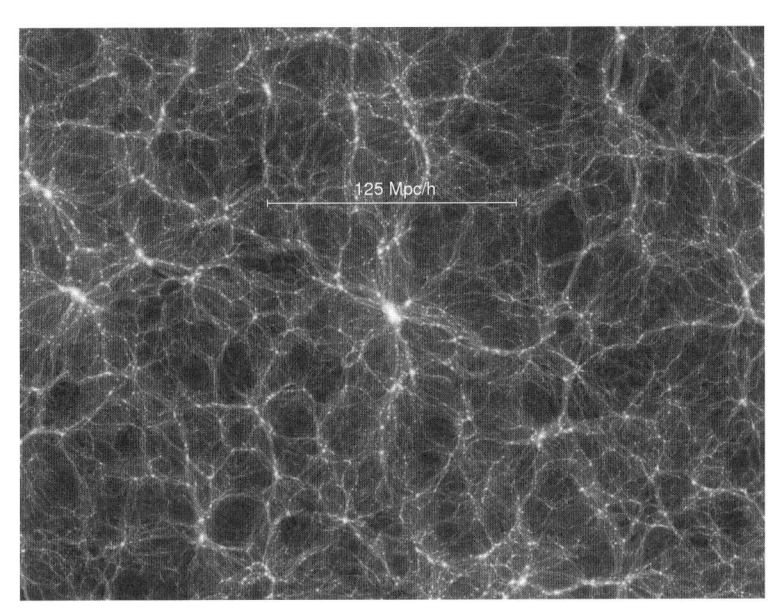

図 7.5　宇宙論的 N 体シミュレーションにより生成された現在のダークマター分布の例．巨大なシミュレーション体積の一部を薄くスライスして 2 次元面上に投影したものである [33]．ⓒVolker Springel and the Virgo Consortium

の体積を，1 辺の長さがもとの半分になる 8 個の立方体に分割する．そしてそれらの立方体をさらに細かい 8 個の立方体に分割して，ということを繰り返していく．この分割の連鎖は立方体の中に粒子が 1 つしか含まれなくなったところで打ち切る．したがって場所によって分割の回数は異なる．このようにして階層的な立方体構造が考えられ，一般に各立方体には親と子の関係にある他の立方体がある．ただしもっとも大きな立方体であるシミュレーション全体の体積は親を持たず，粒子を 1 つしか含まない立方体は子を持たない．この立方体の親子関係を図にすると，シミュレーション体積全体を木の幹にして，分割された立方体の関係がちょうど木の枝分かれの様子に似ている．枝の先端に粒子が 1 つずつ対応している．この準備のもと，ある粒子から見て一定の立体角以下に収まって見える立方体の中にあるすべての粒子はまとめられ，それら粒子の重心にすべての質量があるものとして近似的に重力を求める．これにより近傍の粒子ほど正確な位置に基づいた力が計算される．ツリー法の演算量は粒子数 N に対して $O(N \log N)$ に比例することが知られていて，直接法よりもはるかに速く計算できる．

重力加速度を効率よく，しかもできるだけ精度よく求める方法は他にもいろいろと考えられている．PM法においては空間分解能が固定されているが，密度の大きな領域など高い分解能を必要とする場所には必要に応じて細かな格子を生成する**適合格子細分化法**（Adaptive Mesh Refinement method; AMR法）という方法がある．さらにこれをP^3M法に用いる**適合P^3M法**（Adaptive P^3M method; AP^3M法）や，PM法における近距離力の計算にツリー法を用いる**PM-ツリー法**(PM-tree method)など，いろいろな応用が考えられて大規模な宇宙論的N体シミュレーションに用いられている．現在では1辺の長さが数Gpc，粒子数が数百億個以上という大規模なN体シミュレーションも行われている．

図7.5にはそのような大規模な宇宙論的N体シミュレーションによって生成された現在のダークマターの空間分布の例が示されている．シミュレーションによって得られたダークマターの非線形構造は直接的な観測量とさまざまな方法で比較され，初期条件や進化などシミュレーションに用いた宇宙論モデルの妥当性を調べるなどの目的に用いられる．

7.4.3　プレス-シェヒター理論

宇宙の進化により，銀河や銀河団がどれくらいの量だけ形成されるかは重要な問題である．ところが銀河団スケール以下の天体の形成には非線形成長が本質的であるため，解析的取扱いの簡単な線形理論だけでこれを見積もることはできない．線形理論と非線形モデルをたくみに組み合わせることによってこれを見積もろうとするのが以下に述べる**プレス-シェヒター理論** (Press-Schechter theory) である．この理論やそれを拡張したものは宇宙の非線形構造における現象論的モデルとしてよく用いられている．

プレス-シェヒター理論の構成要素の1つは初期密度ゆらぎの統計的な性質である．初期ゆらぎの値はほぼガウス的な分布関数を持つと考えられている．これは現在，観測的にも十分な精度で確かめられている．また5.5.3項で述べたように，多くのインフレーションモデルにおいても，不自然なモデルを考えない限り生成される密度ゆらぎはほぼガウス型になる．これらのことから初期ゆらぎはよい精度でガウス型であると考えてよい．

ガウス型の密度ゆらぎでは，空間各点における密度ゆらぎの値$\delta(\boldsymbol{x})$がガウス分布に従う．すなわち，任意の空間点における密度ゆらぎの値がδから$\delta+d\delta$の微小区間にある確率は

$$P(\delta)d\delta = \frac{1}{\sqrt{2\pi\sigma^2}}\exp\left(-\frac{\delta^2}{2\sigma^2}\right)d\delta \tag{7.151}$$

で与えられる．ここで

$$\sigma^2 = \langle\delta^2\rangle \tag{7.152}$$

は密度ゆらぎの分散，すなわちゆらぎの空間的な2乗平均値を表す．ガウス分布はランダムな要素を含んだ現象には非常によく現れる分布である．その理由としてよく引き合いに出されるのが中心極限定理である．この定理によると，一般に多数の独立な確率変数があるとき，個々の確率変数がどのような分布を持っていたとしても，その和の値の分布は変数が多いほどガウス分布に近づくようになる．

線形領域では密度ゆらぎの時間発展が初期ゆらぎの線形変換で与えられるので，初期ゆらぎがガウス型の分布であれば時間発展してもそのガウス性は保たれる．成長モードを考えると，ゆらぎの分散 σ^2 は時間とともに線形成長因子 $D(t)$ の2乗に比例して大きくなる．分散の値が1より十分小さければ線形領域にあるといえるが，その値が1程度かそれを超えるようになると非線形領域に入っていく．非線形領域では時間発展したゆらぎの値は初期ゆらぎの非線形変換で与えられるので，ガウス性は保たれずに非ガウス分布をするようになる．

構造形成において問題となるのはスケールごとの密度ゆらぎの大きさである．たとえばコールド・ダークマターモデルにおいては小スケールほど早い段階から非線形領域に入るため，小さな質量の天体が形成されやすい．一方，大きな質量の天体の形成は遅れる．ある質量の天体が非線形過程を通じて形成されるためには，その質量を含むような初期体積スケールの密度ゆらぎが非線形領域に入って重力崩壊している必要がある．

いま時刻 t における線形密度ゆらぎを $\delta_\mathrm{L}(\boldsymbol{x},t) = D(t)\delta_\mathrm{L}(\boldsymbol{x},t_0)$ とする．ここで引数であるオイラー座標 $\boldsymbol{x}$ をラグランジュ座標 $\boldsymbol{q}$ に置き換えてもその違いは高次項のみである．したがって線形理論においてこの量はラグランジュ座標 $\boldsymbol{q}$ の関数 $\delta_\mathrm{L}(\boldsymbol{q},t)$ と読み替えることができる．次にラグランジュ座標における半径 R の球を考える．この球に含まれる質量は

$$M = \frac{4\pi}{3}\bar{\varrho}_0 R^3 \tag{7.153}$$

である．ラグランジュ座標はゆらぎがない場合の共動座標に対応するから $\bar{\varrho}_0$ は共動座標における物質密度の平均値である．

次にラグランジュ座標において線形密度ゆらぎを半径 R で平均した量を $\delta_M(\boldsymbol{q},t)$

とする．ここで M は式 (7.153) により半径 R から決められる質量である．具体的に式で表すと，

$$\delta_M(\boldsymbol{q},t) = \frac{3}{4\pi R^3} \int_{|\boldsymbol{q}'-\boldsymbol{q}|\leq R} d^3q'\, \delta_{\rm L}(\boldsymbol{q}',t) \tag{7.154}$$

となる．この平均化されたゆらぎが非線形領域に入らなければ質量 M の天体は形成されないと考えられる．式 (7.154) はガウス分布の仮定された線形密度ゆらぎ $\delta_{\rm L}$ の線形重ね合わせである．ガウス分布に従う変数の線形結合はやはりガウス分布に従うから，質量スケール M のゆらぎ δ_M はラグランジュ座標において分布関数

$$P(\delta_M) = \frac{1}{\sqrt{2\pi\sigma^2(M)}} \exp\left(-\frac{\delta_M^2}{2\sigma^2(M)}\right) \tag{7.155}$$

を持つ．ここで $\sigma^2(M) = \langle \delta_M^2 \rangle$ は δ_M の分散であり，引数からは省略したが時間にも依存する．

ここであるラグランジュ座標 $\boldsymbol{q}$ を持つ物質素片を考える．この物質素片の近くに天体が形成されると，その物質素片は天体の一部として取り込まれるであろう．プレス–シェヒター理論では，この物質素片が質量 M 以上の天体の一部として取り込まれている条件として，質量スケール M のゆらぎ $\delta_M(\boldsymbol{q},t)$ がある臨界値 $\delta_{\rm c}$ を超えていることを要請する．この臨界値としては，球対称崩壊モデルの式 (7.97) で導かれた崩壊時に対応する線形ゆらぎの値 $\delta_{\rm c} = 1.69$ が通常用いられる．すると質量が M 以上の天体に取り込まれるラグランジュ座標領域の割合は

$$P_{>\delta_{\rm c}}(M) = \int_{\delta_{\rm c}}^\infty P(\delta_M)d\delta_M = \frac{1}{\sqrt{2\pi}} \int_{\delta_{\rm c}/\sigma(M)}^\infty e^{-x^2/2}dx \tag{7.156}$$

である．ここから質量 $M+dM$ 以上の天体に取り込まれる割合を差し引くとちょうど質量が M と $M+dM$ の間にある天体に取り込まれている割合が得られる．ラグランジュ座標で物質の質量は一様に分布するので，$\bar{\varrho}_0 P_{>\delta_{\rm c}}(M)$ から $\bar{\varrho}_0 P_{>\delta_{\rm c}}(M+dM)$ を差し引いたものは，質量範囲が M から $M+dM$ にある天体の単位共動体積中における全質量に対応する．このような天体の数密度を $n(M)dM$ とおくと，こうして得られた全質量は $n(M)MdM$ ともかける．

ただしこの考察では，一度形成された天体がそれより大きな天体へ再び取り込まれる過程が無視されている．これはプレス–シェヒター理論における**クラウド・イン・クラウド問題** (cloud-in-cloud problem) と呼ばれている．さらにこのままの考え方では，初期ゆらぎの値が負の領域，すなわち平均密度よりも低い領域にある質量が天体に取り込まれることはない．時間が十分経過すると $\delta_{\rm L} \propto D(t)$ が大きくなる

から $\sigma(M)$ も大きくなるが，$\delta_c/\sigma(M) > 0$ であるから式 (7.156) の割合は 1/2 を超えることがない．これでは宇宙に存在する物質の半分は永遠に天体形成に寄与せず，現実の構造形成を反映していない．この問題は実は上のクラウド・イン・クラウド問題とも独立ではないことが知られている．プレス–シェヒター理論では，上の考察により見積もられる天体形成の量を単純に2倍することでこの問題を回避する．こうして

$$n(M)MdM = 2\bar\varrho_0 \left|P_{>\delta_c}(M) - P_{>\delta_c}(M+dM)\right| = 2\bar\varrho_0 \left|\frac{dP_{>\delta_c}}{d\sigma(M)}\right|\left|\frac{d\sigma(M)}{dM}\right|dM \quad (7.157)$$

という方程式が得られる．ここへ式 (7.156) を代入すると，次の**プレス–シェヒター質量関数** (Press-Schechter mass function)

$$n(M) = \sqrt{\frac{2}{\pi}} \frac{\bar\varrho_0}{M^2} \left|\frac{d\ln\sigma(M)}{d\ln M}\right| \frac{\delta_c}{\sigma(M)} \exp\left(-\frac{\delta_c^2}{2\sigma^2(M)}\right) \quad (7.158)$$

が得られる．

質量ゆらぎの分散がべき則

$$\sigma(M) = \left(\frac{M}{M_0}\right)^{-\alpha} \quad (7.159)$$

となる簡単な場合を考えると，質量関数の形は

$$n(M) = \frac{2}{\sqrt{\pi}} \frac{\bar\varrho_0 \alpha}{M_*^2} \left(\frac{M}{M_*}\right)^{\alpha-2} \exp\left[-\left(\frac{M}{M_*}\right)^{2\alpha}\right] \quad (7.160)$$

となる．ここで

$$M_* = \left(\frac{2}{\delta_c^2}\right)^{1/2\alpha} M_0 \quad (7.161)$$

である．質量が M_* より大きな天体の相対的な数は急激に減っている．

プレス–シェヒター理論によると，線形理論の外挿を用いて非線形な天体形成を現象論的に扱うことができる．とくに銀河や銀河団の形成を調べる現象論的モデルとして有用である．さらにこの理論を拡張した**拡張プレス–シェヒター理論** (extended Press-Schechter theory) により，天体の形成や合体の歴史をモデル化したり，形成された天体の空間的な分布をモデル化する方法も開発されている．この拡張プレス–シェヒター理論が予言するダークマターハローの形成率や空間分布は，時間的な発展も含めて N 体シミュレーションの結果をある程度よく再現する．

プレス–シェヒター理論には上に述べたように正当性の明らかでない処方をいく

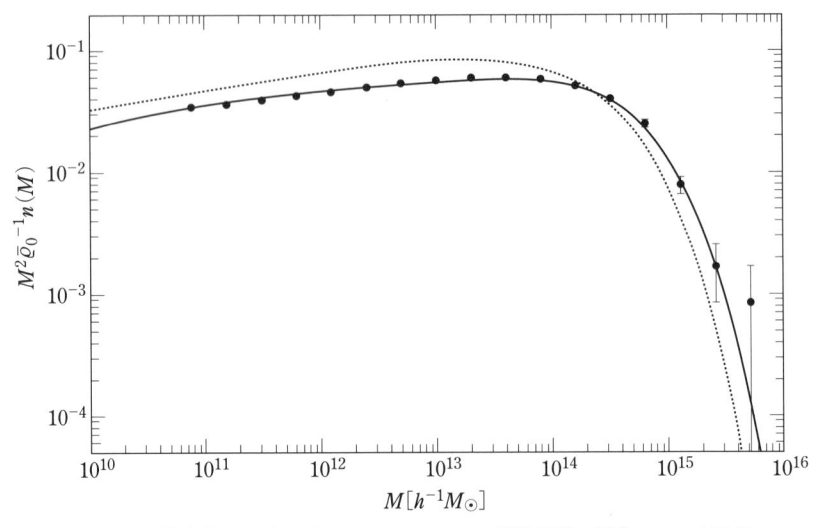

図 7.6 現在時刻におけるダークマターハローの質量関数．誤差のついた記号が数値シミュレーションから求めた値で，点線がプレス–シェヒター質量関数の予言．実線はシミュレーションに合うように作られたフィット曲線である（[34] を改変）．

つか含んでいる．このためその導出に用いられた計算の過程は複雑な個々の構造形成を正しく反映しているとはとても言い難い．それにもかかわらず，質量関数など統計的に導かれる量はほぼ正しく再現される．もちろんその再現の精度には限界があり，精密なレベルでシミュレーションと比較するとずれも見られる．図 7.6 は大規模なシミュレーションから求めたダークマターハローの質量関数を，プレス–シェヒター理論による予言（点線）と比較したものである．プレス–シェヒター質量関数はおおまかに合っているが，質量関数が急激に下がり始めるところよりも小さな質量では予言が大きすぎ，それよりも大きな質量では予言が小さすぎるという傾向が見られる．このため，数値シミュレーションを正確に再現するように質量関数を修正して，拡張プレス–シェヒター理論に適用するというアプローチも開発されている．

第8章

非一様宇宙の観測量

宇宙論が定量的科学としての側面を伸ばしてきたのは比較的最近である．1990年代中頃まで，ハッブル定数や密度パラメータには2倍，あるいはそれ以上もの不定性があったし，宇宙定数の有無に伴う膨張の加速性についてはほとんどわかっていなかった．その大きな原因としては，それまでの宇宙の観測が比較的近傍の宇宙に限られていた上，宇宙論の検証に用いる天体自体の性質に理論的不定性が大きかったということがある．

その状況を克服して宇宙論を定量的検証に耐えられるようにするには，広範囲に宇宙を調べる大規模な観測プロジェクトを敢行し，さらに不定性の大きな天体の性質に依存しないような宇宙の解析方法を開発することが必要不可欠であった．これが現実的に可能になることにより，宇宙論は定量的な科学として飛躍的に進歩したのである．たとえば，3.6.2項で説明したIa型超新星を用いる解析は，比較的均質な天体を遠方まで観測することで一様等方宇宙モデルの検証をする方法である．

だが均質な天体を宇宙に見つけることはそう簡単ではない．そこでとりわけ現代的な観測的宇宙論において重要な役割を果たしているのは，宇宙の非一様性の解析である．前章で見たように，宇宙の大規模な非一様構造は線形理論やその拡張によって解析できるため理論的な不定性の少ない領域になっている．そしてその構造自体も宇宙そのものの進化と不可分の関係にある．

8.1 密度ゆらぎの相関関数とパワースペクトル

宇宙の密度ゆらぎは観測量である．しかし宇宙の各点におけるゆらぎの具体的な値を理論的に求めることはできない．たとえばインフレーションモデルによる初期ゆらぎは量子ゆらぎにその起源を持つ．その量子ゆらぎは原理的に確率的なものである．一般に宇宙論モデルが予言できるのはゆらぎの統計的な性質だけである．こ

のことはゆらぎをフーリエ変換した場合にも当てはまる．ゆらぎのフーリエ変換 (6.28) による各フーリエ係数の具体的な値を予言する理論はなく，その統計的な性質のみが与えられる．

一方，観測で決められるのは空間の関数としてのゆらぎの具体的な値である．理論と観測を比較するには，具体的に観測できるゆらぎから統計的に意味のある特徴を引き出すことが必要であり，そのためには具体的なゆらぎを統計処理することが必要である．どのような統計量を使えばよいのかは目的によって異なるが，よく使われるのはゆらぎの 2 点統計量である相関関数や，そのフーリエ空間における対応物のパワースペクトルである．これらはゆらぎの統計的情報をすべて含んでいるわけではないが，比較的多くの情報を与えてくれることや，簡単な統計量であることから一般的によく用いられている．

8.1.1 相関関数

密度ゆらぎは空間の各点ごとに値を持つ場の量である．その場の値が各点でどのように関係しあっているのかを特徴づけることを考える．空間のある 2 点 x_1, x_2 における密度ゆらぎの積を考え，それを 2 点間の距離 $x_{12} = |x_1 - x_2|$ を固定して平均したもの

$$\xi(x_{12}) = \langle \delta(x_1) \delta(x_2) \rangle \tag{8.1}$$

を**相関関数** (correlation function) という．観測的には，右辺は空間的にいろいろな場所で平均したものとして与えられる．だが理論的には，密度ゆらぎは確率分布をする確率場として与えられるので，右辺の平均は統計的なアンサンブル平均とみなされる．アンサンブル平均とは，多数の統計的に等価な宇宙を仮想的に考え，それらの宇宙における平均をとるということである．これは統計力学における本質的な概念でもある．この理論的な観点に立つ場合，式 (8.1) の右辺は空間平均をとることなしにアンサンブル平均だけで x_{12} のみの関数となる．

密度場 $\varrho(x)$ を使えば式 (8.1) は

$$\langle \varrho(x_1) \varrho(x_2) \rangle = \bar{\varrho}^2 \left[1 + \xi(x_{12}) \right] \tag{8.2}$$

とも表される．各点の密度場が他の点の密度場の値にまったく関係なくランダムに分布するとき，左辺は $\bar{\varrho}^2$ に等しくなるので相関関数はゼロになる．ある点の密度場の値が大きいとき，そこから x_{12} だけ離れた点の密度場も大きくなりやすいという性質があれば，相関関数 $\xi(x_{12})$ の値は正になる．逆に小さくなりやすいという性

質があれば相関関数の値は負になる．

密度ゆらぎ $\delta(\boldsymbol{x})$ の空間積分はゼロである．このことから，式 (8.1) の $\boldsymbol{x}_2$ を $\boldsymbol{x}_1$ のまわりに空間積分すると，

$$\int_0^\infty dx\, x^2 \xi(x) = 0 \tag{8.3}$$

を得る．相関関数はこの拘束式を必ず満たす．ここからすぐわかるのは，相関関数は距離の関数としていたるところ同じ符号をとることはできないということである．重力不安定性による構造形成では物質が集まろうとするので，比較的近距離において相関が正となる．しかし遠距離に行けばどこかに必ず相関関数のゼロ点があり，その先に必ず負の領域がある．

ここに導入した相関関数は空間の 2 点におけるゆらぎの値を用いて定義されるので，より正確には **2 点相関関数** (two-point correlation function) と呼ばれる．一般にゆらぎの統計的性質は 2 点相関関数だけで完全に特徴づけることはできない．このため 2 点相関関数を多点に拡張した N 点相関関数 ($N \geq 2$) が一般的に考えられる．すべての N 点相関関数を合わせたものは，ある条件のもとに確率場の統計的性質を完全に表すことが知られている．だが一般に多点相関関数は 3 点，4 点，と次数が上がれば上がるほど多次元の関数となって複雑になる．特殊な場合として 3 点以上の相関関数がすべてゼロになるような確率場をとくに **ガウス場** (Gaussian field) という．ガウス場においては 2 点相関関数が場の統計的性質を完全に表すため，一般の場合よりも格段に取扱いが簡単である．

宇宙の初期ゆらぎはガウス場に非常に近いものであったと考えられている．多くのインフレーションモデルで生成される初期ゆらぎの場はほとんどガウス場に近いものになる[*1]．また，観測的にも初期ゆらぎのガウス性は非常によい精度で成り立つことが示されている．たとえ非ガウス性があったとしても，それはきわめて小さい．

ただし初期ゆらぎがガウス場であったとしても，ゆらぎが非線形成長するとそのガウス性は破られる．このため，現在の宇宙の密度ゆらぎではとくに小スケールにおいて非ガウス性が強くなっている．一方，非線形成長の影響の少ない大スケールでは，現在でもまだゆらぎの非ガウス性は弱い．

[*1] 逆に初期ゆらぎのガウス性からのわずかなずれを検出できればインフレーションモデルなど初期ゆらぎを生成するモデルを制限する手段となる．

8.1.2 パワースペクトル

相関関数は実空間の密度ゆらぎから直接定義される統計量であるが,これに対して密度ゆらぎをいったんフーリエ空間に変換してから定義されるものがパワースペクトルである.密度ゆらぎのフーリエ変換は式 (6.28) で与えられた.相関関数の定義にならってフーリエ空間における 2 点の積のアンサンブル平均を考えると,

$$\left\langle \tilde{\delta}(\boldsymbol{k})\tilde{\delta}(\boldsymbol{k}') \right\rangle = \int d^3x_1 d^3x_2 e^{-i\boldsymbol{k}\cdot\boldsymbol{x}_1 - i\boldsymbol{k}'\cdot\boldsymbol{x}_2} \xi(|\boldsymbol{x}_1 - \boldsymbol{x}_2|) \tag{8.4}$$

となって,相関関数を用いて表される.前章までに見たように,理論的には実空間のゆらぎよりも,フーリエ空間のゆらぎの方が力学進化の取扱いが容易である.このため,理論的な予言はまずパワースペクトルに対してなされることが多い.

ここで式 (8.4) の右辺の積分において $\boldsymbol{x}_2$ を固定し,先に $\boldsymbol{x}_1$ で積分すると

$$\left\langle \tilde{\delta}(\boldsymbol{k})\tilde{\delta}(\boldsymbol{k}') \right\rangle = (2\pi)^3 \delta_\mathrm{D}^3(\boldsymbol{k}+\boldsymbol{k}') \int d^3x e^{-i\boldsymbol{k}\cdot\boldsymbol{x}} \xi(|\boldsymbol{x}|) \tag{8.5}$$

が導かれる.ここでデルタ関数の公式

$$\int d^3x e^{-i\boldsymbol{k}\cdot\boldsymbol{x}} = (2\pi)^3 \delta_\mathrm{D}^3(\boldsymbol{k}) \tag{8.6}$$

を用いた.デルタ関数が現れる理由は,相関関数 ξ が 2 点の相対的な位置 $\boldsymbol{x}_1 - \boldsymbol{x}_2$ のみの関数であることにあり,それはすなわち宇宙の大局的な並進不変性からきている.

デルタ関数以外の部分は $\boldsymbol{k}$ の方向を z 軸にした極座標により積分して

$$\int d^3x e^{-i\boldsymbol{k}\cdot\boldsymbol{x}} \xi(|\boldsymbol{x}|) = 4\pi \int_0^\infty x^2 dx \frac{\sin(kx)}{kx} \xi(x) \tag{8.7}$$

となる.この積分は波数ベクトルの大きさ $k = |\boldsymbol{k}|$ にしかよらない.この理由は相関関数が 2 点の距離のみの関数で相対的な方向に無関係であることにあり,それはすなわち宇宙の大局的な等方性からきている.式 (8.7) を $P(k)$ と書き,これをパワースペクトル (power spectrum) という.すなわち,パワースペクトルは

$$\left\langle \tilde{\delta}(\boldsymbol{k})\tilde{\delta}(\boldsymbol{k}') \right\rangle = (2\pi)^3 \delta_\mathrm{D}^3(\boldsymbol{k}+\boldsymbol{k}') P(k) \tag{8.8}$$

により定義される.あるいは密度ゆらぎが実数であることから $\tilde{\delta}^*(\boldsymbol{k}) = \tilde{\delta}(-\boldsymbol{k})$ が成り立つので,

$$\left\langle \tilde{\delta}^*(\boldsymbol{k})\tilde{\delta}(\boldsymbol{k}') \right\rangle = (2\pi)^3 \delta_\mathrm{D}^3(\boldsymbol{k}-\boldsymbol{k}') P(k) \tag{8.9}$$

で定義しても等価である．パワースペクトルと実空間の相関関数はお互いに3次元フーリエ変換の関係

$$P(k) = \int d^3x e^{-i\mathbf{k}\cdot\mathbf{x}} \xi(|\mathbf{x}|) = 4\pi \int x^2 dx \frac{\sin(kx)}{kx} \xi(x) \qquad (8.10)$$

$$\xi(x) = \int \frac{d^3k}{(2\pi)^3} e^{i\mathbf{k}\cdot\mathbf{x}} P(|\mathbf{k}|) = \int \frac{k^2 dk}{2\pi^2} \frac{\sin(kx)}{kx} P(k) \qquad (8.11)$$

にある．ゆらぎそのものだけでなく，その平均量である相関関数とパワースペクトルもお互いにフーリエ変換で結びつくというこの関係のことを**ウィーナー–ヒンチン関係** (Wiener-Khintchine relation) という．

8.1.3 密度ゆらぎの分散

あるスケールで平均した密度のゆらぎが宇宙の平均密度に比べてどのくらいの分散を持っているのかもゆらぎの大きさを表す指標となる．ある質量スケールのゆらぎの分散が1を超えているかどうかは，非線形成長により天体形成などの複雑な現象を引き起こせるかどうかの指標となる．密度ゆらぎの分散はパワースペクトルにより与えられるので，ここではその関係を導いておく．

任意の点を中心とした半径 R の球内に含まれる質量を考える．宇宙全体でのそのような質量の平均値を M とし，ある特定の点におけるこの平均値からのずれを δM とする．すると，

$$M = \frac{4\pi R^3}{3}\bar{\rho}, \qquad \delta M = \int_{|\mathbf{x}|\leq R} d^3x \bar{\rho}\, \delta(\mathbf{x}) \qquad (8.12)$$

となる．したがって，平均質量 M で規格化した質量ゆらぎ $\delta M/M$ は

$$\frac{\delta M}{M} = \frac{3}{4\pi R^3}\int_{|\mathbf{x}|\leq R} d^3x\, \delta(\mathbf{x}) = \int d^3x W_R(|\mathbf{x}|)\delta(\mathbf{x}) \qquad (8.13)$$

と表される．ここで

$$W_R(\mathbf{x}) = \frac{3}{4\pi R^3}\Theta(R-|\mathbf{x}|) \qquad (8.14)$$

であり，さらに

$$\Theta(x) = \begin{cases} 1, & (x \geq 0) \\ 0, & (x < 0) \end{cases} \qquad (8.15)$$

は階段関数を表す．この関数 $W_R(x)$ は**ウィンドウ関数** (window function) と呼ばれるものの1つで，ゆらぎの場をスケール R で取り出してくる働きを持つ．ここで

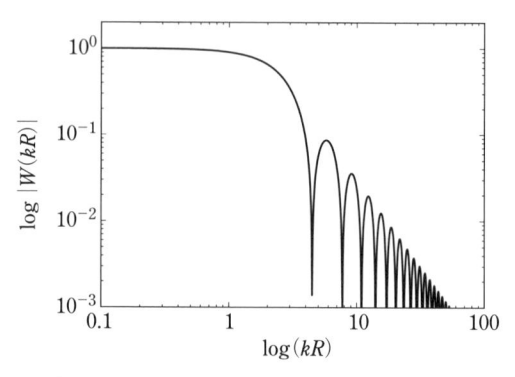

図 8.1　トップハット型ウィンドウ関数 $W(kR)$.

はウィンドウ関数の体積積分を 1 に規格化したが，他の規格化を採用する場合もある．とくに式 (8.14) のように球内で一様な重みを持つものはトップハット型のウィンドウ関数*2と呼ばれる．ガウス型など他の形を持つウィンドウ関数を考える場合もある．

質量ゆらぎの分散は，式 (6.28), (8.8) を使うと次のようにパワースペクトルで表すことができる：

$$\sigma^2(R) \equiv \left\langle \left(\frac{\delta M}{M}\right)^2 \right\rangle = \int \frac{k^2 dk}{2\pi^2} W^2(kR) P(k) \tag{8.16}$$

ただし，$W(kR)$ はウィンドウ関数 $W_R(x)$ の 3 次元フーリエ変換

$$W(kR) = \int d^3 x\, e^{-i k \cdot x} W_R(|\boldsymbol{x}|) = 4\pi \int x^2 dx \frac{\sin(kx)}{kx} W_R(x) \tag{8.17}$$

である．式 (8.14) のトップハット型ウィンドウ関数の場合は具体的に

$$W(kR) = \frac{3}{(kR)^3}\left[\sin(kR) - kR\cos(kR)\right] \tag{8.18}$$

と計算される．この関数の形は図 8.1 のようになる．

式 (8.16) においてフーリエ空間のウィンドウ関数は，波数の小さな長波長スケールのゆらぎ $k < R^{-1}$ を残して波数の大きな短波長スケールのゆらぎ $k > R^{-1}$ を消し去るフィルターの効果を持つ．したがって分散 $\sigma^2(R)$ は長さスケール R よりも長波長側のパワースペクトルの振幅を反映する量である．

---

*2　トップハットとはいわゆるシルクハットのことである．実空間のウィンドウ関数 $W_R(x)$ のグラフがその形に似ている．

波数の対数的微小区間 $d\ln k = dk/k$ におけるパワースペクトルの質量ゆらぎへの寄与は，式 (8.16) から

$$\Delta^2(k) \equiv \frac{k^3}{2\pi^2} P(k) \tag{8.19}$$

である．これは無次元量であり，長さスケール k^{-1} のゆらぎの特徴的な大きさを表す．パワースペクトル $P(k)$ は体積の次元を持っているのでその値は単位に依存する．このため，パワースペクトルを用いる代わりにこの無次元量 $\Delta^2(k)$ を用いることもある．

8.2 初期ゆらぎと遷移関数

8.2.1 ハリソン–ゼルドビッチスペクトル

第6章で見たように，ハッブル半径内でのゆらぎはさまざまな物理効果により成長したり抑制されたりする．したがって初期ゆらぎのスペクトルはハッブル半径内で変形される．それでは宇宙の密度ゆらぎははじめどのようなものであっただろうか？ 初期ゆらぎのスペクトルは初期ゆらぎの生成機構によって定まる．その機構はいまのところインフレーション理論が有望視されてはいるものの，インフレーション理論自体が一意的な理論でないことや，他の可能性もあるなど，確定的な状況ではない．

1970年初頭，ハリソン (Edward R. Harrison, 1919–2007) とゼルドビッチ (Yakov B. Zel'dovich, 1914–1987) は初期ゆらぎの具体的な生成機構を仮定することなく，そのスペクトルがどうあるべきかについて論じている．彼らは理論的な観点から，宇宙のちょうどハッブル半径に対応する波長の密度ゆらぎの分散は普遍的に同じ大きさであるとした．ハッブル半径は時間とともに大きくなっていくが，その時刻ごとに決まるスケールで平均された密度ゆらぎの大きさはほぼ一定であるとしたのである．この仮定の下に得られる初期ゆらぎのスペクトルは**ハリソン–ゼルドビッチスペクトル** (Harrison-Zel'dovich spectrum) と呼ばれ，銀河形成など現在の宇宙の構造をよく説明し得ることが示された．

その後1980年代はじめ，インフレーション理論が提案されるとすぐに，インフラトンの量子ゆらぎに基づいた初期ゆらぎスペクトルが計算された．その結果は5.5節に述べたように，まさにハリソン–ゼルドビッチスペクトルをほぼ再現したのである．このことはインフレーション理論にとっては大きな追い風となった．だ

が，ハリソン-ゼルドビッチスペクトルはインフレーション理論とは別の観点から導かれたものである．初期ゆらぎが量子的な起源を持つ場合にハリソン-ゼルドビッチスペクトルが自然であることは，インフレーション理論以前にすでにハリソンによって指摘されている[*3]．

実スケールのハッブル半径は c/H であるから，共動スケールの半径は $R_H = c/(aH)$ である．放射優勢期 $a \propto t^{1/2}$ と物質優勢期 $a \propto t^{2/3}$ のそれぞれにおいて，この半径のスケール因子への依存性は

$$R_H \propto \begin{cases} a & \text{(放射優勢期)} \\ a^{1/2} & \text{(物質優勢期)} \end{cases} \tag{8.20}$$

で与えられる．

次に初期ゆらぎの形を考える．7.1 節で見たように，ハッブル半径に入る前の密度ゆらぎには座標条件の取り方に伴ってその定義に不定性がある．ここでは式 (7.22) で定義される密度ゆらぎ Δ を考え，超ハッブル・スケールのパワースペクトルもこの密度ゆらぎから計算される値であるとする．すると式 (7.38)，(7.43) で見たように，ハッブル半径を超える波長の密度ゆらぎ Δ の線形成長因子は放射優勢期で a^2 に比例し，物質優勢期で a に比例する．したがって放射優勢期と物質優勢期のいずれの場合でも線形成長因子は R_H^2 に比例する．パワースペクトルは密度ゆらぎの2次の量であるからその時間発展は R_H^4 に比例した成長をする．

ここでハッブル半径に入る前の初期ゆらぎのパワースペクトル $P_{in}(k)$ の波数依存性としてべき乗の形

$$P_{in}(k) \propto k^n \tag{8.21}$$

を仮定すると，ちょうどハッブル半径になるスケールでの値は時間発展を含めて $P_{in}(k) \propto R_H^4 k^n$ となる．このことから，ハッブル半径内の質量ゆらぎの分散は式 (8.16) により

$$\sigma^2(R_H) \propto R_H^4 \int \frac{k^2 dk}{2\pi^2} W^2(kR_H) k^n \propto R_H^{1-n} \tag{8.22}$$

となる．この量がスケールによらずに一定値となるのはスペクトル指数が $n = 1$ のとき，すなわち

[*3] E. Harrison, *Phys. Rev.* D **1**, 2726 (1970).

$$P_{\text{in}}(k) \propto k \tag{8.23}$$

の場合である．これがハリソン–ゼルドビッチスペクトルである．このスペクトルはハッブル半径に入ってくるゆらぎの形を表すもので，ハッブル半径内に入ったスペクトルは物理的効果により変形される．その意味でゆらぎの初期条件を与えるものである[*4]．

8.2.2 インフレーションと初期ゆらぎスペクトル

5.5 節で述べたように，インフレーション理論で生成されるゆらぎはほぼハリソン–ゼルドビッチスペクトルに近いゆらぎになる．インフレーション中に完全なド・ジッター宇宙からずれていれば，ゆらぎのスペクトルも完全なハリソン–ゼルドビッチスペクトルからずれる．このずれがどのくらいになるかはインフレーションのモデルによる．

インフレーションがスローロール条件を満たすスカラー場によって起きているならば，そのスローロールの程度によってハリソン–ゼルドビッチスペクトルからのずれが決まる．次で定義されるパラメータ

$$\epsilon \equiv \frac{c^4}{16\pi G}\left(\frac{V'}{V}\right)^2, \quad \eta \equiv \frac{c^4}{8\pi G}\frac{V''}{V} \tag{8.24}$$

はスローロール条件の式 (5.65) により小さい量である．これらのパラメータをスローロール・パラメータ (slow-roll parameters) という．これらの値が小さいほどポテンシャルは平坦になり，スカラー場の動きが緩やかになって，インフレーション中はド・ジッター宇宙に近づく．ハリソン–ゼルドビッチスペクトルからのずれは，以下に示すようにこれらのパラメータの値で表すことができる．

単一スカラー場によるインフレーションが予言する初期ゆらぎは，式 (5.75) でおおまかに見積もられた．そこで見積もられた量は，インフレーション中にハッブル半径 $R_{\text{H}} = c/(aH)$ を出ていくゆらぎであり，式 (5.62),(5.63) のスローロール近似において

$$\sigma^2(R_{\text{H}}) \sim \frac{\hbar H^4}{c\dot{\phi}^2} \propto \frac{V^3}{V'^2} \tag{8.25}$$

と対応する．ただし右辺はスケール R_{H} がハッブル半径になるときにインフラトン

[*4] ハッブル半径を超える波長に対応する密度ゆらぎは座標条件による量であるから，ここに与えられた初期パワースペクトルも座標条件を変えると異なる形になる．

がとる値 ϕ の関数である．第5章で扱ったゆらぎ δ は超ハッブル・スケールで成長しないので，上の量は式 (8.22) に現れる量に等しい．したがってスペクトル指数は

$$n = 1 - \frac{d\ln\sigma^2(R_\mathrm{H})}{d\ln R_\mathrm{H}} \tag{8.26}$$

により求めることができる．スローロール近似において $H \simeq$ 一定，$\dot{R}_\mathrm{H} = -c/a$ となることと，式 (5.62), (5.63) を用いれば，

$$\frac{d}{d\ln R_\mathrm{H}} \simeq \frac{R_\mathrm{H}}{\dot{R}_\mathrm{H}}\dot{\phi}\frac{d}{d\phi} \simeq \frac{c^4}{8\pi G}\frac{V'}{V}\frac{d}{d\phi} \tag{8.27}$$

となる．これらの式からスペクトル指数の値がスローロール・パラメータの最低次の近似で求められ，

$$n = 1 - 6\epsilon + 2\eta \tag{8.28}$$

を得る．

スローロール・パラメータはインフレーション中小さい値に保たれるから，上で述べた通りインフレーションにより生成される密度ゆらぎのスペクトルはほとんどハリソン−ゼルドビッチスペクトル $n = 1$ に近くなる．だが，インフレーション中のスローロール・パラメータは完全にゼロではない．したがってインフレーション理論が正しければ，ハリソン−ゼルドビッチスペクトルからの小さなずれが期待される．とはいえ十分平坦なポテンシャルも許されるので，特定のモデルを指定しない限りそのずれが観測で区別できるほどの大きさを持つかどうかまでは予言しない．

インフレーション理論は初期密度ゆらぎだけでなく初期重力波の生成も予言する．このような重力波があれば，現在の宇宙にも背景重力波として残っているはずである．この重力波の強さの波長依存性は，上のように生成される密度ゆらぎのスペクトルと関係がある．天体から放出された重力波は2016年に初めて検出されたが，初期宇宙に起源を持つ背景重力波はこれまでのところ検出されていない．しかし将来，初期重力波が検出できるようになり，さらにインフレーション起源と思しき背景重力波が観測されることがあれば，密度ゆらぎのくわしい観測と比較することでインフレーション理論の是非を定量的に問うことも可能になるであろう．

8.2.3 遷移関数

短波長側のゆらぎは物理効果によりスケールに依存した変形を受ける．線形理論

ではゆらぎの進化の方程式は波数 k ごとに独立した微分方程式となる．このため，成長モードに着目すれば波数 k のモードのゆらぎの大きさは同じモードの初期ゆらぎの大きさに比例する．その比例係数はスケールに依存した物理効果により定まるため，波数 k に依存する．この係数のことを**遷移関数** (transfer function) と呼ぶ．

いま，興味あるスケールがすべてハッブル半径の外にあるような，十分初期のある時刻 $t = t_{\rm in}$ での密度ゆらぎのフーリエ係数を $\varDelta_{\rm in}(\boldsymbol{k})$ とする．そしてその後の時刻 t における密度ゆらぎのフーリエ係数を $\varDelta(\boldsymbol{k},t)$ とする．このとき遷移関数 $T(k,t)$ は

$$T(k,t) = \frac{D(t_{\rm in})}{D(t)} \frac{\varDelta(\boldsymbol{k},t)}{\varDelta_{\rm in}(\boldsymbol{k})} \tag{8.29}$$

で定義される．ここで $D(t)$ は式 (7.22) で与えられる密度ゆらぎ $\varDelta$ に対する超ハッブル・スケールの線形成長因子であり，放射優勢期で $D \propto a^2$，物質優勢期で $D \propto a$ となる．また光子の脱結合後は式 (6.34) の成長解で与えられる線形成長因子に等しい[*5]．宇宙原理によりゆらぎの成長を支配する力学には特別な方向はないので，遷移関数は波数ベクトル $\boldsymbol{k}$ の方向にはよらずにその大きさ $k = |\boldsymbol{k}|$ の関数となる．

ハッブル半径を超える長波長のゆらぎは波数によらず一様に成長するので，その時間依存性は $\varDelta(\boldsymbol{k},t) \propto D(t)$ で与えられる．このため遷移関数は超ハッブル・スケール $k \ll aH/c$ に対して $T(k,t) = 1$ となる．ハッブル半径内にはゆらぎの成長を抑制する効果があるため，一般に遷移関数は 1 よりも小さくなる．

遷移関数を定量的に求めるには多少複雑な連立微分方程式を数値的に解くことが必要とされる．一度遷移関数を求めておけば，線形領域における現在のゆらぎと初期ゆらぎが簡単に結びつけられるので，非常に便利な量となる．時刻 t におけるパワースペクトルは初期のパワースペクトル $P_{\rm in}(k)$ を用いて

$$P(k,t) = \frac{D^2(t)}{D^2(t_{\rm in})} T^2(k,t) P_{\rm in}(k) \tag{8.30}$$

で与えられる．このように，波数 k ごとに最終的なゆらぎの大きさが初期ゆらぎの大きさに比例するという単純性は線形理論の特徴である．

線形理論はゆらぎ $\varDelta$ が平均的に 1 よりも十分小さいときに正しい．これは式 (8.19) で与えられる無次元化されたパワースペクトルに対して，$\varDelta^2(k) \ll 1$ という条件のときに満たされる．標準的なボトムアップ型構造形成シナリオの場合，$\varDelta^2(k)$ は k の増加関数である．この場合，短波長のゆらぎほど振幅が大きいので，

[*5] 物質優勢期以後の密度ゆらぎ $\varDelta$ の線形成長因子の形はハッブル半径内外によらず同じである．このことは 7.1 節の計算をアインシュタイン-ド・ジッター宇宙以外の場合に拡張すると示すことができる．

小スケールから順番に非線形領域へ入るようになる．現在の宇宙では，ほぼ 10 Mpc 以下のスケールが非線形となっている．過去にさかのぼれば全体のゆらぎは小さくなり，宇宙初期ではこれよりずっと小さなスケールまで線形理論が成り立つ．現在の宇宙でも十分大きなスケールでは線形理論が成り立っている．

　遷移関数の形を決めるもっとも大きな要因の1つは，放射優勢期における成長の停滞である．この時期，ハッブル半径より短波長のゆらぎはほとんど成長できない．短波長のゆらぎほどハッブル半径内に先に入り，成長の停滞する期間が長くなるので，遷移関数は短波長側ほど小さくなる．放射優勢期が終わるとダークマターゆらぎはあらゆるスケールで成長できるようになり，この効果による遷移関数の変化は止まる．したがって，放射優勢期と物質優勢期の境目である等密度時 t_eq の時点でのハッブル半径に対応する波数 $k_\mathrm{eq} = a_\mathrm{eq} H_\mathrm{eq}/c$ を境に，遷移関数は大きく折れ曲がることになる．この波数 k_eq は式 (6.104) で与えられ，ダークマターによる構造形成にとっては重要な特徴的スケールとなる．

　この遷移関数の折れ曲がりの正確な形を得るには発展方程式の数値計算を必要とするが，そのおおよその形は次のように考察できる．まず，放射優勢期には $a \propto t^{1/2}$ であるから，ハッブル半径に対応する波数は $k = aH/c \propto a^{-1}$ である．したがってある波数 k に着目したとき，対応するスケールがハッブル半径になる時刻でのスケール因子を $a_\mathrm{H}(k)$ とおくと，$a_\mathrm{H}(k) \propto k^{-1}$ である．等密度時にすでにホライズン内に入っている波数 $k \gg k_\mathrm{eq}$ のゆらぎは，対応するスケールがハッブル半径を越えている期間だけ a^2 に比例した成長をして，ハッブル半径内に入ると成長が止まる．したがって，そのようなゆらぎの等密度時の値は

$$\Delta(\boldsymbol{k}, t_\mathrm{eq}) \propto [a_\mathrm{H}(k)]^2 \Delta_\mathrm{in}(\boldsymbol{k}) \propto k^{-2} \Delta_\mathrm{in}(\boldsymbol{k}) \tag{8.31}$$

という波数依存性を持つ．一方，等密度時までにハッブル半径に入らないゆらぎは初期ゆらぎから波数依存性が変化しない．このことから物質優勢期以後の遷移関数の漸近形が

$$T(k, t) \propto \begin{cases} 1 & (k \ll k_\mathrm{eq}) \\ k^{-2} & (k \gg k_\mathrm{eq}) \end{cases} \tag{8.32}$$

となることがわかる．

　宇宙の物質成分としてコールド・ダークマターのみを考える場合には，遷移関数を変形させる要因がこの放射優勢期の停滞現象だけである．この場合，初期ゆらぎとして標準的なハリソン–ゼルドビッチスペクトルであればパワースペクトルの漸

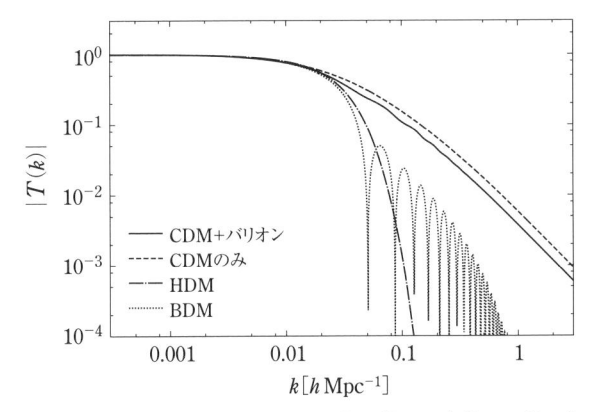

8.2 初期ゆらぎと遷移関数 | 277

図 8.2 いろいろな宇宙モデルにおける遷移関数の現在値．いずれも $\Omega_{\mathrm{m}0}$ = 0.27, $\Omega_{\Lambda 0}$ = 0.73, h = 0.71 を仮定した．各モデルでは質量を担う成分が異なる．実線が現実的なモデルで，バリオン（$\Omega_{\mathrm{b}0}h^2$ = 0.023）とコールド・ダークマターが混在する場合である．その他は質量成分が純粋にコールド・ダークマターのみの場合（破線），ホット・ダークマター（ニュートリノ）のみの場合（1点破線），バリオンのみの場合（点線）がそれぞれ示されている．

近似は

$$P(k) \propto kT^2(k) \propto \begin{cases} k & (k \ll k_{\mathrm{eq}}) \\ k^{-3} & (k \gg k_{\mathrm{eq}}) \end{cases} \tag{8.33}$$

となる．宇宙の主要成分はコールド・ダークマターであるから，我々の宇宙の線形パワースペクトルもほぼこのような形をしている．

　図 8.2 には物質成分の種類を変えたいくつかの場合に対応する遷移関数を示した．物質成分がコールド・ダークマターのみの場合は上に述べたスペクトルの折れ曲がりのみが特徴的スケールである．その他の場合には他の抑制機構があり，小スケール側で遷移関数の値がコールド・ダークマターのみの場合よりも小さくなる．

　ホット・ダークマターの場合には無衝突減衰が強く効いて遷移関数は短波長側で大きく抑制される．ダークマターのすべてがホット・ダークマターでなくとも，いくらかホット・ダークマター成分が混ざっている場合にはコールド・ダークマターのみの場合にくらべて短波長側でいくらかゆらぎが抑制される．ニュートリノはホット・ダークマターとして働くので，その質量が十分重ければこうして遷移関数に影響を及ぼす．どのくらいの影響があるかはニュートリノの質量に大きく依存する．

　物質成分がバリオンのみの場合は，拡散減衰によりゆらぎが小スケール側で大き

く抑制される．さらにバリオン音響振動により遷移関数には振動パターンが現れる．

物質成分の主要な成分がコールド・ダークマターでわずかにバリオンが含まれているような現実的な場合は，コールド・ダークマターの遷移関数がバリオンの影響で変形されたものになる．その変形は，バリオンの拡散減衰と音響振動によるもので，遷移関数は小スケール側でわずかに振動しながら減衰する．このわずかな振動パターンは実際に観測によっても確認されている．

以上のように，遷移関数の形は宇宙の歴史や成分を大きく反映している．つまり，現在の密度ゆらぎの中に宇宙の進化や構成に関する多くの情報が織り込まれているのである．精密な宇宙の観測によりこれらの情報を引き出すことができる．最近ではこうして精密に宇宙論パラメータを見積もることもできるようになった．宇宙の構造形成の理論は，観測された宇宙に含まれている情報をひも解く上で重要な役割を果たしている．

8.2.4 振幅の規格化

初期パワースペクトルのスケール依存性は式 (8.21) 以下のように考察できるが，その比例係数は決まらない．初期パワースペクトルのべき指数を一般的に n として $P_{\rm in}(k) = A_{\rm in} k^n$ とすれば，式 (8.30) で与えられる線形パワースペクトルは $A_0 = A_{\rm in}/D^2(t_{\rm in})$ として

$$P(k,t) = A_0 \, D^2(t) \, k^n \, T^2(k,t) \tag{8.34}$$

の形となる．ただし線形成長因子は現在時刻において規格化され，$D(t_0) = 1$ を満たすものとする．この因子 A_0 は線形ゆらぎの全体的な振幅を決める規格化因子である．図 8.2 で与えられているそれぞれの遷移関数の場合，スペクトル指数 $n = 0.96$ を仮定するとパワースペクトルの現在値は図 8.3 のようになる．

初期密度ゆらぎの振幅を理論的に決めることはできない．したがってこの規格化因子 A_0 は観測的に決めるべき不定パラメータになる．通常，この因子 A_0 の代わりに，半径 $R = 8 \, h^{-1}{\rm Mpc}$ の球で平均した質量ゆらぎの分散の平方根の現在値 σ_8 を用いることも多い．この量は観測的にほぼ 1 程度の量である．因子 A_0 と $\sigma_8{}^2$ は比例し，その関係は式 (8.16) より，

$$\sigma_8{}^2 = \frac{A_0}{2\pi^2} \int dk \, k^{n+2} W^2 \left(k \cdot 8 \, h^{-1}{\rm Mpc}\right) T^2(k,t_0) \tag{8.35}$$

で与えられる．この比例定数は遷移関数を通じて宇宙論モデルに依存する．小ス

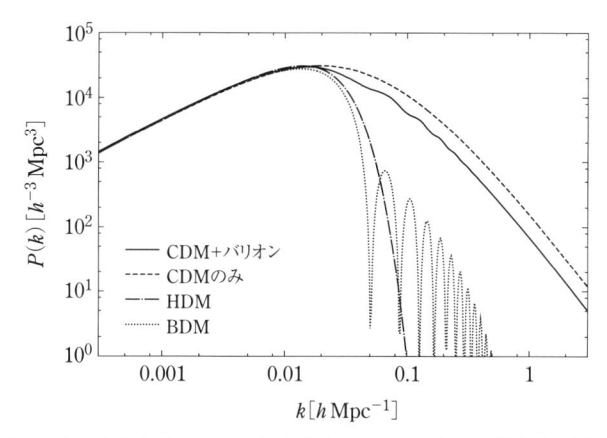

図 **8.3** いろいろな宇宙モデルにおけるパワースペクトルの現在値．図 8.2 と同じモデルについて示してある．スペクトル指数は $n = 0.96$ を仮定．振幅は大スケール側で一致するように適当に合わせてある．

ケール側での遷移関数の抑制が大きいほど，ある固定した値 σ_8 に対して規格化因子 A_0 が大きくなり，大スケール側のパワースペクトルの値が大きくなる．

初期ゆらぎ生成の確定した機構が明らかになっていない現状では，スペクトル指数 n および振幅を与える A_0 もしくは σ_8^2 といった量は観測的に決められるべきものであり，宇宙の非一様成分に関する宇宙論パラメータとなる．

8.3 非一様宇宙における光の伝播

現代的な観測的宇宙論では，宇宙の非一様性やその進化を反映した観測量を用いることが多い．この場合，膨張宇宙での光の伝播に対する非一様性の影響が重要になる．ここでは計量ゆらぎの線形理論に基づいてそれを調べておく．

8.3.1 非一様宇宙における測地線方程式

一般相対性理論により，光は曲がった時空中を測地線方程式に沿って進む．光の経路はアフィン・パラメータ λ により $x^\mu(\lambda)$ で表され，その 4 元運動量は

$$P^\mu(\lambda) = \frac{dx^\mu}{d\lambda} \tag{8.36}$$

で与えられる．光は質量ゼロなので 4 元運動量は

を満たす.光の経路に沿った4元運動量の変化は次の測地線方程式

$$\frac{dP^\mu}{d\lambda} + \Gamma^\mu_{\nu\lambda} P^\nu P^\lambda = 0 \tag{8.38}$$

で記述される.

宇宙のエネルギー成分を完全流体で近似するとき,線形近似の計量は式 (7.1) と式 (7.17) によりゆらぎの成分はポテンシャル Φ のみで与えられる.そこで曲率がある場合も含めて背景の空間計量を γ_{ij} とし,次の計量

$$ds^2 = -\left(1 + \frac{2\Phi}{c^2}\right)c^2 dt^2 + a^2\left(1 - \frac{2\Phi}{c^2}\right)\gamma_{ij} dx^i dx^j \tag{8.39}$$

を考える*6.ここからクリストッフェル記号は

$$\Gamma^0_{00} = \frac{\dot\Phi}{c^3}, \quad \Gamma^0_{0i} = \Gamma^0_{i0} = \frac{\Phi_{,i}}{c^2}, \quad \Gamma^i_{00} = \frac{\Phi^{,i}}{c^2 a^2} \tag{8.40}$$

$$\Gamma^0_{ij} = \frac{a^2}{c}\left[\frac{\dot a}{a} - \frac{1}{c^2}\left(\dot\Phi + 4\frac{\dot a}{a}\Phi\right)\right]\gamma_{ij}, \quad \Gamma^i_{0j} = \Gamma^i_{j0} = \frac{1}{c}\left(\frac{\dot a}{a} - \frac{\dot\Phi}{c^2}\right)\delta^i{}_j \tag{8.41}$$

$$\Gamma^i_{jk} = {}^{(3)}\Gamma^i_{jk} - \frac{1}{c^2}\left(\delta^i{}_j \Phi_{,k} + \delta^i{}_k \Phi_{,j} - \gamma_{jk}\gamma^{il}\Phi_{,l}\right) \tag{8.42}$$

となる.ここで

$${}^{(3)}\Gamma^i_{jk} = \frac{1}{2}\gamma^{il}\left(\gamma_{lk,j} + \gamma_{lj,k} - \gamma_{jk,l}\right) \tag{8.43}$$

は背景空間計量 γ_{ij} に関する3次元クリストッフェル記号である.

4元運動量の4成分のうち,1成分は式 (8.37) により独立ではない.式 (8.39) の計量と線形近似の下で時間成分 P^0 は

$$P^0 = aQ\left(1 - \frac{2\Phi}{c^2}\right) \tag{8.44}$$

と表すことができる.ここで cP^0 はエネルギーに対応する量なので,平方根を求めるときに正符号をとった.そして

$$Q \equiv \sqrt{\gamma_{ij} P^i P^j} \tag{8.45}$$

を定義した.さらに3次元運動量の方向を表す量として

---

*6 式 (7.17) は曲率がゼロでなくても,一般に非等方ストレスが無視できる流体に対して成り立つ.

8.3 非一様宇宙における光の伝播 | 281

$$n^i \equiv \frac{P^i}{Q} \tag{8.46}$$

を定義する．このベクトルは規格化 $\gamma_{ij} n^i n^j = 1$ を満たす．

測地線方程式 (8.38) に式 (8.40)-(8.42) を代入し，計量ゆらぎの線形近似で計算すると，時間成分と空間成分に対してそれぞれ次の式が導かれる：

$$\frac{d}{d\lambda}\left(a^2 Q\right) - \frac{2a^3 Q^2}{c^3}\dot{\Phi} = 0 \tag{8.47}$$

$$\frac{dn^i}{d\lambda} + {}^{(3)}\Gamma^i_{jk} n^j n^k Q + \frac{2Q}{c^2}\left(\gamma^{ij} - n^i n^j\right)\Phi_{,j} = 0 \tag{8.48}$$

ただし時間や空間の関数 a, Φ はアフィン・パラメータ λ に対応する光の経路上 $x^\mu(\lambda)$ での値であり，これらについてアフィン・パラメータによる微分が

$$\frac{d}{d\lambda} = P^\mu \partial_\mu = \frac{aQ}{c}\left(1 - \frac{2\Phi}{c^2}\right)\partial_t + Q n^i \partial_i \tag{8.49}$$

となることを用いた．

8.3.2 非一様宇宙における赤方偏移

一様宇宙における赤方偏移 z はスケール因子 a により $1 + z = 1/a$ で与えられた．だが実際の宇宙では非一様性の影響によりこの関係からずれる．

4元速度 u^μ を持つ系から見たときの光のエネルギーは $-u_\mu P^\mu$ で与えられる．なぜならこの系における座標では $(u_\mu) = (-c, 0, 0, 0)$ であり cP^0 がエネルギーに対応する量だからである．計量の線形ゆらぎを使うと4元速度は式 (7.9) で与えられるから，

$$-u_\mu P^\mu = aQ\left(1 - \frac{n^i v_i}{c} - \frac{\Phi}{c^2}\right) \tag{8.50}$$

となる．光の赤方偏移は放射時の振動数 ν_e と観測時における振動数 ν_o の比で定義され，光の振動数はエネルギーに比例するから，

$$1 + z = \frac{\nu_e}{\nu_o} = \frac{-u_\mu P^\mu \big|_e}{-u_\mu P^\mu \big|_o} = \frac{aQ|_e}{aQ|_o}\left(1 + \frac{n^i v_i}{c}\bigg|_e^o + \frac{\Phi}{c^2}\bigg|_e^o\right) \tag{8.51}$$

となる．ただしある量 X に対して $X|_e, X|_o$ は光の放射と観測の時空点でそれぞれ評価することを表し，また $X|_e^o \equiv X|_o - X|_e$ である．

ここで運動量の絶対値 $Q(\lambda)$ を，背景時空における値 $\bar{Q}(\lambda)$ とゆらぎからの寄与 $\delta Q(\lambda)$ により，

と分解する．すると時間成分の測地線方程式 (8.47) により背景時空においては $a^2\bar{Q}$ が測地線に沿って一定になり，ゆらぎの成分に対する方程式は

$$\frac{d}{d\lambda}\left(\frac{\delta Q}{\bar{Q}}\right) = \frac{2a\bar{Q}}{c^3}\dot{\Phi} \tag{8.53}$$

となる．これを積分すると

$$\left.\frac{\delta Q}{\bar{Q}}\right|_{\mathrm{e}}^{\mathrm{o}} = \frac{2}{c^3}\int_{\mathrm{e}}^{\mathrm{o}} a\bar{Q}\dot{\Phi}d\lambda = \frac{2}{c^2}\int_{\mathrm{e}}^{\mathrm{o}} \dot{\Phi}dt \tag{8.54}$$

となる．ここで最後の積分は光の経路上における時間による積分であり，式 (8.36) より導かれる関係式 $dt/d\lambda = P^0/c$ を用いた．被積分関数の $\dot{\Phi}$ は空間点を固定した時間に関する偏微分であって，光の経路に沿った全微分ではないので，積分しても表面項にはならない．

ここで

$$\frac{aQ|_{\mathrm{e}}}{aQ|_{\mathrm{o}}} = \frac{a_{\mathrm{o}}}{a_{\mathrm{e}}}\frac{a^2Q|_{\mathrm{e}}}{a^2Q|_{\mathrm{o}}} = \frac{a_{\mathrm{o}}}{a_{\mathrm{e}}}\left(1 - \left.\frac{\delta Q}{\bar{Q}}\right|_{\mathrm{e}}^{\mathrm{o}}\right) \tag{8.55}$$

となるから，式 (8.51) は結局

$$1 + z = \frac{a_{\mathrm{o}}}{a_{\mathrm{e}}}\left(1 + \left.\frac{n^i v_i}{c}\right|_{\mathrm{e}}^{\mathrm{o}} + \left.\frac{\Phi}{c^2}\right|_{\mathrm{e}}^{\mathrm{o}} - \frac{2}{c^2}\int_{\mathrm{e}}^{\mathrm{o}}\dot{\Phi}dt\right) \tag{8.56}$$

となる．右辺の最初の因子は背景時空に対する赤方偏移とスケール因子の関係を与える．括弧内が宇宙の非一様性の効果である．

第 2 項は光を放出する物体と観測者が共動座標に対して運動するために生じるドップラー効果を表している．観測点において光の進行方向に向かう速度を持っていると赤方偏移はさらに大きくなる．光の放射点では光の進行方向の速度は逆に赤方偏移を小さくする．

第 3 項は光の放射点と観測点における重力ポテンシャルの差から生じる重力赤方偏移の効果である．観測点のポテンシャルが高いと，光がポテンシャルを登ってくるときエネルギーを失い，赤方偏移が大きくなる．放射点のポテンシャルが高いと，ポテンシャルを下るときにエネルギーを得て赤方偏移は小さくなる．

最後の項は，光の伝播途中で重力ポテンシャルが変化することにより生じる赤方偏移である．この項の必要性を見るため，たとえばポテンシャルの山を光が通り越す場合を考えてみよう．光がポテンシャルの山を登るときエネルギーを失うが，再び山から下るときにエネルギーを得る．ポテンシャルが時間変化しない場合にはこ

の2つの効果は打ち消し合う．だが，たとえばポテンシャルが時間とともに減衰して山の起伏が小さくなっていく場合には，登るときに失うエネルギーの方が，下るときに得るエネルギーよりも大きくなる．このため赤方偏移が大きくなる．この効果は**積分ザックス-ヴォルフェ効果** (integrated Sachs-Wolfe effect; ISW) と呼ばれる．重力ポテンシャルが時間的に変化しない場合，積分ザックス-ヴォルフェ効果はない．たとえばアインシュタイン-ド・ジッター宇宙はこの場合に相当する．物質優勢期以後ではダークエネルギーや曲率が宇宙膨張に影響するようになると積分ザックス-ヴォルフェ効果が効くようになる．

8.3.3 非一様宇宙における光の進路

非一様宇宙では光の経路も伝播途中の密度ゆらぎに影響されて変化する．一般相対性理論では光も重力の影響を受けて進行方向を曲げられるためである．

光の進行方向の変化は空間成分の測地線方程式 (8.48) で記述される．この式を積分して，観測者の場所におけるベクトル n^i を求めれば，観測者は $-n^i$ の方向からやってくる光を見ることになる．

そこで背景時空に対して観測者を中心とした球座標を採用し，式 (2.25) の形の計量を考える．このとき，背景空間計量は

$$\gamma_{ij}dx^i dx^j = dx^2 + S_K^{\ 2}(x)\omega_{ab}d\theta^a d\theta^b \tag{8.57}$$

と表される．ここで a,b は角方向の座標を表す添字であり，

$$\omega_{ab}d\theta^a d\theta^b = d\theta^2 + \sin^2\theta\, d\phi^2 \tag{8.58}$$

は球面の2次元計量である．背景空間計量の形 (8.57) により3次元クリストッフェル記号 $^{(3)}\Gamma^i_{jk}$ を動径方向 $x = x^1$ と角度方向 $x^a = \theta^a$ ($a = 2,3$) に分けて求めると，

$$^{(3)}\Gamma^1_{11} = {}^{(3)}\Gamma^1_{1a} = {}^{(3)}\Gamma^1_{a1} = {}^{(3)}\Gamma^a_{11} = 0, \quad {}^{(3)}\Gamma^1_{ab} = -S_K(x)C_K(x)\omega_{ab} \tag{8.59}$$

$$^{(3)}\Gamma^a_{1b} = {}^{(3)}\Gamma^a_{b1} = \frac{C_K(x)}{S_K(x)}\delta^a_{\ b}, \quad {}^{(3)}\Gamma^a_{bc} = {}^{(2)}\Gamma^a_{bc} \tag{8.60}$$

となる．ただし

$$^{(2)}\Gamma^a_{bc} = \frac{1}{2}\omega^{ad}(\omega_{db,c} + \omega_{dc,b} - \omega_{bc,d}) \tag{8.61}$$

は2次元計量 ω_{ab} に関する球面の2次元クリストッフェル記号である．また，

$$C_K(x) \equiv \frac{dS_K(x)}{dx} = \begin{cases} \cosh\left(\sqrt{-K}\,x\right) & (K < 0) \\ 1 & (K = 0) \\ \cos\left(\sqrt{K}\,x\right) & (K > 0) \end{cases} \tag{8.62}$$

を定義した．この関数と $S_K(x)$ の間には

$$C_K{}^2(x) + K S_K{}^2(x) = 1, \quad \frac{dC_K(x)}{dx} = -K S_K(x) \tag{8.63}$$

$$S_K(x - x') = S_K(x) C_K(x') - C_K(x) S_K(x') \tag{8.64}$$

など三角関数と類似の関係式が成り立つ．

ここで背景の一様等方時空においては角度一定のまま動径方向へ原点まで光が進むので，運動量の方向ベクトル $\bar{n}^i$ は $\bar{n}^1 = -1, \bar{n}^a = 0$ となる．したがって非一様な宇宙において運動量の方向ベクトルの角度成分 n^a はゆらぎの 1 次以上の量である．すると，3 次元背景時空のクリストッフェル記号の式 (8.59), (8.60) により，線形近似において測地線方程式 (8.48) の角度方向の成分は，

$$\frac{dn^a}{d\lambda} - 2Q \frac{C_K(x)}{S_K(x)} n^a + \frac{2Q}{c^2} \frac{\omega^{ab} \Phi_{,b}}{S_K{}^2(x)} = 0 \tag{8.65}$$

となる．

ここで式 (8.36) より背景時空に対して $dx/d\lambda = Q\bar{n}^1 = -Q$ となること，および P^a がゆらぎの 1 次以上の量であることから，線形近似において

$$n^a = \frac{P^a}{Q} = \frac{1}{Q}\frac{d\theta^a}{d\lambda} = -\frac{d\theta^a}{dx} \tag{8.66}$$

と表すことができる．ここで光の進路は動径座標の関数としての角度座標 $\theta^a(x)$ で与えられる．このとき式 (8.65) は次の形

$$\frac{d}{dx}\left[S_K{}^2(x)\frac{d\theta^a}{dx}\right] = -\frac{2}{c^2}\omega^{ab}\Phi_{,b} \tag{8.67}$$

に等しい．これを 2 回積分することにより

$$\theta^a(x) - \theta^a(0) = -\frac{2}{c^2}\int_0^x \frac{dx''}{S_K{}^2(x'')} \int_0^{x''} dx'\, \omega^{ab}\Phi_{,b}\left[x', \vec{\theta}(x'), t(x')\right] \tag{8.68}$$

を得る．被積分関数 $\omega^{ab}\Phi_{,b}$ は光の経路上で動径座標が x' となる時空点で評価され，$\vec{\theta}(x')$ はその点での角度座標ベクトル，$t(x')$ はその点での宇宙時間である．

式 (8.68) の積分順序を積分範囲に注意して交換すると，

$$\theta^a(x) - \theta^a(0) = -\frac{2}{c^2}\int_0^x dx' \omega^{ab}\Phi_{,b}\left[x',\vec{\theta}(x'),t(x')\right]\int_{x'}^x \frac{dx''}{S_K{}^2(x'')} \tag{8.69}$$

となる．ここで

$$\frac{d}{dx}\left(\frac{C_K(x)}{S_K(x)}\right) = -\frac{1}{S_K{}^2(x)} \tag{8.70}$$

であることから式 (8.69) の 2 番目の積分は実行でき，さらに式 (8.64) も使うことにより

$$\theta^a(x) - \theta^a(0) = -\frac{2}{c^2}\int_0^x dx' \frac{S_K(x-x')}{S_K(x)S_K(x')}\omega^{ab}\Phi_{,b}\left[x',\vec{\theta}(x'),t(x')\right] \tag{8.71}$$

が得られる．

式 (8.71) 左辺の $\theta^a(x)$ は光の放出点の角度座標であり，$\theta^a(0)$ はその光の観測点における角度座標である．つまりこの式は光の進路が視線に垂直な方向へのポテンシャル変化により曲げられることを定量的に示している．ポテンシャルが視線に垂直方向へ傾いていれば，その谷の方向へと光の進路が曲げられる．ニュートン力学においても，無限に質量の小さい粒子の進路は重力により曲げられるが，一般相対性理論における曲がり角はニュートン理論によるものの 2 倍になることがよく知られている．上式の右辺に現れる係数 2 はこのことを反映している．

式 (8.71) は角度座標の関数 $\theta^a(x)$ について形式解であり，完全に解けてはいない．なぜなら，右辺は光の経路に沿った積分であり，その経路は角度座標 $\theta^a(x)$ にも依存するからである．だが，右辺はゆらぎの 1 次の量であるため，ゆらぎを含んだ経路の角度座標 $\theta^a(x)$ を観測点における一定の値 $\theta^a(0)$ に置き換えてもその違いは 2 次以上であり，線形近似には影響しない．この操作は形式解を逐次近似した場合の第 1 近似に相当し，**ボルン近似 (Born approximation)** と呼ばれる．いまの場合，ボルン近似はゆらぎの線形近似の枠内で整合的である．この近似の下では ω^{ab} はもはや動径座標には依存せず，角度座標 $\theta^a(0)$ の点における値に固定される．さらに $\Phi_{,b}$ は角度一定の動径上で評価したものとなる．こうしてボルン近似により式 (8.71) は

$$\theta^a(x) = \theta^a(0) - \frac{2}{c^2}\int_0^x dx' \frac{S_K(x-x')}{S_K(x)S_K(x')}\omega^{ab}\Phi_{,b}\left[x',\vec{\theta}(0),t(x')\right] \tag{8.72}$$

と書き換えられ，観測される角度座標 $\vec{\theta}(0)$ を用いて $\vec{\theta}(x)$ が解けた形となる．

天体の位置における本来の角度座標と観測される角度座標が異なるために，見かけの天体の形は本来の形から歪められて観測される．さらに天体像が 2 つ以上に分離することもある．このように重力ポテンシャルは光学レンズのような働きをす

る．この現象を**重力レンズ効果** (gravitational lens effects) という．

8.3.4 天体像の局所的変形

天体像の重力レンズ効果による局所的な変形の程度を調べる．いま天球面上の局所的領域を考えると，その付近では球面曲率が無視できて平坦な 2 次元平面とみなすことができる．光の角度座標値 θ^a をこの平面の 2 次元直交座標上でのベクトル $\vec{\theta}$ とみなせば，$\omega_{ab} \simeq \omega^{ab} \simeq \delta_{ab}$ と近似され，角度座標の添字 $a, b, \cdots$ の上下は区別しなくてよい．

観測される天体像の角度座標を $\vec{\theta}(0) = \vec{\theta}$ と書き，光源天体の本来の角度座標を $\vec{\theta}(x) = \vec{\beta}(x)$ とかくことにする．すると式 (8.72) は

$$\vec{\beta} = \vec{\theta} - \vec{\nabla}\varphi \tag{8.73}$$

の形にかくことができる．ここで $\vec{\nabla} = \partial/\partial\vec{\theta}$ は角度座標による 2 次元勾配を表す．また φ は**レンズポテンシャル** (lens potential) で，

$$\varphi(\vec{\theta}) = \frac{2}{c^2 S_K(x_s)} \int_0^{x_s} dx \frac{S_K(x_s - x)}{S_K(x)} \Phi\left[x, \vec{\theta}, t(x)\right] \tag{8.74}$$

により与えられる．ここで x_s は光源天体の動径座標である．

観測される角度座標 $\vec{\theta}$ から光源の角度座標 $\vec{\beta}$ への写像の局所的性質は 2×2 ヤコビ行列 (A_{ab}) で与えられ，その行列要素は

$$A_{ab} = \frac{\partial \beta_a}{\partial \theta_b} = \delta_{ab} - \frac{\partial^2 \varphi}{\partial \theta_a \partial \theta_b} \tag{8.75}$$

である．これは対称行列となるから 3 つの独立成分があり，

$$A = (1-\kappa)\begin{pmatrix} 1 & 0 \\ 0 & 1 \end{pmatrix} - \gamma_1 \begin{pmatrix} 1 & 0 \\ 0 & -1 \end{pmatrix} - \gamma_2 \begin{pmatrix} 0 & 1 \\ 1 & 0 \end{pmatrix} = \begin{pmatrix} 1-\kappa-\gamma_1 & -\gamma_2 \\ -\gamma_2 & 1-\kappa+\gamma_1 \end{pmatrix} \tag{8.76}$$

と一意的に分解することができる．ここで変数 $\kappa, \gamma_1, \gamma_2$ はレンズポテンシャルにより

$$\kappa = \frac{1}{2}\vec{\nabla}^2 \varphi = \frac{1}{2}\left(\frac{\partial^2 \varphi}{\partial \theta_1^2} + \frac{\partial^2 \varphi}{\partial \theta_2^2}\right), \quad \gamma_1 = \frac{1}{2}\left(\frac{\partial^2 \varphi}{\partial \theta_1^2} - \frac{\partial^2 \varphi}{\partial \theta_2^2}\right), \quad \gamma_2 = \frac{\partial^2 \varphi}{\partial \theta_1 \partial \theta_2} \tag{8.77}$$

で与えられる．

式 (8.76) の分解において変数 κ は単位行列の係数となっているので，局所的な形を保ちながらその面積を等方的に変化させる働きを持つ．この量 κ は**収束場** (convergence field) と呼ばれる 2 次元の場である．また，γ_1 を係数とする行列の固有ベ

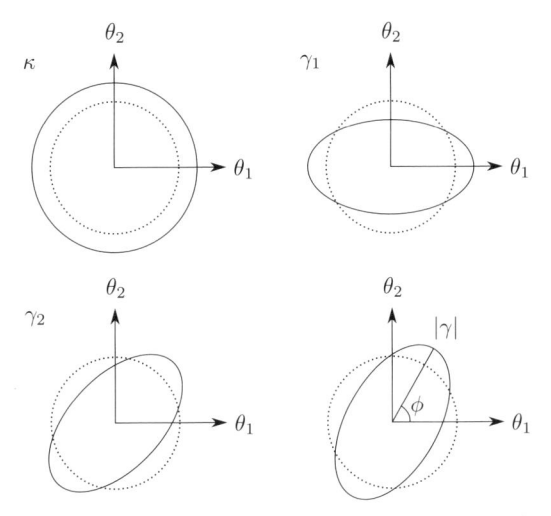

図 8.4 重力レンズ像の局所的歪みパラメータの幾何学的な意味.

クトルは $(1,0),(0,1)$ である.したがって γ_1 は座標軸の方向に沿って形を歪める働きを持つ.同様に γ_2 については,行列の固有ベクトルが $(1,1),(1,-1)$ であるから,座標軸から 45° 傾いた方向に沿って形を歪める働きを持つ(図 8.4).これらの量 γ_1, γ_2 は**歪み場** (shear field) と呼ばれる.

歪み場の定義は 2 次元座標軸の向きに依存する.その依存性を明らかにするため,座標軸を角度 α だけ回転する座標変換を考えると,ヤコビ行列は

$$A' = RAR^{\mathrm{T}}, \quad R = \begin{pmatrix} \cos\alpha & \sin\alpha \\ -\sin\alpha & \cos\alpha \end{pmatrix} \tag{8.78}$$

と変換する.ここへ式 (8.76) を代入すると収束場と歪み場の変換が求まり,

$$\kappa' = \kappa, \quad \begin{pmatrix} \gamma_1' \\ \gamma_2' \end{pmatrix} = \begin{pmatrix} \cos 2\alpha & \sin 2\alpha \\ -\sin 2\alpha & \cos 2\alpha \end{pmatrix} \begin{pmatrix} \gamma_1 \\ \gamma_2 \end{pmatrix} \tag{8.79}$$

となる.収束場は座標変換で不変であるが,歪み場は座標回転の 2 倍の角度で位相が変化する.とくに座標を 180 度回転すると歪み場は元に戻る.これは局所的な像の歪みの方向に向きがないことを反映している.

2 つの歪み場 γ_1, γ_2 は実数場であるが,これらから定義される複素歪み場

$$\gamma \equiv \gamma_1 + i\gamma_2 = |\gamma|e^{2i\phi} \tag{8.80}$$

も便利な量としてよく用いられる．ここで $|\gamma| = (\gamma_1^2 + \gamma_2^2)^{1/2}$, $\phi = [\tan^{-1}(\gamma_2/\gamma_1)]/2$ である．このとき複素微分 $\partial \equiv \partial/\partial\theta_1 + i\partial/\partial\theta_2$ を使うと収束場と複素歪み場は

$$\kappa = \frac{1}{2}\partial^*\partial\varphi, \quad \gamma = \frac{1}{2}\partial^2\varphi \tag{8.81}$$

と簡潔に表すことができる．また，座標軸を角度 α だけ回転させる座標変換の式 (8.79) も

$$\gamma' = e^{-2i\alpha}\gamma \tag{8.82}$$

という簡潔な形となる．とくに $\alpha = \phi$ となる座標回転を考えると，式 (8.80) から $\gamma'_1 = |\gamma|$, $\gamma'_2 = 0$ となり，この座標系では歪みは軸方向へ向いている．したがって，もとの座標における ϕ の値は，第 1 軸と歪みの軸との角度に対応する（図 8.4）．

一般には収束場と歪み場の両方とも天体像の拡大や歪みに寄与する．実際ヤコビ行列 (A_{ab}) 全体の固有値を求めると $1 - \kappa \pm |\gamma|$ となる．したがって像の局所的な拡大率はその積の逆数 $1/[(1-\kappa)^2 - |\gamma|^2]$ に比例し，像の局所的な歪みの度合はこれらの固有値の比 $(1 - \kappa + |\gamma|)/(1 - \kappa - |\gamma|)$ によって特徴づけられる．

重力レンズにより天体の見かけの面積が大きくなると，それに比例して明るさも増える．単位面積あたりの像の明るさは重力レンズ効果の有無によって変化しない．これは光の伝播に関して単位面積を通過する単位立体角，単位時間あたりの光子数が保存されるという一般的性質による[*7]．したがって観測座標 $\vec{\theta}$ における微小面積と，対応する光源座標 $\vec{\beta}$ の微小面積との比が重力レンズによる局所的な増光率 $|\mu|$ となる．ここで μ はヤコビ行列 (8.76) の行列式により与えられ，

$$\mu = \frac{1}{\det A} = \frac{1}{(1-\kappa)^2 - |\gamma|^2} \tag{8.83}$$

である．ヤコビ行列式がゼロになる点は写像の特異点になっていて非常に明るく見える．このとき形式的に増光率が発散するが，角度座標で積分すれば全体の明るさはもちろん有限に留まる．このような点は一般に観測座標 $\vec{\theta}$ 上で線状に分布し，重力レンズの**臨界曲線** (critical curve) と呼ばれる．また重力レンズ効果が強くなると μ が負にもなり得る．これはレンズによる歪みにより天体像が反転してしまう場合である．

収束場 κ は式 (8.77) によりレンズポテンシャル φ の 2 次元ラプラシアンで与え

[*7] この性質は輝度の不変性として知られる定理（面輝度定理）であり，一般の曲がった時空においては一般相対論的なリューヴィルの定理によって示される．

られる．2次元ラプラシアンのグリーン関数は $\vec{\nabla}^2 \ln|\vec{\theta}| = 2\pi\delta^2(\vec{\theta})$ であるから，レンズポテンシャルは収束場により逆に表すことができ，

$$\varphi(\vec{\theta}) = \frac{1}{\pi} \int d^2\theta' \kappa(\vec{\theta}') \ln|\vec{\theta} - \vec{\theta}'| \tag{8.84}$$

となる．したがって，この式を微分することで歪み場は収束場を使って表すこともできる．この意味で収束場は重力レンズにおける基本的な量である．

レンズポテンシャルの式(8.74)を使って収束場を表すと

$$\kappa(\vec{\theta}) = \frac{1}{c^2} \int_0^{x_s} dx \frac{S_K(x_s-x)S_K(x)}{S_K(x_s)} \vec{\nabla}_\perp^2 \Phi\left[x,\vec{\theta},t(x)\right] \tag{8.85}$$

となる．ただし $\vec{\nabla}_\perp^2 \equiv [S_K(x)]^{-2}\vec{\nabla}^2$ は視線に垂直な方向の共動スケールによる2次元ラプラシアンである．この積分は視線方向へ重力ポテンシャルの微分を射影するものになっているので，視線方向へのゆらぎ成分は均される．ここで重み関数 $S_K(x_s-x)S_K(x)/S_K(x_s)$ がかかっているので，重力レンズ効果の効率は距離に応じて変化する．この重み関数は境界点 $x=0, x_s$ でゼロになり，光源までのちょうど半分 $x=x_s/2$ で最大となる．

いま採用している座標系と近似のもとで，重力ポテンシャルの3次元ラプラシアンは

$$\triangle\Phi = \frac{1}{S_K^2(x)} \left[\frac{\partial}{\partial x}\left(S_K^2(x)\frac{\partial\Phi}{\partial x}\right)\right] + \vec{\nabla}_\perp^2 \Phi \tag{8.86}$$

となるから，式(8.85)はこの3次元ラプラシアンを使って表すことができる．ハッブル半径よりも十分小さな長さスケールの非一様性を考えれば，重力ポテンシャルの時間微分は空間微分に比べて無視できる．この場合には式(8.86)の右辺第1項の x についての偏微分を，近似的に光の経路上の全微分に置き換えてよい．するとこの項は式(8.85)の中で2回部分積分でき，

$$\kappa(\vec{\theta}) = \frac{1}{c^2} \int_0^{x_s} dx \frac{S_K(x_s-x)S_K(x)}{S_K(x_s)} \triangle\Phi\left[x,\vec{\theta},t(x)\right] + \frac{\Phi_0}{c^2} - \frac{1}{c^2}\Phi(x_s,\vec{\theta},t_s) \tag{8.87}$$

となる．ここで Φ_0 は観測者の場所での重力ポテンシャルの値，$t_s = t(x_s)$ は光源天体に対応する時間である．表面項からくる最後の2項は，観測者と光源天体における空間計量のゆらぎの違いにより生じる補正項である．ハッブル半径内の非一様性による重力レンズ効果を考えるかぎりこれらの項は第1項に比べて十分小さく，以下では無視する．そしてポアソン方程式(6.17)を使えば，

$$\kappa(\vec{\theta}) = \frac{4\pi G}{c^2} \int_0^{x_s} dx \frac{S_K(x_s-x)S_K(x)}{S_K(x_s)} a^2[t(x)] \bar{\varrho}[t(x)] \delta\left[x,\vec{\theta},t(x)\right] \tag{8.88}$$

となる.つまり収束場は密度ゆらぎ δ を上の重み関数で視線方向へ積分した形となる.さらに式 (8.77), (8.84) によれば,歪み場についても視線方向への密度ゆらぎの積分で表される.

第9章

宇宙の大規模構造と重力レンズ

　宇宙の構造を観測的に知る有力な方法の1つは，銀河の空間的な分布を広範囲に調べることである．銀河は基本的に宇宙の質量密度が高いところに形成されるので，銀河の空間分布は密度ゆらぎの空間分布を反映する．そこで銀河分布を観測してその統計的な性質を調べることにより，宇宙論に関する情報を得ることができる．また，銀河を多数測定して重力レンズ現象を用いると，光路上の密度分布を調べることもできる．

9.1　2次元銀河サーベイ

9.1.1　撮像サーベイ

　銀河の大規模な分布を調べるための基本は，1つ1つの銀河の位置をひたすら測定していくことである．宇宙には無数の銀河が存在し，それらすべての銀河の位置を決定することはできない．そこでなんらかの基準を定め，その基準を満たすすべての銀河の位置などを決定していく観測のことを**銀河サーベイ** (galaxy survey) という．

　天球面上の銀河の位置は，その銀河が望遠鏡で見えさえすれば比較的容易に決定できる．しかし，その銀河までの距離を測定するのはそれよりもずっと難しい．銀河までの距離は測定せず，ある程度以上の明るさを持つ銀河について，その天球面上の位置などを調べる観測を**撮像サーベイ** (imaging survey) という．このサーベイにより天球面上に射影した銀河の2次元地図が得られることになる．代表的な撮像サーベイの1つである APM (Automatic Plate Measuring machine) サーベイによって得られた銀河の2次元地図を図9.1に示した．

　撮像サーベイにおいて測定される銀河の数密度は，3次元的な数密度分布を視線

図 **9.1** 天球面上における 2 次元銀河分布 [35].

方向へ積分したものとなる.いま観測者を中心に,共動距離 x を動径座標とする極座標 (x, θ, ϕ) をとる.そして観測される銀河の共動座標の数密度の場を $n_g(x, \theta, \phi)$ とする.銀河は光円錐上にあるものしか観測できないので,動径座標 x は空間依存性であると同時に時間依存性も含んでいる.

天球面上の点 (θ, ϕ) に射影された 2 次元の数密度を $n_{2D}(\theta, \phi)$ とする.微小立体角 $d\Omega = \sin\theta d\theta d\phi$ の中に観測される銀河数 $n_{2D}d\Omega$ は 3 次元微小体積中の銀河数 $n_g \sqrt{\gamma} d^3 x = n_g S_K{}^2(x) dx d\Omega$ を視線方向である x について積分したものである.すなわち,

$$n_{2D}(\theta, \phi) = \int_0^\infty dx\, S_K{}^2(x)\, n_g(x, \theta, \phi) \tag{9.1}$$

となる.ただし,ここでは簡単のため光の進路のゆらぎは無視し,光は背景時空を動径方向逆向きに直進してくるものと考えている.

いま n_{2D} と n_g の角度平均をそれぞれ $\bar{n}_{2D}, \bar{n}_g(x)$ とすると

$$\bar{n}_{2D} = \int_0^\infty dx\, S_K{}^2(x)\, \bar{n}_g(x) \tag{9.2}$$

が成り立つ.2 次元および 3 次元での銀河の数密度ゆらぎを

$$\delta_{2D}(\theta,\phi) = \frac{n_{2D}(\theta,\phi) - \bar{n}_{2D}}{\bar{n}_{2D}} \tag{9.3}$$

$$\delta_g(x,\theta,\phi) = \frac{n_g(x,\theta,\phi) - \bar{n}_g(x)}{\bar{n}_g(x)} \tag{9.4}$$

で定義すると，式 (9.1), (9.2) から

$$\delta_{2D}(\theta,\phi) = \int_0^\infty dx\, w_g(x)\, \delta_g(x,\theta,\phi) \tag{9.5}$$

となる．ただし，

$$w_g(x) = \frac{S_K{}^2(x)\,\bar{n}_g(x)}{\displaystyle\int_0^\infty dx'\, S_K{}^2(x')\,\bar{n}_g(x')} \tag{9.6}$$

とおいた．2 次元ゆらぎ δ_{2D} は 3 次元ゆらぎ δ_g を動径方向へ積分したものになっていて，その重み関数が $w_g(x)$ である．

ここで銀河の平均数密度 $\bar{n}_g(x)$ は観測可能な銀河に対するもので，銀河の数密度自体の時間変化と観測による選択効果を両方含んだものである．一般に遠方へいくほど銀河は観測されにくくなるので $\bar{n}_g$ はゼロに近づく．

9.1.2 角度相関関数

天球面上の 2 次元ゆらぎから相関関数を作ると，

$$\begin{aligned} w(\theta_{12}) &= \langle \delta_{2D}(\theta_1,\phi_1)\delta_{2D}(\theta_2,\phi_2)\rangle \\ &= \int dx_1 dx_2\, w_g(x_1) w_g(x_2) \langle \delta_g(x_1,\theta_1,\phi_1)\delta_g(x_2,\theta_2,\phi_2)\rangle \end{aligned} \tag{9.7}$$

となる．ここで θ_{12} は天球面上の 2 点 $(\theta_1,\phi_1), (\theta_2,\phi_2)$ 間の角度である．この天球面上の相関関数 $w(\theta)$ を **角度相関関数** (angular correlation function) という．右辺の被積分関数は 3 次元ゆらぎの相関関数である．積分では角度を固定して動径座標を変化させているために 2 点間の 3 次元的距離も変化する．したがって角度相関関数はいろいろなスケールの 3 次元相関関数の値に重みをつけて積分したものとなる．

式 (9.7) において角度 θ_{12} が十分小さく，かつ 3 次元相関関数が小スケールで十分大きくなる場合を考えよう．この場合には積分が多少簡単化する．2 点 $(x_1,\theta_1,\phi_1), (x_2,\theta_2,\phi_2)$ 間の共動距離 x_{12} が，観測者からそれらの点までの共動距離に比べて十分小さい $x_{12} \ll x_1, x_2$ の場合，この 2 点の付近はユークリッド的な幾何学が成

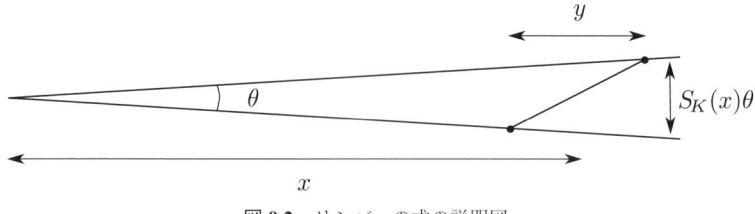

図9.2 リンバーの式の説明図.

り立つ空間になっている．角径距離の定義から，2点間の共動距離の視線に垂直な成分は $|S_K(x_1)\theta_{12}|$ となり，平行な成分は $|x_1 - x_2|$ となる．したがって，

$$x_{12} \simeq \sqrt{S_K^2(x_1)\theta_{12}^2 + (x_1 - x_2)^2} \tag{9.8}$$

と近似できる．

動径座標の差 $|x_1 - x_2|$ が十分小さければ，相関関数の時間依存性はこの2点に対応する時刻の平均値 t で表される．そこで銀河の相関関数を

$$\xi_g(x_{12}, t) = \langle \delta_g(x_1, \theta_1, \phi_1) \delta_g(x_2, \theta_2, \phi_2) \rangle \tag{9.9}$$

とする．相関関数は大スケールでは十分小さく，式 (9.7) の積分中では x_{12} のスケールで重み関数 $w_s(x)$ の変化が無視できるものとする．すると式 (9.7) は近似的に

$$w(\theta) = \int dx\, w_g^2(x) \int dy\, \xi_g\left(\sqrt{S_K^2(x)\theta^2 + y^2}, t(x)\right) \tag{9.10}$$

と表される（図 9.2）．ここで $t(x)$ は観測者からの共動距離が x に対応する場所の時刻を表す．この近似式は**リンバーの式** (Limber's equation) と呼ばれている．

相関関数とパワースペクトルの関係式 (8.11) により，リンバーの式 (9.10) の右辺をパワースペクトルを用いて表現することができる．時刻 t における銀河のパワースペクトルを $P_g(k,t)$ とすれば，第2の積分のところは

$$\begin{aligned}
\int dy\, \xi_g\left(\sqrt{S_K^2(x)\theta^2 + y^2}, t(x)\right) &= \int \frac{d^3k}{(2\pi)^3} P_g(k,t) \int dy\, e^{ik_1 S_K(x)\theta + ik_3 y} \\
&= \int \frac{dk_1 dk_2}{(2\pi)^2} P_g\left(\sqrt{k_1^2 + k_2^2}, t\right) e^{ik_1 S_K(x)\theta}
\end{aligned} \tag{9.11}$$

となる．ただし2点を含む面の視線に垂直な方向を第1軸にとり，視線方向へ第3軸をとった．上の式で y 積分はデルタ関数 $\delta(k_3)$ を出し k_3 積分が消えている．これは，視線方向のゆらぎが均されて角度相関には寄与しなくなることを意味して

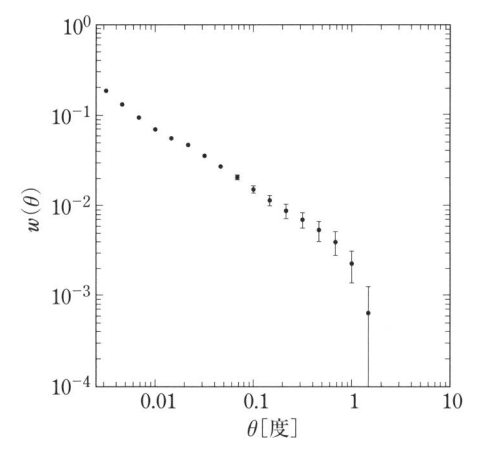

図 9.3 角度相関数の例．SDSS サーベイによる銀河の 2 次元撮像データから計算したもの [36].

いる．ここで $k_1 = k\cos\phi$, $k_2 = k\sin\phi$ と変数変換すると，ヤコビアンは $dk_1 dk_2 = kdkd\phi$ となり，式 (9.11) を積分することができる．ここで 0 次ベッセル関数 $J_0(x)$ の積分形

$$J_0(x) = \int_0^{2\pi} \frac{d\phi}{2\pi} e^{ix\cos\phi} \qquad (9.12)$$

を用いると，式 (9.10) の角度相関関数は

$$w(\theta) = \int_0^\infty dx\, w_g^2(x) \int_0^\infty \frac{kdk}{2\pi} J_0\left[kS_K(x)\theta\right] P_g[k, t(x)] \qquad (9.13)$$

となる．すなわち，角度相関関数は 3 次元パワースペクトルに重みをつけて積分したもので与えられる．

波数 k を区分的に分割してみると，上の式 (9.13) は角度相関関数が 3 次元パワースペクトルの線形変換で与えられることを表している．そこでこの逆変換を数値的に行うと原理的には角度相関関数 $w(\theta)$ から 3 次元パワースペクトル $P_g(k)$ を求めることができる．だが実際にこの逆変換を行うためにはかなり広いスケールにわたって角度相関関数を正確に求めなければならず，誤差を含んだ角度相関のデータから 3 次元パワースペクトルを正確に再現することは難しい．

角度相関関数の例を図 9.3 に示す．これはスローン・デジタル・スカイ・サーベイ (Sloan Digital Sky Survey; SDSS) による銀河の撮像データから計算したものである．このサーベイにおける銀河の平均的な赤方偏移はあまり深くない ($z \lesssim 0.2$) ため，ここで示されている角度相関関数に対応する実距離スケールはほぼ $10\,h^{-1}\text{Mpc}$

程度以下である．このスケールは非線形領域となっているため，線形理論と比べられない領域である．

図からわかるように，比較的広いスケールにわたってほぼべき的な関数形 $w(\theta) \propto \theta^{1-\gamma}$ ($\gamma \simeq 1.7$) を持つことがわかる．これは対応するスケールにおいて 3 次元パワースペクトルや 3 次元相関関数もべき的な関数形を持っていることを示唆する．それは式 (9.13) のスケーリングにより $P_{\mathrm{g}}(k) \propto k^{\gamma+3}$, $\xi_{\mathrm{g}}(x) \propto x^{-\gamma}$ という形に対応する．

9.1.3 角度パワースペクトル

3 次元空間のゆらぎをフーリエ展開することによりパワースペクトルが得られたが，天球面上で定義される 2 次元のゆらぎについても，同様の展開によるパワースペクトルを考えることができる．ただし，球面は平坦な 2 次元空間ではないため，通常のフーリエ展開では都合が悪い．球面上においては球面調和関数 $Y_l^m(\theta, \phi)$ を基底としてゆらぎを展開するのが自然である．

そこでまず天球面上での 2 次元ゆらぎ δ_{2D} の場を次のように展開する．

$$\delta_{2D}(\theta, \phi) = \sum_{l=0}^{\infty} \sum_{m=-l}^{l} a_{lm} Y_l^m(\theta, \phi) \tag{9.14}$$

ここで a_{lm} がゆらぎの展開係数である．球面調和関数の直交関係

$$\int \sin\theta d\theta d\phi Y_l^{m*}(\theta, \phi) Y_{l'}^{m'}(\theta, \phi) = \delta_{ll'}\delta_{mm'} \tag{9.15}$$

により，展開係数は

$$a_{lm} = \int \sin\theta d\theta d\phi Y_l^{m*}(\theta, \phi) \delta_{2D}(\theta, \phi) \tag{9.16}$$

で与えられる．

ここで展開係数の積の平均を考えると，

$$\langle a_{lm}^* a_{l'm'} \rangle = \int \sin\theta_1 d\theta_1 d\phi_1 \sin\theta_2 d\theta_2 d\phi_2 Y_l^m(\theta_1, \phi_1) Y_{l'}^{m'*}(\theta_2, \phi_2) w(\theta_{12}) \tag{9.17}$$

となる．ただし θ_{12} は球面上の 2 点 $(\theta_1, \phi_1), (\theta_2, \phi_2)$ の間の角度である．ここで角度相関関数 $w(\theta)$ をルジャンドル展開して

$$w(\theta) = \sum_{l=0}^{\infty} \frac{2l+1}{4\pi} C_l P_l(\cos\theta) \tag{9.18}$$

とする．ルジャンドル多項式は球面調和関数で展開され，

$$P_l(\cos\theta_{12}) = \frac{4\pi}{2l+1} \sum_m Y_l^{m*}(\theta_1,\phi_1) Y_l^m(\theta_2,\phi_2) \tag{9.19}$$

となることと直交関係 (9.15) を使うと，式 (9.17) は結局

$$\langle a_{lm}^* a_{l'm'}\rangle = \delta_{ll'}\delta_{mm'} C_l \tag{9.20}$$

で与えられる．ここで $l = l', m = m'$ 以外の場合は必ずゼロとなる．このことは角度相関関数 $w(\theta)$ が 2 点間の相対角度 θ だけの関数であることが原因で，ゆらぎが統計的に等方的な性質を持っていることを反映している．この右辺の量 C_l を**角度パワースペクトル** (angular power spectrum) と呼ぶ．

ルジャンドル多項式の直交関係

$$\int_0^\pi \sin\theta\, d\theta\, P_l(\cos\theta)\, P_{l'}(\cos\theta) = \frac{2}{2l+1}\delta_{ll'} \tag{9.21}$$

によれば，式 (9.18) の逆変換は

$$C_l = 2\pi \int \sin\theta\, d\theta\, P_l(\cos\theta)\, w(\theta) \tag{9.22}$$

となり，角度パワースペクトルは角度相関関数で表すことができる．ルジャンドル多項式の振る舞いから，角度パワースペクトル C_l は l が大きいほど小角度の相関関数に敏感になる．おおまかには $l \sim \pi/\theta$ の対応がある．

小角度に対応する $\theta \ll 1, l \gg 1$ の場合，ルジャンドル多項式は

$$P_l(\cos\theta) \simeq J_0(l\theta) \tag{9.23}$$

と近似できる．ここで式 (9.22) の積分は $\theta \ll 1$ が支配的な寄与をするので，近似的に $\sin\theta \simeq \theta$ と置き換えてさらに積分範囲を広げることができる．そして小角度近似による角度相関関数の形 (9.13) を代入すると，

$$C_l \simeq 2\pi \int_0^\infty \theta d\theta J_0(l\theta) \int_0^\infty dx\, w_g^2(x) \int_0^\infty \frac{kdk}{2\pi} J_0[kS_K(x)\theta]\, P_g[k,t(x)] \tag{9.24}$$

となる．ここでベッセル関数の積分公式

$$\int_0^\infty dx\, x\, J_\nu(ax) J_\nu(bx) = \frac{\delta_D(a-b)}{a} \tag{9.25}$$

を用いると θ 積分の後 k 積分が実行できる．ただし δ_D はディラックのデルタ関数である．この結果，小角度において角度パワースペクトルを 3 次元パワースペクトルから与える式は

$$C_l \simeq \int_0^\infty dx \frac{w_g^2(x)}{S_K^2(x)} P_g\left[\frac{l}{S_K(x)}, t(x)\right] \qquad (9.26)$$

という簡潔なものになる．この式も 3 次元パワースペクトルの線形変換とみなすことができる．

また小角度の場合の式 (9.22) は上と同じ近似により，

$$C_l \simeq 2\pi \int_0^\infty \theta d\theta J_0(l\theta) w(\theta) = \int d^2\theta e^{-i\vec{\theta}\cdot\vec{l}} w(|\vec{\theta}|) \qquad (9.27)$$

となる．ここで天球面上に曲率が無視できるほど見込み角が小さい領域を考えたとき，その領域中の位置を示す 2 次元ベクトルを $\vec{\theta}$ とした．また $\vec{l}$ は $l = |\vec{l}|$ を満たす任意のベクトルである．式 (9.27) の最後の形は，3 次元空間におけるウィーナー–ヒンチン関係の式 (8.10) に対応して，平坦な 2 次元空間における相関関数とパワースペクトルの関係を与えている．すなわち，球面上で定義された 2 次元のゆらぎ δ_{2D} を，球面の曲率を無視して平坦な 2 次元空間でフーリエ変換することで 2 次元パワースペクトル $P_{2D}(l)$ を定義すれば，それは小角度の極限 $l \gg 1$ で C_l に等しくなることを示している．

9.2　3 次元銀河サーベイ

撮像銀河サーベイでは銀河の 2 次元の分布を調べられるが，奥行き方向のゆらぎの情報が失われる．銀河の 3 次元的な分布を得るには，銀河までの距離の情報が必要である．そこで個々の銀河のスペクトルを測定してその赤方偏移を決定し，距離に対する情報を得ることが考えられる．赤方偏移と共動距離の関係は，一様等方宇宙において式 (2.38) の関数 $x(z)$ で与えられる．赤方偏移の小さい近傍宇宙 $z \ll 1$ の場合，この関係はハッブルの法則 $cz = H_0 r$ に他ならない．8.3 節に述べたように，宇宙の非一様性によって赤方偏移と距離の対応にはずれが生じる．それも含めて銀河の赤方偏移には宇宙論的にも有用な情報が含まれている．

9.2.1　赤方偏移サーベイ

ある観測領域においてできるだけ多くの天体の赤方偏移を決定して 3 次元的な宇宙の大規模な構造を調べる観測のことを**赤方偏移サーベイ** (redshift survey) という．通常は撮像サーベイで観測された天球面上のある領域に存在する銀河について，なんらかの条件を満たす銀河すべての赤方偏移を測定していくという手法がとられる．

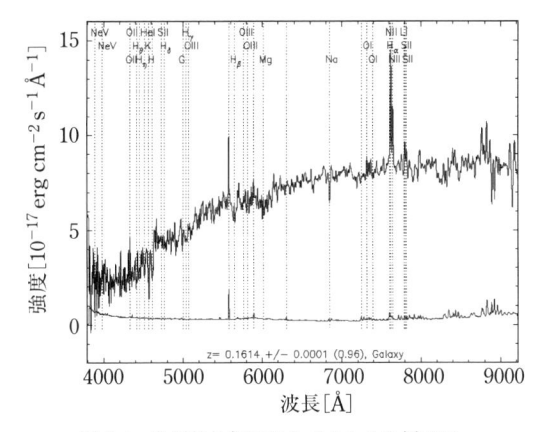

図 **9.4** 典型的な銀河のスペクトルの例 [37].

　銀河の赤方偏移を決定するには，銀河からの光の強さを波長ごとに分解したスペクトルをとる．特定の原子や分子から出る光は量子力学によって決まる特徴的な波長を持ち，それは銀河のスペクトル中に輝線となって表れる．観測される輝線の波長は赤方偏移により本来の波長よりも長い．観測された輝線がどの原子，あるいは分子のものであるかは，複数の輝線の相互関係などによって定められ，その輝線の本来の波長を知ることができる．こうして銀河の赤方偏移を1つ1つ決定していく．図 9.4 は典型的な銀河のスペクトルの例である．

　銀河の撮像サーベイに比べると，銀河のスペクトルを測定する赤方偏移サーベイの方がはるかに手間がかかる．撮像サーベイでは望遠鏡の視野の範囲で複数の銀河の位置を一度に決められるが，赤方偏移サーベイでは各銀河に分光器を当ててスペクトルを測定する必要があるためである．さらにスペクトルをとるにはそれなりに時間をかけて光を集めなければならない．このため一般に大規模な赤方偏移サーベイは何年もかかるプロジェクトになる．

　初期の赤方偏移サーベイの例として 1986 年に発表された CfA (Center for Astrophysics) 赤方偏移サーベイが有名である．銀河の数は約 1100 個とあまり多くはないものの，$100\,h^{-1}$Mpc 以上のサイズにおける大規模な3次元構造を描き出した．図 9.5 は CfA サーベイによって得られた銀河の位置をプロットしたものである．このサーベイは天球面上のある細長い領域にある銀河の赤方偏移サーベイである．図の一番下に我々の銀河系が位置し，点の1つ1つが各銀河に対応する．扇型の半径方向は銀河の赤方偏移を表している．角度方向は天球面上での位置を表す．天球面上での細長い領域のうち，長辺方向の位置が図に表されているが，短

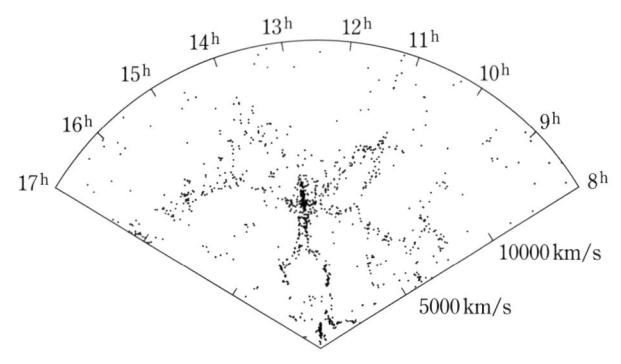

図 9.5　CfA 赤方偏移サーベイによる銀河分布 [38].

辺方向への位置は紙面に垂直方向に対応し，図では同じ場所になる．つまり，我々の銀河から見て，半径方向へ薄くスライスした宇宙の領域が表されている．このようなプロットは赤方偏移サーベイによる銀河分布を図示するのによく使われ，コーン図 (cone diagram) と呼ばれている．ここで半径方向は赤方偏移 z の代わりに後退速度 cz で表しているため単位は km/s になっている．このサーベイの深さ $cz < 15000$ km/s では $z < 0.05 \ll 1$ であるから，ハッブルの法則 $cz = H_0 r$ が十分適用できる近傍宇宙である．したがって後退速度 100 km/s はちょうど 1 h^{-1}Mpc に対応する．

この CfA サーベイのコーン図から，100 h^{-1}Mpc のスケールに及ぶ豊かな構造が見てとれる．銀河がフィラメント状あるいはウォール状に連なっていたり，また銀河がほとんどない大きなボイド領域が存在する．発見当時，このような大規模な構造の存在は驚くべきことであった．そしてこの大規模構造を作り出す機構を理解すべく，宇宙の構造形成理論の研究は大きく進展したのである．

その後も，約 11000 個の銀河を調べた CfA2 赤方偏移サーベイ，約 26000 個の銀河を調べたラスカンパナス赤方偏移サーベイなどをはじめとして，いくつもの大規模な赤方偏移サーベイが行われた．2003 年に観測の終了した 2dF 赤方偏移サーベイでは，約 22 万個の銀河サーベイの他，約 22000 個のクェーサーの赤方偏移サーベイも行われた．

さらに 2008 年に観測の終了した SDSS では約 93 万個の銀河と約 12 万個のクェーサーの赤方偏移を観測し，現在最大の赤方偏移カタログとなっている．図 9.6 は SDSS の描き出した銀河分布を表すコーン図である．SDSS の観測領域は天球面の約 1/4 の領域にもおよび，もはや CfA サーベイなどのように細長い領域

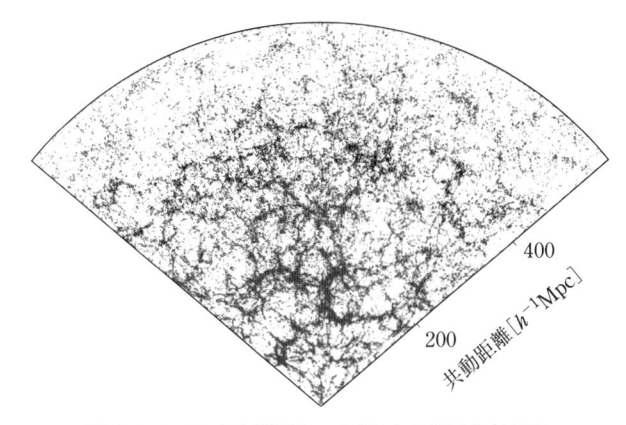

図 **9.6** SDSS 赤方偏移サーベイによる銀河分布 [39].

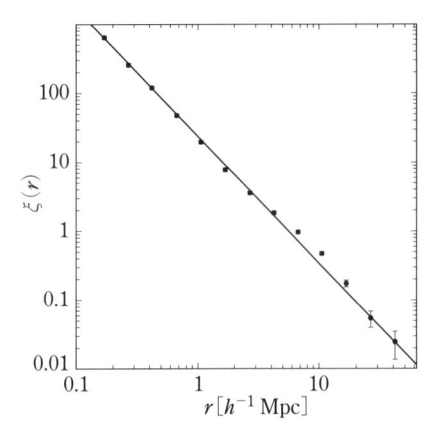

図 **9.7** SDSS 赤方偏移サーベイの銀河分布から求めた比較的小スケールの 2 点相関関数 [40].

ではない．したがってコーン図だけでは全体を表しきれないが，この図では部分的なあるスライス状の領域に観測された銀河のみが示されている．この図の半径は $600\,h^{-1}$ Mpc におよぶ．SDSS サーベイでは通常の銀河の他に，赤方偏移が $z = 0.2\text{-}0.4$ という遠方にある明るい銀河を選択的に選び出した赤方偏移カタログも作られた．

SDSS サーベイの銀河分布から計算した比較的小スケールの 2 点相関関数を図 9.7 に示す．以下にくわしく述べるように，赤方偏移を用いて得られる銀河の地図

は，共動座標で見た実空間における銀河分布と異なる．ここに示された相関関数は，統計的な手法によりこれを補正し，実空間の相関関数を見積もったものである．この図に表されている黒丸と誤差棒が観測値に対応する．

CfA サーベイの観測の頃から非線形領域の 2 点相関関数はべき則

$$\xi(r) = \left(\frac{r}{r_0}\right)^{-\gamma} \tag{9.28}$$

でよく表されることが知られていた．ここでパラメータ r_0 は相関関数の値が 1 になる距離を表していて，**相関長** (correlation length) と呼ばれる．また，べき指数 γ は相関関数が距離とともに減少する速さを表す．観測値によりフィットしたこれらのパラメータの値は $r_0 = 5.59 \pm 0.11 h^{-1}$Mpc, $\gamma = 1.84 \pm 0.01$ であり図の直線に対応する．このパラメータ γ の値は角度相関関数の観測から得られた値におおまかに一致する．ただし，角度相関関数に用いられている銀河の種類と赤方偏移サーベイの銀河の種類は一致しないので，べき指数が若干ずれていても不思議ではない．さらに図をよく見てみると $10\,h^{-1}$Mpc 付近のスケールでべき則からずれている．このようなべき則からのずれは SDSS サーベイのような大規模な赤方偏移サーベイではじめて明らかになったものである．

この図で表されている相関関数は非線形領域であるため，宇宙論的な理論モデルと比較するにはゆらぎの非線形成長を取り入れて解析する必要がある．このためには数値シミュレーションや非線形モデルなどが用いられる．そのような解析の結果，たとえばホット・ダークマターモデルのように小スケールにパワーのないものは棄却される一方，コールド・ダークマターモデルは観測をよく説明することなどが明らかにされた．

9.2.2 赤方偏移空間のパワースペクトル

赤方偏移サーベイでは奥行き方向の共動距離は直接の観測量ではない．一様等方時空においては，式 (2.38) で与えられるように赤方偏移と共動距離は一対一の関係にあるが，宇宙の非一様性を考慮するとこの一対一関係は崩れる．線形ゆらぎの場合，式 (8.56) で与えられるように，速度場や重力ポテンシャルの値によって 1 つの赤方偏移に多数の共動距離が対応する．銀河の天球面上での位置を角度方向 (θ, ϕ) に，赤方偏移 z を動径方向にとった銀河分布の 3 次元空間 (z, θ, ϕ) を**赤方偏移空間** (redshift space) という．

銀河の赤方偏移に対する非一様性の影響としては，速度場によるドップラー偏移の効果が支配的で，重力ポテンシャルによって生じる赤方偏移効果や光の経路が曲

がる効果は小さい．重力ポテンシャルの寄与はハッブル・スケールで速度場と同じ程度になるが，赤方偏移サーベイにおいて測定する体積サイズはハッブル・スケールよりずっと小さいからである．

そこで，非一様時空における赤方偏移を与える式 (8.56) において，速度場の寄与のみを考えると，観測される赤方偏移 z は一様等方宇宙の赤方偏移 $\bar{z} \equiv 1/a - 1$ との間に

$$z = \bar{z} + \frac{V - V_0}{ca} \tag{9.29}$$

の関係がある．ここで

$$V = -n^i v_i\big|_e, \quad V_0 = -n^i v_i\big|_o \tag{9.30}$$

はそれぞれ銀河のある場所と観測者のいる場所における速度場の視線方向成分である．

観測された銀河の赤方偏移 z を一様等方宇宙の距離・赤方偏移関係に用いて距離を見積もると，実際の共動距離との間に食い違いが生じる．式 (2.38) で与えられる $x(z)$ へ式 (9.29) を代入して線形近似を用いると，

$$s \equiv \int_0^z \frac{c\,dz}{H(z)} = x + \frac{V - V_0}{aH} \tag{9.31}$$

となる．ここで x は銀河までの実際の共動距離であり，s は見積もられた共動距離である．銀河と観測者の速度差によるドップラー偏移により，この2つの距離には差が生じている．赤方偏移空間の動径方向として赤方偏移 z そのものの代わりに共動距離に変換した s を使う場合も多い．ただしこの値を得るには宇宙論パラメータの値を仮定する必要がある．

銀河の相関関数は実空間で等方的であるが，赤方偏移空間では視線方向が特殊な方向となって非等方的になる．いま簡単のため，観測者から十分遠くにある領域を考え，その領域内では視線方向が一定とみなせるものとする．これを**遠方観測者近似** (distant-observer approximation) という．この領域に直交座標を張り，実空間の座標を x，共動距離に変換した赤方偏移空間の座標を s とする．視線に垂直な座標はどちらの空間でも同じであるから，第3軸を視線方向にとると各成分の関係は

$$(s_1, s_2, s_3) = \left(x_1, x_2, x_3 + \frac{V - V_0}{aH}\right) \tag{9.32}$$

となる．

実空間における銀河の数密度 $n_g(\boldsymbol{x})$ と赤方偏移空間における銀河の数密度 $n_s(\boldsymbol{s})$

は

$$n_g(\bm{x})d^3x = n_s(\bm{s})d^3s \tag{9.33}$$

で関係づけられる．ここで実空間から赤方偏移空間へのヤコビアンは

$$J = \left|\frac{\partial(\bm{s})}{\partial(\bm{x})}\right| = \left|\frac{\partial s_3}{\partial x_3}\right| = 1 + \frac{\partial}{\partial x_3}\left(\frac{v_3}{aH}\right) \tag{9.34}$$

となり，赤方偏移空間の数密度は線形近似により

$$n_s(\bm{s}) = J^{-1}n_g(\bm{x}) = \left[1 - \frac{\partial}{\partial x_3}\left(\frac{v_3}{aH}\right)\right]n_g(\bm{x}) \tag{9.35}$$

で与えられる．平均銀河数密度は視線方向の座標に依存し，上の式の平均より

$$\bar{n}_s(s_3) = \bar{n}_g(x_3) \tag{9.36}$$

となる．

　実空間の銀河数密度のゆらぎは式 (9.4) で定義された．赤方偏移空間の銀河数密度のゆらぎも同様に定義すると，式 (9.35), (9.36) により

$$\delta_s(\bm{s}) = \delta_g(\bm{x}) - \frac{\partial}{\partial x_3}\left(\frac{v_3}{aH}\right) \tag{9.37}$$

となる．ただしゆらぎの非線形項となる δ_g と v_3 の積は落とした．さらに実空間と赤方偏移空間の座標値の差はゆらぎの 1 次以上の量なので，線形近似では左辺の $\delta_s(\bm{s})$ を $\delta_s(\bm{x})$ と置き換えることができる．さらに考えている領域の視線方向のサイズがあまり大きすぎない場合，この領域内を光円錐で考えるのでなく，領域内で宇宙時間が一定であると近似的に考えることができる．この場合，式 (9.37) は

$$\delta_s(\bm{x}) = \delta_g(\bm{x}) - \frac{1}{aH}\partial_3 v_3(\bm{x}) \tag{9.38}$$

と表され，両辺は考えている領域における平均的な時間において評価する．

　視線方向へ速度勾配がある $\partial_3 v_3 > 0$ のときは，遠方の銀河ほど速度が視線方向へ大きくなっているので，銀河が赤方偏移空間でまばらになり，ゆらぎが小さくなる．逆に負の速度勾配がある $\partial_3 v_3 < 0$ のときには銀河が集まるようになり，ゆらぎが大きくなる．

　式 (9.38) をフーリエ変換すると，

$$\tilde{\delta}_s(\bm{k}) = \tilde{\delta}_g(\bm{k}) - \frac{ik_3}{aH}\tilde{v}_3(\bm{k}) \tag{9.39}$$

となる．線形速度場の表式 (6.60) により

$$\tilde{v}_3(\bm{k}) = aHf\frac{ik_3}{k^2}\tilde{\delta}(\bm{k}) \tag{9.40}$$

である．

ここで，銀河の数密度ゆらぎ δ_g と質量密度ゆらぎ δ の間の関係は自明ではない．銀河の空間分布は質量分布を反映してはいるが，忠実に再現しているわけではない．このことを銀河分布の**バイアス (bias)** という．銀河の形成自体は複雑な非線形過程であるため，バイアスの完全な関係は理論的によくわかっていない．しかし，線形理論が成り立つような大きなスケールを問題にする限り，両者は比例することが自然に期待される．このことは理論と観測の両面からもある程度確かめられている．そこで線形理論がよい近似となるような大スケールで成り立つ関係として

$$\delta_g = b\,\delta \tag{9.41}$$

を仮定する．このバイアスの形を**線形バイアス (linear bias)** と呼び，比例定数 b はバイアスパラメータと呼ばれる現象論的なパラメータである．もっとも簡単な場合にはバイアスパラメータはスケールに無関係な定数とみなされるが，時間には依存する．さらにどのように選んだ銀河サンプルであるかによっても値が異なる．

式 (9.39)–(9.41) により赤方偏移空間の銀河数密度ゆらぎは質量密度ゆらぎにより表すことができ，

$$\tilde{\delta}_s(\bm{k}) = b\left(1 + \beta\mu^2\right)\tilde{\delta}(\bm{k}) \tag{9.42}$$

となる．ただしここで

$$\beta \equiv \frac{f}{b}, \qquad \mu \equiv \frac{k_3}{k} \tag{9.43}$$

と定義した．量 μ は視線方向に対する波数ベクトルの方向余弦である．時間の関数となる量 β は，**赤方偏移空間変形パラメータ (redshift-space distortion parameter)** と呼ばれ，実空間から赤方偏移空間へ移るときのゆらぎの変形度合を表す．すなわち $\beta = 0$ の極限では赤方偏移空間のゆらぎは実空間のものに等しくなり，逆に β が大きいほど赤方偏移空間のゆらぎのパターンは非等方的な変形を受ける．

赤方偏移空間の銀河数密度ゆらぎ δ_s に対して，式 (8.8) と同様に定義されるパワースペクトルを $P_s(\bm{k})$ とする．赤方偏移空間は非等方的なのでパワースペクトルも波数の絶対値 k だけでなくその方向にも依存する．質量ゆらぎのパワースペクトルを $P(k)$ とすると，式 (9.42) とパワースペクトルの定義により，

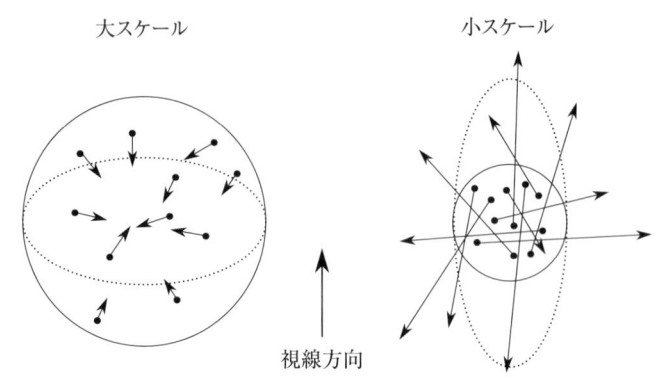

図 9.8 赤方偏移変形の説明図．矢印は銀河の速度を表す．実空間における球状領域（実線）は赤方偏移空間で平均的に視線方向へ変形される（点線）．

$$P_{\text{s}}(\boldsymbol{k}) = \left(1 + \beta\mu^2\right)^2 P_{\text{g}}(k) \tag{9.44}$$

となる．ここで

$$P_{\text{g}}(k) = b^2 P(k) \tag{9.45}$$

は実空間における銀河のパワースペクトルである．この式 (9.44) は**カイザーの公式** (Kaiser's formula) と呼ばれている．この式を 3 次元フーリエ変換すれば相関関数の表式も解析的に得ることができる．

カイザーの公式により，視線に垂直な波数ベクトルに対応するゆらぎ成分の振幅は実空間と赤方偏移空間で同じだが，視線方向のゆらぎ成分は赤方偏移空間の方が大きな振幅を持つことがわかる．線形領域では高密度領域へ物質が落ち込んでくるので，そのまわりの速度場は平均的にその高密度領域へ向かうベクトルとなる．このため密度の高い場所があれば，視線方向の銀河の位置は赤方偏移空間においてさらにそこへ集まるという傾向を持つ（図 9.8 左）．このため視線方向のゆらぎ成分の振幅が赤方偏移空間で増幅されるのである．

ただしこの赤方偏移空間におけるパワースペクトルの増幅は，速度場が小さい線形領域での現象であり，速度場の値が大きくなると逆にゆらぎが減衰する．これは速度場が大きくなると，密度が高くなっている領域のサイズを越えて銀河の位置が移動し，銀河が視線方向へ大きく広がってしまうからである（図 9.8 右）．

赤方偏移空間での線形パワースペクトルの非等方性により赤方偏移変形パラメータ β が制限できる．ここで他の解析などからバイアスパラメータ b の値を

知ることができれば，パラメータ f の制限となる．このパラメータ f は近似的に $f \approx \Omega_{\mathrm{m}}^{0.6}$ で与えられるので，質量密度パラメータの値を制限する手段となる．

赤方偏移空間のパワースペクトルは非等方的であるが，観測的には波数ベクトルの方向について平均することも一般的に行われる．この場合には等方化パワースペクトル

$$\bar{P}_{\mathrm{s}}(k) \equiv \int \frac{d\Omega_k}{4\pi} P_{\mathrm{s}}(\boldsymbol{k}) = \frac{1}{2}\int_{-1}^{1} d\mu \left(1 + \beta \mu^2\right)^2 P_{\mathrm{g}}(k) = \left(1 + \frac{2}{3}\beta + \frac{1}{5}\beta^2\right) P_{\mathrm{g}}(k) \quad (9.46)$$

が得られる．等方化パワースペクトルに式 (8.11) を適用すると等方化相関関数 $\bar{\xi}_{\mathrm{s}}(x)$ と実空間の銀河相関関数 $\xi_{\mathrm{g}}(x)$ との関係が得られ，

$$\bar{\xi}_{\mathrm{s}}(x) = \left(1 + \frac{2}{3}\beta + \frac{1}{5}\beta^2\right)\xi_{\mathrm{g}}(x) \quad (9.47)$$

となる．ここで質量密度場の相関関数を $\xi(x)$ とすると，$\xi_{\mathrm{g}}(x) = b^2 \xi(x)$ である．

線形領域においては，赤方偏移空間のパワースペクトルが実空間のパワースペクトルに比例し，その比例係数はスケールによらない．このため赤方偏移空間パワースペクトルの測定をすることで，式 (8.34) の実空間質量パワースペクトルのスケール依存性を知ることができる．全体の振幅は質量密度ゆらぎの振幅である σ_8 とバイアスパラメータ b に依存するが，これらはどちらも不定パラメータである．バイアスパラメータについてはその時間依存性を正確に定めることも難しい．このため銀河パワースペクトルには全体的振幅よりも相対的なスケール依存性の方に宇宙論的な情報が多く含まれる．線形パワースペクトルのスケール依存性は初期ゆらぎのスペクトル指数 n と遷移関数 $T(k,t)$ により決まるので，宇宙論モデルに対する制限を与える有力な手段となる．

図 9.9 は線形領域を含む大スケールにおける赤方偏移空間の等方化パワースペクトルの例である．この図は 2dF 赤方偏移サーベイの銀河サンプルから計算された．黒丸と誤差棒が観測値に対応する．パワースペクトルを観測的に求めると，サーベイ体積の有限性に起因して大スケール側（k が小さいところ）で本来のパワースペクトルの値よりも小さくなる．線形領域におけるこの効果は容易に取り扱うことができ，本来の（無限体積の）パワースペクトルとサーベイ体積に対応するウィンドウ関数との畳み込み積分により表すことができる．

この畳み込み積分の効果を入れて観測値にフィットする宇宙論パラメータを選んだときの理論式が実線である．破線は実線と同じ宇宙論パラメータを持ち，畳み込み積分をする前の本来のパワースペクトルを表す．図から見てとれるように，理論によって計算されるパワースペクトルの観測値との一致は非常によい．バリオン音

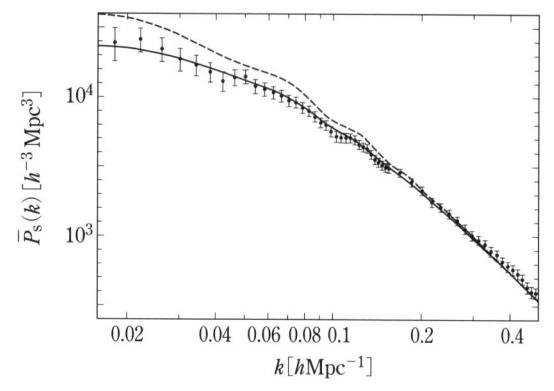

図 9.9 2dF 赤方偏移サーベイによる銀河分布から計算したパワースペクトル．実線は観測値にフィットする理論曲線で，$\Omega_{m0}h = 0.168$, $\Omega_{b0}/\Omega_{m0} = 0.17$, $b\sigma_8 = 0.89$ を仮定している．破線はサーベイ体積の畳み込み積分をしない場合の同じ理論曲線 [41]．

響振動の効果も見てとれる．パラメータのフィットを含んでいるとはいえ，このように理論と多数の観測点が一致するパラメータを選べるということは我々の構造形成の理論的理解が基本的に正しいことを意味している．

図 9.10 は線形領域を含む大スケールにおける赤方偏移空間の等方化相関関数の例である．この図は SDSS における明るい銀河のサンプルから計算されたものである．ほぼ $105\,h^{-1}$Mpc 付近に相関関数のピークが見られる．このピークはバリオン音響振動の表れであり，その位置は式 (6.103) で与えられる脱結合時の音響ホライズン半径 $r_{BAO} = r_s(t_{dec})$ にちょうど対応する．図にはいくつか宇宙論パラメータを変えてみたときの線形理論の予言が描き込んである．このように観測値と宇宙論モデルを直接比較し，統計的な解析によりモデルの妥当性を調べていくのである．

とくにバリオン音響振動のスケール r_{BAO} は，赤方偏移空間 (z, θ, ϕ) において見かけ上奥行き方向には $\Delta z = H(z) r_{BAO}/c$ というサイズに見え，角度方向には $\Delta \theta = r_{BAO}/[(1+z)d_A(z)]$ というサイズに見える．したがって，バリオン音響振動スケールを精密に測定すると，これらの依存性を通じて宇宙論パラメータを制限できる．この方法は，近将来的な大規模赤方偏移サーベイによりダークエネルギーの性質を調べる有力な手法と考えられていて，現在この原理に基づいた観測計画が多数立案されている．

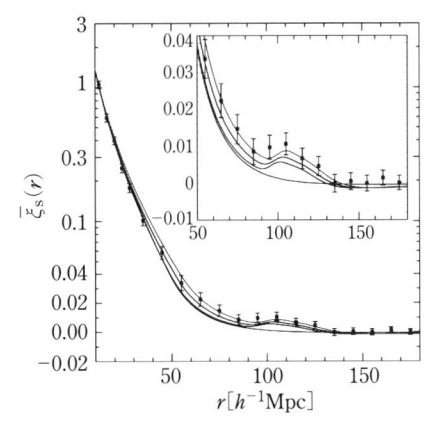

図 9.10 SDSS サーベイによる明るい銀河の空間分布から求めた線形領域の 2 点相関関数.実線は小スケール側で振幅を合わせた理論曲線で,上の 3 本の線はすべて $\Omega_{b0}h^2 = 0.024, n = 0.98$ を仮定している.上から順に $\Omega_{m0}h^2 = 0.12, 0.13, 0.14$ に対応する.一番下の線はバリオンのない $\Omega_{b0} = 0, \Omega_{m0}h^2 = 0.105$ のモデルである.内部に入っている図はバリオンによるピークの部分を拡大したものである [42].

9.3 強い重力レンズ効果

　天体などから放出された光は,我々のところへ届くまでに計量のゆらぎを感じてその進路を変化させる.これが重力レンズ現象である.重力レンズ現象には主として 2 種類あり,光の放射源である天体の形状が著しく変形して見える**強い重力レンズ** (strong gravitational lens) と,形状の変形度合の少ない**弱い重力レンズ** (weak gravitational lens) とに分けられる.いずれも宇宙の構造を調べる手段となり,とくに宇宙論的な距離における重力レンズ効果は,宇宙論モデルの制限にも有用である.

　強い重力レンズは,天体像が 2 つ以上の像に分離して見えたり,あるいは像が変形していることをはっきり識別できるなど,個々の天体像のレンズ効果が明らかな場合を指す.この現象は,観測する天体からの光が途中の銀河など比較的強い重力場により曲げられて起きる.これには 2 天体がほとんど同じ視線方向に存在する必要があるため,比較的稀な現象である.

　一方,弱い重力レンズでは,個々の天体像の形状がレンズ効果による変形を受けたものなのか,あるいはその天体本来の形状であるのかが判然としない.弱い重力

レンズ効果は多かれ少なかれすべての天体に作用する．その効果を検出するには，多数の天体を測定してその平均的な像の変形を統計的に導く．

この節では強い重力レンズ効果を取り扱う．強い重力レンズが起きるためには，光の伝播途中に強い重力場を持つ天体が必要である．このレンズの役割を果たす天体を**レンズ天体** (deflector) と呼ぶ．光源天体とレンズ天体が視線方向に揃うときに強い重力レンズ効果が観測される．

9.3.1 重力レンズ方程式

強い重力レンズでは，レンズポテンシャルや収束場を与える積分の式 (8.74)，(8.88) においてレンズ天体の寄与が支配的になる．密度ゆらぎ以外の重み関数はハッブル・スケールで変化する緩やかな関数であり，レンズ天体付近では近似的に一定値とみなすことができる．ここで $t_s = t(x_s)$, $t_d = t(x_d)$ をそれぞれ光源天体とレンズ天体を光が通過するときの宇宙時間，$a_s = a(t_s)$, $a_d = a(t_d)$ をそれぞれに対応するスケール因子として，

$$D_s \equiv a_s S_K(x_s), \quad D_d \equiv a_d S_K(x_d), \quad D_{ds} \equiv a_s S_K(x_s - x_d) \tag{9.48}$$

を定義する．量 D_s, D_d はそれぞれ光源天体とレンズ天体の角径距離に等しく，また D_{ds} はレンズ天体から光源天体を見たときの角径距離に対応する．すると式 (8.88) は

$$\kappa(\vec{\theta}) = \frac{4\pi G}{c^2} \frac{D_d D_{ds}}{D_s} \bar{\varrho}_d \int dz\, \delta_d(z/a_d, \vec{\theta}, t_d) \tag{9.49}$$

となる．ここで $\bar{\varrho}_d = \bar{\varrho}(t_d)$ はレンズ天体に対応する時刻での宇宙の平均質量密度，δ_d はレンズ天体の質量密度ゆらぎである．積分変数 $z = a_d x$ はレンズ天体の場所における視線方向の物理的距離である．この式 (9.49) の近似では，光源から観測者まで光が進む全距離中で，重力レンズの影響がレンズ天体付近に限られる．これを**薄レンズ近似** (thin lens approximation) という．

ここで次の量

$$\Sigma(\vec{\theta}) \equiv \bar{\varrho}_d \int dz\, \delta_d(z/a_d, \vec{\theta}, t_d) \tag{9.50}$$

を定義すると，これはレンズ天体の質量を視線方向へ射影した面密度である．また**臨界面密度** (critical surface mass density) を

$$\Sigma_c = \frac{c^2}{4\pi G} \frac{D_s}{D_d D_{ds}} \tag{9.51}$$

で定義すると，式 (9.49) は

$$\kappa(\vec{\theta}) = \frac{\Sigma(\vec{\theta})}{\Sigma_c} \tag{9.52}$$

と表される．収束場が 1 程度より大きいものは強い重力レンズとなるので，臨界面密度は強い重力レンズ効果を起こすために必要なレンズ天体の面密度の目安である．

この収束場の形を式 (8.84) へ代入すればレンズポテンシャルは

$$\varphi(\vec{\theta}) = \frac{1}{\pi \Sigma_c} \int d^2\theta' \Sigma(\vec{\theta}') \ln|\vec{\theta} - \vec{\theta}'| \tag{9.53}$$

で与えられる．ちなみに式 (8.74) を薄レンズ近似で表すと，Φ_d をレンズ天体の作る重力ポテンシャルとして，

$$\varphi(\vec{\theta}) = \frac{2}{c^2} \frac{a_d D_{ds}}{D_d D_s} \int dx\, \Phi_d(x, \vec{\theta}, t_d) \tag{9.54}$$

とも表される．もちろん，ポアソン方程式により式 (9.54) と式 (9.53) がハッブル半径内で等価であることをあらわに確かめることも可能である．

薄レンズ近似ではレンズ天体の付近でのみ光線が曲がる．角度の関係式 (8.73) を

$$\vec{\beta} = \vec{\theta} - \vec{\alpha}(\vec{\theta}) \tag{9.55}$$

と表すと，変化角

$$\vec{\alpha}(\vec{\theta}) = \vec{\nabla}\varphi = \frac{1}{\pi \Sigma_c} \int d^2\theta' \Sigma(\vec{\theta}') \frac{\vec{\theta} - \vec{\theta}'}{|\vec{\theta} - \vec{\theta}'|^2} \tag{9.56}$$

はレンズ天体の面密度により定まる量である．式 (9.55)，(9.56) は**重力レンズ方程式** (gravitational lens equation) と呼ばれ，強い重力レンズ効果における基礎方程式となる．

角径距離によって重力レンズ方程式の幾何学的な配置を表すと図 9.11 のようになる．この図から光の曲がり角は $\vec{\hat{\alpha}} = D_s \vec{\alpha}/D_{ds}$ である．この曲がり角は一般相対論的な光の曲がり角の公式

$$\vec{\hat{\alpha}} = -\frac{2}{c^2} \int dx\, \vec{\nabla}_\perp \Phi \tag{9.57}$$

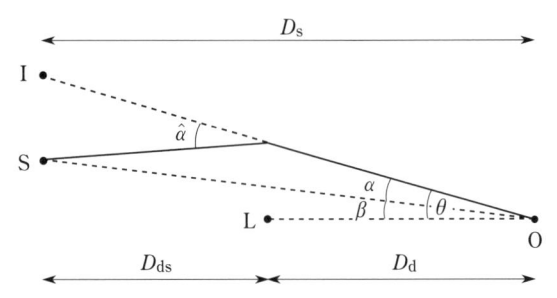

図 9.11 強い重力レンズにおける角度と位置の関係. O が観測者, L がレンズ天体, S は光源の実際の位置, I は観測される像の位置.

からも導くことができる[*1].

重力レンズ方程式 (9.55) は観測される天体像に対する座標値 $\vec{\theta}$ から天体像の実際の場所に対する座標値 $\vec{\beta}$ への写像を与える. 天体の本来の座標値 $\vec{\beta}$ で表される平面を**光源面** (source plane) と呼ぶ. また, 重力レンズ効果を受けて観測される像は座標値 $\vec{\theta}$ で表されるが, この座標はレンズ天体を含む視線に垂直な面の座標とも考えられる. そこでこの平面を**レンズ面** (lens plane) と呼ぶ. 薄レンズ近似では, 光源から観測者に届く光の進路はレンズ面において曲げられる.

レンズ天体の質量分布にはさまざまな可能性があり, 重力レンズ効果による天体像の見え方にもさまざまなパターンがある. このため強い重力レンズ効果から宇宙論に関する情報を引き出すためには, レンズ天体の質量分布を知る必要がある. しかしこれを正確に決めることは難しい. 通常はレンズ天体の質量分布を与えるレンズモデルを仮定するなど, 現象論的な方法がとられる.

9.3.2 軸対称重力レンズ

単純なレンズモデルの 1 つとして, レンズ天体が球対称であるなど質量分布が視線方向に沿って軸対称になっている場合を取り上げる. このとき面密度はレンズ天体の中心からの角度 $\theta \equiv |\vec{\theta}|$ のみによる円対称な関数 $\Sigma(\theta)$ となり, したがって収束場も円対称な関数 $\kappa(\theta)$ となる. ここで積分公式

$$\int_0^{2\pi} d\phi \ln\left(a^2 + b^2 - 2ab\cos\phi\right) = 4\pi \ln\left[\max\left(|a|, |b|\right)\right], \quad (ab > 0) \tag{9.58}$$

[*1] この曲がり角の公式と重力レンズ方程式から出発して, 上で導いた収束場やレンズポテンシャルなどを面密度で表す表式を導くことも可能である.

を使うと，式 (8.84) のレンズポテンシャル φ は

$$\varphi(\theta) = 2\ln\theta \int_0^\theta \theta' d\theta' \kappa(\theta') + 2\int_\theta^\infty \theta' d\theta' \kappa(\theta') \ln\theta' \tag{9.59}$$

という形に求められる．レンズポテンシャルには定数項を適当に加えても物理的意味は変わらない．そこで次の定数

$$-2\int_0^\infty \theta' d\theta' \kappa(\theta') \ln\theta' \tag{9.60}$$

を加えてレンズポテンシャルを再定義すると，

$$\varphi(\theta) = 2\int_0^\theta \theta' d\theta' \kappa(\theta') \ln\left(\frac{\theta}{\theta'}\right) \tag{9.61}$$

の形となる．これを微分すると

$$\vec{\nabla}\varphi = \bar{\kappa}(\theta)\vec{\theta}, \quad \bar{\kappa}(\theta) \equiv \frac{2}{\theta^2}\int_0^\theta \theta' d\theta' \kappa(\theta') \tag{9.62}$$

となる．ただし $\bar{\kappa}(\theta)$ はレンズ天体を中心にした半径 θ の円領域内で平均した収束場である．半径 θ の円領域内に含まれる射影されたレンズ天体の質量 $M(\theta)$ を使うと，

$$\bar{\kappa}(\theta) = \frac{M(\theta)}{\pi\theta^2 D_\mathrm{d}^2 \Sigma_\mathrm{c}}, \quad M(\theta) = 2\pi D_\mathrm{d}^2 \int_0^\theta \theta' d\theta' \Sigma(\theta') \tag{9.63}$$

とも表すことができる．

重力レンズ方程式 (9.55) はこの場合

$$\vec{\beta} = [1 - \bar{\kappa}(\theta)]\vec{\theta} \tag{9.64}$$

となる．ここで $\partial\bar{\kappa}/\partial\theta = 2(\kappa - \bar{\kappa})/\theta$ となることを用いると，ヤコビ行列は

$$A_{ab} = \frac{\partial\beta_a}{\partial\theta_b} = (1-\bar{\kappa})\delta_{ab} - 2(\kappa - \bar{\kappa})\frac{\theta_a\theta_b}{\theta^2} \tag{9.65}$$

となる．ここから

$$\gamma = (\kappa - \bar{\kappa})\frac{\theta_1^2 - \theta_2^2 + 2i\theta_1\theta_2}{\theta^2} = (\kappa - \bar{\kappa})\frac{(\theta_1 + i\theta_2)^2}{\theta^2} \tag{9.66}$$

となるので，$|\gamma| = |\kappa - \bar{\kappa}|$，$(\cos\phi, \sin\phi) = \vec{\theta}/\theta$ となる．歪みの方向はレンズ天体の中心からの 2 次元位置ベクトルに平行になっている．つまりレンズの中心から見て動径方向か接線方向にしか像が歪まない．このことは対称性からも明らかである．またヤコビ行列式は

$$\det A = (1-\bar{\kappa})(1+\bar{\kappa}-2\kappa) \tag{9.67}$$

となる．したがってこの場合の臨界曲線は $\bar{\kappa}=1$ と $2\kappa-\bar{\kappa}=1$ を満たす2つの円になる．前者の臨界曲線は，その付近で像が円の接線方向へ歪むので**接線臨界曲線** (tangential critical curve) と呼ばれている．また後者の臨界曲線は，その付近で動径方向へ歪むので**動径臨界曲線** (radial critical curve) と呼ばれている．

この軸対称レンズにおいて，光源がレンズ天体と完全に同じ方向にある場合，対称性からレンズ天体を中心としたある半径の円上に天体像が見えることになる．このような重力レンズ像を**アインシュタイン・リング** (Einstein ring) と呼ぶ．そのリングの半径は式 (9.64) で $\vec{\beta}=\vec{0}$ となる場所，すなわち $\bar{\kappa}(\theta)=1$ の解 θ_E で与えられる．この半径は**アインシュタイン半径** (Einstein radius) と呼ばれる．アインシュタイン半径内にレンズ天体の質量 M が含まれている場合は

$$\theta_E = \sqrt{\frac{4GM}{c^2}\frac{D_{ds}}{D_d D_s}} \tag{9.68}$$

となる．宇宙論的な距離の銀河による重力レンズとして典型的な値，たとえば $D_d D_s/D_{ds}=1\,\text{Gpc}$, $M=10^{11}M_\odot$ を代入すると $\theta_E=0.9$ 秒角 となり，現代の望遠鏡で分解可能な角度である．

光源天体とレンズ天体の中心が完全に視線上で一致しなくとも，光源に広がりがあればリング状あるいはその一部が欠けたアーク状の像がアインシュタイン半径付近に観測される．こうして強い重力レンズ効果によってレンズ天体の質量分布に関する情報が得られる．本来見えないはずの質量の分布を探ることができるのは大きなメリットである．図 9.12 の左図は実際に観測されたアインシュタイン・リングの例である．

軸対称でない一般の場合には，レンズ天体の質量分布や光源との位置関係によって，像のパターンにはさまざまな可能性がある．光源から観測者へ届く光路が複数あれば多重像が観測される．図 9.12 の右図は1つのクェーサーが，手前にある非軸対称な銀河の重力レンズ効果により4重像となっている有名な例で，アインシュタイン・クロスと呼ばれている．また，銀河団が重力レンズとなる場合もある．図 9.13 はその例であり，銀河団 Abell 2218 に付随する質量が重力レンズとなり，背後にあるいくつかの銀河が巨大なアーク状の像となって見えている．このアーク状の銀河は，手前に銀河団がなければ遠すぎて見えないほど暗いはずだが，重力レンズによる増光により明るくなって見えている．

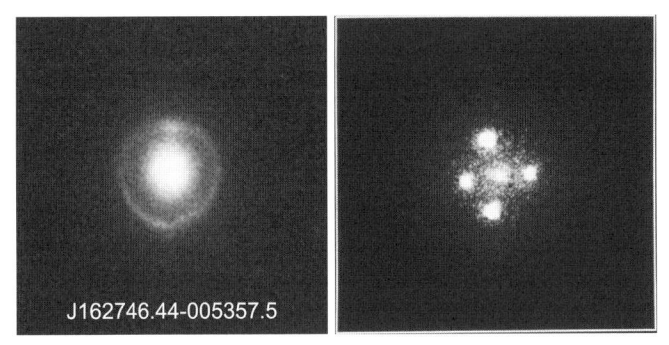

図 9.12 左:アインシュタイン・リングの例 (J162746.44-005357.5). 中心にある楕円銀河がレンズ天体となっている. 右:非軸対称レンズによるクェーサーの 4 重像 (G2237 + 0305). 中心にある渦巻銀河がレンズ天体となっている [43].

図 9.13 銀河団 Abell 2218, 重力レンズにより変形された背後の銀河が巨大なアーク状になって見えている [43].

9.3.3 マイクロレンズ効果

　銀河や銀河団のように遠方にある天体だけでなく, 我々の銀河系に付随する星によっても重力レンズ効果が起きる. ただしこの場合にはアインシュタイン半径は非常に小さい. たとえば $D_\mathrm{d} D_\mathrm{s}/D_\mathrm{ds} = 10$ kpc, $M = M_\odot$ を式 (9.68) に代入すると, $\theta_\mathrm{E} = 0.9 \times 10^{-3}$ 秒角 となるが, この角度を望遠鏡により分解することは難しい. このように小さいアインシュタイン半径を持つ重力レンズ効果をとくに**マイクロレンズ効果** (microlensing effect) と呼ぶ.

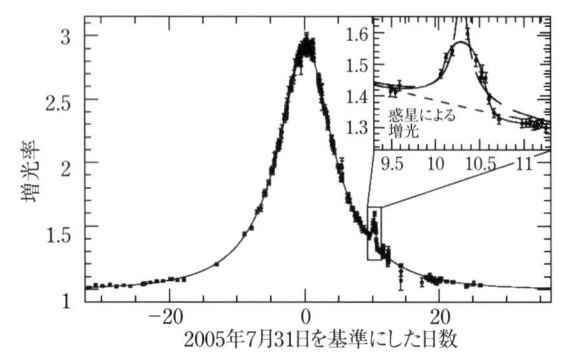

図 9.14　マイクロレンズ増光曲線の例．大きなピークは主星による増光．右下に見えるピークは付随する惑星によるもの（[44] を改変）．

マイクロレンズ効果は天体像で見つけることはできず，増光による明るさの時間変化で観測的に見分ける．レンズ天体が比較的近くにある場合，地球に対して運動することにより天球面上での位置が変化する．たまたま背後に光源天体がある場所へ差し掛かると重力レンズ効果により光源が増光し，通り過ぎるとまた元の明るさに減光する．この見かけの明るさの時間変化を表すグラフを**増光曲線** (light curve) と呼ぶ．この曲線は重力レンズ特有のパターンを持つため，星自体が絶対光度を変化させる変光星などの場合とは区別ができる．図 9.14 は矮星によるマイクロレンズ増光曲線の例である．

このマイクロレンズの観測を用いると，白色矮星，褐色矮星，中性子星，ブラックホールなどの，我々の銀河ハローに付随するが暗くて見えない星の量を推定することが可能になる．これらの天体は MACHO (MAssive Compact Halo Objects) と呼ばれ，銀河系の見えない質量の一部を担っている．銀河系の MACHO の量は銀河系におけるダークマターの量に関係して重要である．

1990 年代に大マゼラン星雲や我々の銀河のバルジにある星を光源天体とするマイクロレンズ探査が始められ，現在までには多数の事象が観測されている．この結果，銀河ハローに存在する MACHO の量は銀河系の見えない質量をすべて説明するには足りないことが明らかになった．これはダークマターが星のようなものとは別の形態の質量であることを示している．

レンズ天体が惑星を持つ星の場合，マイクロレンズの増光曲線に特徴的なパターンが現れる（図 9.14）．したがってマイクロレンズは太陽以外の星の惑星（系外惑星）を探査する手段ともなる．実際にこの方法は実用化されて，系外惑星を見つける有力な方法の 1 つとして活用されている．

9.3.4 時間遅延効果

　強い重力レンズにより多重像になっている場合，光源から観測者に光が届くのにかかる時間は一般に像ごとに異なる．重力レンズがあるときの光の到着時間は重力レンズがなかった場合に比べて遅くなる．多重像の場合，像ごとにこの到着時間の遅れが異なるため時間差が生じるのである．光源天体が変光するなどしてその性質が時間変化する場合，この時間差を観測することができる．

　光の到着時間が遅れるのには主に2つの理由がある．その1つの理由は光の経路の全長が像ごとに異なることであり，長さの差がそのまま光の到着時間の差となる．この効果を**幾何学的時間遅延** (geometrical time delay) と呼ぶ．もう1つの理由は重力ポテンシャルによる時間の遅れである．一般相対性理論の効果により，重力ポテンシャルの低い場所ではそうでない場所に比べて時間の進みが遅くなる．レンズ天体の付近で光が異なる場所を通過すると，この時間の遅れの程度に差が生じる．この効果を**ポテンシャル的時間遅延** (potential time delay) と呼ぶ．

　光はヌル測地線 $ds^2 = 0$ に沿って進む．式 (8.39) の計量において，重力ポテンシャルの線形近似によりヌル測地線の積分は

$$\int_C \frac{cdt}{a} = \int_C \left(1 - \frac{2\Phi}{c^2}\right) dl \tag{9.69}$$

と表される．ただし $dl = (\gamma_{ij}dx^i dx^j)^{1/2}$ とし，両辺の積分はレンズ天体によって曲げられた光の経路 C についてとる．

　ここで仮にレンズ天体がなく光が背景時空計量の測地線に沿って進む場合の仮想的な光路を C_0 とする．そして，実際にレンズ天体により曲がった経路 C を通ってくるのに必要な宇宙時間と，仮想的な経路 C_0 に必要な宇宙時間の差を Δt とする．このとき，経路 C に関する式 (9.69) と，仮想的な経路 C_0 に対応する同様の式との差をとると

$$c\Delta t = \int_C dl - \int_{C_0} dl - \frac{2}{c^2}\int_C \Phi dl \tag{9.70}$$

となる．ただし Δt は宇宙時間に比べて十分小さいと仮定し，$a_0 = 1$ を用いた．また経路 C_0 の重力ポテンシャルはゼロである．最初の2項で与えられる経路の差が幾何学的時間遅延 $\Delta t^{(g)}$ に対応し，最後の項がポテンシャル的時間遅延 $\Delta t^{(p)}$ に対応する．以下これらの時間遅延を薄レンズ近似で求める．

　まず，ポテンシャル的時間遅延 $\Delta t^{(p)}$ の部分は，薄レンズ近似によるレンズポテンシャルの式 (9.54) により与えられ，

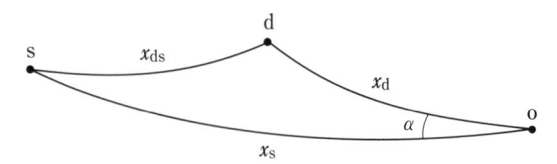

図 9.15　強い重力レンズにおける測地線の幾何学的配置図.

$$c\Delta t^{(p)} \equiv -\frac{2}{c^2}\int_C \Phi dl = -\frac{D_d D_s}{a_d D_{ds}}\varphi(\vec{\theta}) \tag{9.71}$$

となる.

次に幾何学的時間の遅れの部分を考える．薄レンズ近似の下で経路 C は，光源からレンズ天体付近まで一様等方計量の測地線に沿って直進し，レンズ天体付近で曲げられてから観測者まで再び直進する．一方，経路 C_0 は光源から観測者まで直進する．したがってこれらの経路を合わせたものは，観測者 o, 光源 s およびレンズ天体により曲げられる点 d の 3 つの点を頂点として，それらの間を一様等方背景計量の測地線で結んだ 3 角形となる（図 9.15）．したがって，辺 os と辺 od の共動距離をそれぞれ x_s, x_d, 辺 ds の共動距離を x_{ds} とすると，幾何学的時間の遅れは

$$c\Delta t^{(g)} \equiv \int_C dl - \int_{C_0} dl = x_d + x_{ds} - x_s \tag{9.72}$$

である.

定曲率空間において上の量を求めることは純粋な幾何学的問題である．平坦宇宙 $K = 0$ においては通常のユークリッド幾何学により，変化角を $\alpha = |\vec{\theta} - \vec{\beta}|$ として

$$x_{ds}^2 = x_d^2 + x_s^2 - 2x_d x_s \cos\alpha \tag{9.73}$$

が成り立つ．変化角は小さいので α の最低次の近似をとると，

$$c\Delta t^{(g)} = \frac{1}{2}\frac{x_d x_s \alpha^2}{x_s - x_d}, \quad (K = 0) \tag{9.74}$$

となる.

正曲率宇宙 $K > 0$ においては 3 辺 x_d, x_s, x_{ds} が半径 $R = K^{-1/2}$ の球面における球面三角形となり，球面三角形の公式

$$\cos\frac{x_{ds}}{R} = \cos\frac{x_s - x_d}{R} - 2\sin\frac{x_d}{R}\sin\frac{x_s}{R}\sin^2\frac{\alpha}{2} \tag{9.75}$$

が適用できる．この公式から $\sin(x_{ds}/R)$ も求め，式 (9.72) から x_{ds} を消去すると

$$c\Delta t^{(g)} = R\sin\left(\frac{x_{ds}}{R} - \frac{x_s - x_d}{R}\right) = \frac{1}{2}\alpha^2 R \frac{\sin\frac{x_d}{R}\sin\frac{x_s}{R}}{\sin\frac{x_s - x_d}{R}} \tag{9.76}$$

が導かれる．ただし $c\Delta t^{(g)} \ll R, \alpha \ll 1$ を用いた．

この式 (9.76) において $R \to \infty$ の極限をとれば平坦宇宙の式 (9.74) に帰着する．また，正曲率宇宙の式において $R \to iR$ と置き換えると負曲率宇宙の式が得られることを思い起こせば，上の式は $K<0$ に接続することができる．こうして式 (9.76) は曲率の符号によらずに成り立ち，式 (2.23) の記法で書き表すと

$$c\Delta t^{(g)} = \frac{\alpha^2}{2}\frac{S_K(x_d)S_K(x_s)}{S_K(x_s - x_d)} = \frac{1}{2}\frac{D_d D_s}{a_d D_{ds}}|\vec{\theta} - \vec{\beta}|^2 \tag{9.77}$$

となる．

以上のポテンシャル的時間遅延の式 (9.71) と幾何学的時間遅延の式 (9.77) を加えることにより，時間遅延の合計が

$$\Delta t = \frac{1+z_d}{c}\frac{D_d D_s}{D_{ds}}\left[\frac{1}{2}|\vec{\theta} - \vec{\beta}|^2 - \varphi(\vec{\theta})\right] \tag{9.78}$$

と求まる．ここで z_d はレンズ天体の赤方偏移である．ちなみに，この式を $\vec{\theta}$ で微分してゼロとおくと重力レンズ方程式 (9.55) が得られる．つまり，重力レンズによる像は光の所要時間を最小にする場所にできる．これはフェルマーの原理に他ならない．レンズ天体による重力ポテンシャルの低い場所ではポテンシャル的時間遅延が大きくなるため，多少迂回した方が時間的に早く到着できるのである．

光源の位置 $\vec{\beta}$ は観測量ではない．そこで重力レンズ方程式 (9.55) により時間遅延の式 (9.78) から $\vec{\beta}$ を消去すると，2次元重力レンズポテンシャル $\varphi(\vec{\theta})$ とその勾配により時間遅延を表すことができる．時間遅延の絶対値も観測量ではないが，多重像となる重力レンズ系において光源天体が変光している場合，像の間の相対的な時間遅延を測定することができる．

上の式からわかるように，時間遅延はとくに量 $D_d D_s/D_{ds}$ への依存性が大きい．この量は宇宙論パラメータに依存するので，時間遅延の観測により宇宙論パラメータを制限することができる．この量は具体的には角径距離と赤方偏移の関係式 (2.77) に類似の式によって表されるが，距離の次元を持つためハッブル定数 H_0 への依存性がとくに強い．このため時間遅延の観測はハッブル定数を決める1つの方法となる．この結果，他の方法で決めたハッブル定数の値と矛盾のない値が得られている．ただし現在のところ仮定するレンズモデルの不定性も大きく，ハッブル定数への制限は他の方法に比べてとくに強いわけではない．とはいえ，他の方法

とは独立に制限を与えられる点は重要である.

9.3.5 強い重力レンズの確率

強い重力レンズが観測される確率はレンズ天体の数に比例する.したがって,この確率を求めることはレンズ天体を使った一種の銀河計数法となる.天体に強い重力レンズ効果が働くのは稀な現象ではあるが,大規模に銀河をサーベイして母数を稼ぐことにより,宇宙論モデルを制限する1つの方法となる.

数ある銀河のうち,強い重力レンズ効果を引き起こすのは偶然その背後に光源天体が位置する場合である.レンズ天体となり得る銀河の背後の光源面において,ある面積内に光源が位置すると重力レンズ像として観測される.その面積のことを**レンズ断面積** (lensing cross-section) という.この量はレンズ天体と光源の赤方偏移 z_d, z_s に依存する.さらにレンズ天体の性質や,重力レンズ天体を選び出す観測的基準によっても異なる.

この重力レンズ断面積を光源の角径距離 D_s の2乗で割って,断面積を観測者から見込む立体角に直したものを規格化されたレンズ断面積という.以後はこの規格化された次元を持たない量を単にレンズ断面積と呼び,記号 $\sigma_\mathrm{GL}(z_\mathrm{d},z_\mathrm{s})$ によって表す.レンズ断面積の値はレンズモデルを仮定すれば計算することができる.たとえば軸対称重力レンズの場合,動径方向の質量分布にもよるがだいたいアインシュタイン半径を持つ円の面積 $\sigma_\mathrm{GL} \sim \pi\theta_\mathrm{E}^2$ 程度の値となる.

赤方偏移 z_s にある任意の光源が,赤方偏移 z_d にある1つの銀河により重力レンズ効果を受ける確率は $\sigma_\mathrm{GL}(z_\mathrm{d},z_\mathrm{s})/4\pi$ である.赤方偏移の区間 $[z_\mathrm{d},z_\mathrm{d}+dz_\mathrm{d}]$ にある銀河の数 $dN(z_\mathrm{d})$ は銀河計数の式 (3.132) で与えられるから,それらの銀河により重力レンズ効果を受ける確率は

$$dP(z_\mathrm{s},z_\mathrm{d}) = \frac{\sigma_\mathrm{GL}(z_\mathrm{d},z_\mathrm{s})}{4\pi}dN(z_\mathrm{d}) = r^2(z_\mathrm{d})\frac{cdz_\mathrm{d}}{H(z_\mathrm{d})}\bar{n}_\mathrm{g}(z_\mathrm{d})\sigma_\mathrm{GL}(z_\mathrm{d},z_\mathrm{s}) \qquad (9.79)$$

となる.ただしレンズ断面積はさまざまな銀河について平均したものとする.また $\bar{n}_\mathrm{g}$ は共動体積あたりの銀河の平均数密度である.式 (3.132) の場合とは異なりこれらの銀河は直接光で観測できなくてもよく,レンズ天体となる能力を持つ銀河をすべて含める.この式を積分すれば,赤方偏移 z_s にある1つの光源天体が重力レンズを受ける確率を得る:

$$P(z_\mathrm{s}) = \int_0^{z_\mathrm{s}} dz \frac{c\,r^2(z)}{H(z)}\bar{n}_\mathrm{g}(z)\sigma_\mathrm{GL}(z,z_\mathrm{s}) \qquad (9.80)$$

こうして重力レンズを銀河計数法として使うことができるのである.ただし,上の

式には重力レンズを受けた光源天体が増光により観測されやすくなるという効果などが入っていないので，実際にはさらに補正が必要となる．

この重力レンズ確率を用いて宇宙論モデルに制限を与えるには，銀河数密度 $\bar{n}_g$ とレンズ断面積 σ_{GL} を正確にモデル化する必要がある．これらの量は銀河進化や銀河の質量分布など，まだよくわかっていない要素にも依存するため不定性もある．これは銀河計数法に共通する課題である．

9.4 弱い重力レンズ効果

強い重力レンズ効果が比較的稀な現象であるのに対し，すべての光源天体は多かれ少なかれ弱い重力レンズ効果を受けている．弱い重力レンズ効果の場合，像の歪みや増光はわずかなので，1つの光源天体を調べても本来持っている形や明るさと区別することはできない．だが，光源天体固有の形やその向きなどの特徴は，多数の天体を平均することで小さくできる．重力レンズ効果は光源に対して系統的に作用するため，ある領域内において多数の銀河で平均してもその効果は消えることがない．光源天体の手前にある構造が弱い重力レンズ効果を生むことで，複数の光源天体が全体的に同じ方向へ歪んで見え，また全体的に見かけの明るさが変化する．

9.4.1 銀河の楕円率と重力レンズ

弱い重力レンズ効果を検出するには，まず個々の銀河の形を楕円形で近似的に表し，その楕円率と軸の向きを定める．そして天球面上のある領域内の銀河についての平均量を求めることで，歪み場の値を推定することができるのである．具体的に銀河サーベイによる観測量から歪み場を求める方法はいくつか考えられる．以下では，その中の1つの簡単な方法を例にとって述べる．

まず2次元撮像サーベイにより観測された1つの銀河の輝度分布を $I(\vec{\theta})$ とする．この銀河の輝度に関する重心の座標値 $\bar{\theta}_a$ と2次モーメントテンソル Q_{ab} を

$$\bar{\theta}_a = \frac{\int d^2\theta\, I(\vec{\theta})\theta_a}{\int d^2\theta\, I(\vec{\theta})}, \quad Q_{ab} = \frac{\int d^2\theta\, I(\vec{\theta})(\theta_a - \bar{\theta}_a)(\theta_b - \bar{\theta}_b)}{\int d^2\theta\, I(\vec{\theta})} \quad (9.81)$$

で定義する．ここで銀河の像は天球面の曲率に比べて十分に小さいので平坦2次元直交座標を張り，添字の上下の区別はしない．2次モーメントテンソルは $Q_{12} = Q_{21}$ を満たし，独立成分は Q_{11}, Q_{22}, Q_{12} の3つである．

この2次モーメントにより銀河像の楕円的な性質が特徴づけられる．銀河像が

完全な楕円の場合，2次モーメントテンソルの成分行列の固有ベクトルが軸の方向を表し，固有値の比が楕円率の平方根を与える．像が完全に円対称ならこのテンソルは単位行列の定数倍 $Q_{ab} \propto \delta_{ab}$ となる．

2次モーメントテンソルの全体的な大きさは銀河の見かけの大きさによって決まる．それは個々の銀河によってまちまちであり，歪み場を見積もる情報にはなりにくい．むしろ，成分間の相対的な値が有用である．そこで全体の大きさによらない量として，楕円率を表す次の2つの量

$$\chi_1 \equiv \frac{Q_{11} - Q_{22}}{Q_{11} + Q_{22}}, \quad \chi_2 \equiv \frac{2Q_{12}}{Q_{11} + Q_{22}} \tag{9.82}$$

がよく用いられる．これを複素数にまとめて表した $\chi \equiv \chi_1 + i\chi_2$ を**複素楕円率** (complex ellipticity) と呼ぶ．像が完全に円対称の場合，この楕円率はゼロになる．また完全な楕円形の場合には，短軸と長軸の比を r，長軸と第1軸との角度を ϕ とすると，この複素楕円率は

$$\chi = \frac{1 - r^2}{1 + r^2} e^{2i\phi} \tag{9.83}$$

と対応することが確かめられる．

上のように観測量である銀河の見かけの形から定義した2次モーメントテンソルや複素楕円率と同様に，銀河の本来持っている形からも2次モーメントテンソル $Q_{ab}^{(s)}$ や楕円率 $\chi^{(s)} = \chi_1^{(s)} + i\chi_2^{(s)}$ が定義できる．これらは，仮に重力レンズ効果がなかった場合に観測されるであろう輝度分布 $I^{(s)}(\vec{\beta})$ を用いて上の式と同様に定義する．

ここで輝度は重力レンズの有無によって変化しないから $I^{(s)}[\vec{\beta}(\vec{\theta})] = I(\vec{\theta})$ となる．さらに光源座標 $\vec{\beta}$ と観測座標 $\vec{\theta}$ の変換行列は式 (8.75) で与えられる $A = (A_{ab})$ である．すると $d^2\beta = |\det A| d^2\theta$ となるが，光源は小さいのでその広がりの範囲でこの変換行列は一定であると近似できる．これらのことから2次モーメントテンソル $Q = (Q_{ab})$, $Q^{(s)} = (Q_{ab}^{(s)})$, は行列表示で次のように変換することがわかる：

$$Q^{(s)} = AQA^{\mathrm{T}} = AQA, \quad Q = A^{-1}Q^{(s)}A^{-1} \tag{9.84}$$

この式に変換行列の式 (8.76) を代入することで関係式

$$\chi^{(s)} = \frac{(1-\kappa)^2 \chi - 2(1-\kappa)\gamma + \gamma^2 \chi^*}{(1-\kappa)^2 + |\gamma|^2 - 2(1-\kappa)\mathrm{Re}(\gamma\chi^*)} \tag{9.85}$$

が示される．さらに上式で $\chi \leftrightarrow \chi^{(s)}, \gamma \leftrightarrow -\gamma$ と置き換えた式も成り立つ．

弱い重力レンズでは収束場 κ と歪み場 γ の絶対値は小さい．ここでは簡単のた

め観測される銀河の楕円率 χ の絶対値も小さいとし，これらの量についての線形近似をとると，

$$\chi^{(\mathrm{s})} \simeq \chi - 2\gamma \tag{9.86}$$

となる．ここで光源天体の本来の楕円率には空間的な相関がないものと仮定すると，平均値として $\langle Q_{ab}^{(\mathrm{s})}/\mathrm{Tr}Q^{(\mathrm{s})} \rangle \propto \delta_{ab}$ が成り立つ．このとき $\langle \chi^{(\mathrm{s})} \rangle = 0$ となるから，

$$\langle \chi \rangle \simeq 2\gamma \tag{9.87}$$

と対応することがわかる．つまり，見かけの楕円率を平均することにより弱い重力レンズの歪み場を推定できる．ただし銀河の楕円率が小さくない場合には，上の式には補正が必要である．また，ここに示した歪み場の推定法は比較的簡単な一例であり，他の推定法も存在する．

このように銀河の見かけの形を用いて弱い重力レンズ効果が推定できる．このとき数多くの光源銀河のデータが必要であり，通常は撮像サーベイによって得られる銀河カタログを用いる．撮像サーベイでは銀河の赤方偏移が正確に決まらない．そこで上のように歪み場を推定するときにいろいろな赤方偏移の銀河を用いて推定することになる．

そこで観測される光源天体の動径方向の数分布を $w_{\mathrm{s}}(x)$ とおく．この関数は式(9.6) と同様に定義される量であり，規格化

$$\int_0^\infty dx\, w_{\mathrm{s}}(x) = 1 \tag{9.88}$$

を満たすものとする．いろいろな赤方偏移を持つ光源天体について平均される場合，レンズポテンシャルおよび収束場や歪み場などは光源天体の動径距離について上の重み関数で平均したものになる．たとえば式 (8.88) における収束場については，

$$\begin{aligned}
\kappa(\vec{\theta}) &= \frac{3H_0^2 \Omega_{\mathrm{m}0}}{2c^2} \int_0^\infty dx' \frac{w_{\mathrm{s}}(x')}{S_K(x')} \int_0^{x'} dx\, S_K(x'-x) S_K(x) \frac{\delta\left[x,\vec{\theta},t(x)\right]}{a[t(x)]} \\
&= \frac{3H_0^2 \Omega_{\mathrm{m}0}}{2c^2} \int_0^\infty dx\, S_K(x)\, g(x) \frac{\delta\left[x,\vec{\theta},t(x)\right]}{a[t(x)]}
\end{aligned} \tag{9.89}$$

で置き換えられる．ただし最後の表式では積分順序を交換し，

$$g(x) \equiv \int_x^\infty dx'\, w_{\mathrm{s}}(x') \frac{S_K(x'-x)}{S_K(x')} \tag{9.90}$$

を定義して用いた．

9.4.2 弱い重力レンズの相関関数とパワースペクトル

式 (9.89) は密度ゆらぎを視線方向へ積分した形をしている．これは 2 次元サーベイにおける天球面上へのゆらぎの射影の式 (9.5) において，次の置き換えをしたものに一致する：

$$\delta_{2\mathrm{D}} \to \kappa, \quad \delta_\mathrm{g} \to \delta, \quad w_\mathrm{g}(x) \to \frac{3H_0^2 \Omega_{\mathrm{m}0}}{2c^2} \frac{S_K(x)\, g(x)}{a[t(x)]} \tag{9.91}$$

したがって 2 次元サーベイにおける角度相関関数やパワースペクトルの計算は，そのまま収束場についても成り立つことになる．

収束場の角度相関関数およびパワースペクトルは，式 (9.13), (9.26) に対応して，

$$w_\kappa(\theta) = \frac{9H_0^4 \Omega_{\mathrm{m}0}^2}{4c^4} \int_0^\infty dx\, \frac{S_K^2(x)\, g^2(x)}{a^2[t(x)]} \int_0^\infty \frac{k\,dk}{2\pi} J_0\left[kS_K(x)\theta\right] P[k, t(x)] \tag{9.92}$$

$$P_\kappa(l) = \frac{9H_0^4 \Omega_{\mathrm{m}0}^2}{4c^4} \int_0^\infty dx\, \frac{g^2(x)}{a^2[t(x)]} P\left[\frac{l}{S_K(x)}, t(x)\right] \tag{9.93}$$

となる．ただし両者ともに小角度近似が仮定されている．2 次元収束場のパワースペクトル $P_\kappa(l)$ は近似的な平坦 2 次元平面上で定義され，3 次元パワースペクトルの定義式 (8.8) と同様に

$$\langle \tilde{\kappa}(\vec{l})\tilde{\kappa}(\vec{l}')\rangle = (2\pi)^2 \delta_\mathrm{D}^2(\vec{l}+\vec{l}') P_\kappa(l) \tag{9.94}$$

で与えられる．ここで $\tilde{\kappa}(\vec{l})$ は収束場の 2 次元フーリエ変換である．

レンズポテンシャルと歪み場のフーリエ変換を $\tilde{\varphi}(\vec{l}), \tilde{\gamma}_1(\vec{l}), \tilde{\gamma}_2(\vec{l})$ とすると，式 (8.77) より

$$\tilde{\kappa}(\vec{l}) = -\frac{l^2}{2}\tilde{\varphi}(\vec{l}), \quad \tilde{\gamma}_1(\vec{l}) = -\frac{l_1^2 - l_2^2}{2}\tilde{\varphi}(\vec{l}), \quad \tilde{\gamma}_2(\vec{l}) = -l_1 l_2 \tilde{\varphi}(\vec{l}) \tag{9.95}$$

という関係がある．ここで第 1 軸と $\vec{l}$ の間の角度を ϕ_l とすると，$(l_1/l, l_2/l) = (\cos\phi_l, \sin\phi_l)$ であるから，

$$\tilde{\gamma}_1(\vec{l}) = \cos(2\phi_l)\tilde{\kappa}(\vec{l}), \quad \tilde{\gamma}_2(\vec{l}) = \sin(2\phi_l)\tilde{\kappa}(\vec{l}) \tag{9.96}$$

が成り立つ．フーリエ空間において歪み場は収束場とこのように簡単な関係で結びついていて，2 つの歪み場は独立ではない．

これらの歪み場についても式 (9.94) と同様にパワースペクトル $P_{\gamma_1}(\vec{l}), P_{\gamma_2}(\vec{l})$ が定義される．また 2 つの歪み場の交差パワースペクトル $P_{\gamma_1\gamma_2}(\vec{l})$ を

$$\left\langle \tilde{\gamma}_1(\vec{l})\tilde{\gamma}_2(\vec{l}') \right\rangle = (2\pi)^2 \delta_D^2(\vec{l}+\vec{l}') P_{\gamma_1\gamma_2}(\vec{l}) \tag{9.97}$$

で定義する. 歪み場 γ_a は実数であるから, フーリエ変換の複素共役について $\tilde{\gamma}_a^*(\vec{l}) = \tilde{\gamma}_a(-\vec{l})$ が成り立つ. このことからこれらのパワースペクトルは必ず実数になる. 式 (9.96) により, 歪み場のパワースペクトルは収束場のパワースペクトルによって表され,

$$P_{\gamma_1}(\vec{l}) = \cos^2(2\phi_l) P_\kappa(l), \quad P_{\gamma_2}(\vec{l}) = \sin^2(2\phi_l) P_\kappa(l), \tag{9.98}$$

$$P_{\gamma_1\gamma_2}(\vec{l}) = \sin(2\phi_l)\cos(2\phi_l) P_\kappa(l) \tag{9.99}$$

となる. 歪み場 γ_1, γ_2 の値は座標系によるため, そのパワースペクトルは $\vec{l}$ の絶対値のみでなくその方向にも依存する.

歪み場に対する 2 点相関関数は

$$w_{\gamma_1}(\vec{\theta}_{12}) = \left\langle \gamma_1(\vec{\theta}_1)\gamma_1(\vec{\theta}_2) \right\rangle, \quad w_{\gamma_2}(\vec{\theta}_{12}) = \left\langle \gamma_2(\vec{\theta}_1)\gamma_2(\vec{\theta}_2) \right\rangle, \tag{9.100}$$

$$w_{\gamma_1\gamma_2}(\vec{\theta}_{12}) = \left\langle \gamma_1(\vec{\theta}_1)\gamma_2(\vec{\theta}_2) \right\rangle \tag{9.101}$$

で定義される. ここで $\vec{\theta}_{12} = \vec{\theta}_1 - \vec{\theta}_2$ は 2 点の相対座標である. 歪み場は 180 度回転すると元へ戻るので, これらの相関関数は $w_{\gamma_1}(\vec{\theta}_{12}) = w_{\gamma_1}(-\vec{\theta}_{12})$, $w_{\gamma_2}(\vec{\theta}_{12}) = w_{\gamma_2}(-\vec{\theta}_{12})$, $w_{\gamma_1\gamma_2}(\vec{\theta}_{12}) = w_{\gamma_1\gamma_2}(-\vec{\theta}_{12}) = w_{\gamma_2\gamma_1}(\vec{\theta}_{12})$ を満たす.

2 次元のウィーナー–ヒンチン関係により, 歪み場のパワースペクトルの式 (9.98), (9.99) をフーリエ変換すればこれら相関関数の理論的表式が得られる. ベッセル関数の積分表示の公式

$$J_n(x) = \frac{1}{2\pi i^n} \int_0^{2\pi} e^{in\theta + ix\cos\theta} d\theta \tag{9.102}$$

において $n = 0, 4$ としたものを利用すると, 次の組み合わせにより

$$w_{\gamma_1}(\vec{\theta}) + w_{\gamma_2}(\vec{\theta}) = \int \frac{d^2l}{(2\pi)^2} e^{i\vec{l}\cdot\vec{\theta}} P_\kappa(l) = \int \frac{ldl}{2\pi} P_\kappa(l) J_0(l\theta) \tag{9.103}$$

$$w_{\gamma_1}(\vec{\theta}) - w_{\gamma_2}(\vec{\theta}) + 2iw_{\gamma_1\gamma_2}(\vec{\theta}) = \int \frac{d^2l}{(2\pi)^2} e^{i\vec{l}\cdot\vec{\theta}} e^{4i\phi_l} P_\kappa(l) = \int \frac{ldl}{2\pi} P_\kappa(l) J_4(l\theta) e^{4i\phi_\theta} \tag{9.104}$$

とフーリエ変換ができる. ここで ϕ_θ は $\vec{\theta}$ と第 1 軸の間の角度である. ここからただちに

$$w_{\gamma_1}(\vec{\theta}) = \frac{1}{2}\int \frac{ldl}{2\pi} P_\kappa(l)\left[J_0(l\theta) + J_4(l\theta)\cos(4\phi_\theta)\right] \qquad (9.105)$$

$$w_{\gamma_2}(\vec{\theta}) = \frac{1}{2}\int \frac{ldl}{2\pi} P_\kappa(l)\left[J_0(l\theta) - J_4(l\theta)\cos(4\phi_\theta)\right] \qquad (9.106)$$

$$w_{\gamma_1\gamma_2}(\vec{\theta}) = \frac{1}{2}\int \frac{ldl}{2\pi} P_\kappa(l)J_4(l\theta)\sin(4\phi_\theta) \qquad (9.107)$$

を得る．こうして，歪み場のパワースペクトルと相関関数はすべて収束場のパワースペクトルで表すことができる．

9.4.3 歪み場の E/B 分解

収束場はスカラー量なので，そのパワースペクトルや相関関数は天球面2次元座標の座標回転に対して不変である．だが歪み場は方向を持っているため座標系に陽に依存し，そのパワースペクトルや相関関数は座標回転に対して値を変える．そこで物理的な自由度として座標に依存しない量を取り出すことを考える．

天球面2次元座標の座標軸の回転に対する歪み場の変換は，式 (8.79) で与えられた．この変換は歪み場のフーリエ変換についても同じ形で成り立つ．そこでまず，任意の座標系における歪み場のフーリエモード $\tilde{\gamma}_1(\vec{l}), \tilde{\gamma}_2(\vec{l})$ を考える．そして第1軸の方向を波数ベクトル $\vec{l}$ の方向に一致するように座標を回転させると，新しい座標での歪み場は

$$\begin{pmatrix}\tilde{\gamma}_E(\vec{l})\\ \tilde{\gamma}_B(\vec{l})\end{pmatrix} \equiv \begin{pmatrix}\cos 2\phi_l & \sin 2\phi_l \\ -\sin 2\phi_l & \cos 2\phi_l\end{pmatrix}\begin{pmatrix}\tilde{\gamma}_1(\vec{l})\\ \tilde{\gamma}_2(\vec{l})\end{pmatrix} \qquad (9.108)$$

で与えられる．ここで ϕ_l はもとの座標の第1軸とベクトル $\vec{l}$ の間の角度である．この新しい歪み場 $\tilde{\gamma}_E, \tilde{\gamma}_B$ は各フーリエモードの波数ベクトルを基準にして定義されるので，もとの座標系には依存しない量になっている．変数 $\tilde{\gamma}_E$ は**歪み場の E モード** (E-mode shear field)，変数 $\tilde{\gamma}_B$ は**歪み場の B モード** (B-mode shear field) と呼ばれる[*2]．波数ベクトルの方向は実空間でゆらぎの変化する方向であるから，E モードはゆらぎの変化する方向に対して平行か垂直な歪みであり，B モードはそこから45度傾いた歪みである（図 9.16）．式 (9.108) は以下の形

$$\tilde{\gamma}_E(\vec{l}) + i\tilde{\gamma}_B(\vec{l}) = e^{-2i\phi_l}\left[\tilde{\gamma}_1(\vec{l}) + i\tilde{\gamma}_2(\vec{l})\right] \qquad (9.109)$$

[*2] E モードは電場 E と同様に勾配的性質を持ち，B モードは磁場 B と同様に回転的性質を持つことからこのように名づけられている．

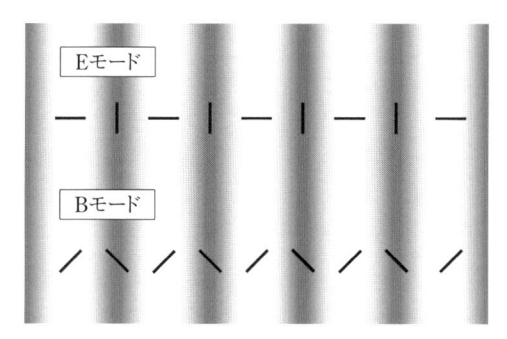

図 9.16 E モードと B モード．ゆらぎの変化する方向に平行あるいは垂直な歪みが E モードであり，斜めを向いた歪みが B モードである．

でも表すことができる．

この新しい歪み場からパワースペクトル $P_E(l)$, $P_B(l)$ が式 (9.94) と同様に定義できる．歪み場の E/B モードの定義は座標軸の方向に依存しないから，これらのパワースペクトルはもはや波数ベクトルの絶対値 l のみの関数になる．また E/B モードに関する交差パワースペクトル $P_{EB}(l)$ は，ゆらぎの統計平均が座標を鏡像反転させるパリティ変換に対して不変であれば必ずゼロになる．実際，各フーリエモードに対して波数ベクトル $\vec{l}$ を対称軸として座標を反転させると，E/B モードの幾何学的意味から $\tilde{\gamma}_E \to \tilde{\gamma}_E, \tilde{\gamma}_B \to -\tilde{\gamma}_B$ と変換することがわかる．したがって交差パワースペクトルは $P_{EB}(l) \to -P_{EB}(l)$ と変換してしまい，ゼロでない限り不変に保たれない．

式 (9.108) により，E/B モードのパワースペクトルはもとの歪み場のパワースペクトルとの間に

$$P_E(l) + P_B(l) = P_{\gamma_1}(\vec{l}) + P_{\gamma_2}(\vec{l}) \tag{9.110}$$

$$P_E(l) - P_B(l) + 2iP_{EB}(l) = e^{-4i\phi_l} \left[P_{\gamma_1}(\vec{l}) - P_{\gamma_2}(\vec{l}) + 2iP_{\gamma_1\gamma_2}(\vec{l}) \right] \tag{9.111}$$

の関係にある[*3]．右辺の個々の項は陽に座標軸の方向へ依存しているが，全体としては座標回転の下で不変である．このことは式 (8.79) あるいは (8.82) を用いて容易に確かめられる．またパリティ不変な場合，式 (9.111) の虚部がゼロになるから，交差パワースペクトル $P_{\gamma_1\gamma_2}$ は $P_{\gamma_1} - P_{\gamma_2}$ により一意的に与えられることがわか

[*3] 式 (9.111) のパワースペクトルの組み合わせは複素表示 $\gamma_E + i\gamma_B$ から構成したパワースペクトルである．複素表示の方が回転変換の表現が簡単化する．

る：

$$P_{\gamma_1\gamma_2}(\vec{l}) = \frac{1}{2}\tan(4\phi_l)\cdot\left[P_{\gamma_1}(\vec{l}) - P_{\gamma_2}(\vec{l})\right] \tag{9.112}$$

スカラー量の重力ポテンシャルから引き起こされる重力レンズの歪み場は必ずパリティ不変性を持つ．このため式 (9.98), (9.99) は確かに上の式を満たしている．

上に与えたフーリエモードの E/B 分解は歪み場に対しての一般論であり，重力レンズの歪み場に限らずあてはまる．ここで重力レンズの場合を考えると，歪み場は式 (9.96) で与えられたから，恒等的に

$$\tilde{\gamma}_{\rm E}(\vec{l}) = \tilde{\kappa}(\vec{l}), \quad \tilde{\gamma}_{\rm B}(\vec{l}) = 0 \tag{9.113}$$

であり，そのパワースペクトルは

$$P_{\rm E}(l) = P_\kappa(l), \quad P_{\rm B}(l) = P_{\rm EB}(l) = 0 \tag{9.114}$$

となる．すなわち重力レンズによる歪み場の E モードは収束場に他ならず，B モードは必ずゼロになる．E モードのみが物理的な自由度である．また必ずゼロになる量が存在することは実際の観測においても有用である．B モードを測定してゼロになっているかどうかを確かめれば，系統誤差のチェックになる．

重力レンズにおける歪み場に E モードしかないということは，ゆらぎの変化する方向に平行か垂直な方向にしか歪むことができないということである．これは重力レンズ効果がスカラー量である重力ポテンシャルから生成されるためである．一般にスカラー量から B モードが生成されることはない．磁場がスカラーポテンシャルから生成されないのと同じことである．ちなみに計量のゆらぎとして重力波の自由度を考慮すると B モードも生成可能である．ただし重力レンズにおけるその効果はきわめて小さい．

歪み場の相関関数は E/B モードのパワースペクトルをフーリエ変換して得ることができ，

$$w_{\rm E}(\theta) = \int_0^\infty \frac{ldl}{2\pi} P_{\rm E}(l) J_0(l\theta), \quad w_{\rm B}(\theta) = \int_0^\infty \frac{ldl}{2\pi} P_{\rm B}(l) J_0(l\theta) \tag{9.115}$$

などとなる．重力レンズによる歪み場の場合，式 (9.114) から

$$w_{\rm E}(\theta) = \int_0^\infty \frac{ldl}{2\pi} P_\kappa(l) J_0(l\theta), \quad w_{\rm B}(\theta) = w_{\rm EB}(\theta) = 0 \tag{9.116}$$

で与えられる．図 9.17 は実際に観測された弱い重力レンズによる歪み場の相関関数である．

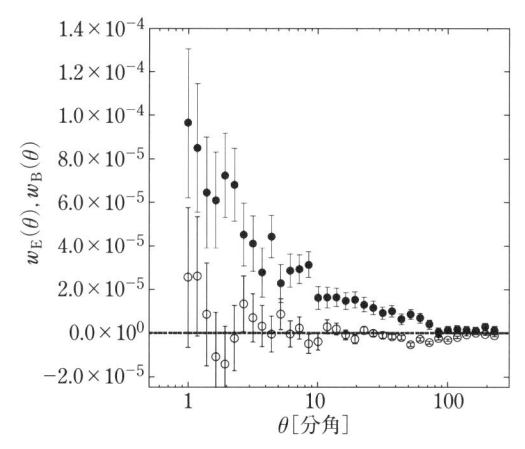

図 9.17 観測で求められた弱い重力レンズによる歪み場の相関関数．黒丸が E モード相関関数，白丸が B モード相関関数を表す（[45] を改変）．

　弱レンズによる歪み場の解析では，歪み場の相関関数そのものを解析する代わりに，適当な積分核により相関関数を積分して平均化したものを用いる場合も多い．そのような統計量においても歪み場の E モードと B モードを分離して解析し，B モードの振る舞いを用いて系統誤差を見積もることが有用である．

　B モードが発生する原因としてはまず観測装置や解析方法の系統誤差がある．たとえば望遠鏡のレンズに歪みがあれば，それは銀河の像を歪ませる．通常これは補正されるが，不定性などによりその補正が不完全であれば系統誤差を生み出す．それ以外にも，光源銀河の本来の形に向きの相関があると，そこからも B モードが発生する．もし B モードが発生していると，E モードについても重力レンズ効果だけを考慮した理論式では解析に十分でないことになる．弱い重力レンズ効果の解析では微妙な系統誤差を可能な限り取り除くことが重要な課題である．

第10章

宇宙マイクロ波背景放射の非等方性

　電磁波として我々に届く宇宙の情報の中でも，もっとも遠くからやってくるものは宇宙マイクロ波背景放射 (CMB) である．もっとも遠いということはもっとも古いということでもある．宇宙マイクロ波背景放射はビッグバンを直接的に支持するという重大な意味を持ち，その温度は宇宙の放射エネルギーの量を定量的に与えてくれた．地球の固有運動による双極的な温度非等方性も早くから見つかっていて，固有運動の速度も見積もられた．

　固有運動以外の起源による温度の非等方性が見つかり，それが正確に測定されるようになると，そこから得られる定量的な宇宙論的情報は飛躍的に増えた．背景放射の温度非等方性の起源には，晴れ上がりの時点から存在する1次的なものと，光の伝播途中で作られる2次的なものの2種類がある．観測される温度非等方性には両者が混ざってはいるが，さまざまな物理過程におけるゆらぎの生成過程はスケールに依存する．このため，広いスケール範囲を観測して解析することにより，ある程度その起源を分離することができるのである．

10.1 宇宙マイクロ波背景放射と温度ゆらぎ

　CMB は，脱結合時刻 t_{dec} に出発した光が大きく赤方偏移して観測されるものである．脱結合時の光子は温度 T だけで特徴づけられる熱平衡分布を持つ．これまでのところ，CMB スペクトルの等方成分について，プランク分布からの有意なずれは見つかっていない．宇宙の非一様性により，光子のエネルギー密度 ρ_γ には空間的なゆらぎ δ_γ があるため，その温度 T は場所の関数となる．ここで $\rho_\gamma \propto T^4$ であるから，ゆらぎの線形近似のもとで $\delta_\gamma = \delta\rho_\gamma/\rho_\gamma = 4\delta T/T$ と関係している．

　脱結合時刻から現在までに光が進む共動距離を x_{dec} とすると，背景放射は我々から見てこの共動半径を持つ球面上からやってくることになる．この球面は光子が

最後に物質によって散乱された場所であり，**最終散乱面** (last scattering surface) と呼ばれる．実際には脱結合過程は一瞬の出来事ではないため，最終散乱面にもある程度の厚みがある．この効果は小角度スケール側の温度非等方性を抑える働きがあるが，以下では簡単のためあまり小角度のスケールは考えないことにする．すると最終散乱面での温度の非等方ゆらぎは

$$\left.\frac{\delta T}{T}\right|_{\text{dec}}(\theta,\phi) = \frac{1}{4}\delta_\gamma(x_{\text{dec}},\theta,\phi,t_{\text{dec}}) \tag{10.1}$$

で与えられる．これが背景放射温度の 1 次的な非等方性である．

最終散乱面を出た光は測地線に沿って膨張宇宙を伝播し，観測者に到達する．この過程で 2 次的な温度ゆらぎが発生する．そのもっとも顕著な効果は赤方偏移の非等方性である．式 (4.65) に見たように，赤方偏移による光子のエネルギーの低下に比例して温度も低下する．宇宙の非一様性により，最終散乱面の各点からの赤方偏移に非等方性があるので，これが 2 次的な非等方性として寄与する．

線形近似のもとで，非一様宇宙における赤方偏移は式 (8.56) で与えられた．ここで光の放射点は最終散乱面の各点である．赤方偏移 z を受けた光は温度が $1+z$ に反比例して減少するから，赤方偏移の非等方性によって生じる温度非等方性は

$$\left.\frac{\delta T}{T}\right|_{\text{shift}} = \left.\frac{\hat{n}^i v_i}{c}\right|_{\text{o}} - \left.\frac{\hat{n}^i v_i}{c}\right|_{\text{dec}} - \left.\frac{\Phi}{c^2}\right|_{\text{o}} + \left.\frac{\Phi}{c^2}\right|_{\text{dec}} + \frac{2}{c^2}\int_{t_{\text{dec}}}^{t_0}\dot{\Phi}\,dt \tag{10.2}$$

となる．ただし式 (8.56) の n^i を $-\hat{n}^i$ で置き換えて，ここでは観測者から最終散乱面を向いた単位ベクトルを $\hat{n}^i$ とした．右辺第 1 項は観測者の固有運動によるドップラー効果である．観測者の固有運動の方向の温度は高くなり，逆方向の温度は低くなり，全体として温度非等方性の双極成分を生む．上述のように，この効果はもっとも大きな温度非等方性である．しかし局所的な原因で生じるため宇宙論的な解析では通常この寄与は差し引かれる．第 2 項は最終散乱面における光の放出点でのドップラー効果である．観測者へ向かって特異速度を持つ点から放射された光は温度が高くなる．第 3 項は観測者の場所における重力赤方偏移である．この項は温度の平均値を変化させるだけであるから，単極成分となり非等方性には寄与しない．第 4 項は散乱面における重力赤方偏移でありこれは温度非等方性を生む．重力ポテンシャルの大きいところから降りてくる光はエネルギーを得て温度が高くなる．最後の項は積分ザックス–ヴォルフェ効果である．伝播途中の重力ポテンシャルが時間変化して持ち上がるとエネルギーが増加し温度が高くなる．

観測される温度非等方性は線形近似で式 (10.1) と式 (10.2) の和から単極成分を差し引いたもので与えられ，

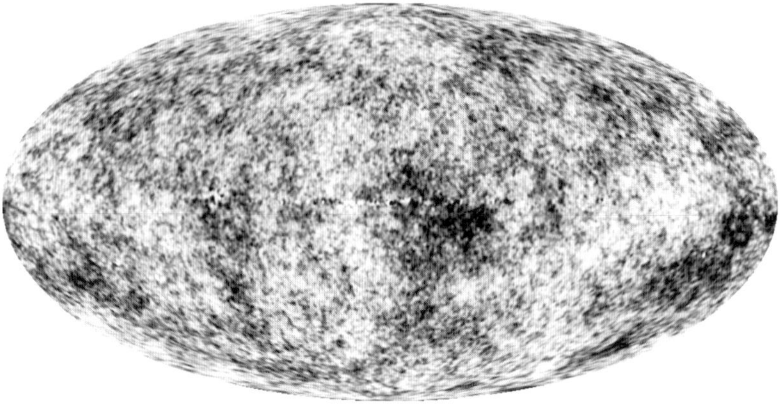

図 10.1 WMAP 衛星により観測された宇宙マイクロ波背景放射の温度非等方性. 銀河系からの放射による寄与と, 双極子成分は差し引かれている [46].

$$\frac{\delta T}{T}(\theta,\phi) = \frac{1}{c}\hat{n}^i v_i(0) + \frac{1}{4}\delta_\gamma(x_{\text{dec}},\theta,\phi,t_{\text{dec}}) + \frac{1}{c^2}\Phi(x_{\text{dec}},\theta,\phi,t_{\text{dec}})$$
$$+ \frac{1}{caH}\frac{\partial \psi}{\partial x}(x_{\text{dec}},\theta,\phi,t_{\text{dec}}) + \frac{2}{c^2}\int_{t_{\text{dec}}}^{t_0}\dot{\Phi}[x(t),\theta,\phi,t]\,dt \quad (10.3)$$

となる. ただし $x(t)$ は背景放射の光路の共動距離を時間の関数として表したものである. また $v^i(0)$ は観測者の固有速度である. さらに ψ は式 (6.53) で定義される速度ポテンシャルであり, 減衰モードとなる速度場の回転成分は無視した[*1]. 他にも 2 次的な要因はあるが, 主な温度非等方性の効果は式 (10.3) により表される.

WMAP 衛星により観測された温度ゆらぎの全天地図が図 10.1 に示されている. ただしこの図では双極子成分は差し引かれている. また我々の銀河系の出す放射による成分も, モデル化することで差し引かれている.

10.1.1 温度ゆらぎの双極子成分

CMB 温度ゆらぎのもっとも大きな成分は観測者の固有運動 $v^i(0)$ によるドップラー効果である. これは式 (10.3) の第 1 項で与えられ,

$$\left.\frac{\delta T}{T}\right|_{\text{dipole}}(\theta,\phi) = \frac{1}{c}\hat{n}^i v_i(0) \quad (10.4)$$

[*1] 相対論的なゆらぎの発展においても速度場の回転成分は減衰モードである.

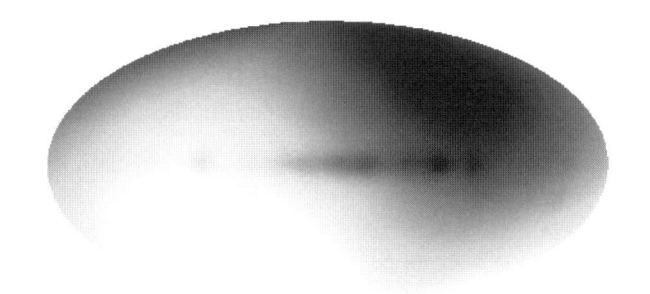

図 10.2 COBE衛星により観測された温度ゆらぎの双極子成分 [47].

となる．観測者の運動方向へは青方偏移により温度が高くなり，その逆方向へは赤方偏移により温度が低くなる双極子型の温度ゆらぎパターンを持つ．図 10.2 は COBE 衛星の DMR (Differential Microwave Radiometer) により観測された温度ゆらぎの双極子成分である．この観測により温度ゆらぎの双極子成分の振幅は約 3.35 mK であることがわかり，その方向も決められた．この値は年変動を差し引いたもので，太陽系の固有運動により引き起こされるものと解釈できる．したがってその固有運動の絶対値は 370 km/s に相当する．銀河系内での太陽系の運動を考慮すれば，ここから銀河系の固有運動速度を求めることができる．この解析により，我々の銀河系は背景放射に対して約 630 km/s の速さで，うみへび座–ケンタウルス座超銀河団の付近へ向かって進んでいることがわかっている．

10.1.2　超ハッブル・スケールの温度ゆらぎ

光子の脱結合時にハッブル半径を超えるスケールで生成される温度ゆらぎについて考える．この場合は放射や物質の間に相互作用が働かないため，初期の重力ポテンシャルのゆらぎがほぼ反映されたものとなる．脱結合時のハッブル半径 $d_H(z_{dec}) = c/H(z_{dec}) = cH_0^{-1}\Omega_{m0}^{-1/2}(1+z_{dec})^{-3/2}$ を現在の観測者が見込む角度 θ_H は，脱結合時の角径距離 $d_A(z_{dec})$ を用いて，

$$\theta_H = \frac{d_H(z_{dec})}{d_A(z_{dec})} = \frac{c}{H_0\sqrt{\Omega_{m0}}}\frac{(1+z_{dec})^{-3/2}}{d_A(z_{dec})} \tag{10.5}$$

で与えられる．ここで最終散乱面までの角径距離 $d_A(z_{dec})$ の正確な値は宇宙論パラメータによる．これをおおまかに現在の宇宙が物質優勢である場合のハッブル・スケール $2cH_0^{-1}\Omega_{m0}^{-1/2}(1+z_{dec})^{-1}$ で近似すると，

$$\theta_{\mathrm{H}} \sim \frac{1}{2}(1+z_{\mathrm{dec}})^{-1/2} \sim 1° \left(\frac{1+z_{\mathrm{dec}}}{1100}\right)^{-1/2} \tag{10.6}$$

となる．したがって，角度が$1°$を超える温度ゆらぎの非等方性は，おおまかに脱結合時の超ハッブル・スケールに対応する．

断熱ゆらぎにおいては，超ハッブル・スケールの各成分のゆらぎについて式(7.60)が成り立つから，とくにダークマターを含む非相対論的物質のゆらぎδ_{m}と光子のエネルギー密度ゆらぎとの間に$\delta_{\mathrm{m}} = 3\delta_{\gamma}/4$の関係がある．式(7.45)により，超ハッブル・スケールにおける物質優勢期の物質密度ゆらぎは$\delta_{\mathrm{m}} = -2\Phi/c^2$である．したがって式(10.3)に表れる光子のエネルギー密度ゆらぎの項は

$$\frac{1}{4}\delta_{\gamma} = -\frac{2}{3c^2}\Phi \tag{10.7}$$

となる．

脱結合時はほぼ物質優勢期と考えてよい．式(7.44)により，物質優勢期の速度場は，減衰モードとなる回転成分を無視して

$$\boldsymbol{v} = -\frac{\boldsymbol{\nabla}\psi}{aH} = -\frac{2}{3aH}\boldsymbol{\nabla}\Phi \tag{10.8}$$

となる．したがって，式(10.2)の放射点におけるドップラー効果の項は

$$\left.\frac{\hat{n}^i v_i}{c}\right|_{\mathrm{dec}} = -\frac{2}{3caH}\left.\frac{\partial\Phi}{\partial x}\right|_{\mathrm{dec}} \tag{10.9}$$

となる．ここで$\hat{n}^i\partial_i = \partial/\partial x$は動径方向への共動距離による空間微分である．ここで波数kのゆらぎを考えると右辺は$(2ick/3aH)(\Phi/c^2)$となるから，超ハッブル・スケール$k \ll aH/c$においては無視できる．

以上をまとめると，式(10.3)から双極子成分を差し引いた温度ゆらぎは超ハッブル・スケールにおいて重力ポテンシャルのみで書き表され，

$$\frac{\delta T}{T}(\theta,\phi) = \frac{1}{3c^2}\Phi(x_{\mathrm{dec}},\theta,\phi,t_{\mathrm{dec}}) + \frac{2}{c^2}\int_{t_{\mathrm{dec}}}^{t_0}\dot{\Phi}[x(t),\theta,\phi,t]\,dt \tag{10.10}$$

で与えられる．右辺第1項で与えられる温度ゆらぎは**ザックス–ヴォルフェ効果**（Sachs-Wolfe effect; SW効果）と呼ばれる：

$$\left.\frac{\delta T}{T}\right|_{\mathrm{SW}}(\theta,\phi) = \frac{1}{3c^2}\Phi(x_{\mathrm{dec}},\theta,\phi,t_{\mathrm{dec}}) \tag{10.11}$$

この効果は最終散乱面での1次的な温度非等方性と重力赤方偏移の効果を合わせたものである．密度ゆらぎの大きいところでは物質の温度も高いのだが，重力赤方偏移による温度低下の方が強く効くことにより，結局観測される温度は低くなる．

一方，式 (10.10) の右辺第 2 項は積分ザックス–ヴォルフェ効果（ISW 効果）である：

$$\left.\frac{\delta T}{T}\right|_{\mathrm{ISW}}(\theta,\phi) = \frac{2}{c^2}\int_{t_{\mathrm{dec}}}^{t_0}\dot{\Phi}\left[x(t),\theta,\phi,t\right]dt \tag{10.12}$$

この項は重力ポテンシャルが陽に時間変化するときだけに効果が働く．物質優勢期は重力ポテンシャルが時間的に一定に保たれるので，この効果は働かない．

　CMB において ISW 効果の生じる原因は主に 2 種類ある．1 つは**初期 ISW 効果** (early ISW effect) と呼ばれるものである．脱結合時にまだ完全な物質優勢期となっていないうちは，放射成分の影響により重力ポテンシャルが時間的に変化する．とくにゆらぎの波長が音響ホライズン内に入るとゆらぎの成長が阻害され，重力ポテンシャルが減衰する．このため，初期 ISW 効果は脱結合直後に音響ホライズンに対応するスケール付近でとくに効果的になる．その後十分物質優勢になればこの効果は消える．

　もう 1 つの種類は**後期 ISW 効果** (late ISW effect) と呼ばれるものである．宇宙後期に曲率やダークエネルギーが寄与して物質優勢でなくなると，重力ポテンシャルの振幅が減少する．このため，密度ゆらぎが大きくポテンシャルが低い場所を通過してきた光子の温度は上がり，逆にボイドのようなポテンシャルの高い場所を通過してきた光子の温度は下がる．このため，CMB 温度の後期積分ザックス–ヴォルフェ効果と，手前にある宇宙の大規模構造との間には相関がある．この相関は実際の観測によっても示唆されている．

10.2　温度ゆらぎのパワースペクトル

10.2.1　角度パワースペクトル

　観測される温度ゆらぎは天球面上の 2 次元の場であるから，9.1.3 項と同様に角度パワースペクトルを定義して定量化することができる．温度ゆらぎを球面調和関数によって

$$\frac{\delta T}{T}(\theta,\phi) = \sum_{l=0}^{\infty}\sum_{m=-l}^{l}a_{lm}Y_l^m(\theta,\phi) \tag{10.13}$$

と展開する．そして式 (9.14) 以下の関係式は $\delta_{2\mathrm{D}} \to \delta T/T$ と置き換えればそのまま成立する．温度ゆらぎのパワースペクトル C_l は式 (9.20) で与えられる：

$$\langle a_{lm}^* a_{l'm'} \rangle = \delta_{ll'} \delta_{mm'} C_l \qquad (10.14)$$

具体的に式 (10.3) から角度パワースペクトルを求めてみる．双極子成分はすでに差し引いてあるとする．簡単のために曲率ゼロ $K = 0$ の宇宙を仮定し，右辺に表れるゆらぎの変数を直交座標におけるフーリエ変換により表すことを考える．直交座標では $\boldsymbol{x} = x\hat{\boldsymbol{n}}$, $\hat{\boldsymbol{n}} = (\sin\theta\cos\phi, \sin\theta\sin\phi, \cos\theta)$ となるので，フーリエ変換はたとえば

$$\Phi(x,\theta,\phi,t) = \int \frac{d^3k}{(2\pi)^3} e^{i\boldsymbol{k}\cdot\boldsymbol{x}} \tilde{\Phi}(\boldsymbol{k},t) = \int \frac{d^3k}{(2\pi)^3} \sum_{l=0}^{\infty} i^l (2l+1) P_l(\hat{\boldsymbol{k}}\cdot\hat{\boldsymbol{n}}) j_l(kx) \tilde{\Phi}(\boldsymbol{k},t) \qquad (10.15)$$

となる．ただしここでレイリー展開の公式

$$e^{i\boldsymbol{k}\cdot\boldsymbol{x}} = \sum_{l=0}^{\infty} i^l (2l+1) j_l(kx) P_l(\hat{\boldsymbol{k}}\cdot\hat{\boldsymbol{n}}) \qquad (10.16)$$

を用いた．他の変数についても同様の展開をして式 (10.3) へ代入することにより，双極子成分を除いた温度ゆらぎは

$$\frac{\delta T}{T} = \int \frac{d^3k}{(2\pi)^3} \sum_{l=0}^{\infty} i^l (2l+1) P_l(\hat{\boldsymbol{k}}\cdot\hat{\boldsymbol{n}}) \Theta_l(\boldsymbol{k}) \qquad (10.17)$$

という形になる．ここで

$$\Theta_l(\boldsymbol{k}) = \left[\frac{1}{4} \tilde{\delta}_\gamma(\boldsymbol{k}, t_{\text{dec}}) + \frac{1}{c^2} \tilde{\Phi}(\boldsymbol{k}, t_{\text{dec}}) \right] j_l(kx_{\text{dec}})$$
$$+ \frac{k}{caH} \tilde{\psi}(\boldsymbol{k}, t_{\text{dec}}) j_l'(kx_{\text{dec}}) + \frac{2}{c^2} \int_{t_{\text{dec}}}^{t_0} dt \dot{\tilde{\Phi}}(\boldsymbol{k}, t) j_l[kx(t)] \qquad (10.18)$$

である．ルジャンドル多項式の展開式 (9.19) を式 (10.17) へ代入すれば，

$$a_{lm} = 4\pi i^l \int \frac{d^3k}{(2\pi)^3} Y_l^{m*}(\hat{\boldsymbol{k}}) \Theta_l(\boldsymbol{k}) \qquad (10.19)$$

となることがわかる．これと式 (10.14) により角度パワースペクトルを求めれば，

$$C_l = \frac{1}{2l+1} \sum_m \langle |a_{lm}|^2 \rangle = 4\pi \int \frac{d^3k}{(2\pi)^3} \int \frac{d^3k'}{(2\pi)^3} \langle \Theta_l^*(\boldsymbol{k}) \Theta_l(\boldsymbol{k}') \rangle \qquad (10.20)$$

と表すことができる．ただし第 2 の等式において式 (9.19) と $P_l(1) = 1$ を用いた．

線形近似においては，ゆらぎはフーリエモードごとに独立に進化する．減衰モードを無視すると，時間発展したゆらぎの振幅は初期ゆらぎの振幅に比例する．初期ゆらぎの振幅はたとえば物質優勢期の時間的に一定な重力ポテンシャル $\tilde{\Phi}_{\mathrm{m}}(\bm{k})$ で特徴づけられるから，

$$\Theta_l(\bm{k}) = g_l(k)\tilde{\Phi}_{\mathrm{m}}(\bm{k}) \tag{10.21}$$

とかくことができ，係数 $g_l(k)$ は初期ゆらぎに依存しない[*2]．この係数は**放射遷移関数** (radiation transfer function) と呼ばれる．宇宙原理によりゆらぎの発展には特別な方向がないから，放射遷移関数は波数ベクトル $\bm{k}$ の方向にはよらない．

重力ポテンシャル $\tilde{\Phi}_{\mathrm{m}}(\bm{k})$ のパワースペクトルを $P_{\Phi\mathrm{m}}(k)$ とすると，式 (8.9) と同様に

$$\left\langle \tilde{\Phi}_{\mathrm{m}}^*(\bm{k})\tilde{\Phi}_{\mathrm{m}}(\bm{k}') \right\rangle = (2\pi)^3 \delta_{\mathrm{D}}^3(\bm{k}-\bm{k}') P_{\Phi\mathrm{m}}(k) \tag{10.22}$$

である．したがって，式 (10.20)–(10.22) により

$$C_l = \frac{2}{\pi} \int k^2 dk\, P_{\Phi\mathrm{m}}(k) |g_l(k)|^2 \tag{10.23}$$

となる．したがって放射遷移関数が得られれば初期ゆらぎの k 積分によって温度ゆらぎの角度パワースペクトルが得られる．

ポアソン方程式 (7.23) と，密度ゆらぎの線形成長率 $D(t) = \tilde{\Delta}(\bm{k},t)/\tilde{\Delta}(\bm{k},t_0)$ より，脱結合時以後の重力ポテンシャルの成長は

$$\tilde{\Phi}(\bm{k},t) = -\frac{4\pi G a^2}{c^2 k^2}\rho_{\mathrm{m}} D \tilde{\Delta}_0 = -\frac{3}{2k^2}\frac{D(t)}{a(t)} H_0^2 \Omega_{\mathrm{m}0} \tilde{\Delta}_0 \tag{10.24}$$

と表される．ただし $\tilde{\Delta}_0 \equiv \tilde{\Delta}(\bm{k},t_0)$ は現在の密度ゆらぎである．また，脱結合時以後の遷移関数は一定とした．物質優勢期には D/a は一定となる．ここで物質優勢期に $D_+ = a$ と規格化される線形成長率 $D_+(t) = a(t_{\mathrm{m}})D(t)/D(t_{\mathrm{m}})$ を導入する．ここで t_{m} は物質優勢期の任意の時刻である．これを用いると物質優勢期において $D(t_{\mathrm{m}})/a(t_{\mathrm{m}}) = 1/D_+(t_0)$ となるから，式 (10.24) より

[*2] 断熱ゆらぎと等曲率ゆらぎが混ざる場合など，初期ゆらぎが 1 つの変数だけで特徴づけられないときには複数の変数の線形結合となる．また，初期ゆらぎの振幅を表すための変数としてはゆらぎの 1 次の量であれば $\tilde{\Phi}_{\mathrm{m}}(\bm{k})$ である必要はなく，たとえば線形密度ゆらぎの現在値 $\delta(\bm{k})$ などを基準にしてもかまわない．

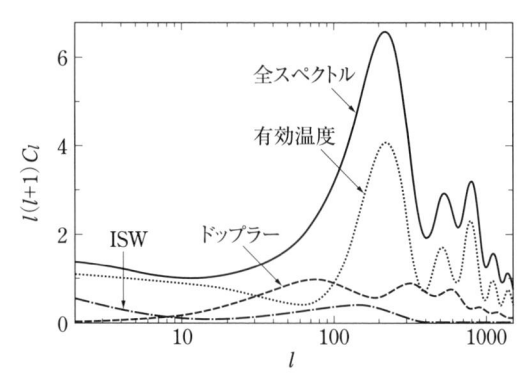

図 10.3 温度ゆらぎの角度パワースペクトルにおける 3 つの要因．式 (10.18) における 3 つの項の寄与の比を表す．第 1 項から第 3 項がそれぞれ図の有効温度，ドップラー，ISW に対応する．縦軸のスケールは任意である [48]．
©2009, American Institute of Physics

$$\tilde{\Phi}_{\mathrm{m}} = -\frac{3}{2k^2}\frac{H_0^2 \Omega_{\mathrm{m}0} \tilde{\Delta}_0}{D_+(t_0)} \tag{10.25}$$

となる．したがって，現在の密度ゆらぎパワースペクトルを $P(k)$ とすると

$$P_{\Phi\mathrm{m}}(k) = \frac{9}{4}\left[\frac{H_0^2 \Omega_{\mathrm{m}0}}{D_+(t_0)}\right]^2 \frac{P(k)}{k^4} \tag{10.26}$$

となる．これにより式 (10.23) は

$$C_l = \frac{9}{2\pi}\left[\frac{H_0^2 \Omega_{\mathrm{m}0}}{D_+(t_0)}\right]^2 \int \frac{dk}{k^2} P(k)|g_l(k)|^2 \tag{10.27}$$

と表すことができる．

　こうして，温度ゆらぎの線形パワースペクトルは，密度ゆらぎのパワースペクトルと放射遷移関数により完全に決められる．こうして得られるパワースペクトルの例が図 10.3 である．ここで放射遷移関数には主として式 (10.18) で表される 3 つの項からの寄与がある．それぞれの項からの寄与が図 10.3 に示されている．ただし 2 乗するときに交差する項が寄与するので，全体のパワースペクトルの値はこれらの個別の寄与の和に完全に等しいわけではない．この図からわかるように，パワースペクトルの形には第 1 項が大きく寄与し，第 2 項以下のドップラー効果や積分ザックス–ヴォルフェ効果はスケールに応じて振幅を底上げするような効果となっている．

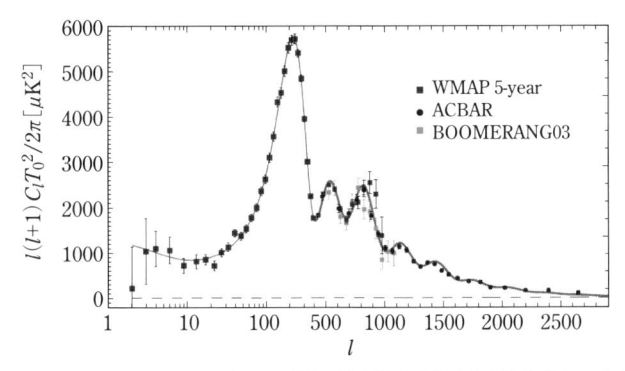

図 10.4 CMB パワースペクトル．理論（実線）と観測（誤差棒付きの点）はきわめてよく一致する [49].

CMB の角度パワースペクトルの正確な理論計算は，相対論的なボルツマン方程式の数値計算に基づいて行われる．この目的のために作成された数値計算コードはボルツマン・コード (Boltzmann code) と呼ばれている[*3]．理論計算によって得られる角度パワースペクトルは観測結果と非常によく一致する．図 10.4 に比較の例を示した．

以下に温度ゆらぎに対する個別の寄与について見ていく．ただし断らない限り，初期ゆらぎとしては断熱ゆらぎを仮定する．

10.2.2 ザックス–ヴォルフェ効果

はじめにザックス–ヴォルフェ効果が主要な効果となる超ハッブル・スケールの温度ゆらぎを考える．これは式 (10.6) より，$l \ll \pi/\theta_\mathrm{H} \sim 100$ のスケールを考えることに相当する．まずザックス–ヴォルフェ効果が支配的な場合を考える．このときの温度ゆらぎは式 (10.11) で与えられるので，式 (10.18) は

$$\Theta_l^{(\mathrm{SW})}(\boldsymbol{k}) = \frac{1}{3}\tilde{\varPhi}(\boldsymbol{k}, t_\mathrm{dec}) j_l(k x_\mathrm{dec}) \tag{10.28}$$

となる．脱結合時はほぼ物質優勢期であるから $\tilde{\varPhi}(\boldsymbol{k}, t_\mathrm{dec}) = \tilde{\varPhi}_\mathrm{m}(\boldsymbol{k})$ とおけば，放射遷移関数は

$$g_l^{(\mathrm{SW})}(k) = \frac{1}{3} j_l(k x_\mathrm{dec}) \tag{10.29}$$

---

*3 これらのコードのいくつかはインターネット上で公開されている．なかでも計算時間の速い CMBFAST (http://www.cfa.harvard.edu/~mzaldarr/CMBFAST/cmbfast.html) およびその発展形である CAMB (http://camb.info/) は重要な役割を果たしている．

となる．したがって式 (10.27) よりザックス-ヴォルフェ効果による角度パワースペクトルは

$$C_l^{(\mathrm{SW})} = \frac{1}{2\pi}\left[\frac{H_0^{\,2}\Omega_{\mathrm{m}0}}{D_+(t_0)}\right]^2 \int \frac{dk}{k^2}\, P(k)\left[j_l(kx_{\mathrm{dec}})\right]^2 \qquad (10.30)$$

という形となる．

密度ゆらぎの初期スペクトルが式 (8.21) のようにべき乗の形で与えられる場合，式 (8.34) および脱結合時の超ハッブル・スケールにおける遷移関数の値は 1 であることから，現在の密度パワースペクトルは $P(k) = A_0 k^n$ と表される．この場合，式 (10.30) はベッセル関数の積分公式を使って解析的に積分できて，

$$C_l^{(\mathrm{SW})} = \frac{A_0 x_{\mathrm{dec}}^{1-n}}{8\sqrt{\pi}}\left[\frac{H_0^{\,2}\Omega_{\mathrm{m}0}}{D_+(t_0)}\right]^2 \frac{\Gamma[(3-n)/2]\Gamma[l+(n-1)/2]}{\Gamma[2-n/2]\Gamma[l+(5-n)/2]} \qquad (10.31)$$

となる．ここで $\Gamma(x)$ はガンマ関数である．スケール不変なハリソン-ゼルドビッチスペクトル $n = 1$ の場合にはとくに簡単化して

$$C_l^{(\mathrm{SW})} = \frac{A_0}{4\pi}\left[\frac{H_0^{\,2}\Omega_{\mathrm{m}0}}{D_+(t_0)}\right]^2 \frac{1}{l(l+1)} \qquad (10.32)$$

となる．つまりこの場合には $l(l+1)C_l$ が l に関して一定となる．このことを反映して，一般に温度非等方性の角度パワースペクトルを図に示すときには $l(l+1)C_l/2\pi$ の組み合わせを縦軸にとることが多い．ダークエネルギーや曲率がなくて積分ザックス-ヴォルフェ効果がなく，しかもハリソン-ゼルドビッチスペクトルの場合には，$l(l+1)C_l/2\pi$ は一定となる．逆に一定とならない場合は積分ザックス-ヴォルフェ効果が効いているか，あるいは初期ゆらぎがハリソン-ゼルドビッチスペクトルからずれていることを示唆する．

10.2.3　積分ザックス-ヴォルフェ効果

積分ザックス-ヴォルフェ (ISW) 効果は式 (10.18) の最後の項，すなわち

$$\Theta_l^{(\mathrm{ISW})}(\boldsymbol{k}) = \frac{2}{c^2}\int_{t_{\mathrm{dec}}}^{t_0} dt\, \dot{\Phi}(\boldsymbol{k}, t)\, j_l[kx(t)] \qquad (10.33)$$

で与えられる．2 種類の ISW 効果は，角度パワースペクトルにおいてそれぞれ影響を及ぼすスケールが異なる．

まず初期 ISW 効果は脱結合後の完全に物質優勢になっていない時期に，放射の

影響で重力ポテンシャルが減衰して起きる．この減衰はゆらぎの波長が音響ホライズンに入るときに顕著である．十分放射優勢の時期にホライズン内に入る小スケールにおいては，脱結合時までにかなりポテンシャルが減衰してしまっているので，その初期ISW効果は小さい．逆に完全に物質優勢期になってからホライズン内に入る大スケールでは，ホライズン内での顕著な減衰を受けないので，やはり効果は小さい．ちょうど脱結合時にホライズンに入ってくる程度の波長スケールでポテンシャルの時間変化が大きくなり，初期ISW効果が比較的大きくなる．

一方，後期ISW効果は後期宇宙における重力ポテンシャルの時間変化によって生じる．曲率やダークエネルギーは重力ポテンシャルの振幅を減衰させる．この場合のISW効果もスケールによってその有効性が異なる．小スケールのゆらぎにおいてはポテンシャルが時間変化する間，光子がポテンシャルの山と谷をいくつも通ってくるためISW効果により赤方偏移する効果と青方偏移する効果が打ち消しあう．このため最終的に観測される温度非等方性へは寄与しなくなる．大スケールのゆらぎになるほどこのような打ち消しあいの効果は小さい．したがって，後期ISW効果によるパワースペクトルへの寄与はlが小さいほど効果が大きくなる．

このように，初期ISW効果は脱結合時のハッブル・スケールに対応する$l \sim \pi/\theta_{\rm H} \sim 100$付近のパワースペクトルを増大させ，後期ISW効果はlの小さいところでパワースペクトルを左肩上がりにする（図10.3）．

なお，曲率やダークエネルギーの効果の他に，非線形効果によっても重力ポテンシャルが時間変化する．たとえば銀河団が視線に垂直な方向へ動く場合，光子が通過する間に重力ポテンシャルが変化してCMBの温度を変化させる．このような効果は線形理論には存在せず，非線形効果を考慮して初めて発生する．これもISW効果の一種と考えられるが，通常は線形理論の枠内で発生するものだけをISW効果と呼んでいる．これに対し，非線形性が原因となって起きるものは**リース–シアマ効果** (Rees-Sciama effect) と呼ばれている．

10.2.4　音響ピーク

式(10.18)の第1項は超ハッブル・スケールにおいてザックス–ヴォルフェ効果となったが，ホライズン内のスケールでは光子のゆらぎδ_γの音響振動が大きな特徴を生み出す．この音響振動のパターンは角度パワースペクトルに複数のピークとなって表れることになる（図10.3）．これらのピークを**音響ピーク** (acoustic peaks) と呼ぶ．

音響振動により増幅されるゆらぎの波数は式(6.98)で与えられた．すなわちお

おまかに

$$k_m \sim \frac{m\pi}{r_s(t_{\rm dec})} \tag{10.34}$$

が，大スケール側から数えて m 番目のゆらぎ振幅 $|\delta_\gamma(\boldsymbol{k})|$ のピークに対応する波数となる．この波数に対応する最終散乱面のスケール π/k_m を見込む角度は

$$\theta_m \sim \frac{\pi}{k_m S_K(x_{\rm dec})} \tag{10.35}$$

となる．ここから角度パワースペクトル C_l においておおまかに

$$l_m \sim \pi/\theta_m \sim \frac{m\pi S_K(x_{\rm dec})}{r_s(t_{\rm dec})} \tag{10.36}$$

に対応するスケールに音響ピークが表れる．このピークの位置は関数 $S_K(x_{\rm dec})$ を通じて宇宙の曲率に大きく依存する．曲率パラメータ Ω_{K0} を大きくすると，負曲率になって脱結合時のスケールを見込む角度が小さくなり，音響ピークの位置 l_m は右へずれる．

　音響ピークがどれくらいの高さとなって表れるかは，バリオンの量に依存する．これを見るため，音響振動を表す方程式 (7.69) に戻ってみよう．定性的な性質を調べるために問題を簡単化し，宇宙膨張を無視して考える．このときスケール因子 a やポテンシャル Φ, Ψ およびバリオンと光子のエネルギー比から決まる式 (6.99) の R は一定とする．したがって式 (6.100) の音速 c_s も一定である．このおおまかな近似の下で式 (7.69) を光子のゆらぎ $\delta_\gamma = 4\delta_b/3$ についてかけば，波数 k のモードについて

$$\ddot{\delta}_\gamma + \frac{c_s^2 k^2}{a^2}\delta_\gamma = -\frac{4k^2}{3a^2}\Phi \tag{10.37}$$

となる．光子のゆらぎ以外の係数は一定と近似しているので，この方程式は一定の外力を受ける調和振動子の方程式とまったく同じであり容易に解ける．その解は単純な単振動であり，振動の中心は $\delta_\gamma = -4\Phi/3c_s^2 = -4(1+R)\Phi/c^2$ にある．観測される温度ゆらぎは式 (10.3) の右辺第3項にあるように，重力ポテンシャルによる赤方偏移効果の項 Φ/c^2 が加わる．これらを合わせた量 $\delta_\gamma/4 + \Phi/c^2$ は値 $-R\Phi/c^2$ を中心として単振動する．このため振動の圧縮位相と希薄位相でゆらぎの振幅が異なる．量 R はバリオン量に比例するので，この振動の中心値がずれる効果はバリオン量が多いほど大きい．

　初期条件を考慮して，式 (10.37) の一般解を求めると

$$\frac{1}{4}\delta_\gamma + \frac{\Phi}{c^2} = \left[\frac{1}{4}\delta_\gamma(0) + \frac{1+R}{c^2}\Phi\right]\cos(kr_s) + \frac{a\dot{\delta}_\gamma(0)}{4kc_s}\sin(kr_s) - \frac{R}{c^2}\Phi \quad (10.38)$$

となる．ただしいまの近似で音響ホライズンは $r_s = c_s t/a$ である．また断熱ゆらぎの場合は $\dot{\delta}_\gamma(0) = 0$ となる*4．ここで式 (10.34) のように m 番目の音響ピークは脱結合時において $kr_s = m\pi$ に対応するから，奇数番目の音響ピークは振幅 $|\delta_\gamma(0)/4 + (1+2R)\Phi/c^2|$ を持ち，偶数番面の音響ピークは振幅 $|\delta_\gamma(0)/4 + \Phi/c^2|$ を持つ．したがって奇数番面の音響ピークはバリオン量が多いほど振幅が大きくなる．奇数番目の音響ピークは脱結合時にポテンシャルの底に落ち込んだバリオン・光子流体の圧縮位相に対応する．バリオン量が多いと音速が小さくなり音響振動の復元力が小さくなる．すると圧縮率が大きくなり，温度ゆらぎの振幅が増大するのである．一方，偶数番目の音響ピークの振幅はほぼ初期の振幅で決まるので変化しない．むしろ実際には宇宙膨張の影響により 2 番目の音響ピークの大きさはバリオン量とともに小さくなっている．こうしてバリオン量を増やすと奇数番目の音響ピークだけが増大する．

10.2.5 光子の拡散効果

小スケールにおいて光子のゆらぎは拡散減衰を受け，温度非等方性は非常に小さくなる．拡散減衰のスケール L_d は式 (6.107) で与えられた．この長さスケールを見込む角度は $\theta_d = L_d/S_K(x_{\mathrm{dec}})$ である．この角度をおおまかに見積もるため曲率とダークエネルギーの寄与を無視すると，式 (3.152) により $S_K(x_{\mathrm{dec}}) \sim x_{\mathrm{dec}} \sim 2cH_0^{-1}\Omega_{\mathrm{m0}}^{-1/2}$ となる．したがって式 (6.107) により，ほぼ

$$\theta_d \sim \frac{H_0\sqrt{\Omega_{\mathrm{m0}}}}{2c}L_d = \sqrt{\frac{2\pi G}{3}\frac{m_{\mathrm{H}}}{\sigma_{\mathrm{T}}c}}\frac{(1+z_{\mathrm{dec}})^{-5/4}\Omega_{\mathrm{m0}}^{1/4}}{H_0^{1/2}\Omega_{\mathrm{b0}}^{1/2}}$$

$$= 1.203 \times 10^{-3}\left(\frac{1+z_{\mathrm{dec}}}{1090}\right)^{-5/4}\left(\frac{\Omega_{\mathrm{b0}}h^2}{0.023}\right)^{-1/2}\left(\frac{\Omega_{\mathrm{m0}}h^2}{0.13}\right)^{1/4} \mathrm{rad} \quad (10.39)$$

の角度よりも小スケールで拡散減衰が顕著になる．したがって $l \gtrsim l_d \sim 2500$ に対応する角度パワースペクトルの値は非常に小さくなる．

10.2.6 宇宙論パラメータへの依存性

観測量である温度非等方性の角度パワースペクトルは，宇宙論パラメータに強く

---

*4　等曲率ゆらぎの場合は $\dot{\delta}_\gamma(0) \neq 0$ となり，この項が振動項を与えるので，断熱ゆらぎの場合に比べて振動位相が 90 度ずれる．このため音響ピークは断熱ゆらぎと異なる位置に出現する．

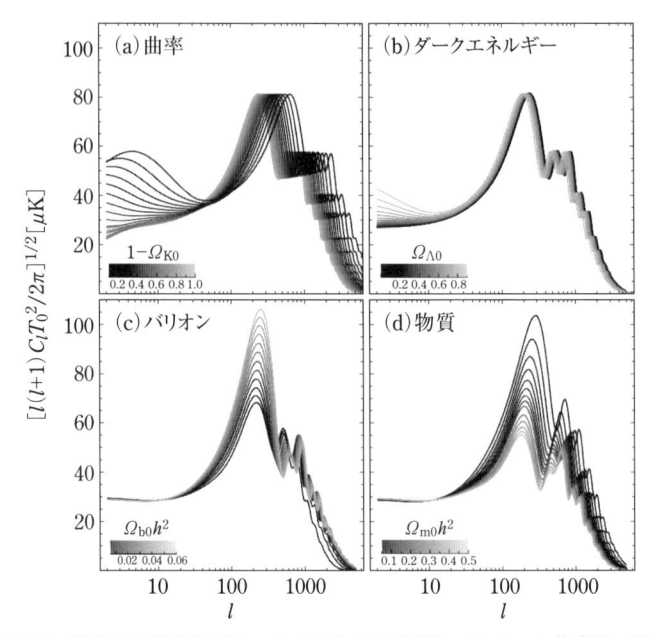

図 10.5 温度ゆらぎ角度パワースペクトルの宇宙論パラメータ依存性．基準となるパラメータ値を $\Omega_{K0} = 0, \Omega_\Lambda = 0.65, \Omega_{b0}h^2 = 0.02, \Omega_{m0}h^2 = 0.147$ と選んである．他のパラメータを固定して 1 つのパラメータだけを変化させたときの影響が示されている．初期ゆらぎはハリソン-ゼルドビッチスペクトル ($n = 1$) を仮定 [50]．

依存する．したがって，これを正確に測定することができれば，宇宙論パラメータのいくつかを精度よく決めることができる．主要なパラメータ依存性を数値的に求めたものが図 10.5 に示してある．この図は，宇宙論パラメータから作られる 4 つの量，曲率パラメータ Ω_{K0}，宇宙項の場合のダークエネルギー密度パラメータ $\Omega_{\Lambda 0}$，バリオン量 $\Omega_{b0}h^2$，物質成分の量 $\Omega_{m0}h^2$ への依存性を表したものである．これら 4 つの量のうち他の 3 つの量を固定して 1 つの変数だけを変化させたものがそれぞれ示されている[*5]．

この図に示されたパラメータ依存性は上に述べた温度非等方性の主要な要因により定性的に理解できる．まず，曲率パラメータ Ω_{K0} への依存性を見てみよう．曲率パラメータを大きくすると後期 ISW 効果が発生する．このために l の値が小さ

[*5] このとき $\Omega_{K0} = 1 - \Omega_{m0} - \Omega_{\Lambda 0}$ の関係が満たされるようにハッブル・パラメータ h が変化している．

い大角度側のパワースペクトルが大きくなる．また式 (10.36) で見たように，脱結合時のスケールを見込む角度が小さくなり，音響ピークの位置を含むパワースペクトルの全体の形が右へずれる．

ダークエネルギーの量を増やした場合も曲率パラメータを増やしたときと同様の変化をする．すなわち，後期 ISW 効果と式 (10.36) による音響ピークの位置のずれである．ただし図にあるように曲率をゼロに固定しつつダークエネルギー量を増やした場合，物質密度パラメータ Ω_{m0} は減少する．このときには音響ピークの位置はあまりずれない．またどんなに観測技術が進んだとしても，大角度のパワースペクトルを精度よく求めることは原理的にできない．我々は温度非等方性を宇宙の1つの場所でしか観測できないため，大角度の非等方性から得られる独立な情報には限りがあるからである．したがって，ダークエネルギーを CMB パワースペクトルのみによって精度よく制限することは難しい．

バリオン量 $\Omega_{b0}h^2$ を増やした場合に顕著な変化は，上で説明したように奇数番目の音響ピークが増大することである．とくに第1音響ピークの大きさはバリオン量への依存性が非常に大きい．第2音響ピークは逆にバリオン量とともに小さくなる．また式 (6.96) からわかるようにバリオン量が増えて音速が低下すると音響ホライズンは小さくなる．このため音響ピークの位置が多少小角度側へずれる．さらに式 (10.39) からわかるように，バリオン量が増えると拡散減衰の角度スケールが減少する．これは自由電子の数が増えることによって光子の平均自由行程が短くなるからである．このため拡散減衰が弱くなり，減衰スケールは小角度側へずれる．これらの特徴により，宇宙のバリオン量は CMB パワースペクトルの観測からよく制限できる．

物質成分量 $\Omega_{m0}h^2$ を増やすと，等密度時が早い時期へずれる．すると脱結合時に放射成分が少なくなって物質優勢の度合が大きくなり，初期 ISW 効果があまり効かなくなる．このため第1音響ピークの振幅が小さくなる．また，物質成分量が増えると赤方偏移を固定したときのハッブル・パラメータが大きくなり，角径距離は小さくなる．このため最終散乱面を見込む角度が大きくなり，パワースペクトルの全体の形が大スケール側へずれる．これらの依存性はバリオン量を増やしたときとはまた違ったパターンを持っている．このため，バリオン量と物質成分量をある程度独立して制限できることになる．

10.2.7 他の副次的な温度非等方性

宇宙マイクロ波背景放射の温度非等方性には，上に述べた顕著な効果の他にも副

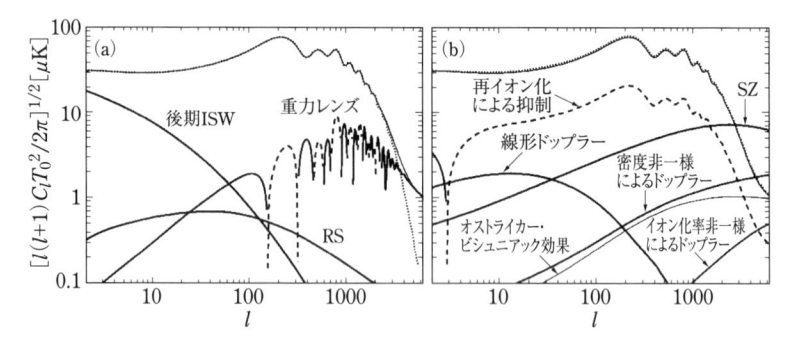

図 10.6 温度ゆらぎ角度パワースペクトルに対するさまざまな副次的効果 [50].

次的に生じるさまざまな要因がある．その温度パワースペクトルへの寄与の計算例が図 10.6 に示される．これら副次的効果の主なものを以下に簡単に概観する．

再イオン化

宇宙で構造形成が進むと，星ができて電磁波を放射するようになる．この放射はまわりの中性水素や中性ヘリウムなどの原子をイオン化する．これを宇宙の**再イオン化** (reionization) という．その結果，自由電子の数が再び増えることになり，いくらかの割合の CMB 光子はこの自由電子によって散乱される．1 つの光子が微小時間 dt の間に，数密度 n_e の自由電子に散乱される確率は $c n_e \sigma_T dt$ である．したがって一度も散乱されない光子の数を N_γ とすると $dN_\gamma = -N_\gamma c n_e \sigma_T dt$ が成り立つから，これを積分して $N_\gamma \propto \exp(-\tau_{\rm ion})$ となる．ここで $\tau_{\rm ion} = c \int n_e \sigma_T dt$ は再イオン化による**光学的厚み** (optical depth) である．光学的厚みが大きいほど光が散乱されやすく，直進しにくい．こうして脱結合時の最終散乱面から直接やってくる光子の割合は $\exp(-\tau_{\rm ion})$ となり，残りの $1 - \exp(-\tau_{\rm ion})$ の割合の光子は再イオン化の時期以後に散乱されたものになる．再イオン化以後に散乱された光子はもともと最終散乱面のいろいろな方向からやってきたものなので，晴れ上がり後のハッブル・スケールで平均されてしまい温度ゆらぎを持たない．このため，再イオン化の時期におけるハッブル半径内に対応する温度ゆらぎのスケール $l \gtrsim 10$ では，非等方性が $\exp(-\tau_{\rm ion})$ だけ弱められ，したがってパワースペクトルは $\exp(-2\tau_{\rm ion})$ に比例して振幅が抑えられる．一方，この平均化は再イオン化の時期の超ハッブル・スケールに影響を及ぼすことはない．このように再イオン化は大角度スケールを除いて温度非

等方性を抑える効果がある．

重力波

　宇宙初期に重力波が生成されているならば，その計量ゆらぎにより CMB の温度非等方性が生じる．インフレーションモデルは初期重力波の存在を予言する．ただしどの程度の重力波が生成されるかはモデルに依存する．重力波の発展は通常の波動方程式で記述される．宇宙膨張を考慮した波動方程式は摩擦項を伴うため，重力波が波として伝播すると振幅が減衰してしまう．このためハッブル・スケール以下の波長の重力波の振幅は減衰して CMB の温度非等方性には影響を及ぼさない．一方，超ハッブル・スケールの重力波は伝播できないため，生成時の初期振幅がそのまま保たれる．このため，式 (10.6) で見積もられた脱結合時におけるハッブル・スケールよりも大角度の温度非等方性のみが重力波による寄与を受けることになる．したがって，大角度スケールを基準にしたときの音響ピークの相対的な大きさは，初期重力波が大きいほど小さくなる．

弱い重力レンズ効果

　光の経路は重力レンズ効果により曲げられる．重力レンズは光の輝度を変化させないので CMB の温度自体は変化しない．だがその方向が変化するために温度非等方性の性質が影響を受ける．弱い重力レンズ効果によって光の進路は平均的に数分角程度曲げられる．最終散乱面と我々の共動距離の中間地点付近における構造がもっとも効率的に弱重力レンズ効果を起こす．この構造は最終散乱面からは十分離れているので，1 次的な温度非等方性との間にほとんど相関がない．このため，弱重力レンズ効果は温度非等方性をほぼ数分角のスケールで平均化する働きがある．この結果，温度パワースペクトルの音響ピークは多少なめらかになる．さらに方向の変化は大角度側の非等方性を小角度側へ移す働きを持つ．パワースペクトルの $l \gtrsim 4000$ の領域では，この重力レンズ効果による非等方性が 1 次的な温度非等方性を上回るようになる．

スニヤエフ–ゼルドビッチ効果

　銀河団中などでは，銀河間に高温のイオン化したガスが存在する．このような媒

質中を CMB 光子が通過すると，光子の一部は高温の電子と衝突してエネルギーを得ることになる．これを**スニヤエフ–ゼルドビッチ効果** (Sunyaev-Zel'dovich effect) という．銀河団中のガスの温度は典型的に $keV/k_B \sim 10^7$ K 程度以上であり，CMB 光子の温度よりもはるかに大きい．このため，電子と衝突した CMB 光子は平均的にエネルギーを受け取るのである．スニヤエフ–ゼルドビッチ効果を生むのは銀河団中など限られた場所であるから，この効果で CMB に温度非等方性が生じる．さらにまた，そのような場所を通ってきた CMB 光子はエネルギースペクトルも変形されて，プランク分布からずれることになる．スペクトルの低エネルギー側は小さくなり，高エネルギー側は大きくなる．あらかじめ知られている銀河団の方向に絞って観測することにより，スニヤエフ–ゼルドビッチ効果は実際に検出されている．遠くにあるほど像の見えにくくなる通常の観測と異なり，スニヤエフ–ゼルドビッチ効果は銀河団の赤方偏移に依存しない．このため，高赤方偏移の銀河団を見つけるのに有望な方法となり得る．通常の観測で見つからない銀河団を多数見つけられれば，銀河計数法による宇宙論テストが高赤方偏移の銀河団を使って可能になる．逆に CMB 非等方性の宇宙論的解析にとっては，銀河団の性質を正確にモデル化しないとスニヤエフ–ゼルドビッチ効果がノイズ源として作用することにもなる．なお，銀河団中の電子に散乱された光子は，銀河団自体の持つ特異速度により平均的にドップラー効果も受ける．この効果はとくに**運動的スニヤエフ–ゼルドビッチ効果** (kinetic Sunyaev-Zel'dovich effect) と呼ばれる．これに対して，上に説明した電子の熱運動による寄与を**熱的スニヤエフ–ゼルドビッチ効果** (thermal Sunyaev-Zel'dovich effect) と呼んで区別することもある．

ドップラー効果

再イオン化以後の自由電子により散乱された CMB 光子は，自由電子の持つ特異速度の視線方向成分によってドップラー効果を受ける．我々へ近づく向きの特異速度は温度を上昇させ，逆向きのものは温度を下げる．平均的にはどちらの特異速度もほぼ同じように存在するから，一般には打ち消し合いが働いて温度非等方性への寄与は大きくない．自由電子数に空間的な非一様性があると，この打ち消し合いが妨げられて温度非等方性が生まれる．自由電子数が空間的に非一様になる原因はいくつかある．その 1 つは再イオン化領域の空間的非一様性である．再イオン化は星や銀河の形成に伴う放射により生じるため，放射源となる天体を中心にして再イオン化が進む．このため，再イオン化時期のイオン化率は空間的な非一様性が非常

に大きい.このため自由電子の数が非一様となる.再イオン化後,宇宙全体のイオン化率が一様となった後も,銀河間物質自体の非一様性のため自由電子数はやはり非一様になる.再イオン化後の物質密度の非一様性を線形理論により見積もった場合に生じる温度非等方性へのドップラー効果の寄与はとくに**オストライカー–ビシュニアック効果**(Ostriker-Vishniac effect)と呼ばれる.この効果は速度場と密度場の結合により発生するため,それ自身は線形理論では消えるゆらぎの 2 次の項である.

10.3 宇宙マイクロ波背景放射の偏光

CMB 光子は電子とのトムソン散乱により生じたものである.トムソン散乱は偏光を生じるので,CMB 光子も偏光していることが自然に期待される.完全に一様等方な宇宙では,散乱によって生じる偏光も等方化されて消えてしまう.だが,宇宙の非一様性により散乱は非等方的になり,最終的に観測される CMB 光子に偏光が残る.

非等方的な散乱により偏光が生まれる機構は図 10.7 で説明される.光子の最終散乱を起こす電子に対して,上から入射する光の強さよりも横から入射する光の方が強い場合を考える.この 2 方向からくる光は直角に散乱して視線方向へ向かうものとする.トムソン散乱の一般的性質として,入射光の偏光方向へはまったく散乱しない.いまの場合,入射光は散乱の方向である視線方向を向いた偏光成分と,それに垂直な偏光成分に分解できる.このうち視線方向に垂直な偏光成分だけが散乱する.もとの入射光が偏光していないとすると,散乱できる偏光成分の強さも横から入射する光の方が強い.図にあるように,横から入射した光は散乱してから縦方向の偏光成分となり,上から入射した光は散乱してから横方向の偏光成分となる.こうして散乱した光は全体として縦方向に偏光が強くなる.

この偏光生成の機構により,CMB 光子の偏光は最終散乱の点における四重極非等方性を反映する.CMB 光子の温度の観測だけでは最終散乱の点のまわりの非等方性に関する情報は得られない.このため,CMB の温度非等方性に加えて偏光を観測することにより新たな情報が得られることになる.

上のようにトムソン散乱で生成される偏光は直線偏光である.したがって回転偏光成分が CMB 中に生成されることは期待されない.回転偏光成分を考えなければ,偏光は光の進行方向に垂直な面において向きを持たず方向と大きさのみを持つ 2 次元方向場として与えられる.したがって天球面上における CMB の偏光は,重

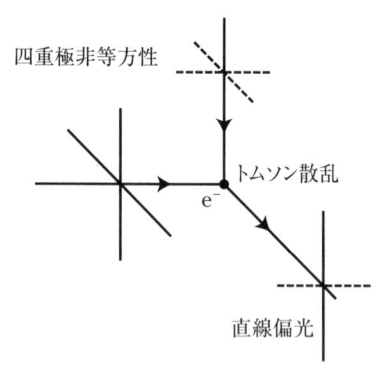

図 10.7 非等方的なトムソン散乱により偏光が生成される機構（[51] を改変）．

力レンズの場合の歪み場と同様にして解析できる．

CMB は単色光ではなく，一般の光線と同様に位相や振幅の異なる多数の単色光が重ね合わさったものである．回転偏光を考えなければ，直線偏光する単色光の重ね合わせで与えられ，偏光方向の分布が光線全体の偏光の性質となって表れる．

このことを具体的に見るため，光の進行方向を z 軸としてそれに垂直な平面内に直交座標 x,y をとる．電場は xy 平面内の 2 次元ベクトルで表される．直線偏光する単色光の電場ベクトルは，角振動数 ω，初期位相 δ を用いて

$$\bm{E} = \begin{pmatrix} \tilde{E}_x \\ \tilde{E}_y \\ 0 \end{pmatrix} \cos(\omega t + \delta) \tag{10.40}$$

と表すことができる．ここで $\tilde{E}_x, \tilde{E}_y$ は振幅の各座標軸成分で，角振動数 ω には依存するが，時間 t には依存しない．回転偏光を持たない光線はこの直線偏光する単色光の重ね合わせで与えられる．そこで，これら重ね合わされる多数の単色光について，その振幅成分の積の平均値により行列 $\mathcal{T}_{ab} = \langle \tilde{E}_a \tilde{E}_b \rangle$ を定義する．ただし a,b は x,y のいずれかである．平均は角振動数のある区間 $d\omega$ で行うものとし，この区間には十分多くの平面波モードが含まれているものとする．回転偏光を持たない光線の一般的性質はこの実対称行列 $\mathcal{T} = (\mathcal{T}_{ab})$ によって表される．この行列は 3 つの独立な自由度を持つから，

$$\mathcal{T} = \frac{1}{2} \begin{pmatrix} \mathcal{I} + \mathcal{Q} & \mathcal{U} \\ \mathcal{U} & \mathcal{I} - \mathcal{Q} \end{pmatrix} \tag{10.41}$$

という形にかくことができる．ここで

$$\mathcal{I} = \langle \tilde{E}_x^2 + \tilde{E}_y^2 \rangle, \quad \mathcal{Q} = \langle \tilde{E}_x^2 - \tilde{E}_y^2 \rangle, \quad \mathcal{U} = 2\langle \tilde{E}_x \tilde{E}_y \rangle \tag{10.42}$$

である．これらの量 $\mathcal{I}, \mathcal{Q}, \mathcal{U}$ は偏光した光線に対する**ストークス・パラメータ** (Stokes parameters) と呼ばれるものである[*6]．

パラメータ $\mathcal{I}$ は単に光線の強度に比例する量である．したがって，パラメータ $\mathcal{Q}, \mathcal{U}$ が偏光の情報を持っている．これらのパラメータの意味は重力レンズの場合の式 (8.76) 以下の議論を思い起こせば同様に考察できる．すなわち，パラメータ $\mathcal{Q}$ は x 軸と y 軸に沿った偏光成分の非対称性を表し，パラメータ $\mathcal{U}$ は 2 つの座標軸を 45° 傾けた方向に沿った偏光成分の非対称性を表す．たとえば極端な例として，x 軸に沿って 100% 偏光した光線は $\mathcal{Q} = \mathcal{I}, \mathcal{U} = 0$ となる．また $x = y$ の方向へ 100% 偏光した光線は $\mathcal{Q} = 0, \mathcal{U} = \mathcal{I}$ となる．

CMB の解析に対しては光線の強度の代わりに温度ゆらぎを考えるのが自然である．強度は温度の 4 乗に比例するので，$\delta T/T = \delta \mathcal{I}/4\mathcal{I}$ となる．そこで，他のストークス・パラメータも同様に無次元化して

$$Q = \frac{\mathcal{Q}}{4\mathcal{I}}, \quad U = \frac{\mathcal{U}}{4\mathcal{I}} \tag{10.43}$$

を定義する．これらの量は光線の強度によらないので，温度ゆらぎとは独立な量として扱える．以下では本来のストークス・パラメータの代わりにこの無次元ストークス・パラメータを用いることにする．一様等方宇宙では特別な方向がないため CMB に偏光は生じ得ない．したがってパラメータ Q, U は宇宙全体での平均量がゼロであり，それ自身がゆらぎの成分である．

行列 $\mathcal{T}_{ab}$ は xy 平面上の 2 階テンソルとなるから，ストークス・パラメータ $\mathcal{Q}, \mathcal{U}$ は 2 次元座標回転に対して，歪み場の変換式 (8.79) における γ_1, γ_2 と同様の変換をする．ここで $\mathcal{I}$ は座標回転について不変であるから，無次元ストークス・パラメータの変換もまったく同じである．こうして，CMB の偏光は弱い重力レンズにおける歪み場とまったく同様の方法で解析できる．

[*6] いま回転偏光を考えていないので 3 つのストークス・パラメータしか出てこないが，一般に回転偏光が含まれる場合にはもう 1 つのパラメータ $\mathcal{V}$ が現れる．これら 4 つのストークス・パラメータにより，観測できる光線の性質，すなわち強度と偏光状態は完全に特徴づけられる．

9.4 節では天球面の曲率を無視する小角度近似において，弱い重力レンズの歪み場からパワースペクトルを導入した．簡単のためここでも小角度近似の枠内で考えることにすると[*7]，CMB の無次元ストークス・パラメータ Q, U に対するパワースペクトルも同様に定義することができる．とくに E/B モードへの分解は有用である．CMB の偏光から定義される E/B モードを**偏光 E モード** (E-mode polarization)，**偏光 B モード** (B-mode polarization) と呼ぶことにする．それらは，歪み場の場合の式 (9.108) に対応して，

$$\begin{pmatrix} E(\vec{l}) \\ B(\vec{l}) \end{pmatrix} \equiv \begin{pmatrix} \cos 2\phi_l & \sin 2\phi_l \\ -\sin 2\phi_l & \cos 2\phi_l \end{pmatrix} \begin{pmatrix} \tilde{Q}(\vec{l}) \\ \tilde{U}(\vec{l}) \end{pmatrix} \qquad (10.44)$$

で定義される．ここで，天球面は小角度近似により 2 次元平面で近似され，その上に 2 次元直交座標が張られているものとする．そしてストークス・パラメータの 2 次元フーリエ変換が $\tilde{Q}, \tilde{U}$ であり，第 1 軸と 2 次元波数ベクトル $\vec{l}$ との間の角度が ϕ_l である．この偏光に対する E モードと B モードの幾何学的意味は歪み場の場合とまったく同様で，図 9.16 で表されるようなものである．すなわち，2 次元波数ベクトル $\vec{l}$ を持つ温度ゆらぎのフーリエモードに対して，偏光 E モードはそのゆらぎの方向 $\vec{l}$ に平行または垂直な方向への偏光成分であり，偏光 B モードは $\vec{l}$ から 45 度傾いた方向への偏光成分である．一般の直線偏光はこの 2 つのモードの重ね合わせで与えられる．

さて，歪み場の場合もそうであったが，線形密度ゆらぎから生じる偏光については B モードは発生しない．その理由は以下の通りである．まず 3 次元波数ベクトル $\vec{k}$ を持つ密度ゆらぎのフーリエモードに着目する．このとき，$\vec{k}$ に垂直な平面の方向にはゆらぎがなく一様である．この一様な平面と CMB 最終散乱面との交わりは天球面上で円をなす．この円の方向は一様であり，温度ゆらぎも存在しない．小角度近似で考えれば，この一様な円の方向は直線で近似でき，それに垂直な方向が 2 次元温度ゆらぎの波数ベクトル $\vec{l}$ になる．したがって 2 次元波数ベクトル $\vec{l}$ の方向は，いま着目している 3 次元フーリエモードの波数ベクトル $\vec{k}$ を天球面上に射影したものと向きが揃っている．トムソン散乱はパリティ対称性を破らないので，天球面上においては $\vec{l}$ の向きおよびそれに垂直な向きにしか偏光は生じ得ない．なぜなら，ある天球面上の点において $\vec{l}$ と斜めの角度をなす偏光が生じるならば，

[*7] CMB においては小角度近似の成り立たない領域も解析する必要がある．大角度を含めた一般の場合は，フーリエ展開の代わりに球面上に定義されるスピン調和関数展開を用いて定式化されている．

$-\vec{l}$ に対しても同じ角度をなす偏光が同じ強さで生じ，結局斜めの方向を向いた成分は打ち消し合って $\vec{l}$ に平行または垂直な偏光成分しか残らないからである．この残る偏光成分は定義により E モードである．したがって B モードは存在しない．一般の線形密度ゆらぎは各フーリエモードの重ね合わせで与えられるから，そこから生じる偏光はやはり E モードのみである．

偏光に B モードが生成される原因は主に 2 つ考えられる．その 1 つは弱い重力レンズ効果である．重力レンズ効果により光の進行方向が変化する．このとき重力レンズ効果を起こす構造は最終散乱面のゆらぎとほとんど関係がないので，1 次的な温度ゆらぎから幾何学的に決まる E/B モードの区別が保たれなくなるのである．もう 1 つの B モードを生成する原因となるのは，重力波である．重力波は空間を非等方に歪めるので，光の散乱時に偏光が生じる．重力波による空間の歪みは，重力波の波数ベクトルと垂直な平面の方向になる．このため，密度ゆらぎの場合と異なり，B モードも E モードと同様に生成される．

偏光の E/B モードの検出は，温度ゆらぎの場合と同様，パワースペクトルを観測量として求められる．E/B モードのパワースペクトル $C_l^{\mathrm{EE}}, C_l^{\mathrm{BB}}$ は

$$\langle E^*(\vec{l})E(\vec{l}')\rangle = (2\pi)^2 \delta_{\mathrm{D}}{}^2(\vec{l}-\vec{l}') C_l^{\mathrm{EE}} \tag{10.45}$$

$$\langle B^*(\vec{l})B(\vec{l}')\rangle = (2\pi)^2 \delta_{\mathrm{D}}{}^2(\vec{l}-\vec{l}') C_l^{\mathrm{BB}} \tag{10.46}$$

で定義される．ただし，いま小角度近似 $l \gg 1$ を用いているので l は連続変数のように表されているが，正確には整数の値のみをとる．さらに温度ゆらぎ $\delta T/T$ の小角度近似での 2 次元フーリエ変換を $T(\vec{l})$ として，CMB に関する 3 つの観測量 $T(\vec{l})$, $E(\vec{l}), B(\vec{l})$ の交差スペクトルが以下のように定義できる：

$$\langle T^*(\vec{l})E(\vec{l}')\rangle = (2\pi)^2 \delta_{\mathrm{D}}{}^2(\vec{l}-\vec{l}') C_l^{\mathrm{TE}} \tag{10.47}$$

$$\langle T^*(\vec{l})B(\vec{l}')\rangle = (2\pi)^2 \delta_{\mathrm{D}}{}^2(\vec{l}-\vec{l}') C_l^{\mathrm{TB}} \tag{10.48}$$

$$\langle E^*(\vec{l})B(\vec{l}')\rangle = (2\pi)^2 \delta_{\mathrm{D}}{}^2(\vec{l}-\vec{l}') C_l^{\mathrm{EB}} \tag{10.49}$$

この記法では，通常の温度パワースペクトルは C_l^{TT} とかくことができる．宇宙が全体としてパリティ不変であれば $C_l^{\mathrm{TB}}, C_l^{\mathrm{EB}}$ はゼロである．図 10.8 は，大角度の効果も含めたボルツマン・コードにより理論的に計算されたパワースペクトルである．この図の左の図には，密度ゆらぎから生成される温度ゆらぎと偏光 E モードのパワースペクトル $C_l^{\mathrm{TT}}, C_l^{\mathrm{TE}}, C_l^{\mathrm{EE}}$，および，重力レンズ効果による C_l^{BB} が示してある．この図には，現在の CMB 観測などによって決められた宇宙論パラメータが用いられている．

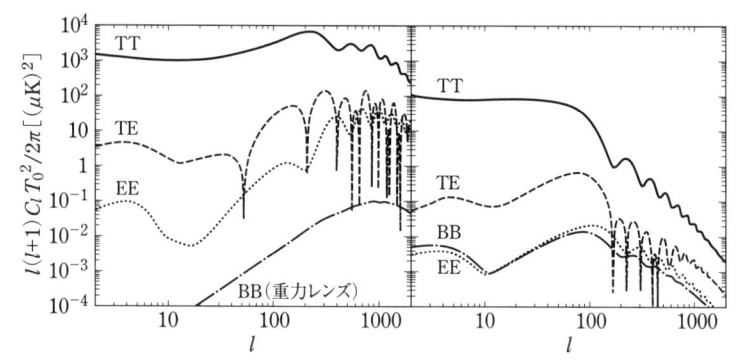

図 10.8 温度ゆらぎと偏光のパワースペクトル．左図は密度ゆらぎから生成される成分．右図は重力波から生成される成分 [48]．©2009, American Institute of Physics

　一方，右の図にはインフレーションモデルから予言される初期重力波によって生成されるパワースペクトルが示されている．現在のところ，観測的に初期重力波の存在は直接確かめられてはいない．CMB においてもその寄与には上限値しかついていない．この図は現在観測的に許される最大の振幅を仮定している．したがって実際の寄与はこれよりも必ず小さい．重力波の寄与が正しく見積もられれば左図の寄与との和が観測量である．

　重力波のパワースペクトルへの寄与はおおむね密度ゆらぎによる寄与よりも小さい．重力波の振幅はハッブル半径内で減衰してしまうので，小角度スケールのパワースペクトルへの寄与は小さくなる．重力波が寄与すると大角度スケールの温度パワースペクトルだけが持ち上げられる．現在のところ，温度パワースペクトルの観測の詳細な解析によってもこの効果は認められていない．このことから重力波の寄与に上限がつけられている．初期ゆらぎの生成に伴い，重力波がどれくらい生成されるかは，インフレーションモデルなど，初期ゆらぎの生成機構を制限するのに有用である．

　重力波の寄与は，大角度スケールにおける偏光 B モードに特徴的な予言をする．弱い重力レンズから生成される偏光 B モードは大角度スケールで抑えられているので，重力波がある程度の振幅を持っているならば，大角度スケールに偏光 B モードパワースペクトルが検出されるはずである．現在のところ観測的には上限値しかつけられていない．将来的に高精度の CMB 偏光観測が行われる予定であり，偏光 B モードの検出による初期重力波の推定，およびそこから初期ゆらぎの生成機構の手がかりを得ることは大きな目標の 1 つとなっている．

付録 A

有用な数値

本書に関係する有用な数値をまとめる．以下の値は主として 2006 CODATA Internationally recommended values of the Fundamental Physical Constants[*1]，2008 Particle Data Group[*2]，WMAP Cosmological Parameters Model/Dataset Matrix (WMAP5 + BAO + SNALL)[*3]などを基にした．括弧つきの数値は最後の数字に含まれる誤差 (1σ) を表す．たとえば "1.234(56)" は，"1.234 ± 0.056 (1σ)" という意味である．

A.1 数学定数

円周率	$\pi = 3.141592653589793238\ldots$
ネイピア数（自然対数の底）	$e = 2.718281828459045235\ldots$
オイラー定数	$\gamma = 0.577215664901532861\ldots$
アペリーの定数	$\zeta(3) = 1.202056903159594285\ldots$

A.2 物理定数

真空中の光速（誤差なし[*4]）	$c \equiv 2.99792458 \times 10^8$ m s^{-1}

[*1] http://physics.nist.gov/cuu/Constants/
[*2] http://pdg.lbl.gov/
[*3] http://lambda.gsfc.nasa.gov/product/map/current/parameters.cfm
[*4] 基本単位のメートルは真空中の光速を用いて定義される．

換算プランク定数（ディラック定数）*5	$\hbar = 1.054571628(53) \times 10^{-34}$ J s
ボルツマン定数	$k_B = 1.3806504(24) \times 10^{-23}$ J K^{-1}
アボガドロ数	$N_A = 6.02214179(30) \times 10^{23}$ mol^{-1}
重力定数	$G = 6.67428(67) \times 10^{-11}$ m^3 kg^{-1} s^{-2}
素電荷	$e = 1.602176487(40) \times 10^{-19}$ C
電子ボルト	eV $= 1.602176487(40) \times 10^{-19}$ J
電子質量	$m_e = 9.10938215(45) \times 10^{-31}$ kg
	$= 510.998910(13)$ keV/c^2
陽子質量	$m_p = 1.672621637(83) \times 10^{-27}$ kg
	$= 938.272013(23)$ MeV/c^2
中性子質量	$m_n = 1.674927211(84) \times 10^{-27}$ kg
	$= 939.565346(23)$ MeV/c^2
重陽子質量	$m_d = 3.34358320(17) \times 10^{-27}$ kg
	$= 1875.612793(47)$ MeV/c^2
ステファン-ボルツマン定数	$\sigma_{SB} \equiv \pi^2 k_B^4/60\hbar^3 c^2$
	$= 5.670400(40) \times 10^{-8}$ W m^{-2} K^{-4}
真空の透磁率（誤差なし）	$\mu_0 \equiv 4\pi \times 10^{-7}$ N A^{-2}
	$= 12.566370614... \times 10^{-7}$ N A^{-2}
真空の誘電率（誤差なし）	$\epsilon_0 \equiv 1/\mu_0 c^2$
	$= 8.854187817... \times 10^{-12}$ F m^{-1}
微細構造定数	$\alpha \equiv e^2/4\pi\epsilon_0 \hbar c$
	$= 7.2973525376(50) \times 10^{-3}$
	$= 1/137.035999679(94)$
トムソン散乱断面積	$\sigma_T \equiv e^4/6\pi\epsilon_0^2 m_e^2 c^4$
	$= 0.6652458558(27) \times 10^{-28}$ m^2

---

*5 プランク定数 $h = 2\pi\hbar$ は無次元ハッブル定数と紛らわしいので本書では用いない．

フェルミ結合定数	$G_F/(\hbar c)^3 = 1.16637(1) \times 10^{-5}$ GeV^{-2}
プランク長	$l_P \equiv (G\hbar/c^3)^{1/2}$
	$= 1.616252(81) \times 10^{-35}$ m
プランク質量	$m_P \equiv (\hbar c/G)^{1/2}$
	$= 2.17644(11) \times 10^{-8}$ kg
	$= 1.220892(61) \times 10^{19}$ GeV/c^2
プランク時間	$t_P \equiv (G\hbar/c^5)^{1/2}$
	$= 5.39124(27) \times 10^{-44}$ s
プランク温度	$T_P \equiv (\hbar c^5/G)^{1/2}/k_B$
	$= 1.416785(71) \times 10^{32}$ K

A.3　cgs 単位系から SI 単位系への変換係数

力	1 dyne = 10^{-5} N
エネルギー	1 erg = 10^{-7} J
仕事率	1 erg s^{-1} = 10^{-7} W
電荷	1 esu = $[c/(10$ m s$^{-1})]^{-1}$ C
	$= 3.33564095198152\ldots \times 10^{-10}$ C
磁束密度	1 G = 10^{-4} T
磁束	1 G cm^2 = 10^{-8} Wb

A.4　天文学的な単位と量

天文単位 (astronomical unit)	1 AU = $1.49597870700(3) \times 10^{11}$ m

恒星年[*6](sidereal year, 2007)	1 yr = 3.15581498×10^7 s
回帰年[*7](tropical year, 2007)	1 yr = 3.15569252×10^7 s
ジャンスキー (Jansky)	1 Jy = 10^{-26} W m^{-2} Hz^{-1}
パーセク (parsec)	1 pc = 1 AU/1 arcsec
	= $3.0856775807(4) \times 10^{16}$ m
	= 3.262... ly
光年[*8](light year)	1 ly = 0.3066... pc
	= $0.946... \times 10^{16}$ m
太陽質量	$M_\odot = 1.9884(2) \times 10^{30}$ kg
太陽赤道半径	$R_\odot = 6.9551(3) \times 10^8$ m
太陽光度	$L_\odot = 3.8427(14) \times 10^{26}$ W
地球質量	$M_\oplus = 5.9722(6) \times 10^{24}$ kg
地球赤道半径	$R_\oplus = 6.378137 \times 10^6$ m

A.5 宇宙論的な量

ハッブル定数	$H_0 = 100\,h$ km s^{-1} Mpc^{-1}
	= $(3.085677581 \times 10^{17}$ s$)^{-1}\,h$
	= $(9.778$ Gyr$)^{-1}\,h$
無次元ハッブル定数[*9]	$h = 0.701(13)$
宇宙年齢[*9]	$t_0 = 13.73(12)$ Gyr

[*6] 太陽系外の恒星から見た地球の公転周期.

[*7] 春分点から1年後の春分点までにかかる時間. 地球の歳差運動により恒星年よりも短い.

[*8] 1年の長さは変化するので,精密な長さの単位としては用いられない.

[*9] これら宇宙論パラメータの値や誤差は独立ではなく,仮定する宇宙論モデルにも依存するので注意が必要. ここに挙げた数値は宇宙項入りの平坦宇宙モデルで,ニュートリノの質量が十分小さい場合のもの.

A.5 宇宙論的な量

臨界密度	$\varrho_{c0} = \rho_{c0}/c^2 = 3H_0^2/8\pi G$
	$= 2.77536627 \times 10^{11} \, h^2 \, M_\odot \, \text{Mpc}^{-3}$
	$= 1.87835(19) \times 10^{-26} \, h^2 \, \text{kg m}^{-3}$
	$= 1.05368(11) \times 10^1 \, h^2 \, \text{GeV}/c^2 \, \text{m}^{-3}$
CMB 温度	$T_0 = 2.725(1) \, \text{K}$
相対論的有効自由度	$g_{*0} = 3.36264\ldots, \quad g_{*S0} = 3.90909\ldots$
光子密度パラメータ	$\Omega_{\gamma 0} = 2.471 \times 10^{-5} \, h^{-2}$
放射成分密度パラメータ[*10]	$\Omega_{r0} = g_{*0}\Omega_{\gamma 0}/2 = 4.155 \times 10^{-5} \, h^{-2}$
物質成分密度パラメータ[*9]	$\Omega_{m0} = 0.1369(37) \, h^{-2} \simeq 0.279(15)$
バリオン密度パラメータ[*9]	$\Omega_{b0} = 0.02265(59) \, h^{-2} \simeq 0.0462(15)$
CDM 密度パラメータ[*9]	$\Omega_{cdm0} = 0.1143(34) \, h^{-2} \simeq 0.233(13)$
宇宙定数密度パラメータ[*9]	$\Omega_{\Lambda 0} = 0.721(15)$
密度ゆらぎの振幅[*9]	$\sigma_8 = 0.817(26)$
曲率パラメータ[*11]	$\Omega_{K0} = -0.0052(64)$
ニュートリノ密度パラメータ[*11]	$0.0005 < \Omega_{\nu 0}h^2 < 0.0065 \, (95\% \, \text{C.L.})$
ダークエネルギーの 状態方程式パラメータ[*11]	$w_d = -0.972(61)$
初期密度ゆらぎスペクトル指数[*9]	$n = 0.960(14)$
CMB 光子の数密度	$n_{\gamma 0} = 4.105 \times 10^8 \, \text{m}^{-3}$
バリオン数密度	$n_{b0} = \rho_{b0}/m_H = 2.54 \times 10^{-1} \, \text{m}^{-3}$
バリオン・光子比	$\eta = n_b/n_\gamma = 6.19 \times 10^{-10}$
エントロピー密度	$s = 2.890 \times 10^9 \, \text{m}^{-3}$

[*10] 3種類のニュートリノが放射成分として寄与する場合.
[*11] 他の宇宙論パラメータの見積り時にこれらのパラメータは $\Omega_{K0} = \Omega_{\nu 0} = 1 + w_d = 0$ に固定されている.

付録 B

一般相対論の基本公式

ここでは読者の便利のため，また記号法の確定のため，一般相対論に関する基本的な公式を列挙する．一般相対論における記号法では，符号に関する約束が文献によって一定ではない．本書では標準的な Misner, Thorne, Wheeler の教科書（参考書 [10]）による符号の約束を踏襲した．以下に現れる記号の意味がよくわからない読者は，本書の第 2 章以降を読む前に，他の本などで一般相対性理論の初等的な概念を理解しておいたほうがよい．

微小時空間隔：
$$ds^2 = g_{\mu\nu}dx^\mu dx^\nu \tag{B.1}$$

計量テンソルの逆行列：
$$g^{\mu\nu}g_{\nu\lambda} = \delta^\mu{}_\lambda \tag{B.2}$$

平坦ミンコフスキー計量：
$$ds^2 = -c^2dt^2 + dx^2 + dy^2 + dz^2 \tag{B.3}$$

計量テンソル行列式：
$$g = \det(g_{\mu\nu}) \tag{B.4}$$

計量テンソル行列式の微分：
$$dg = gg^{\mu\nu}dg_{\mu\nu} \tag{B.5}$$

座標変換 $x^\mu \to x'^\mu$ を考える．

計量テンソルの変換：
$$g'_{\alpha\beta} = \frac{\partial x^\mu}{\partial x'^\alpha}\frac{\partial x^\nu}{\partial x'^\beta}g_{\mu\nu} \tag{B.6}$$

4 次元不変体積素片：
$$\sqrt{-g'}d^4x' = \sqrt{-g}d^4x \tag{B.7}$$

一般テンソルの変換：
$$A'^{\alpha\beta\cdots}_{\gamma\delta\cdots} = \frac{\partial x'^\alpha}{\partial x^\mu}\frac{\partial x'^\beta}{\partial x^\nu}\cdots\frac{\partial x^\lambda}{\partial x'^\gamma}\frac{\partial x^\rho}{\partial x'^\delta}\cdots A^{\mu\nu\cdots}_{\lambda\rho\cdots} \tag{B.8}$$

一般テンソルの座標微分：
$$A^{\mu\nu\cdots}_{\lambda\rho\cdots,\alpha} = \partial_\alpha A^{\mu\nu\cdots}_{\lambda\rho\cdots} = \frac{\partial A^{\mu\nu\cdots}_{\lambda\rho\cdots}}{\partial x^\alpha} \tag{B.9}$$

クリストッフェル記号：
$$\Gamma^\mu_{\lambda\nu} = \frac{1}{2}g^{\mu\rho}\left(\partial_\nu g_{\rho\lambda} + \partial_\lambda g_{\rho\nu} - \partial_\rho g_{\lambda\nu}\right) \tag{B.10}$$

一般テンソルの共変微分：
$$A^{\mu\nu\cdots}_{\lambda\rho\cdots;\alpha} = \nabla_\alpha A^{\mu\nu\cdots}_{\lambda\rho\cdots} = \partial_\alpha A^{\mu\nu\cdots}_{\lambda\rho\cdots} + \Gamma^\mu_{\alpha\beta}A^{\beta\nu\cdots}_{\lambda\rho\cdots} + \Gamma^\nu_{\alpha\beta}A^{\mu\beta\cdots}_{\lambda\rho\cdots} + \cdots$$
$$- \Gamma^\beta_{\alpha\lambda}A^{\mu\nu\cdots}_{\beta\rho\cdots} - \Gamma^\beta_{\alpha\rho}A^{\mu\nu\cdots}_{\lambda\beta\cdots} - \cdots \tag{B.11}$$

ここで，クリストッフェル記号はテンソルではないが，共変微分はテンソルとして変換する．共変微分の順序は一般に非可換．スカラー場の共変微分は単なる座標微分 $\phi_{;\mu} = \phi_{,\mu}$ になる．

計量テンソルの共変微分：
$$g_{\mu\nu;\lambda} = 0 \tag{B.12}$$

ベクトル場の発散：
$$A^\mu_{;\mu} = \frac{1}{\sqrt{-g}}\partial_\mu\left(\sqrt{-g}A^\mu\right) \tag{B.13}$$

$$\phi^{;\mu}_{;\mu} = \frac{1}{\sqrt{-g}}\partial_\mu\left(\sqrt{-g}g^{\mu\nu}\partial_\nu\phi\right) \tag{B.14}$$

ベクトルの無限小平行移動：
$$dA^\mu = -\Gamma^\mu_{\nu\lambda}A^\nu dx^\lambda, \quad dA_\mu = \Gamma^\nu_{\mu\lambda}A_\nu dx^\lambda \tag{B.15}$$

測地線方程式の等価な形：
$$u^\mu_{;\nu}u^\nu = 0, \quad P^\mu_{;\nu}P^\nu = 0 \tag{B.16}$$

$$\frac{dP^\mu}{d\lambda} + \Gamma^\mu_{\nu\lambda}P^\nu P^\lambda = 0 \quad \left(P^\mu = \frac{dx^\mu}{d\lambda}\right) \tag{B.17}$$

$$\frac{dx^\mu}{d\lambda^2} + \Gamma^\mu_{\nu\rho}\frac{dx^\nu}{d\lambda}\frac{dx^\rho}{d\lambda} = 0 \tag{B.18}$$

ただし u^μ は4元速度，P^μ は4元運動量で $u^\mu u_\mu = -c^2$, $P^\mu P_\mu = -m^2c^2$ を満たす．有限質量を持つ粒子に対して，式 (B.18) におけるアフィン・パラメータ λ は固有時間 τ の1次変換 $\lambda = a\tau + b$（アフィン変換，a, b は定数）で与えられる．

完全流体エネルギー・運動量テンソル：
$$T^{\mu\nu} = (\rho + p)u^\mu u^\nu + pg^{\mu\nu} \tag{B.19}$$

エネルギー・運動量保存則：
$$T^{\mu\nu}_{;\mu} = 0 \tag{B.20}$$

曲率テンソル：
$$R^{\mu}{}_{\nu\alpha\beta} = \partial_\alpha \Gamma^{\mu}_{\beta\nu} - \partial_\beta \Gamma^{\mu}_{\alpha\nu} + \Gamma^{\mu}_{\alpha\lambda}\Gamma^{\lambda}_{\beta\nu} - \Gamma^{\mu}_{\beta\lambda}\Gamma^{\lambda}_{\alpha\nu} \quad \text{(B.21)}$$

曲率テンソルの対称性：
$$R_{\mu\nu\rho\sigma} = -R_{\nu\mu\rho\sigma} = -R_{\mu\nu\sigma\rho} \quad \text{(B.22)}$$

$$R_{\mu\nu\rho\sigma} = R_{\rho\sigma\mu\nu} \quad \text{(B.23)}$$

$$R_{\mu\nu\rho\sigma} + R_{\mu\sigma\nu\rho} + R_{\mu\rho\sigma\nu} = 0 \quad \text{(B.24)}$$

ビアンキ恒等式：
$$R^{\lambda}{}_{\mu\nu\rho;\sigma} + R^{\lambda}{}_{\mu\sigma\nu;\rho} + R^{\lambda}{}_{\mu\rho\sigma;\nu} = 0 \quad \text{(B.25)}$$

リッチ・テンソル：
$$R_{\mu\nu} = R^{\lambda}{}_{\mu\lambda\nu} \quad \text{(B.26)}$$

スカラー曲率：
$$R = R^{\mu}{}_{\mu} \quad \text{(B.27)}$$

共変微分の交換関係：
$$(\nabla_\alpha \nabla_\beta - \nabla_\beta \nabla_\alpha) A^{\mu\nu\cdots}{}_{\rho\sigma\cdots} = R^{\mu}{}_{\lambda\alpha\beta} A^{\lambda\nu\cdots}{}_{\rho\sigma\cdots} + R^{\nu}{}_{\lambda\alpha\beta} A^{\mu\lambda\cdots}{}_{\rho\sigma\cdots} + \cdots \quad \text{(B.28)}$$

$$- R^{\lambda}{}_{\rho\alpha\beta} A^{\mu\nu\cdots}{}_{\lambda\sigma\cdots} - R^{\lambda}{}_{\sigma\alpha\beta} A^{\mu\nu\cdots}{}_{\rho\lambda\cdots} - \cdots \quad \text{(B.29)}$$

アインシュタイン・テンソル：
$$G_{\mu\nu} = R_{\mu\nu} - \frac{1}{2} g_{\mu\nu} R \quad \text{(B.30)}$$

$$G^{\mu\nu}{}_{;\mu} = 0 \quad \text{(B.31)}$$

アインシュタイン方程式：
$$R_{\mu\nu} - \frac{1}{2} g_{\mu\nu} R + \Lambda g_{\mu\nu} = \frac{8\pi G}{c^4} T_{\mu\nu} \quad \text{(B.32)}$$

アインシュタイン-ヒルベルト作用：
$$S_{\text{EH}} = \frac{c^3}{16\pi G} \int \sqrt{-g} \, d^4 x (R - 2\Lambda) \quad \text{(B.33)}$$

参考書

　宇宙論とその周辺分野をさらに学びたい読者の便宜のため，有用と思われる参考書をあげておく．以下の書物のうちいくつかは本書を書くうえでも随所で参考にした．なかには絶版になっているものもあるが，最近はインターネットなどを使えば中古書を手に入れるのも難しくないだろう．

一般相対性理論

　本書を読むために必要な一般相対論の知識はごく基礎的なものである．一般相対論を学んだことのない読者は，本書を読む前に，たとえば

- [1] 須藤靖『一般相対論入門』（日本評論社, 2005）
- [2] 窪田高弘, 佐々木隆『相対性理論〔裳華房テキストシリーズ 物理学〕』（裳華房, 2001）
- [3] 内山龍雄『相対性理論〔物理テキストシリーズ 8〕』（岩波書店, 1987）
- [4] 佐藤勝彦『相対性理論〔岩波基本物理シリーズ（9）〕』（岩波書店, 1996）
- [5] ジェームズ・B・ハートル『重力　アインシュタインの一般相対性理論入門』牧野伸義訳（ピアソンエデュケーション, 2008）
- [6] S. Carroll: *Spacetime and Geometry: An Introduction to General Relativity* (Benjamin Cummings, 2003)

のような入門書で勉強しておくとよい．
　一般相対論の本格的教科書は数多く出版されている．これまでに広く読まれてきた定番の教科書としては

- [7] ランダウ, リフシッツ『場の古典論〔ランダウ＝リフシッツ理論物理学教程〕』広重徹, 恒藤敏彦訳（東京図書, 1978）
- [8] 内山龍雄『一般相対性理論〔物理学選書 15〕』（裳華房, 1978）
- [9] R. M. Wald: *General Relativity* (University of Chicago Press, 1984)
- [10] C. W. Misner, K. S. Thorne and J. A. Wheeler: *Gravitation* (W. H. Freeman & Co, 1973)

などがある．いずれも名著の誉れが高い．[10] は 1200 ページを超える分厚い本であり，よく「電話帳」と呼ばれて辞典的に使われることが多い．いずれの一般相対論の教科書にも最後の方には必ずといってよいほど一様等方宇宙モデルの説明があるので，本書の予備知識としても読んでおくと有用である．

宇宙天体物理学

宇宙論を含んだ宇宙天体物理学全般をカバーした入門書として

- [11] 岡村定矩ほか『人類の住む宇宙〔シリーズ現代の天文学 1〕』（日本評論社，2008）
- [12] B. W. Carroll and D. A. Ostlie: *An Introduction to Modern Astrophysics* (Addison-Wesley, 1996)
- [13] B. W. Carroll and D. A. Ostlie: *An Introduction to Modern Galactic Astrophysics and Cosmology* (Addison-Wesley, 2006)

がある．[11] は日本天文学会 100 周年事業として刊行されたシリーズの第 1 巻で，現代の天文学を俯瞰する 1 冊となっている．このシリーズはどれもが日本を代表する天文学者・宇宙物理学者たちによって書かれている．[12, 13] はアメリカの教科書らしく，基礎をていねいに記述した分厚い本である．2 冊目は 1 冊目と重複するところもあるが，いくつかの話題が削られて多少ページ数が少なくなり，最近の宇宙論の進展が取り入れられている．

宇宙論全般

宇宙論の手頃な入門的教科書としては

- [14] 二間瀬敏史『なっとくする宇宙論』（講談社, 1998）
- [15] バーバラ・ライデン『宇宙論入門』牧野伸義訳（ピアソンエデュケーション, 2003）
- [16] A. Liddle: *An Introduction to Modern Cosmology* (Wiley, 2003)
- [17] M. Roos: *Introduction to Cosmology* (Wiley, 2003)
- [18] J. V. Narlikar: *An Introduction to Cosmology* (Cambridge University Press, 2002)

[19] E. Harrison: *Cosmology: The Science of the Universe* (Cambridge University Press, 2000)

などがある．[14] は通俗書と教科書の中間に位置し，式は出てくるが読み物的な要素もある．[15] は標準的な宇宙論の入門的教科書で日本語で読めるという大きなメリットがある．[16, 17] は英語で書かれた入門書の例．他にも数多くの類書がある．[18] は定常宇宙論も研究する著者によるもので，非標準的な宇宙論の観点も楽しめる．[19] は歴史的な観点などいろいろな角度から宇宙論を見つめることのできる異色の入門書．

　日本語で書かれた宇宙論の専門的教科書としては

[20] 成相秀一，冨田憲二『一般相対論的宇宙論〔物理学選書 19〕』（裳華房，1988）
[21] 小玉英雄『相対論的宇宙論〔パリティ物理学コース〕』（丸善，1991）
[22] 佐藤勝彦ほか『宇宙論 I　宇宙のはじまり〔シリーズ現代の天文学 2〕』（日本評論社，2008）
[23] 二間瀬敏史ほか『宇宙論 II　宇宙の進化〔シリーズ現代の天文学 3〕』（日本評論社，2007）

がある．[20] は長年にわたり相対性理論や宇宙論を研究してきた著者による理論的な教科書．[21] は現代的な宇宙論をコンパクトに網羅した教科書．いずれもレベルは高い．[22, 23] は上にも紹介した天文学会事業として刊行されたシリーズの一部であり，この 2 冊も多数の専門家が分担して書いている．このため各章が比較的独立したものになっている（著者も II の執筆に加わった）．

　宇宙論におけるダークマターの話題を扱ったものとして

[24] 小玉英雄『宇宙のダークマター・暗黒物質と宇宙論の展開〔数理科学ライブラリ 3〕』（サイエンス社，1992）
[25] 須藤靖『ダークマターと銀河宇宙〔パリティ物理学コース・クローズアップ〕』（丸善，1993）

がある．[24] は主に素粒子論モデルの観点から，[25] は主に宇宙進化の観点から書かれていて，両者は相補的といえる．

　宇宙論の古典的教科書として

[26] P. J. E. Peebles: *Physical Cosmology* (Princeton University Press, 1971)

[27] S. Weinberg: *Gravitation and Cosmology* (John Wiley and Sons, Inc., 1972)

がある．これらが書かれたのはだいぶ前であるが，現在でも十分な価値を持っている．[26] は物理的な宇宙論研究の発展に大きな役割を果たした．[27] は前半が一般相対論を，後半が宇宙論を扱う．相対論の教科書としても名高いが，宇宙論を学ぶ者にとっては必携の書．この2人の碩学により最近の進展も取り入れられて新規に書かれたものが

[28] P. J. E. Peebles: *Principles of Physical Cosmology* (Princeton University Press, 1993)

[29] S. Weinberg: *Cosmology* (Oxford University Press, 2008)

である．どちらも前作以降に大きく発展した話題を網羅した読み応えのある力作である．

宇宙論や関連する物理学を幅広く記述した教科書として

[30] J. A. Peacock: *Cosmological Physics* (Cambridge University Press, 1999)

がある．

初期宇宙

初期宇宙にくわしい教科書としては

[31] E. W. Kolb and M. S. Turner: *The Early Universe* (Westview Press, 1994)

[32] G. Börner: *The Early Universe: Facts and Fiction*, 4th Edition (Springer, 2004)

[33] A. R. Liddle and D. H. Lyth: *Cosmological Inflation and Large-Scale Structure* (Cambridge Unviersity Press, 2000)

[34] V. Mukhanov: *Physical Foundations of Cosmology* (Cambridge Unviersity Press, 2005)

[35] D. H. Lyth and A. R. Liddle: *The Primordial Density Perturbation: Cosmology, Inflation and the Origin of Structure* (Cambridge University Press, 2009)

がある．[31] は初期宇宙の定番といえる教科書．[32] は宇宙論全般を扱い，比較的初期宇宙についてくわしく書かれている．[33] はインフレーション理論を軸にして構造形成を扱う．[34] は初期宇宙や初期ゆらぎの生成についてくわしい理論的な

書．[35] はインフレーション理論から生成される初期ゆらぎに関する専門書．

素粒子的宇宙論

素粒子的宇宙論の教科書としては

[36] D. H. Perkins: *Particle Astrophysics*, 2nd Edition (Oxford University Press, 2003)

[37] L. Bergström and A. Goobar: *Cosmology and Particle Astrophysics*, 2nd Edition (Springer, 2006)

[38] D. Bailin and A. Love: *Cosmology in Gauge Field Theory and String Theory* (Institute of Physics Publishing, 2004)

[39] M. Gasperini: *Elements of String Cosmology* (Cambridge University Press, 2007)

などがある．[36, 37] には素粒子的な天体物理学の分野も述べられている．[38] は全般的に手頃な入門書．[39] はストリング宇宙論が中心になっている．

構造形成

構造形成理論についてくわしい宇宙論の教科書としては

[40] T. Padmanabhan: *Structure Formation in the Universe* (Cambridge University Press, 1993)

[41] T. Padmanabhan: *Theoretical Astrophysics, Volume III: Galaxies and Cosmology* (Cambridge University Press, 2002)

[42] P. Coles and F. Lucchin: *Cosmology: The Origin and Evolution of Cosmic Structure*, 2nd Edition (Wiley, 2002)

[43] S. Dodelson: *Modern Cosmology* (Academic Press, 2003)

[44] F. Bernardeau: *Cosmologie: Des Fondements Théoriques aux Observations* (EDP Sciences, 2007)

[45] M. S. Longair: *Galaxy Formation*, 2nd Edition (Springer, 2008)

がある．[40] は構造の線形成長から非線形成長までくわしく扱っている．[41] は同じ著者による理論天文物理学 3 部作の中の 1 冊である．前半部は銀河物理，後半部は宇宙論であり一部 [40] と重複するところもある．[42] は構造形成や観測的宇宙論について全般的にくわしい．[43] はボルツマン方程式を基礎に据えた構成が特

徴的である．[44] はフランス語で書かれているため敷居が高いかもしれないが，標準的な題材に加えて他書にはなかなか見られない内容も含まれている好書．[45] は初期宇宙から銀河形成まで含まれる幅広い内容の教科書．

観測的宇宙論

観測的宇宙論を概観できる教科書として

[46]　池内了『観測的宇宙論』（東京大学出版会，1997）
[47]　岡村定矩『銀河系と銀河宇宙』（東京大学出版会，1999）
[48]　P. Schneider: *Extragalactic Astronomy and Cosmology: An Introduction* (Springer, 2006)

がある．[46] には宇宙論を観測的に制限するいろいろな方法が平易に述べられている．[47] は天文学的な立場から銀河の性質や宇宙の大規模構造について網羅されている．[48] は銀河構造から宇宙論まで広く解説し，豊富なカラーのグラフや図により読みやすい入門書となっている．

大規模構造の統計的側面をくわしく述べたものとして

[49]　P. J. E. Peebles: *The Large-scale Structure of the Universe* (Princeton University Press, 1980)
[50]　V. J. Martinez and E. Saar: *Statistics of the Galaxy Distribution* (Chapman & Hall/CRC, 2002)

がある．[49] は上にも述べた宇宙論の碩学による有名な教科書．大規模構造による宇宙論の進展に重要な役割を果たした．[50] には銀河分布の解析における統計的技法がまとめられている．

重力レンズの専門書として

[51]　P. Schneider, J. Ehlers and E. E. Falco: *Gravitational Lenses* (Springer, 1999)
[52]　P. Schneider, C. Kochanek and J. Wambsganss: *Gravitational Lensing: Strong, Weak and Micro* (Springer, 2006)

がある．[51] には強い重力レンズの理論や観測がまとめられている．[52] は 3 種類の重力レンズについてそれぞれ 3 人の著者が分担して書いたものをまとめた専門書．

宇宙マイクロ波背景放射の専門書として

[53] P. D. Naselsky, D. I. Novikov and I. D. Novikov: *The Physics of the Cosmic Microwave Background* (Cambridge University Press, 2006)

[54] R. Durrer: *The Cosmic Microwave Background* (Cambridge University Press, 2008)

[55] M. Giovannini: *A Primer on the Physics of the Cosmic Microwave Background* (World Scientific, 2008)

がある．どれも CMB に関係する物理をくわしく取り扱っている．それぞれの特徴として，[53] では再結合の物理や非等方性の統計量がくわしく扱われているのに対し，[54] では宇宙論パラメータの制限手法や CMB への弱重力レンズ効果が大きく扱われている．[55] ではインフレーション理論による初期ゆらぎとの関係にも重点が置かれている．

問題集

宇宙論や天体物理学の問題集として

[56] T. Padmanabhan: *Cosmology and Astrophysics through Problems* (Cambridge University Press, 1996)

がある．

図の出典一覧

[1] http://commons.wikimedia.org/wiki/Image:Herschel-Galaxy.png
[2] J. C. Kapteyn, *Astrophys. J.*, **55**, 302(1922).
[3] http://www.nasa.gov/mission_pages/spitzer/multimedia/20080603a.html
[4] http://www.timstouse.com/milkyway.htm
[5] E. Hubble, *Proc. Natl. Acad. Sci.*, **15**, 168 (1929).
[6] W. Freedman *et al.*, *Astrophys. J.*, **553**, 47 (2001).
[7] http://www.cr.nps.gov/history/online_books/butowsky5/astro4k.htm
[8] http://lambda.gsfc.nasa.gov/product/cobe/dmr_image.cfm
[9] http://heritage.stsci.edu/1999/25/big.html
[10] http://www.seds.org/messier/large/m87.gif
[11] http://heritage.stsci.edu/2006/24/index.html
[12] http://heritage.stsci.edu/2005/01/big.html
[13] E. Hubble, *The Realm of the Nebulae* (Yale University Press, 1936).
[14] http://www.nrao.edu/imagegallery/php/level3.php?id=261
[15] http://hubblesite.org/newscenter/archive/releases/galaxy/quasar_active%20nucleus/1996/35/
[16] C. M. Urry and P. Padovani, *Publ. Astron. Soc. Pac.*, **107**, 803 (1995).
[17] http://hubblesite.org/gallery/album/entire_collection/pr1992027b/
[18] http://www.atlasoftheuniverse.com/
[19] http://www.sdss.org/legacy/
[20] K. G. Begeman, A. H. Broeils and R. H. Sanders, *Mon. Not. Roy. Astron. Soc.*, **249**, 523 (1991).
[21] M. Kowalski *et al.*, *Astrophys. J.*, **686**, 749 (2008).
[22] S. Perlmutter, *Physics Today*, **56**, No.4, 53 (2003).
[23] Y. Yoshii and B. A. Peterson, *Astrophys. J.*, **444**, 15 (1995).
[24] http://en.wikipedia.org/wiki/File:Age.png
[25] M. Salaris *et al.*, *Astrophys. J.*, **479**, 665 (1997).
[26] T. S. Coleman and M. Roos, *Phys. Rev.* D **68**, 027702 (2003).
[27] S. Burles, K. M. Nollett and M. S. Turner, poster for the DAP "Great Discoveries in Astronomy in the Last 100 Years" exhibit at APS centennial meeting (arXiv:astro-ph/9903300).
[28] K. Olive, TASI Lectures on Astroparticle Physics, astro-ph/0503065.
[29] D. J Fixsen *et al.*, *Astrophys. J.*, **473**, 576 (1996).
[30] U. Amaldi *et al.*, *Phys. Lett.* B**260**, 447 (1991).
[31] E. W. Kolb and M. S. Turner, *The Early Universe* (Addison & Wesley, 1989).
[32] J. Silk and R. F. G. Wyse, *Phys. Rep.*, **231**, 293 (1993).
[33] http://www.mpa-garching.mpg.de/galform/virgo/millennium/index.shtml

[34] V. Springel *et al.*, *Nature*, **7042**, 629 (2005).
[35] S. J. Maddox, G. Efstathiou and W. J. Sutherland, *Mon. Not. Roy. Astron. Soc.*, **246**, 433 (1990).
[36] A. J. Connolly *et al.*, *Astrophys. J.*, **579**, 42 (2002).
[37] http://cas.sdss.org/dr7/en/
[38] V. de Lapparent, M. J. Geller and J. P. Huchra, *Astrophys. J.*, **302**, L1 (1986).
[39] C. Park *et al.*, *Astrophys. J.*, **633**, 11 (2005).
[40] I. Zehavi *et al.*, *Astrophys. J.*, **630**, 1, (2005).
[41] S. Cole *et al.*, *Mon. Not. Roy. Astron. Soc.*, **362**, 505 (2005).
[42] D. Eisenstein *et al.*, *Astrophys. J.*, **633**, 560 (2005).
[43] http://hubblesite.org/
[44] J.-P. Beaulieu *et al.*, *Nature*, **439**, 437 (2006).
[45] L. Fu *et al.*, *Astron. Astrophys.*, **479**, 9 (2008).
[46] http://map.gsfc.nasa.gov/media/080997/index.html
[47] http://lambda.gsfc.nasa.gov/product/cobe/dmr_image.cfm
[48] A. Challinor and H. Peiris, arXiv:0903.5158v1 [Proc. XIII Brazilian School of Cosmology and Gravitation].
[49] C. L. Reichardt *et al.*, *Astrophys. J.*, **694**, 1200 (2009).
[50] W. Hu and S. Dodelson, *Ann. Rev. Astron. Astrophys*, **40**, 171 (2002).
[51] W. Hu and M. White, *New Astron.*, **2**, 323 (1997).

索　引

ア　行

アインシュタイン　9
　　——・クロス　314
　　——・テンソル　65, 224
　　——-ド・ジッター宇宙モデル　86, 102, 104
　　——半径　314
　　——-ヒルベルト作用　186
　　——方程式　63, 65
　　——・リング　314
アクシオン　159, 214
暖かい暗黒物質　215
新しいインフレーションモデル　182
熱い暗黒物質　215
熱い残存粒子　155
圧力ゆらぎ　194
アフレック-ダイン場　164
アペリーの定数　113
アルファー　15
暗黒物質　36
アンドロメダ銀河　31
イオン化率　142
位相的欠陥　167
一様等方宇宙モデル　63
一様等方空間　44
一般相対性理論　9, 41
色フィルター　58
隕石　105
インフラトン　174
インフレーション宇宙　17, 170
インフレーション理論　273
ウィーナー-ヒンチン関係　269
ウィルソン　16
ウィンドウ関数　269
ウォーム・ダークマター　215, 217
渦巻銀河　8, 19
渦巻星雲　7
宇宙原理　41, 42
宇宙項　9, 68
　　——つき平坦宇宙モデル　88, 104
　　——優勢期　84, 110
宇宙時間　43
宇宙定数　68
　　——の密度パラメータ　77, 94
　　——問題　39, 167
宇宙テクスチャー　167
宇宙年齢　3, 61, 102, 105
宇宙の大規模構造　34
宇宙の晴れ上がり　144
宇宙の半径　3
宇宙ひも　167
宇宙マイクロ波背景放射　15, 94, 145, 330
宇宙モデル　85
宇宙論　iii
　　——的数値シミュレーション　252, 255
　　——的赤方偏移　52
　　——的ものさし　222
　　——パラメータ　75, 78, 102, 108, 343
うみへび座-ケンタウルス座超銀河団　33, 333
運動的スニヤエフ-ゼルドビッチ効果　348
永久インフレーション　184
エクピロティック宇宙　185
エネルギー運動量テンソル　65, 224
エネルギー運動量保存則　65
エネルギー成分の優勢期　79
エリダヌス座銀河団　32
エントロピー　66, 114, 123
　　——についての有効自由度　115
　　——の保存　67
　　——密度　114
　　——ゆらぎ　196, 234
遠方観測者近似　303
オイラー座標　252
オイラー微分　255
オイラー方程式　192, 194
オイラー-ラグランジュ方程式　175
オストライカー-ビシュニアック効果　349
おとめ座銀河団　32
おとめ座超銀河団　33
親元素　105

音響振動　198, 235
音響ピーク　341
音響ホライズン　220, 237, 308
音叉図　20
温度非等方性　330
温度ゆらぎのパワースペクトル　335, 338

カ 行

カイザーの公式　306
階層性の問題　149, 151
ガウス場　267
カオス的インフレーション　183
化学平衡　67
化学ポテンシャル　124
角径距離　60, 95
拡散距離　209
拡散減衰　208, 210, 222, 277
拡張インフレーション　184
拡張プレス-シェヒター理論　263
角度相関関数　293, 324
角度パワースペクトル　297, 335
かじき座銀河群　31
カシミール効果　39
加速宇宙　85
活動銀河　21, 22
　　　──核　22
　　　──核の統一モデル　24
カーティス　7
荷電共役変換　159
カプタイン　6
　　　──宇宙　6
かみのけ座銀河団　33
かみのけ座超銀河団　33
ガモフ　14
　　　──の基準　129
ガリレオ　5
　　　──裁判　5
カルツァ-クラインタワー　153
カルツァ-クライン励起状態　153
カルツァ-クライン理論　151
華麗なる退場の問題　182
岩石　105
観測的宇宙論　iv
カント　5
ガンマ線バースト　29
幾何学的時間遅延　317

ギガパーセク　3
規則銀河団　32
偽の真空　182
擬ベクトル結合定数　134
基本観測者　42
キャッチアップ　218
球状星団　7, 106
球対称モデル　240
狭輝線　21
　　　──電波銀河　22
　　　──領域　24
共形的に平坦　48
共形変換　48
共動距離　49, 95
共動座標　43
局所銀河群　31
局所超銀河団　33
曲率テンソル　64
曲率パラメータ　77, 79
曲率優勢期　80, 83
曲率ゆらぎ　227
距離指標　57, 95, 97
キロパーセク　3
銀河群　31
銀河計数法　99, 348
銀河サーベイ　291
銀河数密度　100
銀河団　32, 348
銀河の回転曲線　36
銀河の数密度ゆらぎ　292
銀河の典型的質量　251
クインテッセンス・モデル　39
クェーサー　23
クォーク　117
　　　──・グルーオン・プラズマ　121
　　　──・ハドロン転移　122
グース　17
クラウド・イン・クラウド問題　262
グラビティーノ　151, 166
　　　──問題　166
グラビトン　148
クリストッフェル記号　63, 224, 280
系外銀河　9
系外惑星　316
形態・密度関係　32
計量　63, 223, 280

索　引 | 375

ゲージ対称性　148
ゲージ粒子　117
ケプラー　5
　――回転　36
原始元素合成　14, 134
原始的原子　14
減衰モード　200
減速宇宙　83
減速パラメータ　59, 78
元素合成　134
ケンタウルス座アルファ星　2
コア崩壊　27
光円錐　52
光学的厚み　346
後期 ISW 効果　335, 341
広輝線　21
　――電波銀河　22
　――領域　24
光源面　312
交差パワースペクトル　324
光子・エントロピー比　124
光子の拡散距離　208
高速フーリエ変換　257
光度　54
　――関数　100
　――曲線　27, 97
　――距離　56, 95
極超新星　28
コズミックストリング　167
こと座 RR 型変光星　107
コペルニクス　4
ゴールド　14
コールド・ダークマター　215, 216
　――モデル　261
コーン図　300
コンパクト化　151, 153
コンフォーマル・ニュートン座標条件　224
コンプトンガンマ線観測衛星　29

サ　行

再イオン化　346, 348
再加熱　176
再結合　143
最終散乱　144
　――面　331
再収縮宇宙　88, 92, 93

最小超対称性モデル　150
ザックス−ヴォルフェ効果　334
撮像サーベイ　291
佐藤勝彦　17
サハの式　142
サハロフ　161
　――の条件　161
サブハロー問題　217
さんかく座銀河　31
残光　29
残存粒子問題　166, 170
散乱断面積　128
時間　3
　――依存する宇宙論パラメータ　78
　――一定面　43
時空の特異点　61
軸対称重力レンズ　312
自己重力系　193
しし座 I 銀河群　31
しし座銀河団　33
事象ホライズン　62, 108
実スカラー場　174
質量・光度比　36
自発的対称性の破れ　120
島宇宙　6
シミュレーションの解像度　255
シャプレイ　7
自由運動　53, 213
従円　4
収束場　286, 324
周転円　4
自由落下時間　242
自由流減衰　213
重粒子　118
重力子　148
重力赤方偏移　282
重力相互作用　117
重力波　347, 354
重力不安定性　199
　――理論　191
重力ポテンシャル　192, 193, 203
重力レンズ　26
　――効果　286, 309
　――方程式　311, 313
縮退圧　28
主系列星　107

準恒星状天体　23
準恒星状電波源　23
小角度近似　297, 324, 352
状態方程式　67
　　――パラメータ　71
初期 ISW 効果　335, 340
初期重力波　274, 347
シルク減衰　208
シルク質量　209
真空エネルギー　170
ジーンズ質量　199, 206
ジーンズ長　199
ジーンズ不安定性　195
振幅の規格化　278
水素のイオン化エネルギー　142
スカラー曲率　65
スケール因子　44
スケール不変なゆらぎ　180
スタグスパンション　213
ステライル・ニュートリノ　217
ストークス・パラメータ　351
スニヤエフ−ゼルドビッチ効果　348
スファレロン　164
スペクトル指数　272, 274
スムート　17
スライファー　9
スローロール条件　176
スローロール・パラメータ　273
スローン・デジタル・スカイ・サーベイ
　　34, 295
星雲　7
静止宇宙解　68, 92
静止宇宙モデル　9
静水圧平衡　37
成長モード　200
セイファート　21
　　――1 型　21
　　――2 型　22
　　――銀河　21
精密宇宙論　146
赤色巨星　29
積分ザックス−ヴォルフェ効果　283, 335
赤方偏移　9, 50, 95, 281
　　――空間　302
　　――空間変形パラメータ　305
　　――サーベイ　298

接線臨界曲線　314
絶対光度　7
ゼルドビッチ　271
　　――近似　252
ゼロ点エネルギー　168
遷移関数　275
線形近似　196, 223
線形成長因子　201
線形バイアス　305
相関関数　266
相関長　302
早期型銀河　21
双極子成分　332
増光曲線　316
相対性理論　9
相対論的宇宙論　iv
相対論的成分　71
相対論的ゆらぎ　223, 228
相対論的粒子　113, 129
相転移　182
測地線方程式　279, 280
測地の距離　49
速度場　203
　　――の回転成分　204
速度ポテンシャル　204
ソフトニング長　258
素粒子的宇宙論　iv
素粒子の種類　116

タ 行

大統一理論　148, 162
太陽系の年齢　106
太陽質量　3
大論争　8
楕円銀河　19
楕円率　322
ダークエネルギー　39, 70, 308, 345
　　――成分　81
　　――の状態方程式パラメータ　70, 96, 99,
　　　102, 108
　　――密度パラメータ　77, 102, 108
　　――優勢期　82, 84
ダークハロー　37
ダークマター　36, 81, 134, 154, 211
　　――ゆらぎ　211
多成分流体　232

畳み込み積分　307
脱結合　128
断熱ゆらぎ　181, 197
断面積　156
地動説　4
地平面　61
チャンドラセカール限界　28, 97
中間子　118
中心極限定理　261
中性子星　28
中性子・陽子比　135
超銀河団　33
ちょうこくしつ座銀河群　31
超重力理論　151
超新星　27, 94
　——宇宙論　99
超対称性粒子　150
超対称性理論　149
超ハッブル・スケール　223
追観測　22
ツビッキー　36
冷たい暗黒物質　215
冷たい残存粒子　155
強い重力レンズ　309
強い相互作用　117, 136
ツリー法　258
ティコ・ブラーエ　5
定常宇宙論　14
ディッケ　16
ディラック型　156
適合 P^3M 法　260
適合格子細分化法　260
転回点　241
天球　4
電磁相互作用　117
電弱相互作用　120
天体物理学　iii
天動説　4
電波銀河　22
電波天文学　22
電波ローブ　22
天文学　iii
　——的単位　1
天文単位　1
ド・ジッター　9
　——宇宙　85, 109

　——期　170
等温ゆらぎ　211
等級　56
等曲率ゆらぎ　210
統計力学　111
動径臨界曲線　314
等時曲線　107
等方化パワースペクトル　307
等密度時　82, 127
とかげ座 BL 型天体　23
とかげ座 BL 星　23
特異点定理　83
突発天体現象　27
トップダウン型構造形成シナリオ　216
トップハット型のウィンドウ関数　270
ドップラー効果　282, 331, 348
ドップラー偏移　52
トムソン散乱　141, 208, 349
　——断面積　141
ドメインウォール　167
トリプルアルファ反応　15

　　　　ナ　行

ニュートラリーノ　151, 159
ニュートリノ　81, 123, 131, 215, 216
　——質量　119, 134
　——振動　119
　——脱結合　132
ニュートン　5
　——極限　223
人間原理　40
熱の残存粒子　155
熱的スニヤエフ-ゼルドビッチ効果　348
熱平衡状態　111
熱力学変数　111
年周視差　1
年齢問題　14

　　　　ハ　行

バイアス　305
背景重力波　274
ハイブリッド・インフレーション　184
白色矮星　28
白鳥座 A　22
薄レンズ近似　310
ハーシェル　6

パーセク　1
ハッブル　8
　——距離　13
　——時間　13
　——図　11, 59, 96
　——定数　11, 75
　——の銀河分類　20
　——の法則　10, 11, 58
　——・パラメータ　52, 95, 102, 128
　——半径　13, 169, 171, 179, 333
ハドロン　118
跳ね返り宇宙　92, 93
ハーマン　15
ハミルトニアン　175
パラメータ共鳴モデル　177
バリオン　118
　——宇宙　205
　——・エントロピー比　125
　——音響振動　94, 219, 278, 308
　——・光子混合流体　221, 236
　——・光子比　138, 160
　——生成　17, 162
　——成分　81
　——の音速　207
　——非対称性　161
　——ゆらぎ　218
　——ゆらぎの追いつき　218
　——量　344
ハリソン　271
　——-ゼルドビッチスペクトル　180, 271
パリティ変換　159, 327
バルク　153
バルジ　19
パワースペクトル　268, 305, 324
晩期型銀河　21
反粒子　117
非ガウス性　267
光分解　28
歪み場　287, 324
　——のBモード　326
　——のEモード　326
非相対論的成分　71
非相対論的粒子　113, 130
ピタゴラス　4
微調整問題　185
ビッグクランチ　88, 91

ヒッグス機構　121
ビッグストップ　88, 91
ヒッグス粒子　117
ビッグバン　83
　——元素合成　134
　——モデル　10, 15, 61
ビッグリップ　85
ヒッパルコス　4
非熱的残存粒子　155
標準光源　7, 29, 97
標準モデル（素粒子の）　116
ビリアル温度　246
ビリアル質量　246
ビリアル定理　36, 243, 245
ビリアル平衡　245, 247
フェルマーの原理　319
フェルミ粒子　111
フォード　36
不規則銀河　21
　——団　32
複素楕円率　322
複素歪み場　287
物質成分　71, 81
物質密度パラメータ　77, 94, 102, 108
物質優勢期　82, 83, 103, 108, 230, 272
プトレマイオス　4
フラックス　54
ブラックホール　28
プラトン　4
プランクエネルギー　152
プランク質量　169
プランク長　169
プランク分布　146
プランク密度　169
フーリエ展開　168
フリードマン　10
　——宇宙モデル　87, 93, 104
　——方程式　63, 66, 79, 80, 87, 89, 90
　——-ルメートル宇宙モデル　90
古いインフレーションモデル　181
ブレーザー　23
ブレーン・インフレーション　184
ブレーン世界仮説　40, 154
プレス-シェヒター質量関数　263
プレス-シェヒター理論　260
プレヒーティング　177

分岐比　163
平坦宇宙モデル　88
平坦回転曲線　37
平坦性問題　165, 170
ベータ崩壊　135
ペッチェイ–クイン機構　159
ベラ衛星　29
ヘラクレス座超銀河団　33
ペルセウス座–うお座超銀河団　33
偏光　349
　——B モード　352
　——E モード　352
変光星　7
ペンジアス　16
ポアソン方程式　193, 194, 203, 226
ボイド　34
ホイーラー–ドウィット方程式　186
ホイル　14
棒渦巻銀河　19
崩壊点　241
崩壊の半減期　105
放射成分　71, 81
放射遷移関数　337
放射年代測定法　105
放射優勢期　82, 103, 108, 115, 229, 272
膨張宇宙解　10
膨張指数　172
ボース粒子　111
ホット・ダークマター　215, 216
ポテンシャル的時間遅延　317
ボトムアップ型構造形成シナリオ　217
ホライズン　61, 108
　——問題　164, 170
ボルツマン・コード　339
ボルン近似　285
ボロメータ　56
ボロメトリック光度　56
ボロメトリック・フラックス　56
ボンディ　14

マ 行

マイクロ波　15
マイクロレンズ効果　315
マクスウェル–ボルツマン分布　130
マグネター　30
マザー　17

マゼラン銀河　31
マゼラン星雲　21
マヨラナ型　156
見かけの明るさ　54, 100
見かけの角度　60
密度パラメータ　76, 79
密度ゆらぎ　194, 200, 226
ミニ超空間　187
ミルン宇宙　84, 109
無次元ストークス・パラメータ　351
無衝突減衰　213
娘元素　105
メガパーセク　2
メシエカタログ　19
メスザロス効果　213
メソン　118
モノポール　167
　——問題　167

ヤ 行

有効自由度　114
優勢期　80
ゆらぎのスペクトル　179
ゆらぎの発展方程式　191
陽子崩壊　149
吉村太彦　17
余剰次元　151
ヨハネ・パウロ 2 世　5
弱い重力レンズ　309, 321
　——効果　347
弱い相互作用　117, 131, 134

ラ・ワ 行

ライト　5
ラグランジュ座標　252
ラグランジュ微分　255
ラスカンパナス赤方偏移サーベイ　300
ラプス関数　187
リース–シアマ効果　341
理想流体　224
リッチ・テンソル　64
リーマン・ツェータ関数　113
リューヴィルの定理　129
粒子・メッシュ法　256
粒子・粒子・粒子・メッシュ法　257
粒子ホライズン　61, 108

りょうけん座銀河群　31
量子宇宙論　185
量子重力理論　148, 186
量子論的不確定性　177
リー–ワインバーグ限界　157, 214
臨界エネルギー密度　76
臨界曲線　288
臨界質量密度　76
臨界密度　76
臨界面密度　310
リンデ　183
リンバーの式　294
ルービン　36
ルメートル　10
冷却関数　248
冷却時間スケール　249
冷却図　250
レプトン　117
レンズ状銀河　19
レンズ断面積　320
レンズ天体　310
レンズポテンシャル　286, 311, 313
レンズ面　312
連続の式　192, 194, 233
連続フーリエ変換　197
ろ座銀河団　32
ロバートソン–ウォーカー計量　48, 63
矮小銀河　21

数　字

I 型超新星　27
2dF 赤方偏移サーベイ　300
II 型超新星　27
2 次元クリストッフェル記号　283
2 次元正定曲率空間　45
2 次元負定曲率空間　45
2 点相関関数　267
3C273　23
3C48　23
3 次元クリストッフェル記号　280, 283
3 次元スカラー曲率　47
4 元運動量　53

A

acoustic oscillations　198
acoustic peaks　341
active galactic nuclei　22
active galaxies　22
adaptive mesh refinement method　260
adaptive P^3M method　260
adiabatic perturbations　181
Affleck-Dine field　164
afterglow　29
AGN　22
Alpher, Ralph A.　15
AMR 法　260
Andromeda galaxy　31
angular correlation function　293
angular diameter distance　60
angular power spectrum　297
annual parallax　1
anthropic principle　40
AP^3M 法　260
APM サーベイ　291
astronomical unit　1
astronomy　iii
astrophysics　iii
AU　1
axion　159

B

B-mode polarization　352
B-mode shear field　326
BAO　219
barred spiral galaxy　19
baryogenesis　17
baryon　118
BATSE　29
BeppoSAX　30
bias　305
big bang model　15
big crunch　88
big rip　85
big stop　88
BL Lac objects　23
black hole　28
blazar　23
BLR　24
BLRG　22
bolometer　56
bolometric flux　56
bolometric luminosity　56

Boltzmann code 339
Bondi, Hermann 14
Born approximation 285
bottom-up scenario of structure formation 217
bouncing universe 92
Brahe, Tycho 5
brane-world model 40, 154
broad-line radio galaxies 22
bulge 19

C

C 変換 159
CAMB 339
Canes Vanatici group 31
Casimir effect 39
catch up 218
cD galaxy 32
cD 銀河 32
CDM 215
celestial sphere 4
CfA2 赤方偏移サーベイ 300
CfA 赤方偏移サーベイ 299
Chandrasekhar limit 28
chaotic inflation 183
cloud-in-cloud problem 262
cluster of galaxies 32
CMB 15, 330
CMBFAST 339
CMBR 15
COBE 17, 333
──衛星 333
collisionless damping 213
Coma cluster 33
Coma supercluster 33
comoving coordinates 43
comoving distance 49
complex ellipticity 322
cone diagram 300
conformal transformation 48
conformally flat 48
convergence field 286
cooling diagram 250
cooling function 248
Copernicus, Nicolaus 4
core collapse 27
correlation function 266

correlation length 302
cosmic microwave background radiation 15
cosmic time 43
cosmological constant problem 39
cosmological parameters 75
cosmological principle 42
cosmological redshift 52
cosmology iii
CP 不変性 159
CP 変換 159
critical curve 288
critical density 76
critical energy density 26, 76
critical mass density 76
critical surface mass density 310
Curtis, Heber D. 7
curvature dominant epoch 80
curvature parameter 77
curvature perturbation 227

D

dark energy 39, 70
── dominant epoch 82
dark halo 37
dark matter 36
de Sitter universe 85
de Sitter, Willem 9
decaying mode 200
deceleration parameter 59
decoupling 128
deferent 4
deflector 310
degeneracy pressure 28
density parameter 76
Dicke, Robert H. 16
diffusion damping 208
distance modulus 57
distant-observer approximation 303
DMR 333
dominant epoch 80
Dorado group 31
dwarf galaxy 21

E

E-mode polarization 352
E-mode shear field 326

E/B 分解 326
E0 銀河 20
E7 銀河 20
early ISW effect 335
early-type galaxy 21
Einstein, Albert 9
Einstein radius 314
Einstein ring 314
Einstein-de Sitter model 86
ekpyrotic universe 185
electromagnetic interaction 117
elliptical galaxy 19
epicycle 4
Eridanus cluster 32
Eulerian coordinates 252
Eulerian derivative 255
event horizon 62
extended Press-Schechter theory 263
extragalactic nabula, galaxy 9

F

FFT 257
flat model 88
flat rotation curve 37
flux 54
Ford, W. Kent, Jr. 36
Fornax cluster 32
free streaming 213
free-fall timescale 242
free-streaming damping 213
Friedmann, Alexander 10
Friedmann equation 66
Friedmann-Lemaître model 90
Friedmann model 87
fundamental observer 42

G

galaxy rotation curve 36
galaxy survey 291
Galilei, Galileo 5
gamma-ray burst 29
Gamow's criteria 129
Gamow, George 14
gauge particle 117
Gaussian field 267
geocentric model 4

geometrical time delay 317
Gold, Thomas 14
GPGPU 258
GPU 258
grand unified theory 148
GRAPE 258
gravitational interaction 117
gravitational instability theory 191
gravitational lens 26
—— effects 286
—— equation 311
graviton 148
GRB 29
Great Debate 8
group of galaxies 31
growing mode 200
growth factor 201
GUT 148
Guth, Alan H. 17
Gyr 3

H

Harrison, Edward R. 271
Harrison-Zel'dovich spectrum 180
HDM 215
^{4}He の質量比 138
heliocentric model 4
Hercules supercluster 33
Herman, Robert 15
Herschel, William 6
hierarchy problem 149
Higgs mechanism 121
Higgs particle 117
Hipparchus 4
horizon 61
Hoyle, Fred 14
HR 図 107
Hubble constant 11
Hubble diagram 11
Hubble distance 13
Hubble, Edwin 8
Hubble parameter 52
Hubble radius 13
Hubble sequence 20
Hubble time 13
Hubble's law 10

Hydra-Centaurus supercluster   33
hypernova   28

I・J

imaging survey   291
inflationary universe   17, 170
inflaton   174
integrated Sachs-Wolfe effect   283
irregular clusters   32
irregular galaxy   21
island universes   6
isocurvature perturbations   210
isothermal perturbation   211
ISW   283
　　——効果   340
Jeans length   199
Jeans mass   199
John Paul II   5

K

K-correction   57
Kaiser's formula   306
Kant, Imanuel   5
Kapteyn, Jacobus C.   6
Kapteyn universe   6
Kepler, Johannes   5
Keplerian rotation   36
kinetic Sunyaev-Zel'dovich effect   348

L

Lagrangian coordinates   252
Lagrangian derivative   255
large-scale structure of the universe   34
late ISW effect   335
last scattering   144
　　—— surface   331
late-type galaxy   21
Lee-Weinberg bound   157
Lemaître, Georges   10
lens plane   312
lens potential   286
lensing cross-section   320
lenticular galaxy   19
Leo I group   31
lepton   117
light curve   27, 97, 316

Limber's equation   294
LINER   25
linear bias   305
linear growth factor   201
LKP   159
local group   31
local supercluster   33
LSP   159
luminosity distance   56
luminosity function   100

M

$M_\odot$ 3
M87   19
MACHO   316
Magellan galaxies   31
magnetar   30
magnitude   56
mass-to-light ratio   36
Mather, John C.   17
matter components   71
matter dominant epoch   82
meson   118
Messier catalog   19
Mészáros effect   213
microlensing effect   315
Milne universe   84
mini-superspace   187
minimal super symmetric model   150
monopole problem   167
morphology-density relation   32
Mpc   2
MSSM   150

N

N-body simulation   255
N体シミュレーション   255
narrow-line radio galaxies   22
nebula   7
neutralino   151
neutrino oscillation   119
neutron star   28
new general catalog   19
new inflation   182
Newton, Isaac   5
NGC4414   19

NLR   24
NLRG   22
non-relativistic components   71

O・P・Q

observational cosmology   iv
old inflation   181
optical depth   346
Ostriker-Vishniac effect   349
OVV   24
P変換   159
P³M法   257
parallax   1
parsec   1
particle cosmology   iv
particle horizon   61
pc   1
Peccei-Quinn mechanism   160
Penzias, Arno A.   16
Perseus-Pisces supercluster   33
photodisintegration   28
photon decoupling   144
Plato   4
PM-tree method   260
PMツリー法   260
PM法   256
potential time delay   317
precision cosmology   146
preheating   177
Press-Schechter mass function   263
Press-Schechter theory   260
primeval atom   14
primordial nucleosynthesis   15
Ptolemy, Claudius   4
Pythagoras   4
QGP   121
QSO   23
quantum gravity theory   186
quark   117
——-hadron transition   122
quasar   23
quasi-stellar objects   23
quasi-stellar radio source   23
quintessence model   39

R

r過程   106
radial critical curve   314
radiation components   71
radiation dominant epoch   82
radiational transfer function   337
radio galaxy   22
radio lobe   22
radiometric dating   105
Rb-Sr法   106
recombination   143
recontracting universe   88
red giant   29
redshift space   302
—— distortion parameter   305
redshift survey   298
Rees-Sciama effect   341
regular clusters   32
reionization   346
relativistic components   71
relativistic cosmology   iv
resolution of simulation   255
Robertson-Walker metric   48
Rubin, Vera   36

S

S0銀河   20
Sa銀河   21
Sachs-Wolfe effect   334
Saha equation   142
Sakharov, Andrei D.   161
Sakharov equation   161
Sc銀河   21
scale factor   44
scale-invariant perturbations   180
Sculptor group   31
SDSS (Sloan Digital Sky Survey)   34, 295, 300
self-gravitating system   193
Seyfert 1   21
Seyfert 2   22
Seyfert, Carl K.   21
Seyfert galaxy   21
Shapley, Harlow   7
shear field   287

silk damping 208
silk mass 209
Slipher, Vesto M. 9
slow-roll parameters 273
Smoot, George F. 17
solar mass 3
source plane 312
spiral galaxy 8
spontaneous symmetry breaking 120
stagspansion 213
standard candle 7
standard model of particle physics 116
standard ruler 222
static universe model 9
steady-state theory 14
Stokes parameters 351
strong gravitational lens 309
strong interaction 117
SU(5) GUT 148
Sunyaev-Zel'dovich effect 348
supercluster 33
supernova 27
—— cosmology 99
superspace 187
supersymmetric particle 150
supersymmetric theory 149
supersymmetry 149
SUSY GUT 149
SUSY 粒子 150

T・U

tangential critical curve 314
thermal Sunyaev-Zel'dovich effect 348
thin lens approximation 310
Third Cambrige Catalog 23
time of matter-radiation equality 82
top-down scenario of structure formation 216

topological defect 167
transfer function 275
transient phenomena 27
tree method 259
Triangulum galaxy 31
tuning-fork diagram 20
two-point correlation function 267
type I supernova 27
type II supernova 27
unified theory of AGNs 24

V・W

Virgo cluster 32
Virgo supercluster 33
virial mass 246
virial temperature 246
virial theorem 243
void 34
WDM 215
weak gravitational lens 309
weak interaction 117
Wheeler-Dewitt equation 186
white dwarf 28
Wilson, Robert W. 16
Wiener-Khintchine relation 269
WIMP 156, 214, 216
window function 269
WKB 近似 236
WMAP 18, 332
Wright, Thomas 5

X・Y・Z

X ボソン 149
Y ボソン 149
Zel'dovich approximation 252
Zel'dovich Yakov B. 271
zero-point energy 168

著者略歴

松原隆彦（まつばら・たかひこ）
 1990 年　京都大学理学部卒業.
 1995 年　広島大学大学院理学研究科博士課程修了.
　　　　　京都大学基礎物理学研究所，東京大学大学院理学系研究科，
　　　　　ジョンズホプキンス大学物理天文学部，名古屋大学大学院
　　　　　理学研究科などを経て，
 現　在　高エネルギー加速器研究機構教授. 博士（理学）.
 主要著書　『宇宙論 II 宇宙の進化』（共著，日本評論社，2007），
　　　　　『宇宙のダークエネルギー——未知なる力の謎を解く』
　　　　　　（共著，光文社，2011），
　　　　　『宇宙に外側はあるか』（光文社，2012），
　　　　　『大規模構造の宇宙論——宇宙に生まれた絶妙な多様性』
　　　　　　（共立出版，2014），
　　　　　『宇宙論の物理　上・下』（東京大学出版会，2014），
　　　　　『宇宙の誕生と終焉——最新理論で解き明かす！138 億年の
　　　　　　宇宙の歴史とその未来』（SB クリエイティブ，2016），
　　　　　『図解　宇宙のかたち——「大規模構造」を読む』
　　　　　　（光文社新書，2018），
　　　　　『なぜか宇宙はちょうどいい——この世界を作った奇跡の
　　　　　　パラメータ 22』（誠文堂新光社，2020），
　　　　　『宇宙とは何か』（SB クリエイティブ，2024）

現代宇宙論　時空と物質の共進化

　　　　　2010 年 6 月 21 日　初　版
　　　　　2024 年 6 月 10 日　第 4 刷

　　　　　　　［検印廃止］

著　者　松原隆彦
発行所　一般財団法人　東京大学出版会
　　　　代表者 吉見俊哉
　　　　153-0041 東京都目黒区駒場 4-5-29
　　　　電話 03-6407-1069　Fax 03-6407-1991
　　　　振替 00160-6-59964
　　　　URL https://www.utp.or.jp/
印刷所　大日本法令印刷株式会社
製本所　牧製本印刷株式会社

ⓒ2010 Takahiko Matsubara
ISBN978-4-13-062612-5 Printed in Japan

[JCOPY]〈出版者著作権管理機構　委託出版物〉
本書の無断複写は著作権法上での例外を除き禁じられています．複写される場合は，そのつど事前に，出版者著作権管理機構（電話 03-5244-5088, FAX 03-5244-5089, e-mail: info@jcopy.or.jp）の許諾を得てください．

宇宙論の物理　上・下	松原隆彦	各 A5/3800 円
解析力学・量子論　第 2 版	須藤　靖	A5/2800 円
系外惑星探査　地球外生命をめざして	河原　創	A5/4200 円
観測的宇宙論	池内　了	A5/4200 円
宇宙生命論	海部・星・丸山編	B5/3200 円
宇宙観 5000 年史　人類は宇宙をどうみてきたか	中村・岡村	A5/3200 円
ものの大きさ　第 2 版 自然の階層・宇宙の階層	須藤　靖	A5/2500 円
目からウロコの物理学 1 力学・電磁気学・熱力学	牧島一夫	A5/3800 円
目からウロコの物理学 2 フーリエ解析・量子力学	牧島一夫	A5/3400 円
目からウロコの物理学 3 相対論	牧島一夫	A5/3000 円

ここに表示された価格は本体価格です．御購入の際には消費税が加算されますので御了承下さい．